미적분학의 이해

이병관 · 정은희 공저

도서
출판 상 학 당

머리말

공학인증에 따라 학생들에게 미적분을 강의하면서 시중에 나와 있는 미적분 교재들의 수준이 고르지 못하다는 것을 알고 저자는 우리 학생들의 수준에 맞는 교재의 필요성을 느껴 미흡하나마 새로운 교재를 만들어 보기 결심을 하였지만, 그것은 나에게 엄청난 시간과 노력 그리고 집중력을 요구했다. 중도에 몇 번이고 포기할까 망설이기도 했지만, 사나이 한번 뺀 칼을 다시 집어넣을 수가 없다는 호기의 발동이 다음과 같이 구성된 교재를 탄생시켰다.

이 교재는 전체가 총 Ⅳ편으로 구성되었으며, 그 중 제Ⅰ편은 미적분을 배우기 위한 기초편으로 이미 고등학교 과정에서 배운 것들이지만, 복습의 과정이 필요하여 제1장은 함수, 제2장은 지수와 로그, 제3장은 삼각함수로 구성되었고, 제Ⅱ편은 미분편으로 제4장은 함수와 극한과 연속성, 제5장은 변화율과 도함수, 제6장은 도함수의 응용으로 구성되었고, 특히 고등학교에서 다루지 않은 편도함수를 6장에 수록하였다. 제Ⅲ편은 적분편으로 제7장은 적분법, 제8장은 정적분의 활용으로 구성되었다. 제Ⅳ편은 제9장으로만 구성되어 고등학교 과정에서 전혀 다루지 않는 미분방정식을 다루고 있으며 학생들에게 많은 도움이 되었으면 한다.

한 권의 책을 만드는 과정에서 수차례의 가필과 정정을 거쳐 현재에 이르렀으나, 아직도 미흡한 점이 많으리라 생각된다. 이것을 기본골격으로 하여 앞으로 계속 수정 보완해 나갈 것이며, 여기에 독자 여러분의 많은 조언과 충고를 바란다.

끝으로 바쁜 중에도 불구하고 교재 작업에 공저로 참여해 주신 강원대학교 정은희 교수께도 감사드리며 상학당 편집부 직원들 그리고 한 권의 책을 내는 데 물심양면으로 도움을 주신 상학당의 남승우 사장님께도 깊은 감사를 드린다.

2011년 5월
저자 씀

차 례

제 I 편 미적분을 위한 기초편

제 Ⅱ 편 미분편

제 Ⅲ 편 적분편

제 I 편

미적분을 위한 기초편

제 1 장 함 수

제 2 장 지수와 로그

제 3 장 삼각함수

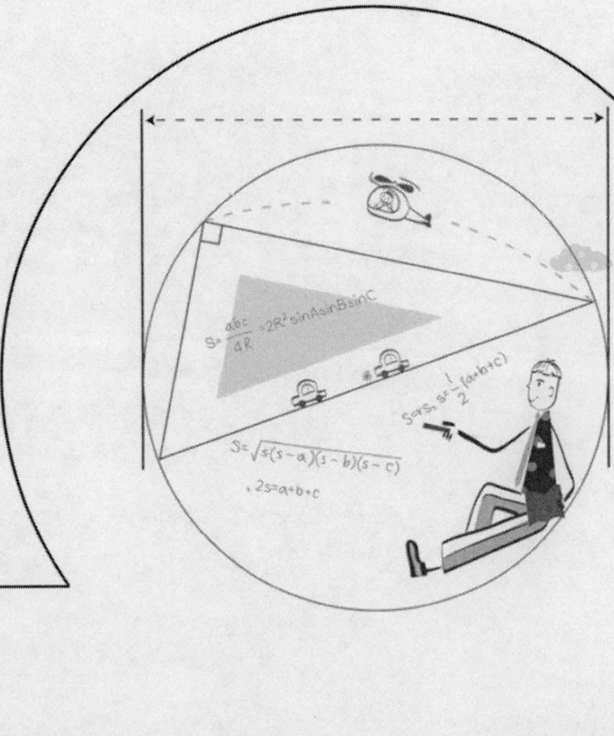

제1장 함 수

1.1 함수의 정의

1. 함수의 정의

집합 X의 원소 x가 집합 Y의 원소 y에 꼭 한 개씩만 대응하는 관계를 **집합 X에서 Y로의 함수** f라 한다(단, $X \neq \phi$, $Y \neq \phi$). 이때의 집합 X를 **정의역**, Y를 **공역**(domain)이라 하고, x가 대응한 y값들의 집합을 **치역**이라 하고 $f(x)$로 나타낸다. 따라서, $f : x \to f(x)$ $(f(x) \subset Y)$이고, 아래 그림과 같이 **치역은 공역의 부분집합**이다. 또한, x의 값에 따라 y의 값이 정해지므로 x를 **독립변수**, y를 **종속변수**라 한다.

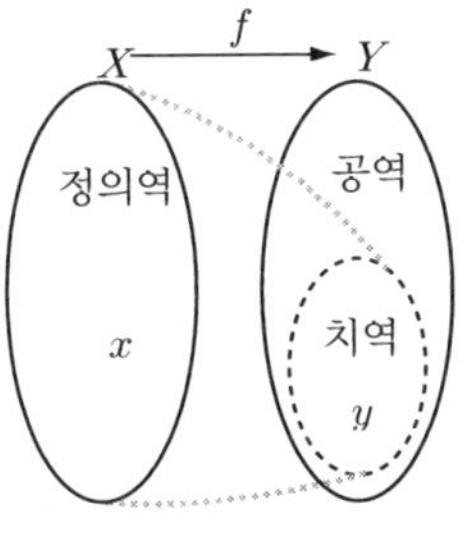

이와 같이, 두 집합 X, Y에 대하여 전체집합 X의 각 원소에 집합 Y의 원소가 하나씩 대응할 때 이 대응을 X에서 Y로의 함수라 하고, f: $X \to Y$ 또는 $\xrightarrow{f} Y$로 표현한다.

예를 들어, 다음과 같이 두 집합

$A = \{1, 2, 3, 4, 5\}$

$B = \{a, b, c, d, e\}$

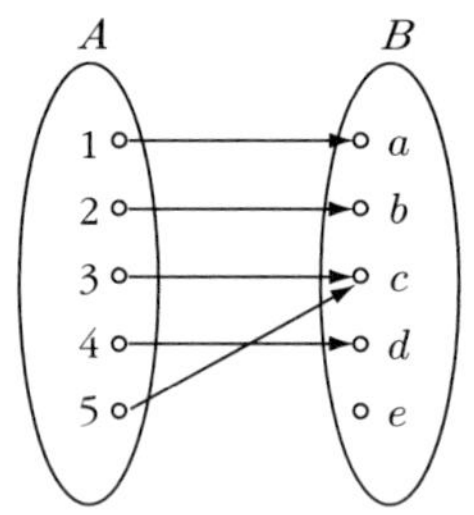

에 대하여 A의 각 원소에 B의 원소가 하나씩 대응한다. 이 예에서 집합 A의 원소 x가 집합 B의 원소 y에 꼭 한 개씩만 대응하기 때문에 집합 X에서 Y로의 함수 f라 한다.(단, $X \neq \phi$, $Y \neq \phi$이다). 이때의 집합 $A = \{1, 2, 3, 4, 5\}$를 **정의역**, $B = \{a, b, c, d, e\}$를 **공역**이라 하고, x가 대응한 y 값들의 집합을 **치역**이라 하고 $f(x) = \{a, b, c, d\}$로 나타낸다.

또한, 위의 그림에서 a를 1의 **상**, b를 2의 **상**, ⋯⋯라 하고, 1을 a의 **역상**(또는 **원상**), 2를 b의 **역상**, ⋯⋯이라 한다.

다음 그림은 함수가 아닌 예를 보여주고 있다.

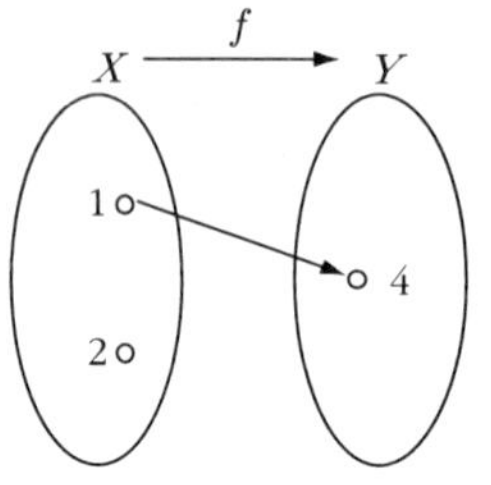

X의 원소 2에 Y의 원소가 대응하지 않는다.

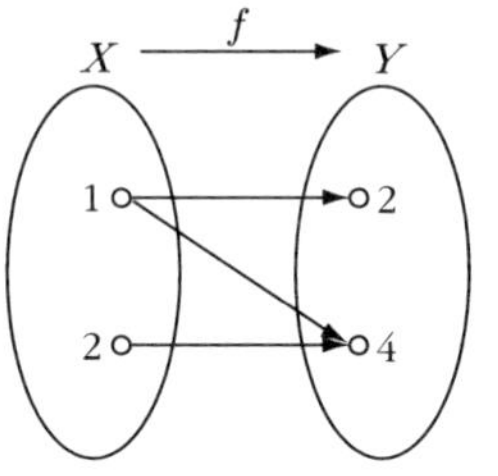

X의 원소 1에 Y의 원소가 2개 대응하고 있다.

예 1 $X = \{-1, 0, 1\}$, $Y = \{8, 9, 10\}$에 대하여 대응 조건 $y = x^2 + 8$ 로 정의하면 a) 대응 y을 찾고, 함수가 성립하는지를 판별하고, b) 정의역, 공역, 치역을 구하여라.

풀이 a)

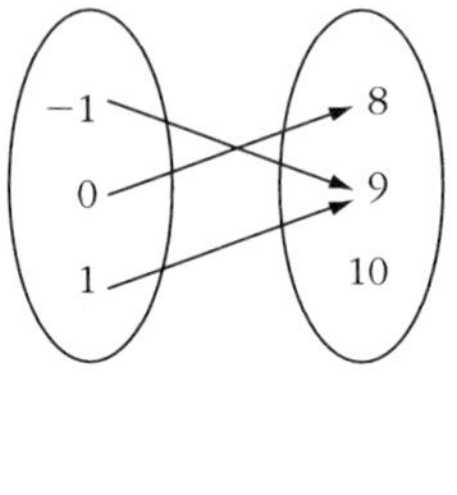

따라서, 함수의 조건을 만족한다.

b) 함수이므로 정의역, 공역, 치역이 존재한다.

정의역$=\{-1, 0, 1\}$, 공역 $=\{8, 9, 10\}$, 치역 $=\{8, 9\}$

예 2 $X=\{0, 1, 2\}$, $Y=\{1, 2, 3\}$에 대하여 함수 $f: X \to Y$, $f(x)=|2x-1|$로 주어질 때 다음을 구하여라.

a) 정의역, 공역 b) $f(1)$, $f(2)$의 값 c) 치역

풀이

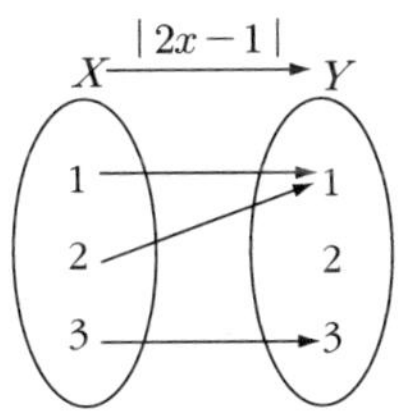

a) 정의역 : $\{0, 1, 2\}$, 공역 : $\{1, 2, 3\}$

b) $f(1): |2\times 1-1|=1$, $f(2)=|2\times 2-1|=3$

c) $f(0)=1$, $f(1)=1$, $f(2)=3$이므로 치역 : $\{1, 3\}$

예 3 다음 그림에서 집합 $X=\{1, 4, 9\}$, 집합 $Y=\{4, 5, 6, 7, 8\}$에 대하여 함수 f를 $y=f(x)=\sqrt{x}+3$ 로 정의하면 정의역, 공역, 치역을 구하여라.

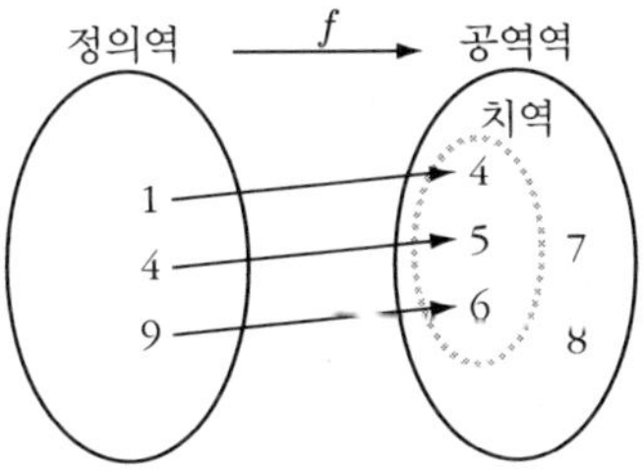

풀이 1에 대한 함수 값$=f(1)=\sqrt{1}+3=4$

4에 대한 함수 값$=f(4)=\sqrt{4}+3=5$

9에 대한 함수 값$=f(9)=\sqrt{9}+3=6$

$\therefore$ 정의역$=\{1, 4, 9\}$, 공역$=\{4, 5, 6, 7, 8\}$

치역$=\{f(1), f(4), f(9)\}=\{4, 5, 6\}$

2. 대 응

대응이란 함수를 이해하는 필수적인 개념으로 X의 각 원소 x에 대하여 Y의 원소 y가 맺어지면 x에 y가 대응한다고 하고, 이것을 기호로 $x \to y$ 로 나타낸다.

일대일 대응이란 X의 모든 원소와 집합 Y의 모든 원소가 하나도 빠짐없이 꼭 한 개씩 대응하며 공역과 치역이 같은 것으로 집합 X의 임의 원소 x_1, x_2에 대하여 $x_1 \neq x_2$이면 $f(x_1) \neq f(x_2)$이지만 **일대일 함수**는 X의 모든 원소가 집합 Y의 원소에 꼭 한 개씩 대응하며 집합 X의 임의 원소 x_1, x_2에 대하여 $x_1 \neq x_2$이면 $f(x_1) \neq f(x_2)$이지만 공역과 치역이 같지 않다. 따라서, **일대일 대응은 일대일 함수에 포함**된다고 할 수 있다. 이들을 정리하면 다음과 같다.

$f: X \to Y$, X의 임의의 두 원소 x_1, x_2에 대하여 $x_1 \neq x_2 \Rightarrow f(x_1) \neq f(x_2)$일 때 함수 f를 **일대일 함수**라 하고, 다음 그림과 같다. 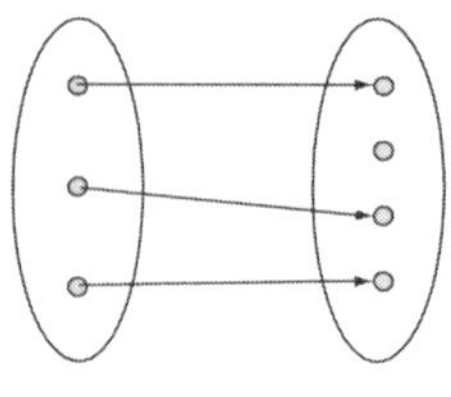	$f: X \to Y$에서 치역과 공역이 같고 X의 임의의 두 원소 x_1, x_2에 대하여 $x_1 \neq x_2 \Rightarrow f(x_1) \neq f(x_2)$일 때 함수 f를 **일대일 대응**이라 하고, 다음 그림과 같다. 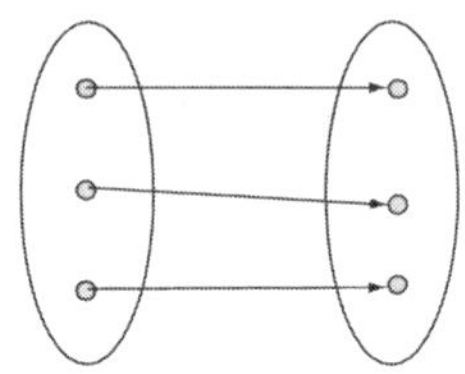

예 1 다음 함수 중 일대일 대응인 것을 찾아라.

a) $f(x) = 2x^2 - x - 1$ b) $f(x) = |x - 2|$

c) $f(x) = 3x - 2$ d) $f(x) = \sqrt{x}$

풀이 그래프를 그려보면 쉽게 알 수 있다.

a)와 (b)는 공역의 한 원소에 대응하는 정의역의 원소가 2개이므로 일대일 대응이 아니다.

c) 치역과 공역이 일치하고, $x_1 \neq x_2$이면 $f(x_1) \neq f(x_2)$이므로 일대일 대응이다.

d) 치역과 공역이 일치하고, $x_1 \neq x_2$이면 $f(x_1) \neq f(x_2)$이므로 일대일 대응이다.

예 2 두 집합 $X=\{a, b, c\}$, $Y=\{1, 2, 3\}$에 대하여 다음의 개수를 구하여라.

a) X에서 Y로의 함수

b) X에서 Y로의 일대일 대응

풀이 a) X의 원소 a, b, c에 각각 Y의 원소가 3가지씩 대응할 수 있으므로 구하는 함수의 수는 $3\times3\times3=27$(개)

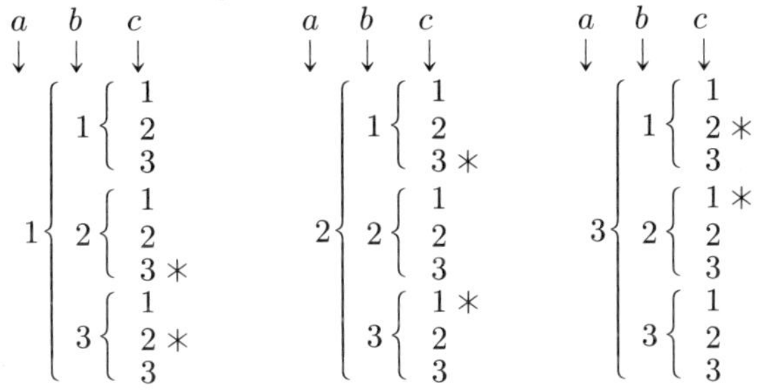

b) X의 원소 a에 대응하는 수는 3가지이고, a에 대응한 수는 b에 대응할 수 없으므로 b에는 2가지, c에는 a, b에 대응한 수가 대응할 수 없으므로 1가지, 구하는 일대일 대응의 수는 $3\times2\times1=6$(개)이다.

3. 함수의 그래프

1) 순서쌍, 곱집합

X의 한 원소 x와 Y의 한 원소 y를 잡아 순서를 생각해서 만든 x와 y의 쌍 (x, y)를 **순서쌍**이라고 한다. 예를 들어, $X=\{a, b, c\}$, $Y=\{1, 2, 3, 4\}$가 주어졌을 때 모든 순서쌍을 나열하면 다음과 같다.

$(a, 1)$, $(a, 2)$, $(a, 3)$, $(a, 4)$, $(b, 1)$, $(b, 2)$, $(b, 3)$, $(b, 4)$, $(c, 1)$, $(c, 2)$, $(c, 3)$, $(c, 4)$

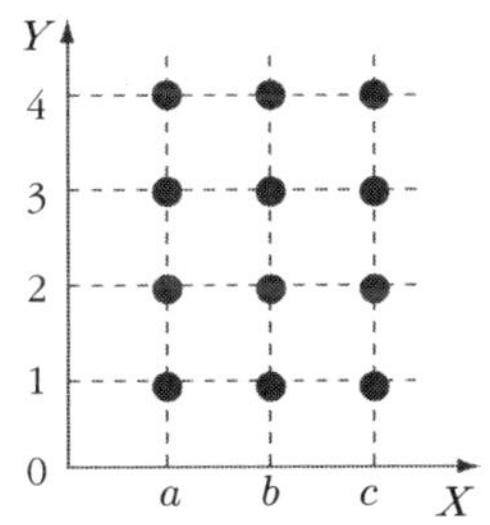

이고, 이들을 원소의 집합 X와 Y의 곱집합이라 하고 $X\times Y$로 나타낸다. 즉,

$$X\times Y=\{(x,\ y)\,|\,x\in X,\ \ y\in Y\}$$

이러한 곱집합의 원소들을 $R\times R$이라는 좌표평면상에 모든 점으로 나타낼 수 있다. **곱집합의 성질**을 살펴보자.

a) $A\times B\neq B\times A$(아래 예 1 참조)

b) **곱집합의 원소의 개수** $\rightarrow$ $n(A\times B)=n(A)\times n(B)$

예 1 $A\{1, 2\}$, $B\{1, 3\}$일 때 다음 집합을 각각 구하고, $A\times B\neq B\times A$을 증명하여라.

a) $A\times B$ b) $B\times A$

풀이 a) $A\times B=\{(1,1),(1,3),(2,1),(2,3)\}$
b) $B\times A=\{(1,1),(1,2),(3,1),(3,2)\}$

따라서, $A\times B\neq B\times A\ (\Leftrightarrow)\{(x,y)\,|\,x\in A,\ y\in B\}\neq\{(x,y)\,|\,x\in B,\ y\in A\}$

예 2 $A=\{1, 2\}$, $B=\{2, 3\}$일 때 집합 $L=\{(x,y)|x+y\leq 4,\ (x,y)\in A\times B\}$와 $n(A\times B)$를 구하여라.

풀이 $A\times B=\{(1,2),(1,3),(2,2),(2,3)\}$의 원소 (x,y) 중에서 $x+y\leq 4$를 만족하는 것은 다음과 같다.

$\therefore\ \{(1,2),(1,3),(2,2)\}$

또한, $n(A)=2,\ n(B)=2$이므로 $n(A\times B)=2\times 2=4$

2) 함수그래프

함수 $f: X\rightarrow Y$가 아래 그림과 같다고 하자.

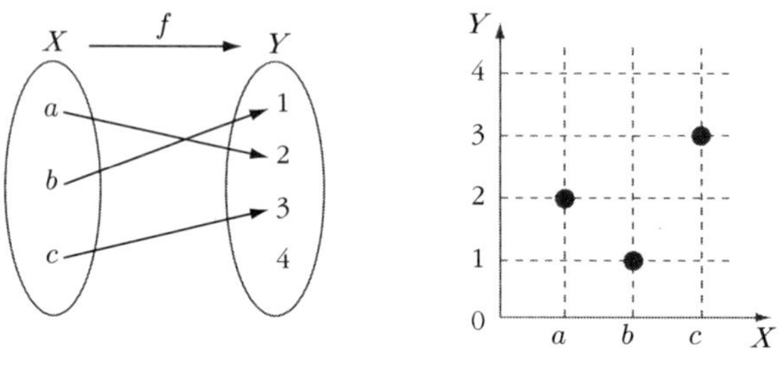

이제, 함수 f에 의한 x의 상 $f(x)$를 잡아 만든 순서쌍 $(x, f(x))$들의 집합을 G라 하면

$$G=\{(a, 2), (b, 1), (c, 3)\}$$

이고, 이것은 곱집합 $X\times Y$의 부분집합이다. 이 때 집합 G를 함수 f의 그래프라 한다.

함수 $f: X\to Y$, $y=f(x)$가 주어지면 이 함수에 대응하여

$$G=\{(x, f(x)) \mid x\in X\}$$

가 결정된다. 이 집합 G를 함수 $y=f(x)$의 그래프라 하고, G의 원소들을 점으로 좌표 평면 위에 나타낸 것을 함수 $y=f(x)$의 그래프의 기하학적 표시라고 한다. 이때 G는 곱집합 $X\times Y$의 부분집합이고, 특히 $X\subset R$, $Y\subset R$이면 이 함수의 그래프 G는 좌표 평면 $R\times R(=R^2)$의 부분집합이다.

예 3 다음 함수의 그래프를 그려라.

a) 정의역$\{0, 1, 2\}$인 함수 $y=-2x$ b) 정의역$\{1, 2, 4\}$인 함수 $y=-\dfrac{4}{x}$

풀이 a) $f(x)=-2x$에서 $f(0)=0$, $f(1)=-2$, $f(2)=-4$이므로 함수의 그래프는 (a)과 같다.

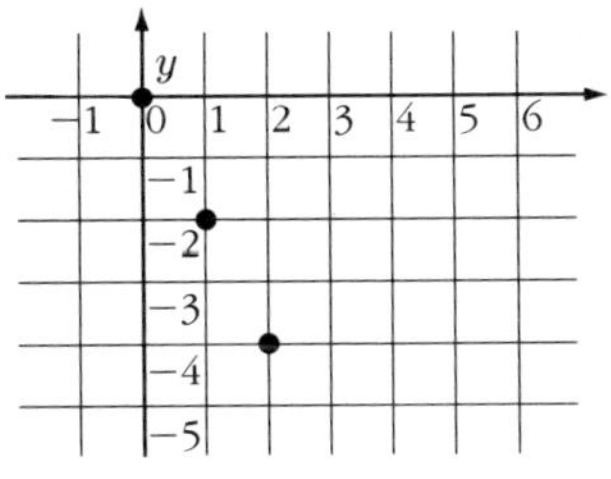

(a)

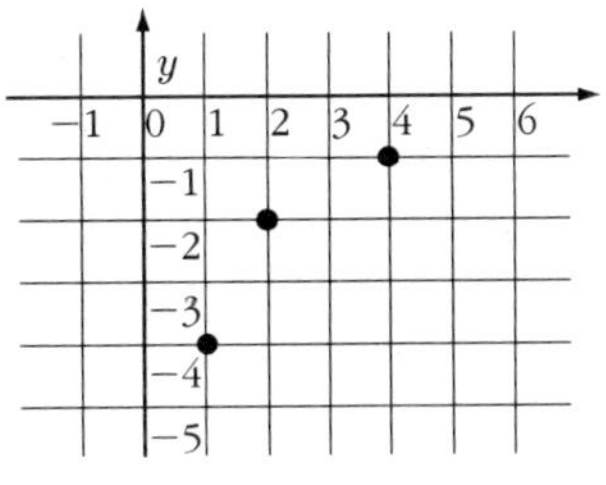

(b)

b) $f(x)=-\dfrac{4}{x}$에서 $f(1)=-4$, $f(2)=-2$, $f(4)=-1$이므로 함수의 그래프는 (b)와 같다.

예 4 $X=\{1, 2, 3\}$이고, $f: x \to (2x-1)\,(x \in X)$일 때 함수 f의 그래프를 구하여라.

풀이 $f(x)=2x-1$이므로 $f(1)=1,\ f(2)=3,\ f(3)=5$
f의 그래프 $G=\{(1, 1), (2, 3), (3, 5)\}$
따라서, $\{(1, 1), (2, 3), (3, 5)\}$ 혹은 $\{(x, 2x-1) \mid x=1, 2, 3\}$

4. 항등함수, 상등함수, 상수함수

1) 항등함수는 집합 X의 모든 원소 x에 대하여 $f(x)=x$이면 이 f를 X에서의 **항등함수**라 하고, I_x 또는 간단히 I로 나타낸다.

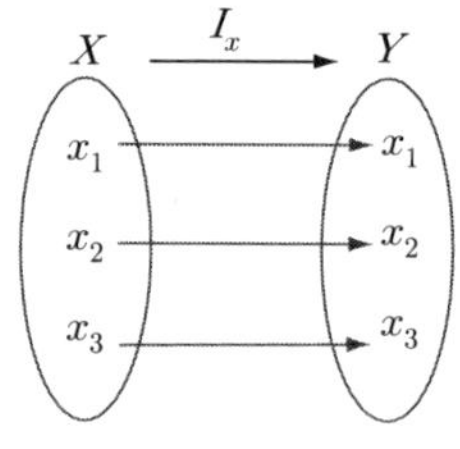

2) 정의역의 임의의 원소 x에 대하여 두 함수 f와 g가 $f(x)=g(x)$일 때 $f(x)$와 $g(x)$를 **상등함수**라 하고 $f=g$로 표시한다.

예 1 $X=\{-1, 0, 1\}$에서 $Y=\{-1, 0, 1\}$로 대응하는 두 함수 f, g를 $f(x)=x^2$, $g(x)=|x|$라 할 때 이 두 함수가 상등함수임을 보여라.

풀이 $f(-1)=(-1)^2=1,\ g(-1)=|-1|=1,\ f(0)=0^2=0,\ g(0)=|0|=0$
$f(1)=1^2=1,\ g(1)=|1|=1$
이므로 X의 모든 원소 x에 대하여 $f(x)=g(x)$가 성립하므로 상등함수이다.

예 2 집합 $X=\{-1, 0, 1\}$에서 실수 전체의 집합 R로의 두 함수가 $f(x)=x^3$, $g(x)=x$일 때 $f=g$임을 밝혀라.

풀이 $f(-1)=g(-1)=-1,\ f(0)=g(0)=0,\ f(1)=g(1)=1$이므로
$\therefore f=g$

3) **상수함수**는 집합 X의 모든 원소 x에 대하여 $f(x)=c$(단, c는 상수)인 함수를 말한다. 또는 다음 그림과 같이 함수 $f:X\to Y$에서 X의 임의의 원소 x에 대하여 $f(x)$의 치역 중에 특정한 치역을 갖는 경우도 상수함수에 해당된다.

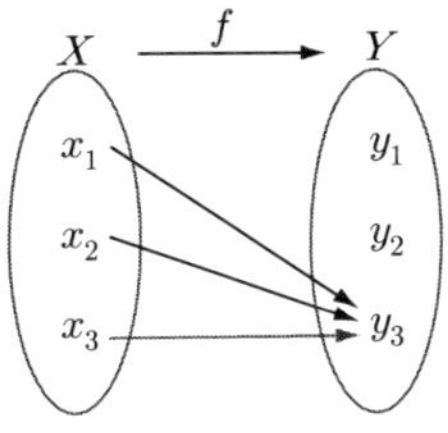

1.2 합성함수

1. 합성함수의 개념

세 집합 $X=\{1, 2, 3\}$, $Y=\{a, b, c, d\}$, $Z=\{p, q, r\}$에 대하여 두 함수 $f: X\to Y$, $g: Y\to Z$가 다음과 같이 주어졌다고 하자.

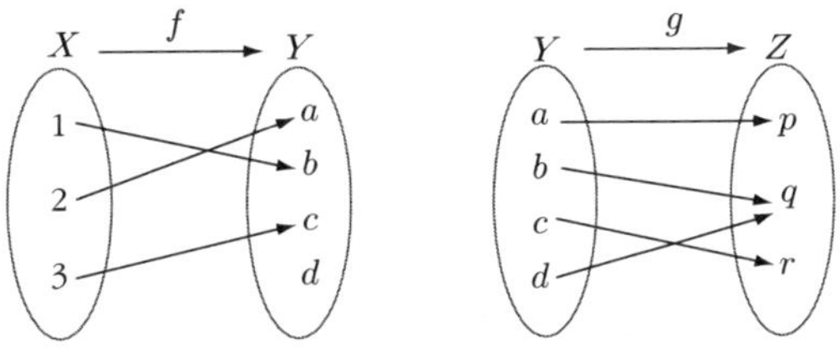

여기서, 두 함수 f, g의 대응관계를 하나의 그림으로 나타내면 아래 그림 (a)와 같다. 이것을 그림 (a)에서 중간 단계를 생략하고 X의 원소에 Z의 원소를 대응시키면 그림 (b)와 같다.

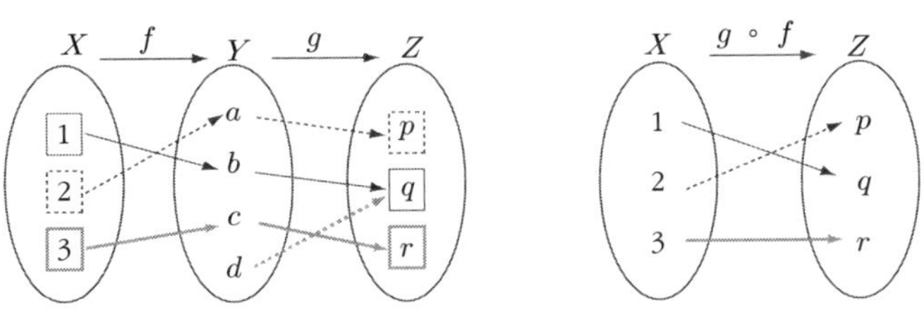

(a) (b)

그림 (b)는 X를 정의역으로 하고, Z를 공역으로 하는 새로운 함수로 **합성함수**가 만들어진다.

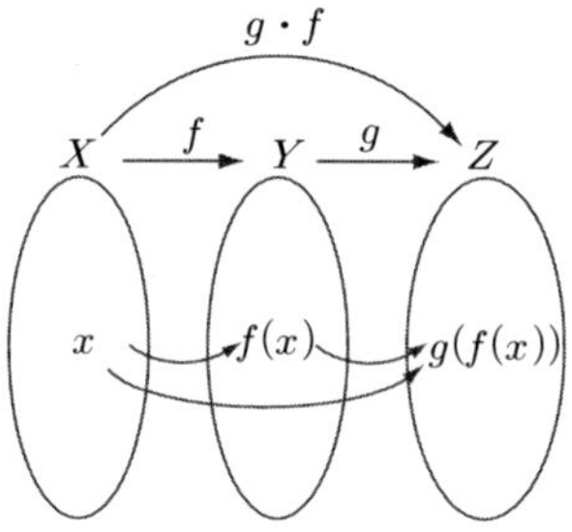

다시 말해서, 두 함수 f, g가 $f: X \to Y,\ y = f(x),\ g: Y \to Z,\ z = g(y)$와 같이 주어졌을 때, X의 임의의 원소 x에 대하여 Z의 원소 $g(f(x))$를 대응시켜 X를 정의역, Z를 공역으로 하는 새로운 함수를 정의할 수 있다. 이 함수를 f와 g의 **합성함수**라 하고 다음과 같이 표현한다.

$$g \circ f: X \to Z,\quad z = (g \circ f)(x)$$

두 함수 $f: X \to Y$와 $g: Y \to Z$의 합성함수는 X의 원소 x에 대하여 Z의 원소 $g(f(x))$를 대응시킴으로써 X를 정의역, Z를 공역으로 하는 다음과 같은 새로운 함수를 얻는다.

$$g \circ f: x \to g(f(x)),\quad (g \circ f)(x) = g(f(x))\ \ (x \in X)$$

예 1 $f(x) = 2x + k,\ g(x) = -x + 1$이고 $(g \circ f) = (f \circ g)$일 때 k를 구하여라.

풀이 $(g \circ f)(x) = g(f(x)) = g(2x + k) = -(2x + k) + 1$

$(f \circ g)(x) = f(g(x)) = f(-x + 1) = 2(-x + 1) + k$

따라서, $-(2x + k) + 1 = 2(-x + 1) + k,\quad k = -\dfrac{1}{2}$

$\therefore\ k = -\dfrac{1}{2}$

2. 합성함수의 성질

세 함수 f, g, h와 항등함수 I에 대하여

(a) $f \circ g \neq g \circ f$ (교환법칙이 성립하지 않는다.)

예를 들어, $f(x)=x^2$, $g(x)=3x-7$을 가지고 합성함수가 교환법칙이 성립하는지를 살펴보자.

$$(f \circ g)(5)=f(g(5))=f(3\times5-7)=8^2=64$$
$$(g \circ f)(5)=g(f(5))=g(5^2)=3\times5^2-7=68$$
$$\therefore \quad f \circ g \neq g \circ f$$

따라서, 이 예에서 교환법칙이 성립하지 않는다.

(b) $(f \circ g) \circ h=f \circ (g \circ h)$(결합법칙이 성립한다.)

증명 $((h \circ g) \circ f)(x)=(h \circ g)(f(x))=h(g(f(x)))$

$(h \circ (g \circ f))(x)=h((g \circ f)(x))=h(g(f(x)))$

$\therefore (h \circ g) \circ f=h \circ (g \circ f)$

따라서, 결합법칙이 성립한다.

(c) $f \circ I=I \circ f=f$

예를 들어, $f(x)=x^2+2x$를 이용하여 $f \circ I=I \circ f=f$이 성립하는 것을 살펴보자.

$I(x)=x$이므로 $(f \circ I)(x)=f(I(x))=f(x)=x^2+2x$

$(I \circ f)(x)=I(f(x))=f(x)=x^2+2x$

따라서, $f \circ I=I \circ f=f$이 성립한다.

예 2 두 함수 f, g가 아래 그림과 같이 주어질 때 다음 합성함수의 값을 구하여라.

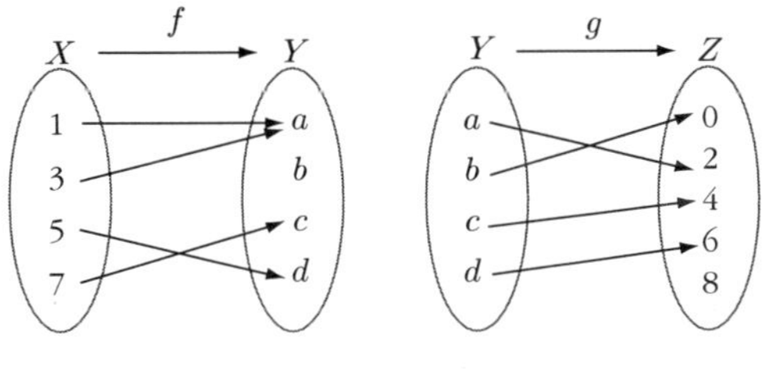

a) $(g \circ f)(1)$ b) $(g \circ f)(3)$ c) $(g \circ f)(5)$ d) $(g \circ f)(7)$

풀이 X의 원소 1, 3, 5, 7에 대응하는 Y의 원소는 차례로 a, a, d, c이다.
아래 그림에서 다음을 얻는다.

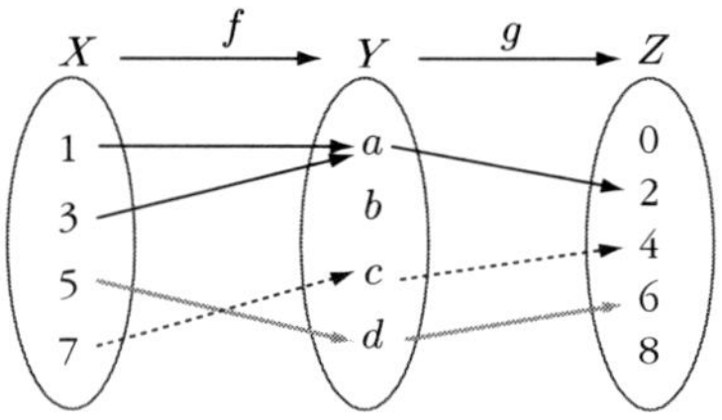

a) $(g \circ f)(1) = g(f(1)) = g(a) = 2$
b) $(g \circ f)(3) = g(f(3)) = g(a) = 2$
c) $(g \circ f)(5) = g(f(5)) = g(d) = 6$
d) $(g \circ f)(7) = g(f(7)) = g(c) = 4$

1.3 역함수

1. 역함수의 정의

아래 그림 왼편에서 함수 f는 집합 X와 Y 사이의 일대일 대응되고, 다음 그림 오른쪽에서

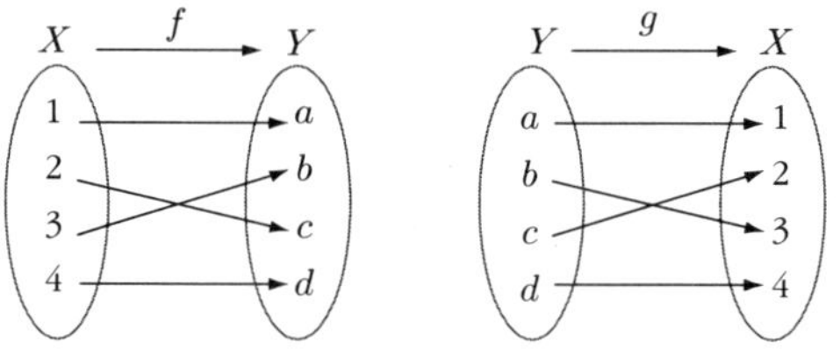

함수 f의 역으로 Y에서 X로 일대일 대응되는 함수 g는 f의 역함수라 하고, 기호로 "$f^{-1} : Y \to X$"로 표시한다. 다시 말해서, 함수 "$f : X \to Y,\ y = f(x)$"가 일대일 대응일 때 함수 f의 역함수 f^{-1}는 "$f^{-1} : Y \to X,\ \ y = f^{-1}(x)$"로 일대일 대응이 된다.

역함수를 구하는 방법

1) 주어진 함수가 일대일 대응인지를 확인한다.
2) 독립변수를 x, 종속변수를 y로 하므로 함수 $y=f(x)$를 $x=g(y)$로 변환하고, x와 y를 바꾸어 $y=g(x)$로 쓰면 이것이 역함수 $y=f^{-1}(x)$가 된다.
3) 함수 f와 그 역함수 f^{-1}에 있어서 f^{-1}의 정의역은 f의 치역이고, f^{-1}의 치역은 f의 정의역이 된다.

2. 역함수의 성질

일대일 대응인 두 함수 $f: X \to Y$, $g: Y \to Z$에 대하여

1) $(f^{-1})^{-1}=f$
2) $f \circ f^{-1}=I$, $f^{-1} \circ f=I$ (단, I는 항등함수)
3) $(f \circ g)^{-1}=g^{-1} \circ f^{-1}$
4) $f \circ g=I$, $g \circ f=I$이면 $f=g^{-1}$, $g=f^{-1}$

참고 $(f \circ g)^{-1} \neq (g \circ f)^{-1}$

예 1 다음 함수 중에서 역함수가 존재하는 것을 모두 골라라.

a) $y=2x-1$ b) $y=|x|$

c) $y=x^2(x \geq 0)$ d) $y=\frac{1}{x^2}(x \neq 0)$

풀이 함수 $f: X \to Y$, $y=f(x)$의 역함수가 존재하려면 일대일 대응이어야 한다. 즉, 정의역에 속하는 임의의 두 원소 x_1, x_2에 대하여 $x_1 \neq x_2$일 때 $f(x_1) \neq f(x_2)$를 만족하고 공역과 치역이 같아야 한다.

a) 함수 $y=2x-1$의 그래프는 일대일 대응이다. 역함수 존재한다.
b) $f(x)=|x|$은 아래의 그림과 같이 서로 다른 정의역의 두 원소가 공역의 한 원소에 대응하므로 일대일 대응이 아니다.
c) $y=x^2(x \geq 0)$은 아래의 그림과 같이 양의 실수의 전체의 집합에서 양의 실수 전체의 집합으로 대응하는 일대일 대응이다.
d) $y=\frac{1}{x^2}(x \neq 0)$은 아래의 그림과 같이 일대일 대응이 아니다.

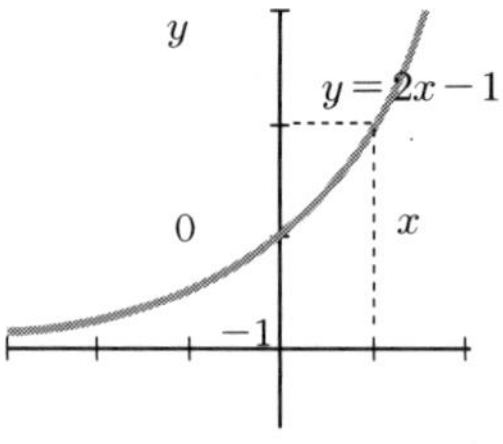

(a)

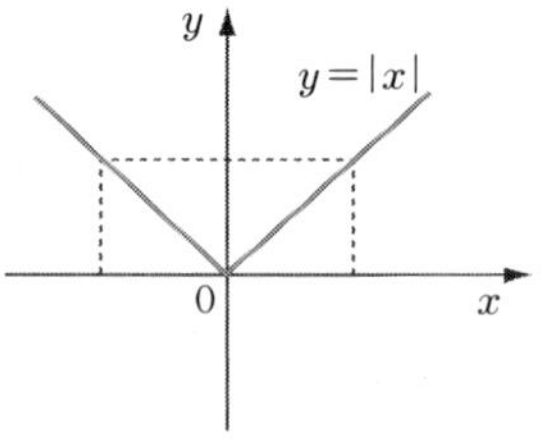

(b)

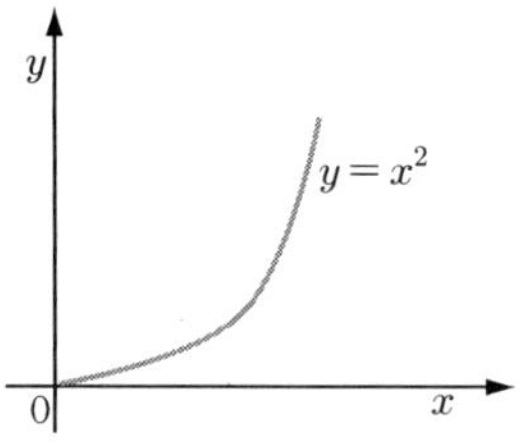

(c)

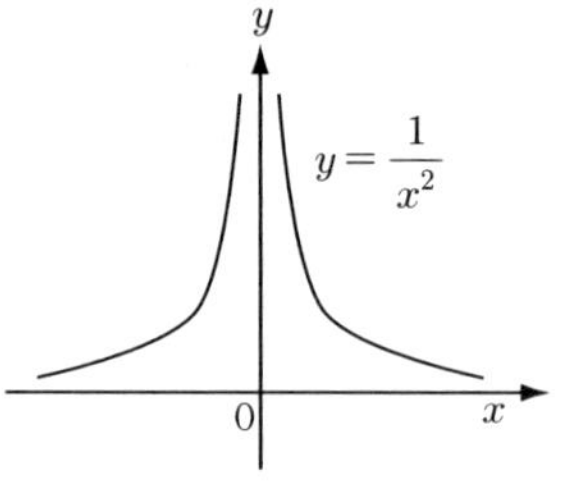

(d)

예 2 다음 함수의 역함수를 구하여라.

$f : x \rightarrow 2x+3 (0 \leq x \leq 2)$

풀이 $y=2x+3$를 (a)라 놓으면, $0 \leq x \leq 2$일 때 $3 \leq y \leq 7$

또한, (a)에서 $x = \dfrac{y-3}{2}$이고, x는 y함수이므로, x와 y를 서로 바꾼다.

따라서, 구하는 역함수는 $f^{-1} : x \rightarrow \dfrac{x-3}{2} (3 \leq x \leq 7)$

3. 역함수의 그래프

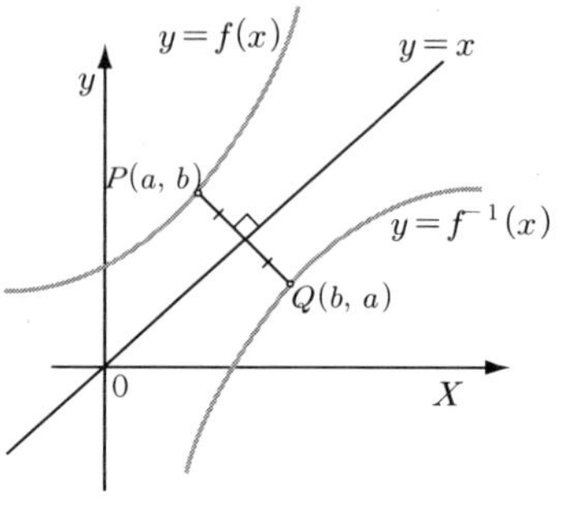

함수 $y=f(x)$의 그래프 위의 임의의 점 $p(a,\ b)$에 대하여 $b=f(a) \Leftrightarrow a=f^{-1}(b)$이다. 그러므로 $Q(b,\ a)$는 역함수 $y=f^{-1}(x)$의 그래프 위의 점이다. 그런데, $(a,\ b)$와 $(b,\ a)$는 직선 $y=x$에 대하여 대칭이므로, 함수 $y=f(x)$와 그 역함수 $y=f^{-1}(x)$의 그래프는 직선 $y=x$에 대하여 대칭이다.

예 1 함수 $y=x^2-1\,(x \geq 0)$의 역함수를 구하고, 그 그래프를 그려라.

풀이 함수 $y=x^2-1$은 $x \geq 0$에서 일대일 대응이다. 따라서, $x \geq 0$에서 $y=x^2-1$의 역함수가 존재한다. $y=x^2-1$을 x에 관하여 풀면 $x \geq 0$이므로 $x=\sqrt{y+1}$ 이다. 여기서, x와 y를 바꾸어 쓰면

$$y=\sqrt{x+1} \quad \cdots\cdots\cdots \text{(a)}$$

그런데, $y=x^2-1 \geq -1$ 즉, $y \geq -1$이므로 (a)의 정의역은 $x \geq -1$이다. 따라서, 구하는 역함수는 $y=\sqrt{x+1}\,(x \geq -1)$이고, 그래프는 아래 그림과 같다.

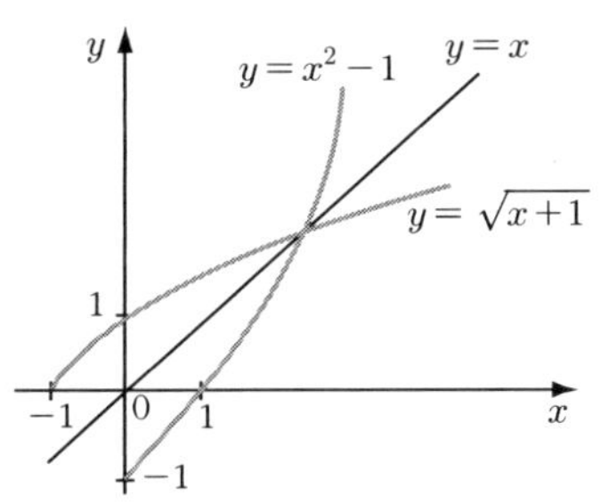

예 2 다음 함수의 역함수를 그래프로 그려라.

a) $y=2-3x\,(0 \leq x \leq 2)$ b) $y=x^2-2x\,(x \geq 1)$

풀이 a) $y=2-3x$의 정의역은 $0 \leq x \leq 2$ 이고 치역은 $-4 \leq y \leq 2$이다. 따라서,

$x=-\dfrac{1}{3}y+\dfrac{2}{3}$의 역함수는 $y=x$에 대칭이므로

$y=-\dfrac{1}{3}x+\dfrac{2}{3}\,(-4 \leq x \leq 2)$로 그림에서 보는 것과 같다.

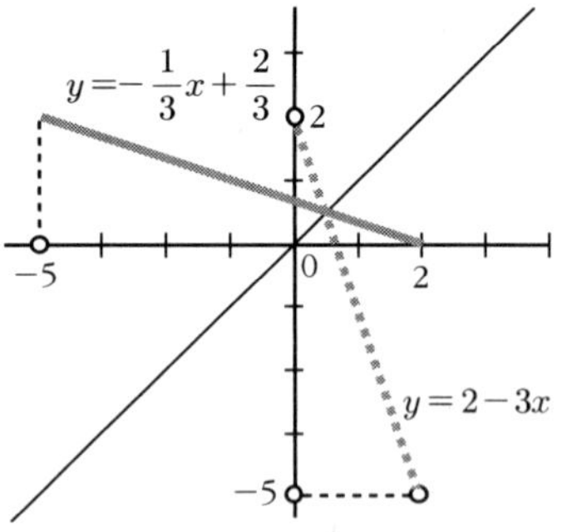

b) $y=x^2-2x$ 의 정의역은 $x \geq 1$이고, 치역은 $y \geq -1$이다. 따라서,
$x^2-2x-y=0$ 에서 $x=1+\sqrt{1+y}$
이것의 역함수는 $y=x$에 대칭이므로 $y=1+\sqrt{1+x}\ (x \geq -1)$로 다음 그림과 같다.

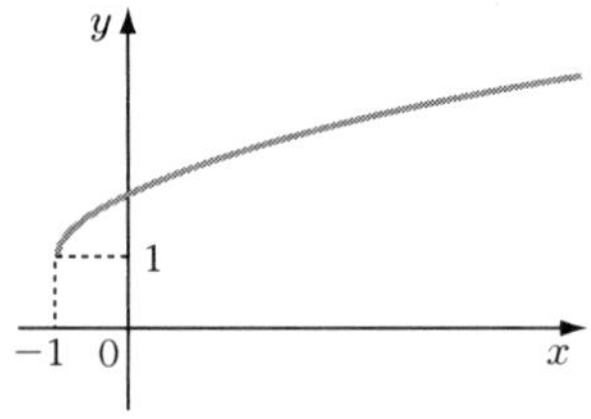

1.4 일차함수의 그래프

1. $y=ax+b$의 그래프

(1) $y=ax+b$에서 a(기울기)의 성질

$a>0$이면 x가 우측으로 가면서 y가 증가하는 직선으로 x가 1 증가할 때마다 y는 a씩 증가하는 **증가함수**이다. 증가함수란 $x_1>x_2$이면 $f(x_1)>f(x_2)$인 함수를 말한다.
$a<0$이면 x가 우측으로 가면서 y가 감소하는 직선이 되고 x가 1 감소할 때마다 y는 $\lvert a\rvert$씩 감소하는 **감소함수**이다. 감소함수란 $x_1>x_2$이면 $f(x_1)<f(x_2)$인 함수를 말한다.

단, $a=0$이면 x축에 평행한 직선으로 모든 x에 대하여 $y=b$(y 값이 상수로 일정)가 되는 **상수함수**이다.

(2) $y=ax+b$에서 b(y절편)의 성질

$b>0$이면 기울기 a에 상관없이 y축의 양의 부분에서 만나고
$b<0$이면 기울기 a에 상관없이 y축의 음의 부분에서 만나고
$b=0$이면 원점을 지난다.

예 1 다음 함수의 그래프를 그리고, 기울기, y절편, 축 x의 양의 방향과 이루는 각을 각각 구하여라.

a) $y=\sqrt{3}x-4$ b) $x+y-3=0$

풀이 a) 기울기 : $\sqrt{3}$, y절편 : -4

x축의 양의 방향과 이루는 각을 θ라 하면 $\tan\theta=\sqrt{3}$ $\therefore \theta=60°$

b) $y=-x+1$이므로, 기울기 : -1, y절편 : 3

x축의 양의 방향과 이루는 각을 θ라 하면 $\tan\theta=-1$ $\therefore \theta=135°$

2. $ax+by+c=0$의 그래프

$ax+by+c=0$에서 다음으로 나누어 생각할 수 있다.

$b\neq 0$일 때 $y=-\frac{a}{b}x-\frac{c}{b}$이므로 기울기는 $-\frac{a}{b}$, y 절편은 $-\frac{c}{b}$인 직선
$b=0$일 때 $ax+c=0$이므로 $\therefore x=-\frac{c}{a}$, 이것은 y축에 평행한 직선
$a=0$일 때 $by+c=0$이므로 $\therefore y=-\frac{c}{b}$, 이것은 x축에 평행한 직선

예 1 다음 각 물음에 답하여라.

a) 직선 $(a-1)x-y+b-2=0$ 이 x축의 방향과 이루는 각이 $30°$ 이고, y절편이 -2일 때 a, b의 값을 구하여라.

b) 직선 $ax+2y=4$가 x축, y축의 양의 부분과 둘러싼 부분의 면적이 16일 때 a의 값을 구하여라.

풀이 (a) $(a-1)x-y+b-2=0$에서 $y=(a-1)x+b-2$

기울기는 $a-1=\tan 30°$ $\quad \therefore a=1+\dfrac{1}{\sqrt{3}}$

y 절편 $b-2=-2$ $\quad \therefore b=0$

(b) $ax+2y=4$에서

x절편은 $y=0$일 때이므로 $ax=4$ $\quad \therefore x=\dfrac{4}{a}$

y절편은 $x=0$일 때이므로 $\therefore y=2$

따라서, 삼각형의 면적은 $\dfrac{1}{2}\times\dfrac{4}{a}\times 2=20$ $\quad \therefore a=\dfrac{1}{5}$

3. 절대값 기호를 가진 일차함수

절대값을 가진 함수 $y=|f(x)|$의 그래프를 가지고 살펴보자. 예를 들어, 함수 $y=f(x)$의 그래프가 다음과 같다고 할 때 함수 $y=|f(x)|$의 그래프를 그려보자.

예 1 $f(x)=x$라 할 때 다음 함수들의 그래프를 그려라.

(a) $y=|x|$ (b) $y=|x-1|$ (c) $y=|x|-1$

(d) $|y|=x-1$ (e) $|y|=|x|-1$

풀이

a) $y=\|x\|$ ($y=\|x\|$ 함수) i) $x\geq 0$일 때 $y=x$ ii) $x<0$일 때 $y=-x$ 따라서, 다음과 같다.	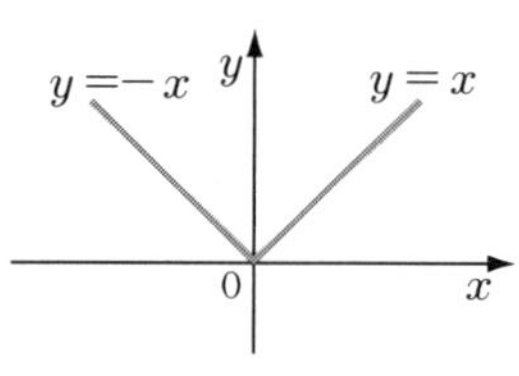	$x\geq 0$인 그래프를 y축에 대하여 대칭
b) $y=\|x-1\|$ ($y=\|f(x)\|$ i) $x\geq 1$일 때 $y=x-1$ ii) $x<1$일 때 $y=-x+1$ 따라서, 다음과 같다.	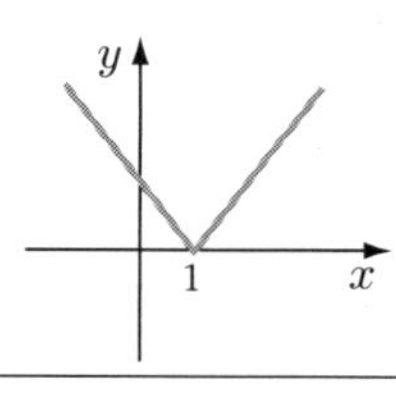	$y=f(x)$그래프의 아래 부분을 접어 올린다.

c) $y=\|x\|-1$ ($y=\|x\|$ 함수) i) $x \geq 0$일 때 $y=x-1$ ii) $x<0$일 때 $y=-x-1$ 따라서, 다음과 같다.	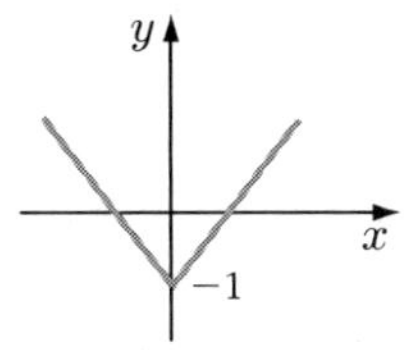	$x \geq 0$인 그래프를 y축에 대하여 대칭
d) $\|y\|=x-1$ ($\|y\|=f(x)$) i) $y \geq 0$일 때 $y=x$ ii) $y<0$일 때 $-y=x$ 따라서, 다음과 같다.	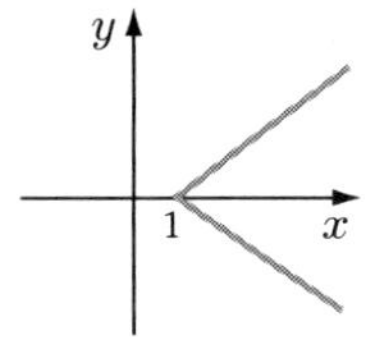	$y \geq 0$인 그래프를 x축에 대하여 대칭
e) $\|y\|=\|x\|-1$($\|y\|=f(\|x\|)$) i) $x \geq 0$, $y \geq 0$일 때 $y=x$ ii) $x \geq 0$, $y<0$일 때 $-y=x$ iii) $x<0$, $y \geq 0$일 때 $y=-x$ iv) $x<0$, $y<0$일 때 $-y=-x$	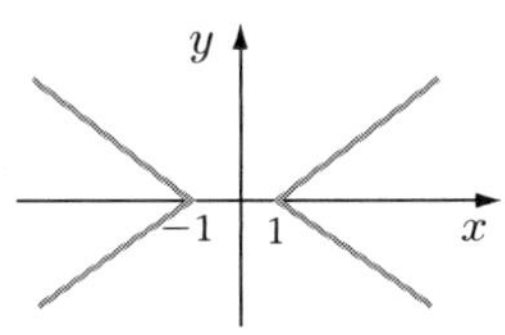	$x \geq 0$, $y \geq 0$인 그래프를 x축, y축, 원점대칭

예 2 함수 $y=2|x-1|+3|x-5|$의 그래프를 그려라.

풀이 x의 범위를 다음처럼 세 가지로 나누어야 한다.

a) $x \leq 1$일 때 $y=-2(x-1)-3(x-5)=-5x+17$

b) $1<x \leq 5$일 때 $y=2(x-1)-3(x-5)=-x+13$

c) $x \geq 5$일 때 $y=2(x-1)+3(x-5)=5x-17$

따라서, $y=2|x-1|+3|x-5|$의 그래프는 다음과 같다.

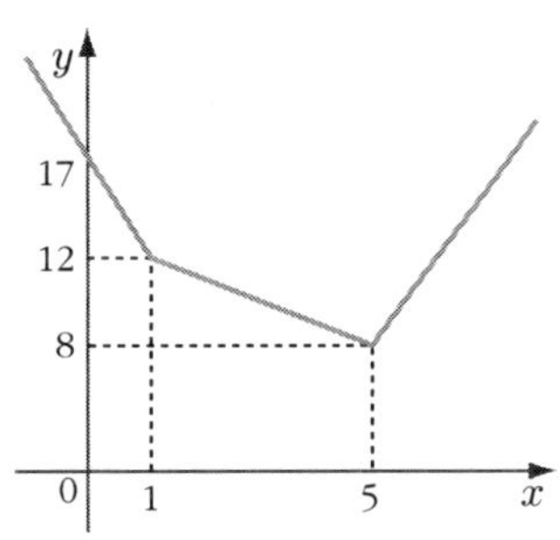

이것도 절대값 안의 값이 0이 되는 두 점에서 꺾어지는 것을 알 수 있다.

4. 가우스 기호가 있는 함수

$[x]$는 x를 넘지 않는 최대 정수를 나타내며 [ ]를 **가우스 기호**라고 한다. 이 때 $[x]$는 '가우스 x'라고 읽는다. 예를 들어,

a) $[2.7]=2$, $[3]=3$, $[\pi]=[3.14\cdots]=3$

b) $[-5.2]=-6$, $[-3]=-3$

c) $[x]=3$이면 $x=3$ 또는 $x=3.\cdots$ 다시 말해서 $3 \leq x < 4$

다음 실수 x에 정수 $[x]$를 대응시키는 함수 $y=[x]$를 생각해보자.

$-2 \leq x < -1$이면 $y=-2$

$-1 \leq x < 0$ 이면 $y=-1$

$0 \leq x < 1$이면 $y=0$

$1 \leq x < 2$이면 $y=1$

⋮

이므로 함수 $y=[x]$의 그래프는 다음과 같다.

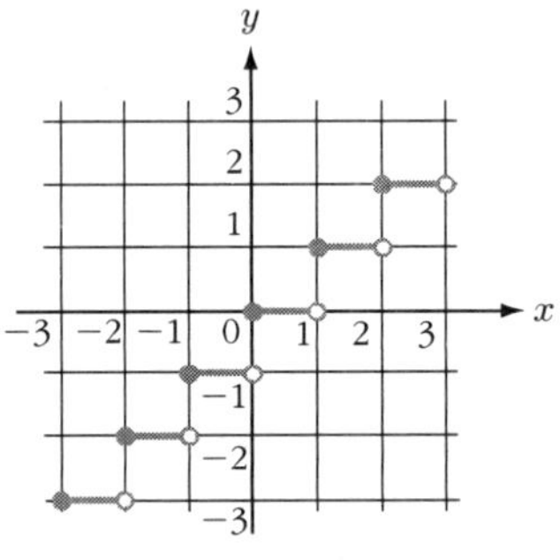

위의 그림을 살펴보면 함수 $y=[x]$의 정의역 x는 실수이고, 치역 y는 정수가 된다.

예 1 함수 $y=x-[x]$의 그래프를 그려라. (단, $[x]$는 x를 넘지 않는 최대 정수)

풀이 $-2 \leq x < -1$이면 $[x]=-2$ $y=x+2$

$-1 \leq x < 0$ 이면 $[x]=-1$ $y=x+1$

$0 \leq x < 1$이면 $[x]=0$ $y=x$

$1 \le x < 2$이면 $[x]=1$ $y=x-1$

⋮

이므로 함수 $y=x-[x]$의 그래프는 다음과 같다.

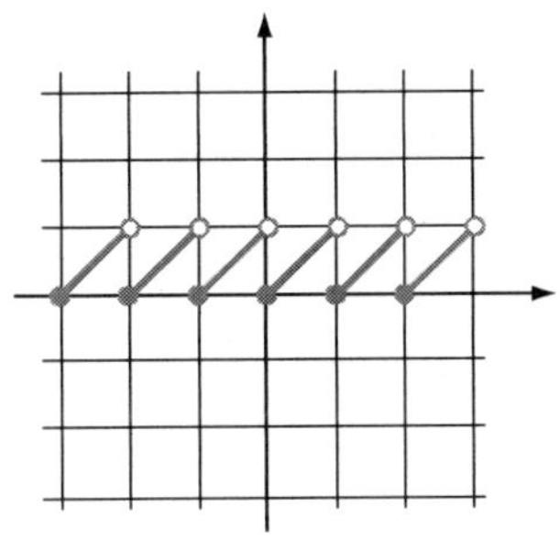

위의 그림을 살펴보면, 이 함수의 정의역 x는 실수이고, 치역 y는 $0 \leqq y < 1$ 이 된다.

1.5 이차함수 그래프

함수의 방정식은 $y=f(x)$가 이차식 형태로 나타나는 함수로 일반적으로 $y=ax^2+bx+c$(단, $a \neq 0$)의 꼴로 나타낸다. 이 이차함수의 그래프는 다음 그림과 같이 포물선으로 나타난다.

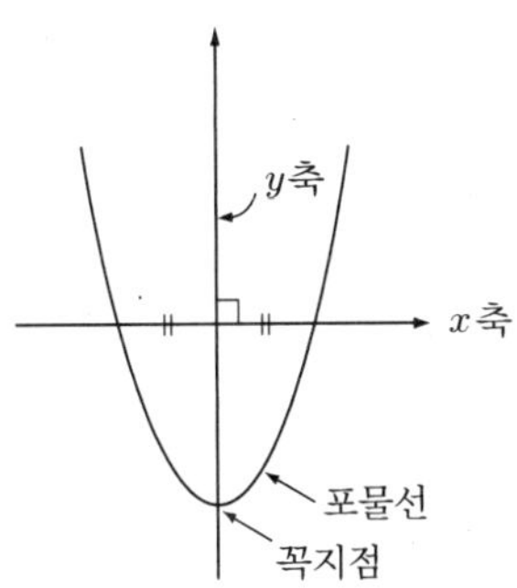

1. $y=ax^2$의 그래프

이차함수 중에서 가장 간단한 형태는 $y=ax^2+bx+c$에서 $b=c=0$일 때의 형태로 $y=ax^2$(단, $a\neq 0$)이다. 이 함수의 방정식에 $x=0$을 대입하면 $y=0$이므로 그래프는 원점(꼭지점의 좌표(0, 0))을 지나고, x 대신 $-x$를 대입하면 y축에 대칭이 된다. 이제 이차함수 $y=ax^2$ 그래프의 특징을 살펴보자.

(a) $a>0$일 때는 아래 그림에서처럼 아래로 볼록한 포물선으로 꼭지점은 원점으로 y축에 대칭이다. 또한, $|a|$의 값이 커질수록 포물선은 y축으로 오므라진다.

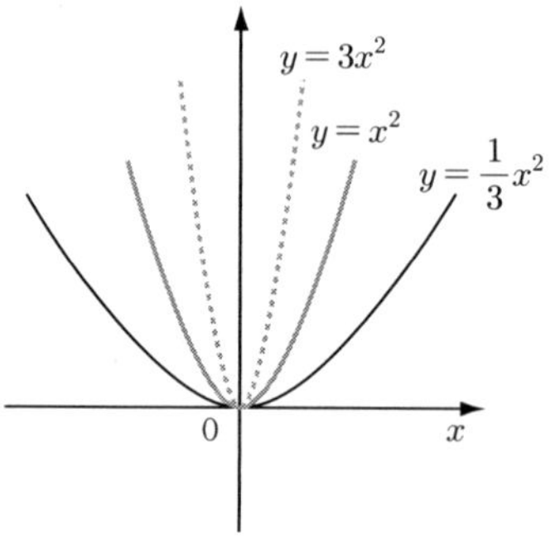

(b) $a<0$일 때는 아래 그림에서처럼 위로 볼록한 포물선으로 꼭지점은 원점으로 y축에 대칭이다. 또한, $|a|$의 값이 커질수록 포물선은 y축으로 오므라진다. $a<0$인 경우는 $a>0$인 그래프를 x축에 대하여 대칭 이동시킨 것이다. 예를 들어, $y=-4x^2$은 $-y=4x^2$이므로 이것은 $y=4x^2$을 x축에 대하여 대칭 이동시킨 것이다.

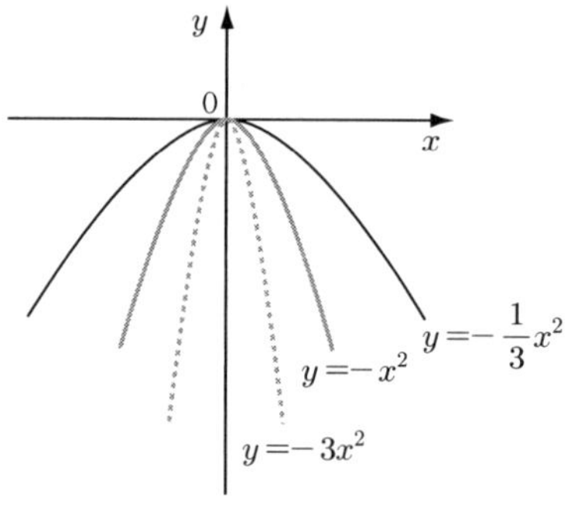

2. $y=ax^2+b(a \neq 0)$의 그래프

이차함수 $y=ax^2+b(a \neq 0)$의 그래프는 $y=ax^2$의 그래프를 y축의 양의 방향으로 b만큼 평행이동한 것으로 꼭지점의 좌표는 $(0, b)$이고, y축을 축으로 하는 포물선이다.

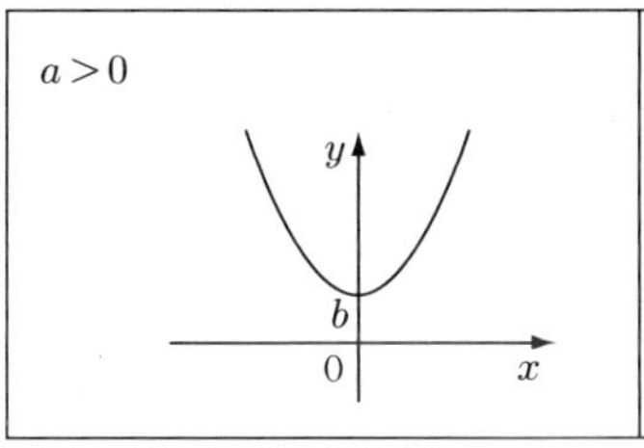

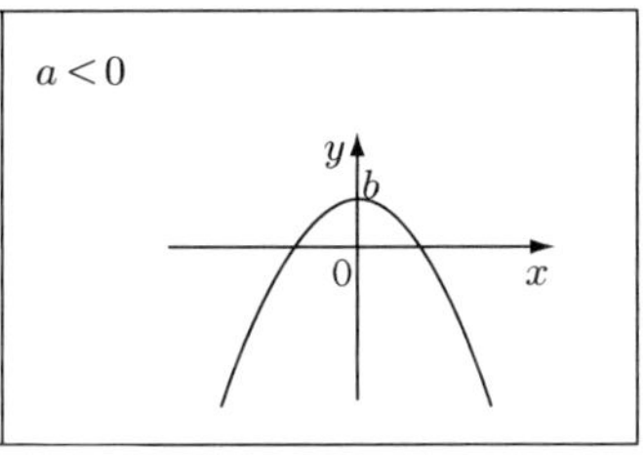

3. $y=a(x-p)^2(a \neq 0)$의 그래프

이차함수 $y=a(x-p)^2(a \neq 0)$의 그래프는 $y=ax^2$의 그래프를 x 축의 방향으로 p 만큼 평행이동한 것으로 직선 $x=p$를 축으로 하고, 점 $(p, 0)$을 꼭지점으로 하는 포물선이다.

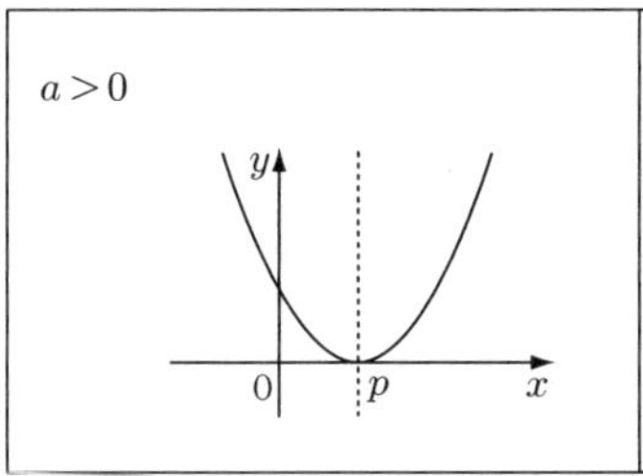

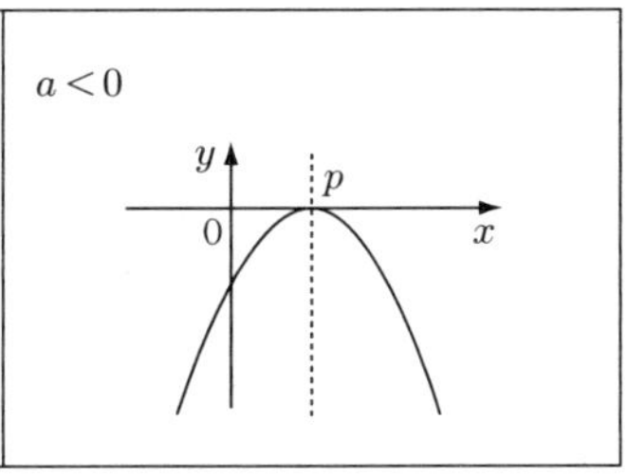

4. $y=a(x-p)^2+q(a \neq 0)$의 그래프(표준형)

1) $y=a(x-p)^2+q$

이차함수 $y=ax^2+bx+c$는 식의 우변을 적당히 변형하여 $y=a(x-p)^2+q$ 꼴로 나타내면 이것은 $y=ax^2$에 x 대신 $x-p$를, y 대신 $y-q$를 각각 대입한 것으로 $y=a(x-p)^2+q$은 포물선 $y=ax^2$을 x축 방향으로 p만큼 y축 방향으로 q

만큼 평행이동한 것이다. 이 때 대칭축은 $x=p$이고, 꼭지점은 $(p,\ q)$이다.

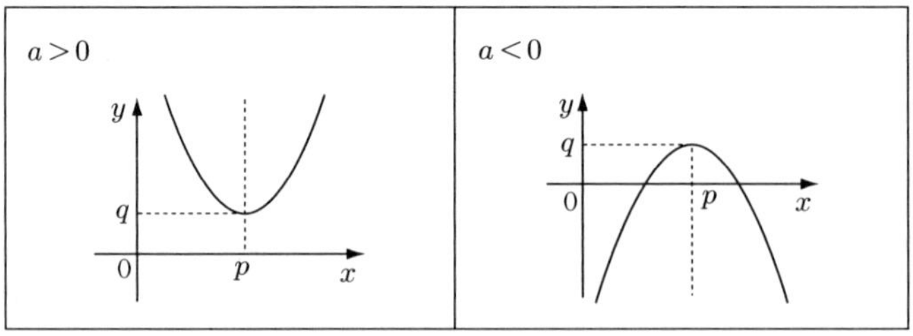

2) $y=ax^2+bx+c$의 그래프의 변형 과정

$y=ax^2+bx+c$(단, $a\neq0$)의 꼴은 반드시 $y=a(x-p)^2+q$의 꼴로 변형할 수 있다. 이 변형된 함수에서 꼭지점 및 축의 방정식을 구하고 이 함수의 그래프를 그릴 수 있다. 일반적으로 $y=ax^2+bx+c$를 $y=a(x-p)^2+q$으로 변형하는 과정은 다음과 같다.

$$y=ax^2+bx+c=a\left(x^2+\frac{b}{a}x\right)+c=a\left\{x^2+\frac{b}{a}x+\left(\frac{b}{2a}\right)^2-\left(\frac{b}{2a}\right)^2\right\}+c$$

$$=a\left\{\left(x+\frac{b}{2a}\right)^2-\left(\frac{b^2}{4a^2}\right)\right\}+c=a\left\{\left(x+\frac{b}{2a}\right)^2\right\}-a\times\frac{b^2}{4a^2}+c$$

$$=a\left\{\left(x+\frac{b}{2a}\right)^2\right\}-\frac{b^2}{4a}+c=a\left\{\left(x+\frac{b}{2a}\right)^2\right\}-\frac{b^2-4ac}{4a}$$

따라서, $y=ax^2+bx+c=a\left\{\left(x+\frac{b}{2a}\right)^2\right\}-\frac{b^2-4ac}{4a}$이므로, $y=ax^2+bx+c$의 그래프는 $y=ax^2$의 그래프와 합동인 포물선이고, 꼭지점은 $\left(-\frac{b}{2a},\ -\frac{b^2-4ac}{4a^2}\right)$, 축은 $x=-\frac{b}{2a}$, y절편은 c이다.

5. 평행이동한 포물선의 식 구하기

이차함수 $y=ax^2+bx+c$의 그래프를 x축의 방향으로 p만큼, y축의 방향으로 q 만큼 평행 이동한 함수의 식은 x 대신에 $x-p$, y 대신에 $y-q$를 대입하면 $y-q=a(x-p)^2+b(x-p)+c$가 된다.

예 1 $y=-x^2+4x-3$의 그래프를 x축의 방향으로 1만큼, y축의 방향으로 -1만큼 이동한 식을 구하여라.

$y+2=-(x-2)^2+4(x-2)-3$이므로 정리하면

풀이 $\therefore\ y=-x^2+8x-17$

예 2 $y=(x+3)^2-9$의 그래프를 x축의 방향으로 1만큼, y축의 방향으로 2만큼 평행 이동한 식을 구하여라.

$y-2=(x-1+2)^2-9$이므로 정리하면

풀이 $\therefore\ y=(x+1)^2-7$

예 3 $y=2x^2-8x+9$의 그래프의 꼭지점과 대칭축을 구하여라.

풀이 $y=2x^2-8x+9=2(x-2)^2+1$에서 꼭지점$(2, 1)$, 대칭축 $x=2$이다.

예 4 포물선 $y=x^2-6x+k$ 가 점 $(1, 2)$를 지날 때 꼭지점의 좌표를 구하여라.

풀이 포물선이 점 $(1, 2)$를 지나므로 이 값을 대입하면 $k=7$이다.

따라서, 포물선의 방정식은 $y=x^2-6x+7=(x-3)^2-2$

$\therefore$ 꼭지점은 $(3, -2)$

예 5 이차함수 $y=x^2-ax+b$의 그래프를 x축 방향으로 1만큼, y축 방향으로 -2만큼 평행이동하였더니 꼭지점이 $(1, 1)$이 되었다. 이 때 a, b의 값을 구하여라.

풀이 이차함수 $y=x^2-ax+b$의 그래프를 x축 방향으로 1만큼, y축 방향으로 -2만큼 평행이동하면, $y+2=(x-1)^2-a(x-1)+b$이 된다. 이를 정리하면

$$y=x^2-(a+4)x+2a+b+3 \quad \cdots\cdots\cdots\cdots \text{(a)}$$

또한 이 이차함수의 꼭지점의 좌표는 $(1, 1)$이므로

$$y=(x-1)^2+1 \quad \cdots\cdots\cdots\cdots \text{(b)}$$

(a)와 (b)가 같아야 하므로 $a+4=2,\ 2a+b+3=2$

$\therefore\ a=-2,\ b=3$

6. 절대값 기호를 가진 이차함수

예 1 $f(x)=x^2-6x+5$일 때 다음 그래프를 그려라.

a) $y=|f(x)|$　　b) $y=f(|x|)$

c) $|y|=f(x)$　　d) $|y|=f(|x|)$

풀이 $y=f(x)=x^2-6x+5=(x-3)^2-4$

따라서, $y=f(x)$의 그래프는 꼭지점은 $(3, -4)$, 축은 $x=3$, x절편은 $x=1,\ 5$, y의 절편은 $y=5$인 포물선이므로 최좌측 그림과 같다.

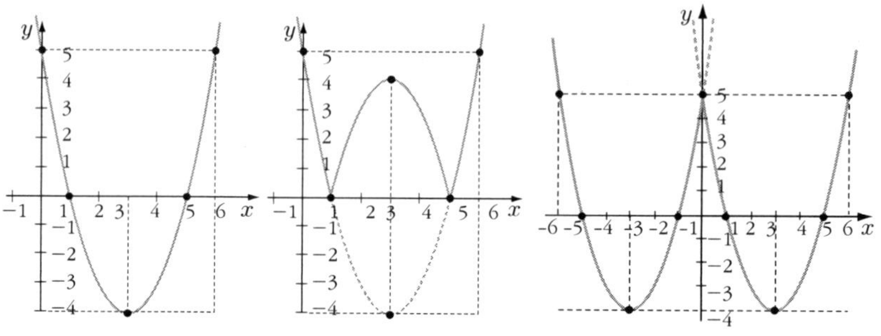

(a)　　(b)

따라서, 이를 기반으로 하여 그래프를 그리면 (a), (b), (c), (d)와 같다.

a) $y=|f(x)|$에서 $f(x)$의 그래프 중 x축의 윗부분$(y\geq 0)$은 그대로 두고 아랫부분$(y<0)$을 x축에 관하여 대칭 이동한 것이다.

b) $y=f(|x|)$에서 $f(x)$의 그래프 중 y축의 오른쪽 부분$(x\geq 0)$은 그대로 두고, $x\geq 0$인 부분을 y축에 관하여 대칭 이동한 것이다.

c) $|y|=f(x)$에서 $f(x)$의 그래프 중 x축의 윗부분$(y\geq 0)$ $y\geq 0$인 부분을 x축에 대하여 대칭 이동한 것이다.

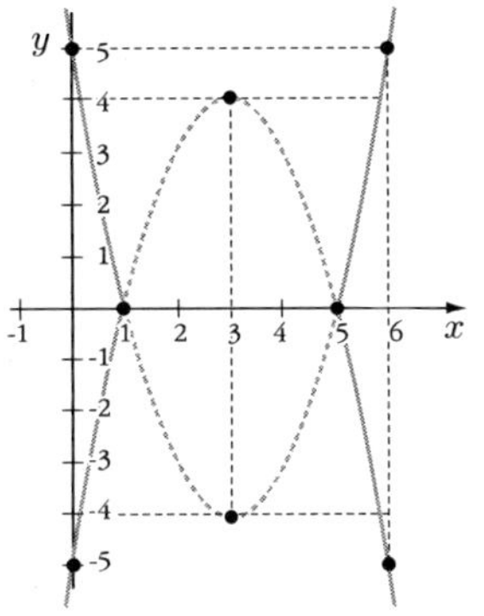

(c)

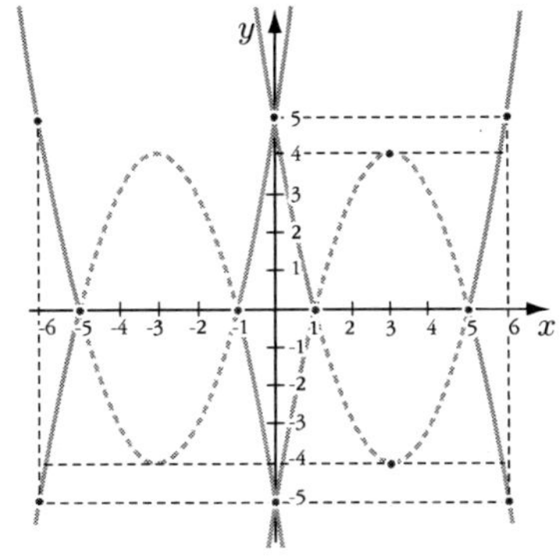

(d)

(d) $y=f(x)$의 그래프에서 연속적으로 위의 (b)와 (c)의 작용을 가하면 구할 수 있다.
이 때, 순서는 상관없다. 결국 $f(x)$의 그래프 중 제1사분면의 것만 그대로 두고 그것을 x축, y축, 원점에 대하여 대칭 이동시킨다.

예 2 함수 $y=|2x^2-5x+2|$의 그래프를 그려라.

풀이 먼저, $y=2x^2-5x+2=(2x-1)(x-2)$의 그래프를 그리고 나서

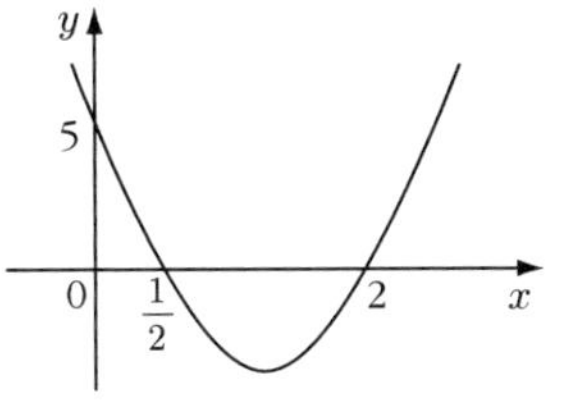

x축이 윗부분은 그대로 두고, x축의 아래 부분만 x축에 대하여 다음과 같이 접는다.

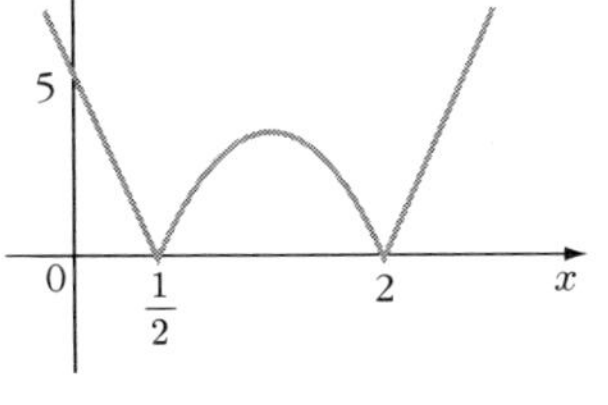

7. 이차함수의 최대 · 최소

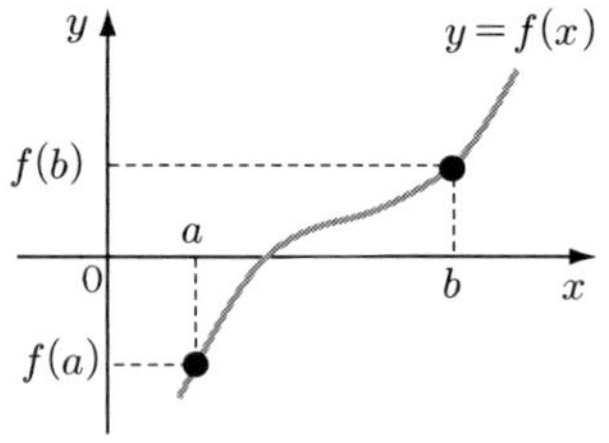

함수 $y=f(x)$에서 x가 a부터 b까지 변하면 그에 대응하는 함수 값은 $f(a)$부터 $f(b)$까지 변한다. 이 때, 함수 값 중에서 가장 큰 값 $f(b)$를 **최대값**, 가장 작은 $f(a)$를 **최소값**이라고 한다.

1) 정의역이 실수 전체의 집합일 때의 최대값과 최소값

실수 전체의 집합에서 이차함수 $y=ax^2+bx+c$의 최대값, 최소값을 구할 때는 이차함수 $y=ax^2+bx+c$를 $y=a(x-p)^2+q$ 꼴로 변형하여 생각한다.

$a>0$일 때 $x=p$에서 최소값은 q이고 최대값은 없다.	$a<0$일 때 $x=p$에서 최대값은 q이고 최소값은 없다.
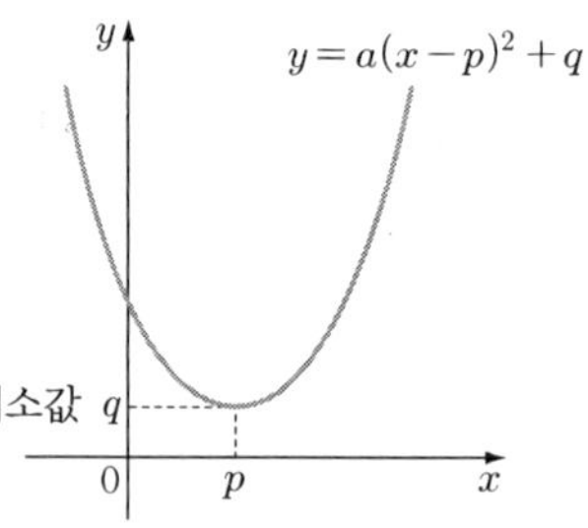 	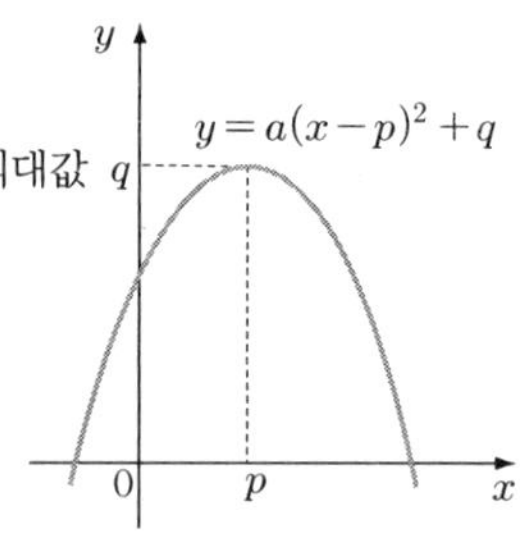

예 1 함수 $y=-x^2+7x-10$의 최대값과 최소값을 구하여라.

풀이 정의역은 모든 실수이므로, $y=-x^2+7x-10=-\left(x-\frac{7}{2}\right)^2+\frac{9}{4}$으로 그래프는 다음과 같다.

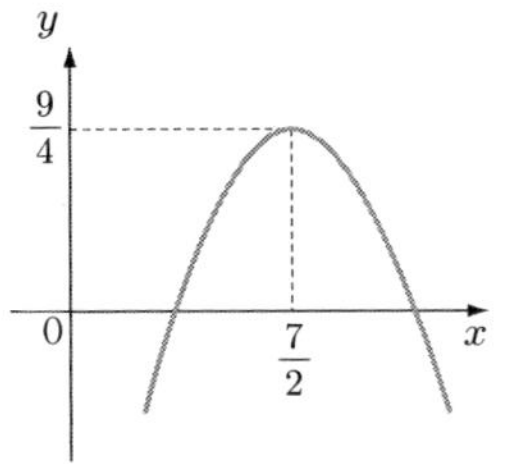

따라서, 최대값은 $x=\frac{7}{2}$일 때 $\frac{9}{4}$이고, 최소값은 없다.

2) 정의역이 제한된 범위일 때의 최대값 · 최소값

$\alpha \le x \le \beta$에서 이차함수 $f(x)=a(x-p)^2+q$의 최대값, 최소값은 꼭지점의 x좌표 p가 정의역 $\alpha \le x \le \beta$에 포함되는지를 조사한 뒤 다음으로 나누어 구할 수 있다.

a) 꼭지점의 x좌표가 정의역 $\alpha \le x \le \beta$에 포함될 때

$a>0$일 때 최소값은 q이고 최대값은 $f(\alpha)$, $f(\beta)$ 중 큰 값이 최대값이 된다.	$a<0$일 때 최대값은 q이고 최소값은 $f(\alpha)$, $f(\beta)$ 중 작은 값이 최소값이 된다.
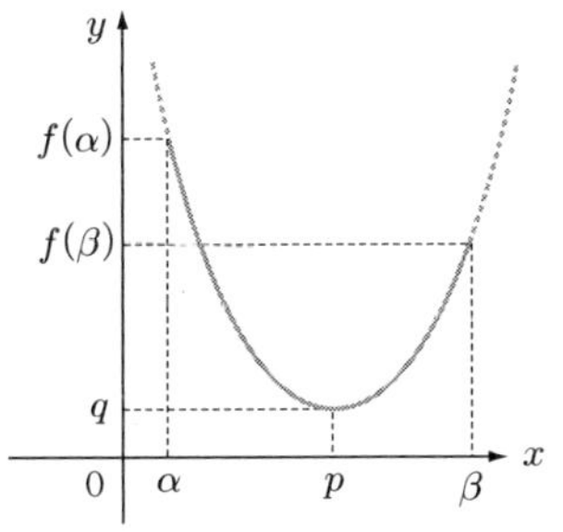	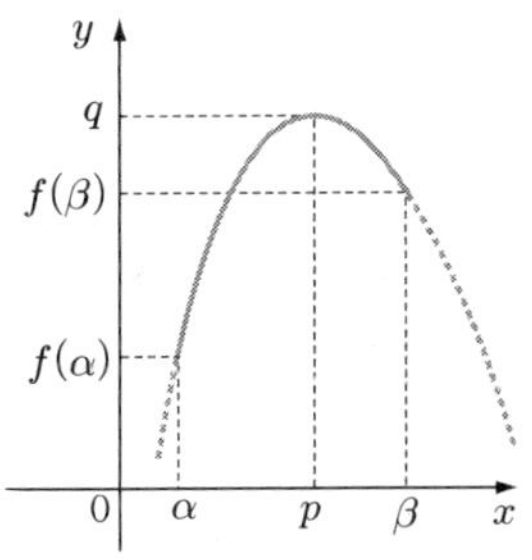

예 2 정의역이 $-2 \leqq x \leqq 2$일 때 함수 $y=-x^2-2x+5$의 최대값과 최소값을 구하여라.

풀이 $y=-(x+1)^2+6$에서 정의역이 $-2 \leqq x \leqq 2$이므로 $x=-1$일 때

$y=6$, $x=-2$일 때 $y=5$, $x=2$일 때 $y=-3$이다.
따라서, 다음 그림에서 최대값은 6, 최소값은 -3이다.

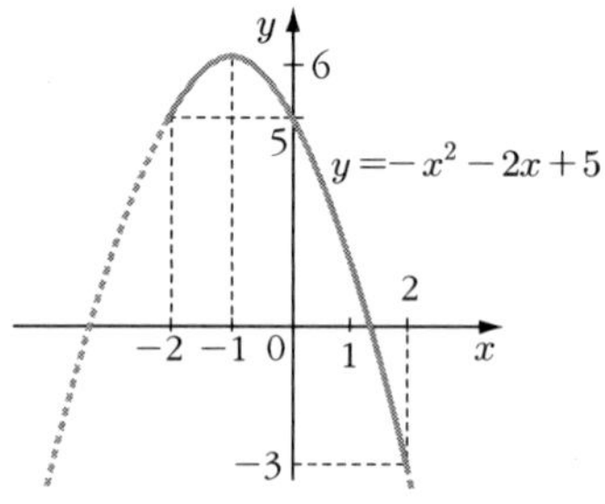

b) 꼭지점의 x좌표가 정의역 $\alpha \le x \le \beta$에 포함되지 않을 때
즉 $(p < \alpha)$ 또는 $(p > \beta)$일 때

$f(\alpha)$, $f(\beta)$ 중 큰 값이 최대값이고, 작은 값이 최소값이다.

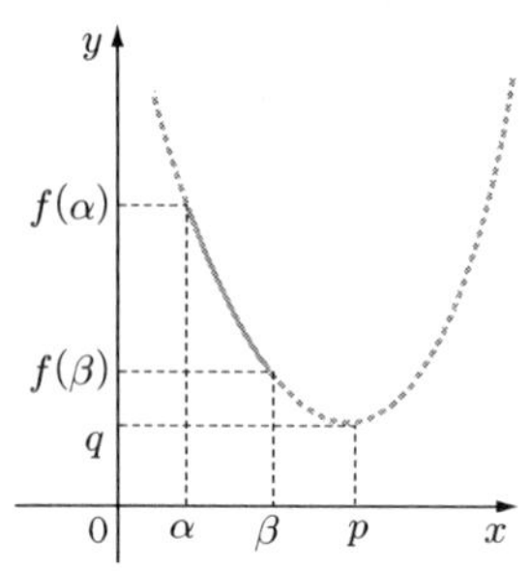

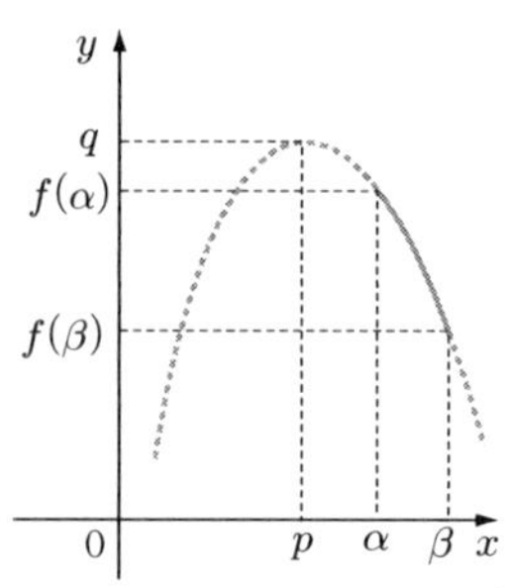

예 3 함수 $y=x^2-6x+5$ (단, $0 \le x \le 4$)의 최대값과 최소값을 구하여라.

풀이 $y=x^2-6x+5=(x-3)^2-4$이므로 그래프는 다음과 같다. 여기서,

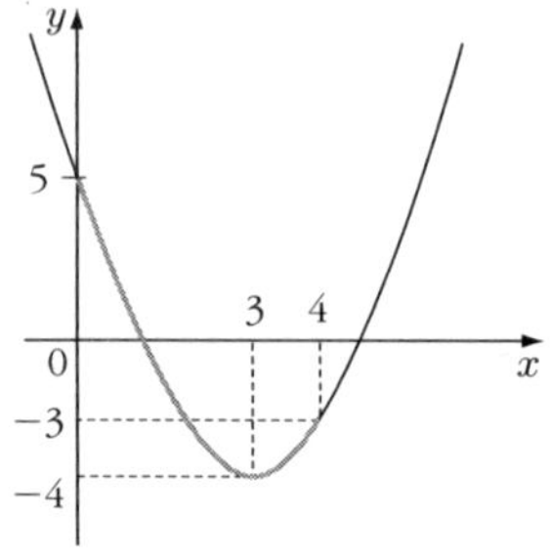

정의역이 $0 \le x \le 4$이므로 그래프에서 최대값은 $x=0$일 때 5이고, 최소값은 $x=3$일 때 -4이다.

8. 우함수와 기함수

1) 우함수

정의역의 모든 x에 대하여 $f(-x)=f(x)$를 만족시키는 함수 f를 **우함수**라고 하고, 예를 들어 이차함수 $f(x)=3x^2-8$은 $f(-x)=3(-x)^2-8=3x^2-8=f(x)$이기 때문에 우함수이다.

이밖에도 $y=x^4-3x^2$, $y=\dfrac{3}{x^2}$, $y=\sqrt{x^2+1}$, $y=|x|$, $y=\dfrac{3}{x^2}$, $y=\sqrt{x^2+1}$, $y=3|x|$ 등은 모두 우함수이다. 다시 말해서, $y=x^4-3x^2$처럼 다항식 **함수의 차수가 짝수**일 때 항상 우함수라 한다. 모든 x에 대하여 $f(-x)=f(x)$인 우함수는 함수 $y=f(-x)$와 함수 $y=f(x)$가 y축에 대하여 대칭인 함수이다.

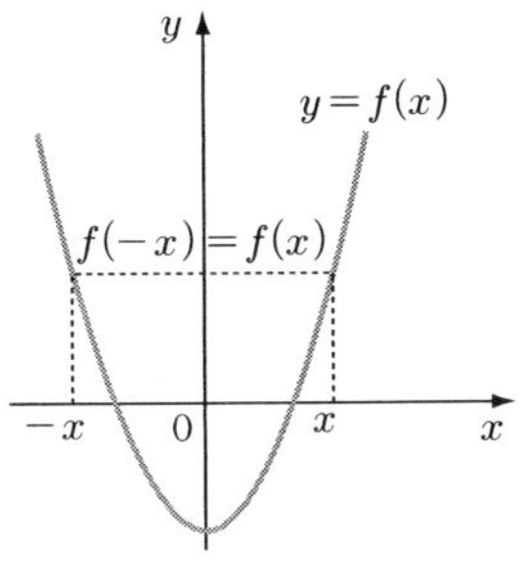

2) 기함수

정의역의 모든 x에 대하여 $f(-x)=-f(x)$를 만족시키는 함수 f를 **기함수**라고 하고, 예를 들어 함수 $f(x)=x^3+8x$는 $f(-x)=(-x)^3+8(-x)=-x^3-8x=-(x^3+8x)=-f(x)$이므로 기함수이다. 이밖에도 $y=4x$, $y=\dfrac{1}{x}$, $y=x^3$ 등은 모두 기함수이다. 다시 말해서, $f(x)=x^3+8x$ 처럼 다항식 **함수의 차수가 홀수일 때** 항상 기함수라 한다. 모든 x에 대하여 $f(-x)=-f(x)$이면 $-f(-x)=f(x)$이

므로 두 함수 $y=-f(-x)$, $y=f(x)$의 그래프는 일치하기 때문에 $y=-f(-x)$의 그래프는 $y=f(x)$의 그래프를 원점에 대하여 대칭이동시킨 것이다. 따라서 기함수의 그래프는 원점에 대하여 대칭인 도형이다.

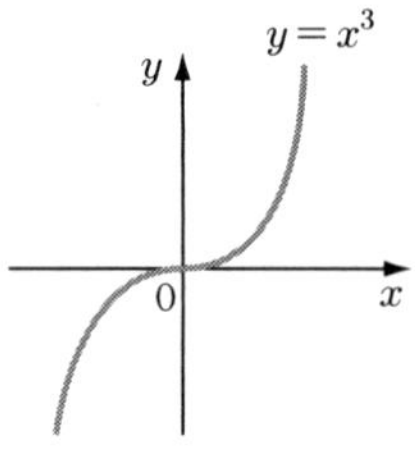

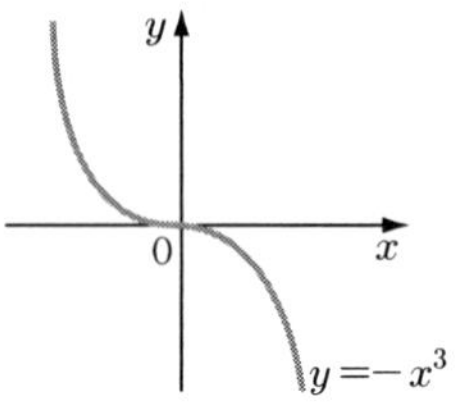

제1장 함수

연습문제

1. 함수 $y=x^2+7$는 모든 x에 대하여 실수 범위에서 정의된다고 할 때 이 함수의 정의역과 치역을 구하여라.

2. 다음 함수의 정의역과 치역을 구하여라.

(a) $y=\dfrac{1}{x-1}$ (b) $y=\sqrt{x-1}$ (c) $y=x^2+1$ (d) $y=\sqrt{2x+1}$

(e) $y=\dfrac{1}{x-3}$ (f) $y=3x+1$

3. 다음 중에서 함수가 되는 것을 골라라.

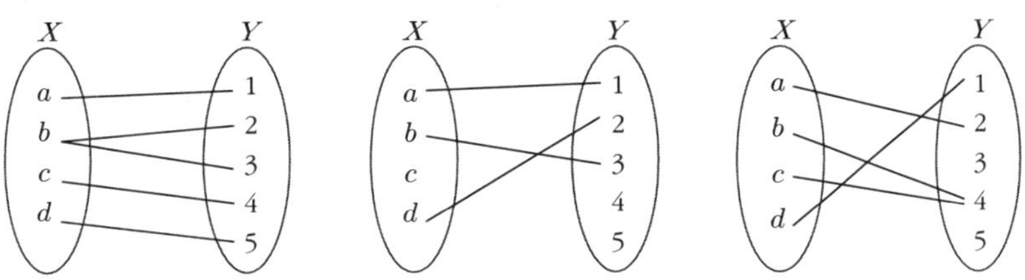

(a) (b) (c)

4. 다음 그래프 중 함수인 것을 찾아라.

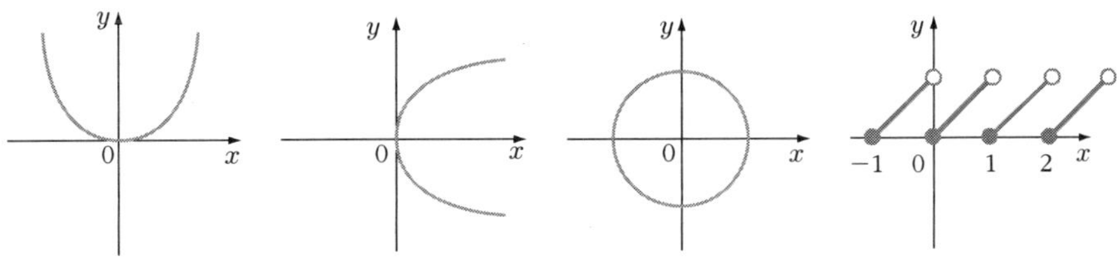

(a) (b) (c) (d)

5. 다음은 실수 전체의 집합 R에서 R로의 함수의 그래프이다. 이 그래프들 중 일대일 대응인 것을 찾아라.

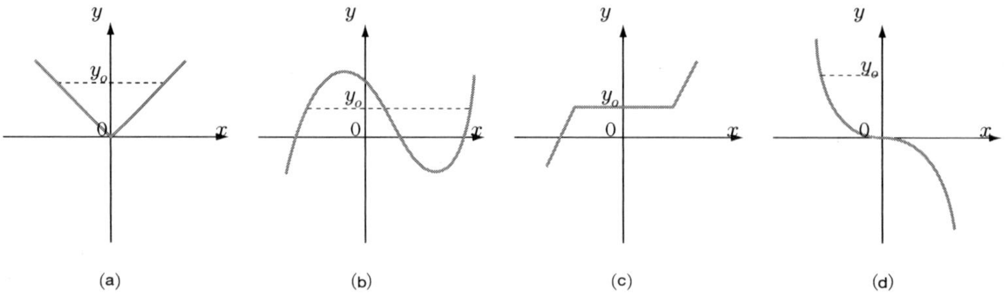

6. $G=\{(x, x^2-1) \mid -1 \le x \le 2\}$일 때 G를 좌표 평면 위에 그림으로 나타내고, 치역을 구하여라.

7. 두 함수 $f(x)=x^2-1$, $g(x)=3x+2$에 대하여 다음 합성함수를 구하여라.

(a) $(g \circ f)(x)$ (b) $(f \circ g)(x)$

8. 세 함수 $f(x)=x+2$, $g(x)=2x+5$, $h(x)=x^2$에 대하여 다음 합성함수를 구하여라.

(a) $(h \circ (g \circ f))(x)$ (b) $((h \circ g) \circ f)(x)$

9. 다음 함수 중에서 역함수가 존재하는 것을 찾아라.

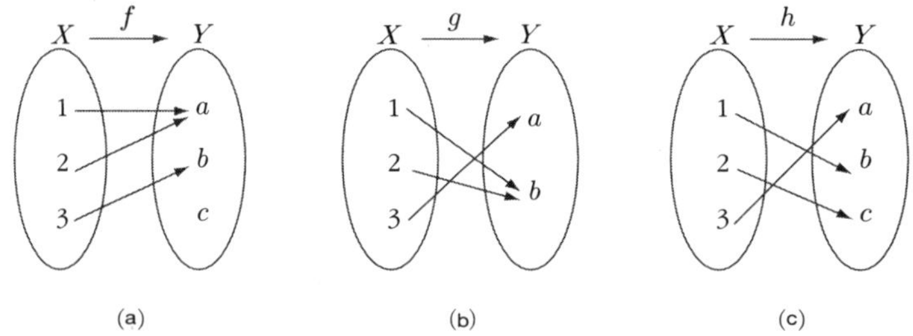

10. 함수 $f(3x+4)=9x+5$에 대하여 $f^{-1}(8)$의 값을 구하여라.

11. 함수 $y=(x-1)^2-1$ (단, $x \ge 1$)의 그래프와 그 역함수의 그래프의 교점을 P라 할 때 선분 OP의 길이를 구하여라(단, O는 원점이다).

12. $ax+by+c=0$이 표시하는 직선은 다음 조건이 성립할 때 몇 사분면인지 나타내어라.

(a) $a=0,\ \ bc<0$ (b) $c=0,\ \ ab<0$ (c) $ab<0,\ \ bc>0$ (d) $ac>0,\ \ bc<0$

13. $f(x)=x-1$이라 할 때 다음을 순서대로 그려보자.

(a) $y=|f(x)|$ (b) $y=|f(x)|-1$ (c) $y=||f(x)|-1|$

14. 함수 $y=|2x-6|+1$의 그래프를 그려라.

15. 다음 조건을 만족하는 이차함수를 구하여라.

(a) 세 점$(1,1)$, $(-1,9)$, $(2,3)$ 을 지난다.

(b) 두 점$(2,0)$, $(4,0)$을 지나고 y절편이 16이다.

(c) 대칭축이 $x=3$이고, 두 점 $(1,0)$, $(3,-2)$을 지난다.

16. 이차함수 $f(x)=-x^2+ax+b$의 최대값은 3이고, $f(-1)=f(3)$일 때 상수 a, b의 값을 구하여라.

17. x에 대한 함수 $y=-(x^2+2x+4)^2-4(x^2+2x+4)+2$의 최대값을 구하여라.

제2장 지수와 로그

2.1 거듭제곱근

$x^n = a$ 에서 a 의 n 제곱근인 $\sqrt[n]{a}$ 에 대하여 살펴보자.

a) n 이 홀수인 경우

3 제곱해서 8이 되는 수, 즉 $x^3 = 8$ 을 만족하는 x 를 8의 3제곱근이라 한다. 그런데, $x^3 = 8$ 에서 $x^3 - 2^3 = 0$, $\therefore x = 2,\ -1+\sqrt{3}i,\ -1-\sqrt{3}i$ 이므로, 8의 3제곱근은 $2,\ -1+\sqrt{3}i,\ -1-\sqrt{3}i$ 이다. 이 중에 실수인 2만을 $\sqrt[3]{8}$ 로 나타낸다. 마찬가지로, −8의 3제곱근, 즉 $x^3 = -8$ 을 만족하는 x 는 $-2,\ 1+\sqrt{3}i,\ 1-\sqrt{3}i$ 의 세 개가 있으며, 이 중에서 실수인 것 −2만을 $\sqrt[3]{-8}$ 을 나타내기로 정의한다.

b) n 이 짝수인 경우

4 제곱해서 16이 되는 수 즉, $x^4 = 16$ 을 만족하는 x 를 16의 4 제곱근이라 한다. 그런데, $x^4 = 16$ 에서 $x^4 - 2^4 = 0$, $\therefore x = 2,\ -2,\ 2i,\ -2i$ 이므로 16의 4 제곱근은 $x = 2,\ -2,\ 2i,\ -2i$ 이다. 이 중에 양의 실수 2인 $\sqrt[4]{16}$ 와 음의 실수 −2인 $-\sqrt[4]{16}$ 만을 나타내기로 정의한다.

1. 거듭제곱근의 계산

1) a의 n제곱근의 정의

a를 실수, n을 2 이상의 정수라 할 때 n 제곱해서 a가 되는 수, 즉 $x^n = a$를 만족하는 x를 a의 n제곱근이라 한다. 그리고, 제곱근, 세제곱근, 네제곱근, …을 통틀어서 a의 거듭제곱근이라고 한다.

2) $x^n = a$(a의 n 제곱근)을 만족하는 실수 $x = \sqrt[n]{a}$

a) n이 홀수인 경우

a를 임의의 실수라고 할 때 a의 n 제곱근이 되는 실수는 a의 양·음에 관계없이 오직 한개 $x = \sqrt[n]{a}$만 존재한다. 다시 말해서, 아래 그림처럼 $a > 0$이면 $\sqrt[n]{a} > 0$, $a < 0$이면 $\sqrt[n]{a} < 0$, $a = 0$이면 $\sqrt[n]{a} = 0$이 존재한다.

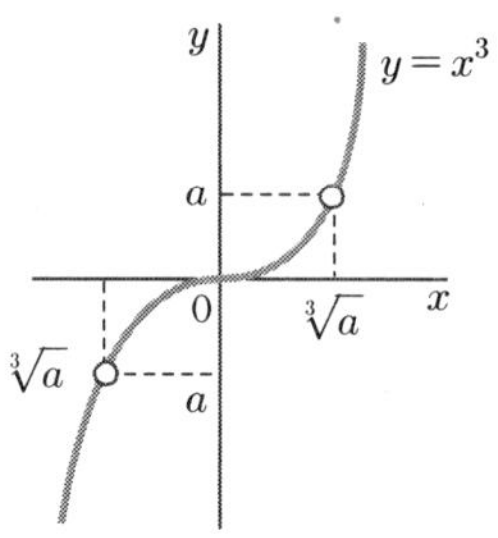

b) n이 짝수인 경우

a를 임의의 실수라고 할 때 a의 n 제곱근이 되는 실수는 다음 그림에서 보는 것처럼 $a > 0$이면 $x = \pm\sqrt[n]{a}$이고, $a < 0$이면 a의 n제곱근이 존재하지 않고, $a = 0$이면 $\sqrt[n]{a} = 0$이다. 예를 들어, -16의 4의 제곱근은, 즉 $x^4 = -16$을 만족하는 x 중에는 $\sqrt[4]{-16}$와 같은 기호는 사용하지 않는다. 따라서, $\sqrt[n]{\text{음수}}$ $(n = 4, 6, 8, \ldots.)$은 의미가 없다.

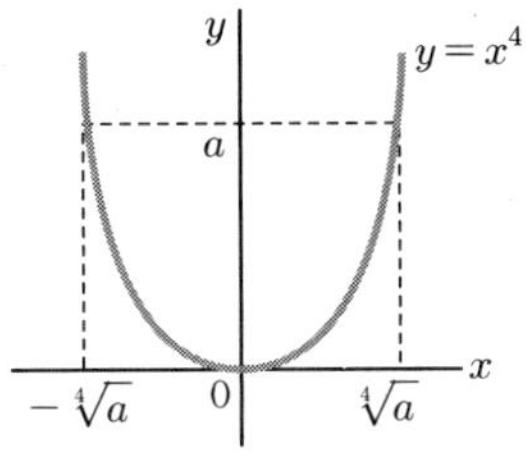

예를 들어, -1과 16의 의 세제곱근은 각각 $x^3=-1$에서 $x=\sqrt[3]{-1}=-1$이고, $x^4=16$에서 $x=\pm\sqrt[4]{16}=\pm\sqrt[4]{2^4}=\pm 2$이다.

예 1 다음 거듭제곱근 중 실수인 것을 구하여라.

a) 7의 6제곱근 b) 3의 5제곱근과 -3의 5제곱근

풀이 a) 6의 제곱근은 짝수이므로 $\pm\sqrt[6]{7}$

b) 5의 제곱근은 홀수이므로 $\sqrt[5]{3}$, $\sqrt[5]{-3}$

예 2 다음 거듭제곱근을 구하여라.

a) $\sqrt[3]{27}$ b) $\sqrt[3]{-64}$ c) $-\sqrt[4]{\frac{16}{81}}$ d) $\sqrt[4]{\frac{16}{81}}$

풀이 a) 3 b) -4 c) $-\frac{2}{3}$ d) $\frac{2}{3}$

2. 거듭제곱근의 성질

임의의 양수 a에 대하여 $\sqrt[n]{a}$는 n 제곱하면 a가 되는 양수이므로 $(\sqrt[n]{a})^n=a$가 된다.

$a>0$, $b>0$이고 m, n이 양의 정수일 때	
a) $\sqrt[n]{a}\sqrt[n]{b}=\sqrt[n]{ab}$	b) $\frac{\sqrt[n]{a}}{\sqrt[n]{b}}=\sqrt[n]{\frac{a}{b}}$
c) $(\sqrt[n]{a})^m=\sqrt[n]{a^m}$	d) $\sqrt[m]{\sqrt[n]{a}}=\sqrt[mn]{a}=\sqrt[n]{\sqrt[m]{a}}$
e) $\sqrt[np]{a^{mp}}=\sqrt[n]{a^m}$ (단, p는 양의 정수)	

예 1 다음 식을 간단히 하여라.

a) $\sqrt[3]{25}\sqrt[3]{5}$ b) $\sqrt[3]{\sqrt{64}}$ c) $\dfrac{\sqrt[3]{54}}{\sqrt[3]{2}}$

d) $\sqrt[3]{\sqrt{729}}$ e) $\sqrt[5]{32a^{10}}\,(a>0)$ f) $\sqrt[12]{3^4}\times\sqrt[9]{3^6}$

풀이

a) $\sqrt[3]{25}\sqrt[3]{5}=\sqrt[3]{25\times5}=\sqrt[3]{5^3}=5$

b) $\sqrt[3]{\sqrt{64}}=\sqrt[6]{64}=\sqrt[6]{2^6}=2$

c) $\dfrac{\sqrt[3]{54}}{\sqrt[3]{2}}=\sqrt[3]{\dfrac{54}{2}}=\sqrt[3]{27}=\sqrt[3]{3^3}=3$

d) $\sqrt[3]{\sqrt{729}}=\sqrt[6]{729}=\sqrt[6]{3^6}=3$

e) $\sqrt[5]{32a^{10}}=\sqrt[5]{2^5}\sqrt[5]{a^{10}}=2a^2$

f) $\sqrt[12]{3^4}\times\sqrt[9]{3^6}=\sqrt[3\times4]{3^{1\times4}}\times\sqrt[3\times3]{3^{2\times3}}=\sqrt[3]{3}\times\sqrt[3]{3^2}=\sqrt[3]{3^3}=3$

2.2 지수의 확장

1. 지수의 확장

1) $a>0,\ b>0$이고, $m,\ n$이 양의 정수일 때

a) $a^m\times a^n=a^{m+n}$

b) $(a^m)^n=a^{mn}$

c) $(ab)^n=a^nb^n$

d) $a^m\div a^n=\begin{cases}a^{m-n} & (m>n)\\ 1 & (m=n)(a\neq0)\\ \dfrac{1}{a^{n-m}} & (m<n)(a\neq0)\end{cases}$

2) 0의 지수, 음의 정수의 지수법칙

$a^0=1,\ a^{-n}=\dfrac{1}{a^n}$(단, $a\neq0,\ n$은 정수)

3) 분수 지수

$a > 0$일 때 임의의 정수 m과 양의 정수 n에 대하여

a) $a^{\frac{m}{n}} = \sqrt[n]{a^m}$

b) $a^{\frac{1}{n}} = \sqrt[n]{a}$

c) $a^{-\frac{m}{n}} = \dfrac{1}{a^{\frac{m}{n}}}$

2. 확장된 지수법칙

$a^0 = 1(a \neq 0)$, $a^{-n} = \dfrac{1}{a^n}(a \neq 0)$, $a^{\frac{m}{n}} = \sqrt[n]{a^m}\,(a > 0)$(단, $a \neq 0$, n은 정수)

으로 정의되면 다음과 같은 지수법칙이 성립한다.

$a > 0$, $b > 0$이고 m, n이 유리수일 때	
a) $a^m \times a^n = a^{m+n}$	d) $a^m \div a^n = a^{m-n}$
b) $(a^m)^n = a^{mn}$	e) $\left(\dfrac{b}{a}\right)^n = \dfrac{b^n}{a^n}$
c) $(ab)^n = a^n b^n$	

확장된 지수법칙인 m, n이 음의 정수일 때 $a^m \times a^n = a^{m+n}$이 성립하는 것을 증명히어라.

[증명] $m = -p$, $n = -q$로 놓으면 $p > 0$, $q > 0$

$$a^m \times a^n = a^{-p} \times a^{-q} = \frac{1}{a^p} \times \frac{1}{a^q} = \frac{1}{a^p \times a^q}$$

$$\frac{1}{a^{p+q}} = a^{-(p+q)} = a^{(-p)+(-q)} = a^{m+n}$$

예 1 다음 두 수를 비교하여라.

a) $\sqrt[3]{4^2}$, $\sqrt[5]{4^7}$ b) $\sqrt{0.5}$, $\sqrt[3]{0.25}$ c) $9^{\frac{1}{3}}$, $\sqrt[4]{27}$

풀이

a) $\sqrt[3]{4^2}=4^{\frac{2}{3}}$, $\sqrt[5]{4^7}=4^{\frac{7}{5}}$에서 둘 다 밑이 1보다 크기 때문에 $4^{\frac{2}{3}}<4^{\frac{7}{5}}$

b) $\sqrt{0.5}=\left(\frac{1}{2}\right)^{\frac{1}{2}}$, $\sqrt[3]{0.25}=\left(\frac{1}{4}\right)^{\frac{1}{3}}=\left(\frac{1}{2}\right)^{\frac{2}{3}}$에서 둘 다 밑이 1보다 작기 때문에

$\therefore\ \left(\frac{1}{2}\right)^{\frac{1}{2}}>\left(\frac{1}{2}\right)^{\frac{2}{3}}$

c) $9^{\frac{1}{3}}=(3)^{\frac{2}{3}}$, $\sqrt[4]{27}=(3)^{\frac{3}{4}}$에서 밑이 1보다 크기 때문에 $(3)^{\frac{2}{3}} \langle (3)^{\frac{3}{4}}$

예 2 다음 세 수의 대소를 비교하여라.

(a) $\sqrt{3}$, $\sqrt[3]{9}$, $\sqrt[5]{81}$ (b) $\left(\frac{1}{2}\right)^{\frac{5}{4}}$, $\left(\frac{1}{4}\right)^{\frac{2}{3}}$, $\left(\frac{1}{8}\right)^{\frac{1}{2}}$

풀이

(a) 밑을 3으로 하면 $3^{\frac{1}{2}} < 3^{\frac{2}{3}} < 3^{\frac{4}{5}}$

(b) 밑을 $\frac{1}{2}$로 하면 $\left(\frac{1}{2}\right)^{\frac{5}{4}}>\left(\frac{1}{2}\right)^{\frac{4}{3}}>\left(\frac{1}{2}\right)^{\frac{3}{2}}$

2.3 로 그

1. 로그의 정의

지수함수 $y=2^x$에서 y의 값이 주어졌을 때 x의 값을 구할 수 있다. 예를 들어 $2^3=8$이므로 y가 8일 때 y에 대응하는 x의 값은 3이다. 이 x값을 구하기 위해서 로그를 사용한다.

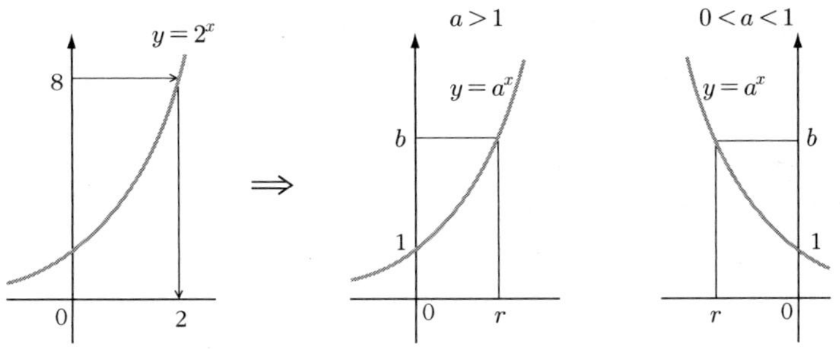

일반적으로, $a>0$, $a \neq 1$일 때 임의의 양수 b에 대하여 $a^r=b$을 만족하는 r 값은 단 하나 존재한다. 이 값 r을 a를 밑으로 하는 b의 로그라 하고, 이것을 $r=\log_a b$로 나타낸다. 이 때 b를 $\log_a b$의 진수라 한다.

> $a>0$, $a \neq 1$ 일 때 $a^r=b \; (\Leftrightarrow) \; r=\log_a b$
>
> $$a^r = b \;\Leftrightarrow\; r = \log_a b$$
>
> 지수: r (in a^r)
> 밑: a (in a^r), 밑: a (in $\log_a b$)
> 진수: b

예 1 다음 등식을 $r=\log_a b$의 꼴로 나타내어라.

a) $9^{\frac{1}{2}}=3$ b) $5^0=1$

c) $10^2=100$ d) $2^{-4}=\dfrac{1}{16}$

풀이

a) $\dfrac{1}{2}=\log_9 3$ b) $0=\log_5 1$

c) $2=\log_{10}100$ d) $-4=\log_2\dfrac{1}{16}$

예 2 다음 등식을 $a^r = b$의 꼴로 나타내어라.

a) $\log_{10}0.01 = -2$ b) $\log_9 3 = \frac{1}{2}$ c) $\log_{\frac{1}{2}}\frac{1}{16} = 4$

풀이

a) $10^{-2} = 0.01$ b) $9^{\frac{1}{2}} = 3$ c) $\left(\frac{1}{2}\right)^4 = \frac{1}{16}$

2. 로그의 성질

$a>0$, $a \neq 1$, $b>0$ 그리고 r이 실수일 때	
a) $a^0 = 1$에서 $\log_a 1 = 0$	b) $a^1 = a$에서 $\log_a a = 1$
c) $\log_a AB = \log_a A + \log_a B$	d) $\log_a \frac{A}{B} = \log_a A - \log_a B$
e) $\log_a A^r = r\log_a A$	
a, b, c가 양수이고, $a \neq 1$, $c \neq 1$일 때	
f) $\log_a b = \frac{\log_c b}{\log_c a}$	g) $\log_a b = \frac{1}{\log_b a}(b \neq 1)$

a)와 b)의 증명

$a^0 = 1$에서 $\log_a 1 = 0$, $a^1 = a$에서 $\log_a a = 1$

c)의 증명

$\log_a A = m$, $\log_a B = n$이라 두면 $a^m = A$, $a^n = B$

$\therefore\ AB = a^m \times a^n = a^{m+n}$ 즉, $a^{m+n} = AB$

이것을 로그 관계로 나타내면 $\log_a AB = m + n$

$\therefore\ \log_a AB = m + n = \log_a A + \log_a B$

d)의 증명

$\log_a A = m$, $\log_a B = n$이라 두면 $a^m = A$, $a^n = B$

$\therefore \dfrac{A}{B}=\dfrac{a^m}{a^n}=a^{m-n}$, 즉 $a^{m-n}=\dfrac{A}{B}$

이것을 로그 관계로 나타내면 $\log_a \dfrac{A}{B}=m-n$

$\therefore \log_a \dfrac{A}{B}=m-n=\log_a A-\log_a B$

e)의 증명

$\log_a A=p$라 두면 $a^p=A \quad \therefore a^{np}=A^n$

이것을 로그 관계로 나타내면 $\log_a A^n=np$ 즉, $\log_a A^n=n\log_a A$

f)의 증명

$\log_a b=m$라 하면 로그의 정의에 의해서 $b=a^m$이다. 이것의 양변에 c를 밑으로 하는 로그를 취하면 $\log_c b=\log_c a^m$이 된다. 즉, $\log_c b=m\log_c a$

여기서, $a\neq 1$이므로 $\log_c a\neq 0$이다.

따라서, $m=\dfrac{\log_c b}{\log_c a}$, 즉 $\log_a b=\dfrac{\log_c b}{\log_c a}$

g)의 증명

$\log_a b=m$라 하면 로그의 정의에 의해서 $b=a^m$이다. 이것의 양변에 b를 밑으로 하는 로그를 취하면 $\log_b b=\log_b a^m$이 된다. 즉, $1=m\log_b a$

따라서, $m=\dfrac{1}{\log_b a}$ 즉, $\log_a b=\dfrac{1}{\log_b a}$

예 1 다음 식을 간단히 하여라.

(a) $\log_2 18+\log_2 \dfrac{8}{3}-\log_2 3$ (b) $\log_3 18-\log_3 \dfrac{4}{9}+\log_3 6$

풀이

(a) $\log_2 18+\log_2 \dfrac{8}{3}-\log_2 3=\log_2\left(18\times\dfrac{8}{3}\div 3\right)=\log_2 16=4$

(b) $\log_3 18-\log_3 \dfrac{4}{9}+\log_3 6=\log_3\left(18\times\dfrac{9}{4}\times 6\right)=\log_3 3^5=5$

예 2 $a=\log_{10}\left(1-\frac{1}{5}\right)$, $b=\log_{10}\left(1-\frac{9}{25}\right)$일 때 a, b 사이에 성립하는 관계식을 구하여라.

풀이 $a=\log_{10}\left(1-\frac{1}{5}\right)=\log_{10}\frac{4}{5}$

$b=\log_{10}\left(1-\frac{9}{25}\right)=\log_{10}\frac{16}{25}=\log_{10}\left(\frac{4}{5}\right)^2=2\log_{10}\frac{4}{5}$

$\therefore\ b=2a$

예 3 $\log_5 2=a$, $\log_2 3=b$라고 할 때 $\log_6 15$를 a와 b로 나타내어라.

풀이

$$\log_6 15=\frac{\log_2 15}{\log_2 6}=\frac{\log_2 3+\log_2 5}{\log_2 2+\log_2 3}=\frac{b+\frac{1}{a}}{1+b}=\frac{ab+1}{a(1+b)}$$

3. 상용로그

십진법으로 나타내어진 수를 계산할 때는 10을 밑으로 하는 로그를 이용하면 편리하다. 이 로그를 상용로그라 하고 $\log_{10}N$로 표현한다. 일반적으로, 상용로그 $\log_{10}N$은 밑 10을 생략하여 $\log N$으로 나타내기도 한다.

그러면, 10^n(n은 정수)인 수의 상용로그를 살펴보자.

$$\log 10=\log_{10}10=1$$

$$\log 1000=\log_{10}1000=\log_{10}10^3=3$$

$$\log 0.001=\log 10^{-3}=-3\log 10=-3$$

$$\log 1000=\log_{10}1000=\log_{10}10^3=3\log_{10}10=3$$

따라서, $\log 10^n=n\log 10=n$

예 1 $\log 4.73=0.6749$라 할 때 $\log 4730$을 구하여라.

풀이 $\log 4730=\log(4.73\times 10^3)=\log 4.73+\log 10^3=0.6749+3=3.6749$

예 2 $\log 2.10 = 0.322$라 할 때 $\log 0.021$을 구하여라.

풀이 $\log 0.021 = \log(2.10 \times 10^{-2}) = \log 2.10 + \log 10^{-2} = 0.322 - 2 = -1.6778$

4. 지수함수와 로그함수

1) 지수함수

함수 $y = a^x\,(a > 0,\ a \neq 1)$로 정의된 함수를 지수함수라고 한다. 예를 들어, 밑이 양수 2이고, 임의의 실수 x를 지수로 하는 2^x를 y라 하면 $y = 2^x$에서 x와 y의 대응표를 작성하면 다음과 같다.

x	$\cdots$	-4	-3	-2	-1	0	1	2	3	4	5
y	$\cdots$	$\frac{1}{16}$	$\frac{1}{8}$	$\frac{1}{4}$	$\frac{1}{2}$	1	2	4	8	16	....

순서쌍 (x, y)를 좌표로 하는 점을 찍어가면 아래 그림과 같은 곡선을 얻는다.

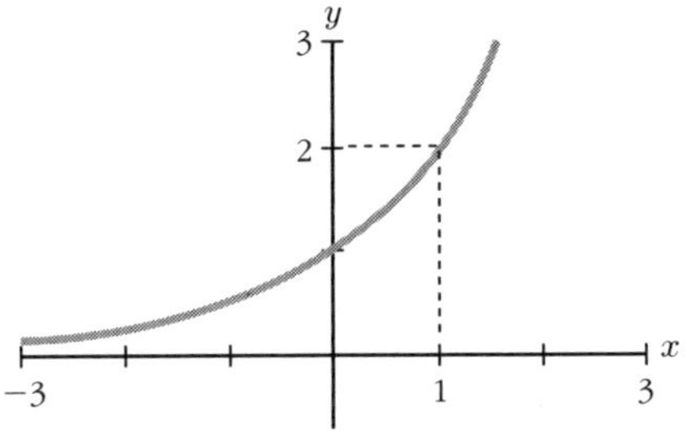

예 1 다음 함수의 그래프를 그려라.

(a) $y = 3^x$ (b) $y = \left(\frac{1}{2}\right)^x$ (c) $y = 4^x$

풀이

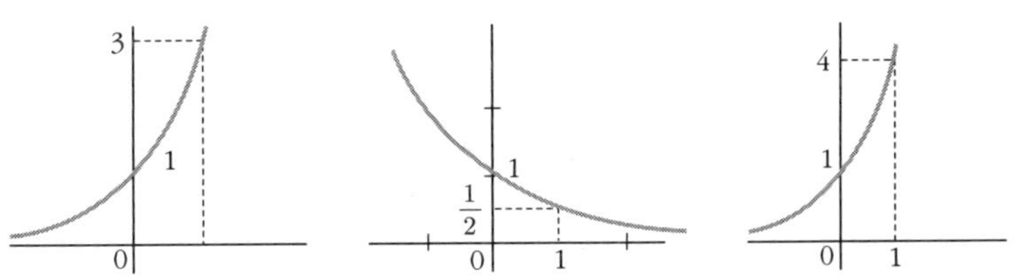

(a) (b) (c)

2) 지수함수의 그래프

일반적으로 1이 아닌 양수 a에 대하여 함수 $y=a^x\,(a>0,\ a\neq 1)$을 a를 밑으로 하는 **지수함수**라 한다. 지수함수 $y=a^x$의 그래프는 다음과 같다.

$a>1$일 때

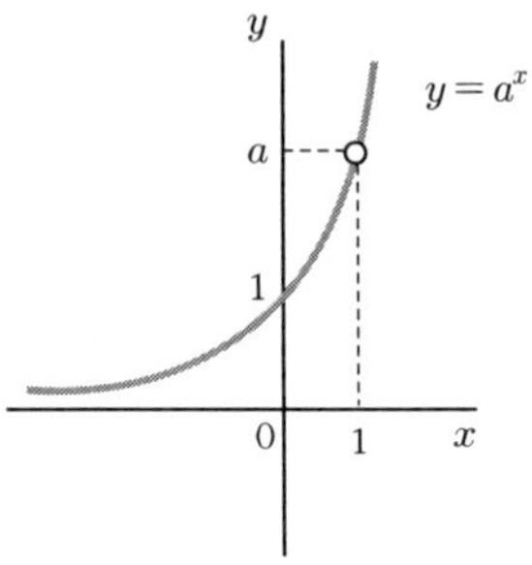

$0<a<1$일 때

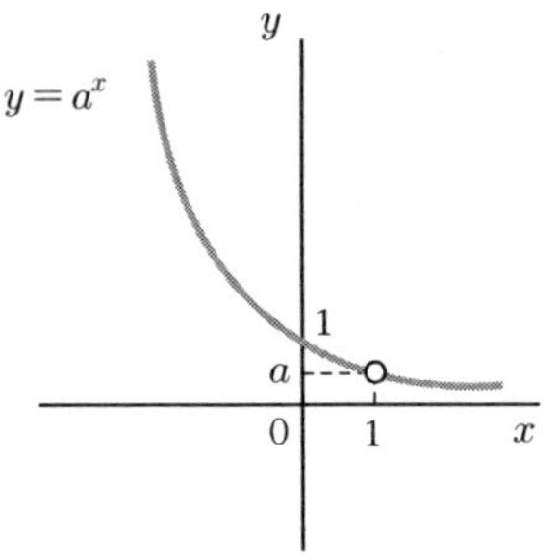

지수함수 $y=a^x$는 다음과 같은 성질이 있다.

a) 정의역은 실수, 치역은 양의 실수

b) $x_1=x_2\ (\Leftrightarrow)\, a^{x_1}=a^{x_2}$

c) $a>1$일 때 x값이 증가하면 y의 값도 증가한다(증가함수).

즉, $x_1<x_2\ (\Leftrightarrow)\, a^{x_1}<a^{x_2}$

$0<a<1$일 때 x값이 증가하면 y의 값이 감소한다(감소함수).

즉, $x_1<x_2\ (\Leftrightarrow)\, a^{x_1}>a^{x_2}$

d) 그래프는 점 $(0,\ 1)$, $(1,\ a)$를 지나고 x축을 점근선으로 한다.

예 2 $y=\left(\frac{1}{2}\right)^x$의 그래프는 $y=2^x$의 그래프와 y축에 대칭임을 증명하여라.

풀이 $y=\left(\frac{1}{2}\right)^x=(2^{-1})^x=2^{-x}$이므로 $y=\left(\frac{1}{2}\right)^x$ 그래프는 $y=2^x$의 그래프를 y축에 대칭 이동한 것과 같다. 따라서, 두 함수는 y축에 대하여 대칭이다.

예 3 다음 함수 중 그래프가 y에 대하여 서로 대칭인 것을 말하여라.

a) $y=\left(\frac{2}{3}\right)^x$ b) $y=4^x$ c) $y=0.25^x$ d) $y=1.5^x$

풀이 (c) 에서 $y = 0.25^x = \left(\frac{1}{4}\right)^x = (4)^{-x}$ 이므로 (b)와 y축에 대하여 대칭이다.

(d) 에서 $y = 1.5^x = \left(\frac{3}{2}\right)^x = \left(\frac{2}{3}\right)^{-x}$ 이므로 (a)와 y축에 대하여 대칭이다.

3) 로그함수

하나의 실수 $a(a > 0,\ a \neq 1)$을 밑으로 하는 임의의 양수 x의 로그 $\log_a X$를 y라 하면

$$y = \log_a x\,(a > 0,\ \ a \neq 1) \quad \cdots\cdots\cdots\cdots \text{(a)}$$

이 때, 각 x의 값에 y의 값이 하나씩 대응한다. 이 대응으로 정해지는 함수 (a)를 a 밑으로 하는 로그함수라고 한다.

일반적으로, 로그함수 $y = \log_a x$는 지수함수 $y = a^x$의 역함수이다. 따라서, 로그함수 $y = \log_a x$의 그래프는 다음과 같다.

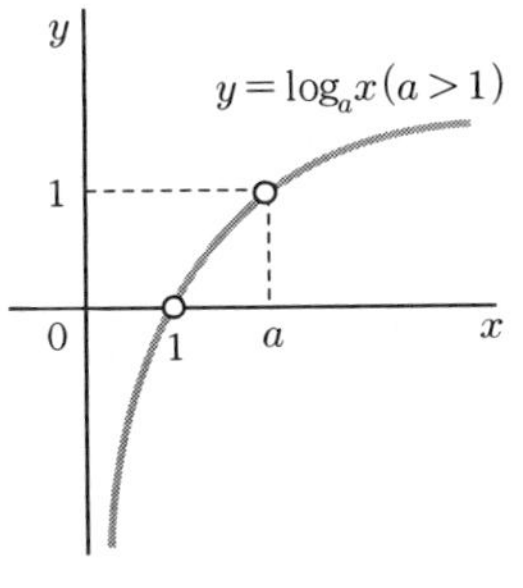

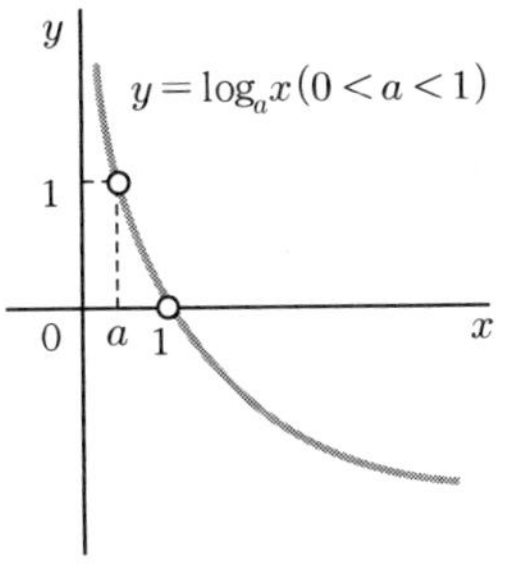

예를 들어, 로그함수 $y = \log_2 x$의 그래프를 고려해 보자. 로그의 정의에 의하여 $y = \log_2 x\ (\Leftrightarrow)\ x = 2^y$, 그런데 $x = 2^y$는 지수함수로 $y = 2^x$의 역함수이다.

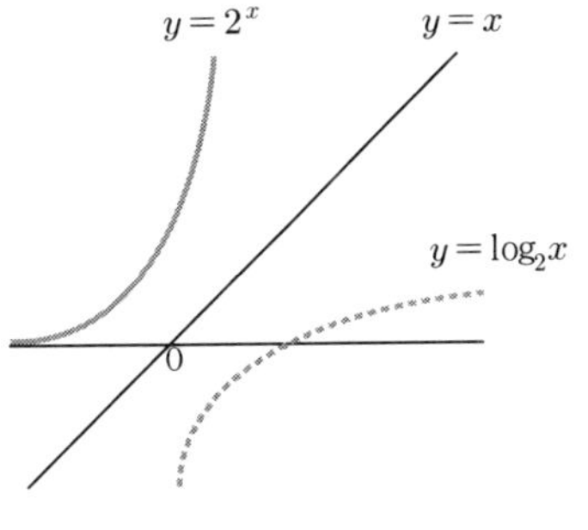

따라서, $y=\log_2 x$ 의 그래프는 $y=2^x$ 의 그래프와 $y=x$에 대하여 대칭이다.

1) 로그함수의 성질

로그함수 $y=\log_a x$는 다음과 같은 성질이 있다.

a) 정의역은 양수의 집합, 치역은 실수의 집합

b) $x_1=x_2\ (\Leftrightarrow)\log_a x_1=\log_a x_2$

c) $a>1$일 때 x값이 증가하면 y의 값도 증가한다.

즉, $0<x_1<x_2\ (\Leftrightarrow)\log_a x_1<\log_a x_2$

$0<a<1$일 때 x값이 증가하면 y의 값은 감소한다.

즉, $0<x_1<x_2\ (\Leftrightarrow)\log_a x_1>\log_a x_2$

d) 그래프는 점 $(1, 0)$, $(a, 1)$를 지나고 y축을 점근선으로 한다.

예 4 함수 $y=\left(\frac{1}{2}\right)^x$의 그래프를 이용하여 함수 $y=\log_{\frac{1}{2}}x$의 그래프를 그려라.

풀이 $y=\left(\frac{1}{2}\right)^x$의 그래프를 $y=x$에 대하여 대칭 이동한다.

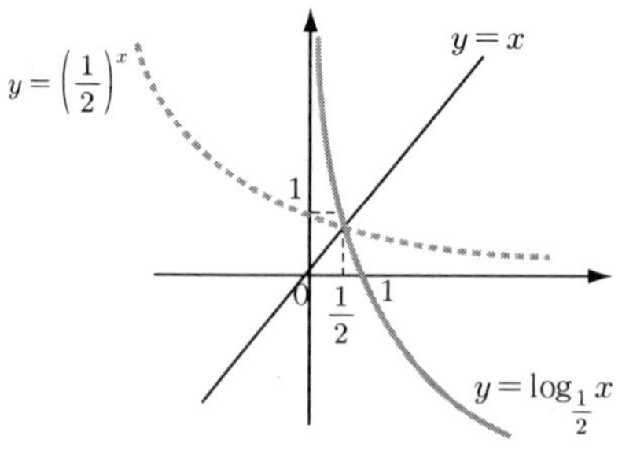

두 함수 $y=a^x$, $y=\log_{\frac{1}{a}}x$의 그래프 사이에는 어떤 관계가 있는지를 살펴보자.

$y=\log_{\frac{1}{a}}x=-\log_a x$에서 $\log_a x$를 x축에 대하여 대칭 이동한 것과 같다. 따라서, 두 그래프는 x축에 대칭이다.

예 5 다음 함수들이 $y=\log_2 x$와의 위치 관계를 말하여라.

a) $y=\log_2(-x)$　　b) $y=-\log_2(-x)$

풀이 a) y축에 대하여 대칭이다.

b) 원점에 대하여 대칭이다.

제2장 지수와 로그

연습문제

1. 다음 수를 근호가 없는 수로 나타내어라.

(a) $\sqrt[3]{-\dfrac{27}{64}}$ (b) $\sqrt[4]{(-3)^4}$ (c) $\sqrt[5]{-32}$

2. 거듭제곱근의 성질과 분수지수의 정의를 써서 다음 식을 a^x의 꼴로 나타내어라.

(a) $\sqrt{2\sqrt{2\sqrt{2}}}$ (b) $\dfrac{\sqrt[3]{a}}{\sqrt[3]{a^2}}(a>0)$ (c) $\sqrt[4]{a\sqrt{a}} \div \sqrt[8]{a^3}\,(a>0)$

3. $A=\sqrt[3]{3}$, $B=\sqrt[4]{4}$, $C=\sqrt[6]{6}$ 일 때 세 수 A, B, C의 대소 관계를 정하여라.

4. 다음 식의 값을 구하여라.

(a) $\log_4 \dfrac{1}{8}$ (b) $\log_4(\log_5 \sqrt{5})$

5. $\log_2(\log_3 x)=1$을 만족하는 x의 값을 구하여라.

6. 다음 물음에 답하여라.

(a) $\dfrac{1}{\log_2 100}+\dfrac{1}{\log_5 100}$의 값을 구하여라.

(b) $\log_2 5=a$라 할 때 $\log_5\sqrt{2\sqrt{2}}+\log_2\sqrt{5\sqrt{5}}$를 a로 나타내어라.

7. $x=7^a$, $y=7^b$일 때 $\log_{xy}49$를 a와 b로 나타내어라.

8. $y=2^x$의 그래프를 x축 방향으로 a만큼 y축 방향으로 b만큼 평행이동하였더니 $y=4(2^x+1)$이 되었다. 이 때 $a+b$의 값을 구하여라.

9. 다음 로그함수의 그래프를 같은 좌표 평면 위에 그려라.

(a) $y=\log_3 x$ (b) $y=\log_{\frac{1}{3}} x$

제3장 삼각함수

3.1 일반각과 호도법

1. 동경과 시초선

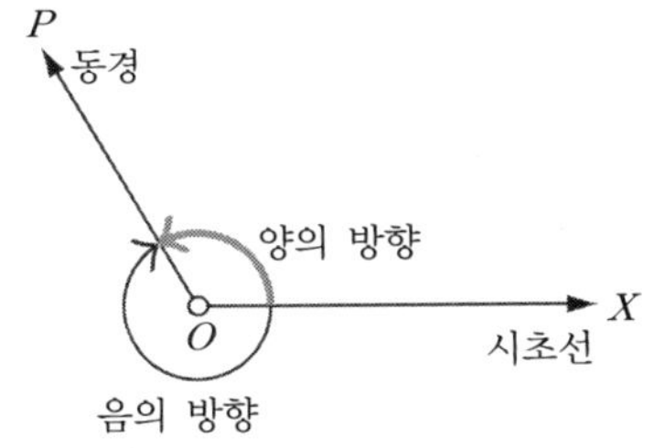

위의 그림에서 반직선 OX에서 점 O를 중심으로 회전할 때 반직선 OP를 **동경**, 반직선 OX를 **시초선**이라고 한다. 또한, 반직선 OP를 양의 방향으로 회전하여 생기는 각을 **양의 각**, 음의 방향으로 회전하여 생기는 각을 **음의 각**이라 한다. 예를 들어, 아래 그림에서 동경 OP는 양의 각의 크기로 $30°$, $390°$, $750°$, ……를, 동경 OP'은 음의 각의 크기로 $-45°$, $-405°$, ……를 나타낸다.

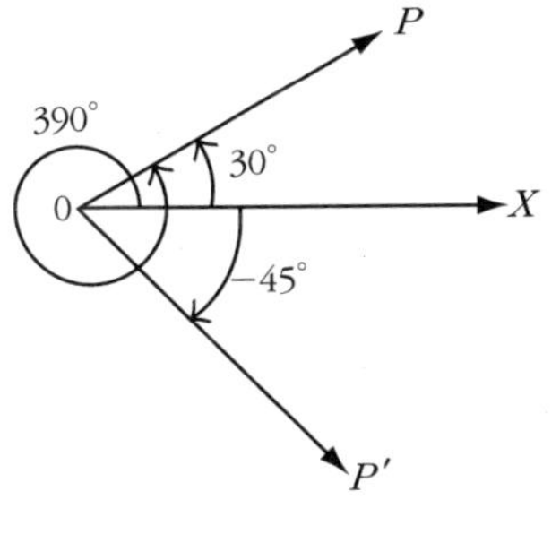

각의 크기를 나타내는 데는 60분법과 호도법의 두 가지가 사용되며, 60분법은 실용적이며, 호도법은 이론적인 면에서 많이 사용된다.

60분법이란 원을 360등분하여 1등분을 1°(1도)로 표시하고 1°는 60′(60분), 1′은 60″(60초)라고 읽는 것을 말한다. 호도법의 정의는 뒤에서 다루기로 한다.

예 1 다음 각의 크기를 이용하여 동경의 위치를 그려라.

a) 135° b) −60° c) 405° d) −180°

풀이

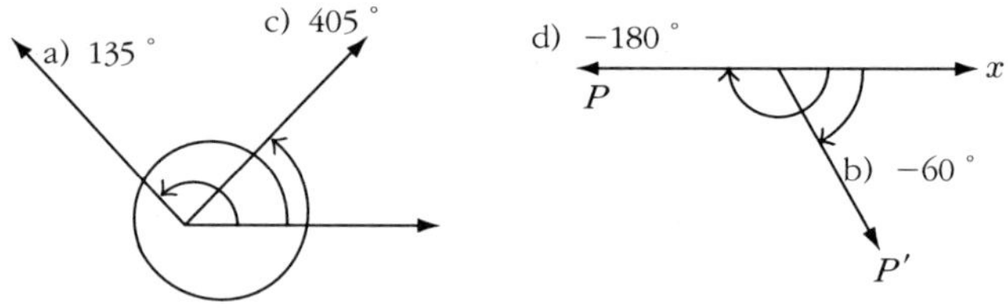

2. 일반각

1) 일반각

시초선 OX에 대하여 각의 크기가 $\alpha°$인 동경을 OP라 할 때

$$\alpha° + 360° \qquad \alpha° + 360° \times (-1)$$
$$\alpha° + 360° \times 2 \qquad \alpha° + 360° \times (-2)$$
$$\alpha° + 360° \times 3 \qquad \alpha° + 360° \times (-3)$$
$$\vdots$$

등으로 나타낼 수 있다. 따라서, 동경 OP가 나타내는 **일반각** θ는 $\theta = \alpha° + 360° \times n$(단, n은 정수)으로 하나로 묶어서 나타낸다.

예 다음 동경 OP가 나타내는 일반각의 크기를 구하여라.

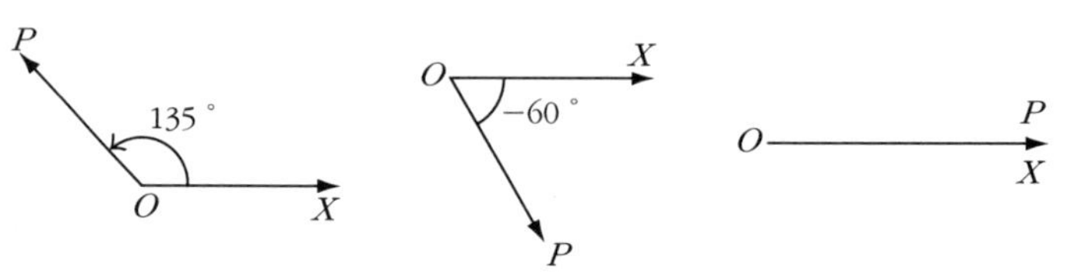

(a) (b) (c)

풀이 (a) $135^\circ + 360^\circ \times n$ (b) $-60^\circ + 360^\circ \times n$ (c) $360^\circ \times n$

예 2 -1000°를 일반각으로 나타내어라.

풀이 $-1000^\circ = 80^\circ + 360^\circ \times (-3)$

2) 두 동경의 위치관계

두 각 α, β 를 나타내는

(a) 두 동경이 일치할 때 $\alpha - \beta = 360^\circ \times n = 2n\pi$

(b) 두 동경이 일직선이고 방향이 반대일 때 $\alpha - \beta = 360^\circ \times n + 180^\circ = 2n\pi + \pi$

(c) 두 동경이 x축에 대칭일 때 $\alpha + \beta = 360^\circ \times n = 2n\pi$

(d) 두 동경이 y축에 대칭일 때 $\alpha + \beta = 360^\circ \times n + 180^\circ = 2n\pi + \pi$

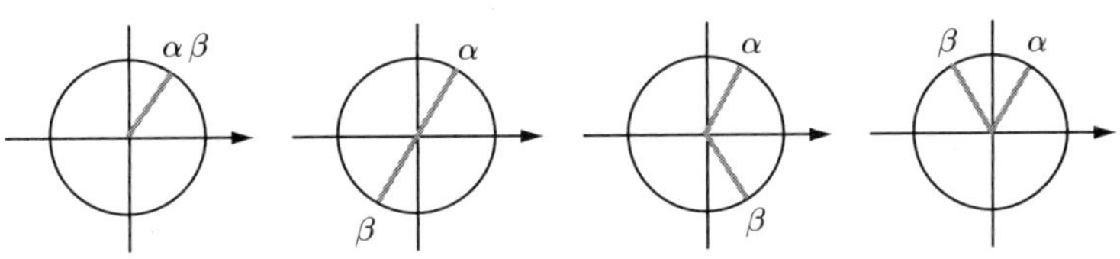

(a) (b) (c) (d)

예 3 $90^\circ < \theta < 180^\circ$이고 θ와 7θ의 동경이 일치할 때 $\sin(\theta - 90^\circ)$의 값을 구하여라.

풀이 θ와 7θ의 동경이 일지하므로 $7\theta - \theta = 360^\circ n$ (n은 정수)

$6\theta = 360^\circ n \quad \therefore \theta = 60^\circ n$ ⋯⋯⋯⋯⋯ (a)

$90^\circ < \theta < 180^\circ$에서 $90^\circ < 60^\circ n < 180^\circ$이므로

$\frac{3}{2} < n < 3 \qquad \therefore n = 2$ ($\because$ n은 정수)

$n = 2$를 (a)에 대입하면 $\theta = 120^\circ$

$\therefore \sin(\theta - 90^\circ) = \sin(120^\circ - 90^\circ) = \sin 30^\circ = \frac{1}{2}$

예 4 $90^\circ < \theta < 180^\circ$ 이고 θ와 7θ의 동경이 서로 반대쪽으로 일직선이 될 때 θ의 값을 구하여라.

풀이 θ와 7θ의 동경이 서로 반대쪽으로 일직선이 되므로

$$7\theta - \theta = 360^\circ n + 180^\circ \ (n\text{은 정수})$$

$$6\theta = 360^\circ n + 180^\circ \qquad \therefore \theta = 60^\circ n + 30^\circ \ \cdots\cdots\cdots \text{(a)}$$

$90^\circ < \theta < 180^\circ$ 에서 $90^\circ < 60^\circ n + 30^\circ < 180^\circ$, $60^\circ < 60^\circ n < 150^\circ$ 이므로

$$1 < n < \frac{5}{2} \qquad \therefore n = 2 (\because n\text{은 정수})$$

$n = 2$를 (a)에 대입하면 $\theta = 60^\circ \times 2 + 30^\circ = 150^\circ$

3. 호도법의 정의

반지름의 길이와 호의 길이가 같은 부채꼴의 중심각의 크기를 1호도 또는 1라디안(radian)이라 하고, 이것을 단위로 하여 각의 크기를 나타내는 방법을 **호도법**이라고 한다. 일반각의 크기를 호도법으로 나타낼 때에는 단위를 생략한다.

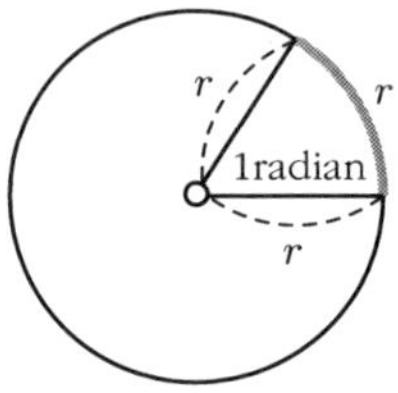

반지름 r인 원에서 원둘레 $2\pi r$이고 이것은 반지름 r의 2배이므로

$$2\pi \, \text{rad} = 360^\circ, \quad \pi \, \text{rad} = 180^\circ$$

$$\therefore 1 \, \text{rad} = \frac{180'^\circ}{\pi} \fallingdotseq 57^\circ 17' 45''$$

$$\therefore 1^\circ = \frac{\pi}{180^\circ} \fallingdotseq 0.0175 \, \text{rad}$$

예를 들어 $30^\circ = \frac{\pi}{180} \times 30 = \frac{\pi}{6}$ 이고, $\frac{\pi}{2} = \frac{180^\circ}{\pi} \times \frac{\pi}{2} = 90^\circ$ 이다. 그러면, 호도법으로 일반각으로 나타내어 보자.

예 1 다음 각의 크기를 호도법으로 나타내어라.

a) $70°$ b) $-120°$ c) $225°$ d) $360°$

풀이 a) $\frac{7}{18}\pi$ b) $-\frac{2}{3}\pi$ c) $\frac{5}{4}\pi$ d) 2π

예 2 다음 각의 크기를 60분법으로 나타내어라.

a) $\frac{3}{4}\pi$ b) $\frac{4}{3}\pi$ c) $-\frac{5}{6}\pi$ d) $\frac{10}{3}\pi$

풀이 a) $135°$ b) $240°$ c) $-150°$ d) $600°$

4. 호의 길이와 넓이

반지름 r, 중심각의 크기 θ인 부채꼴의 호의 길이를 l, 넓이를 S라 할 때 다음이 성립하는 것을 증명하여라.

중심각 $\theta(\text{라디안}) = \frac{l}{r}$,

호의 길이 $l = r\theta$,

면적 $S = \frac{1}{2}r^2\theta = \frac{1}{2}lr$

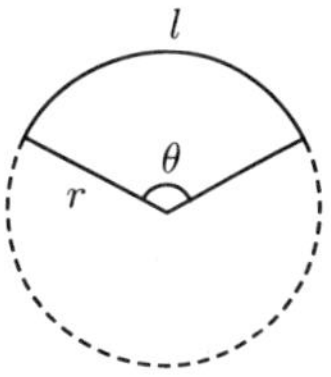

[증명] 위의 그림에서 호의 길이 l과 부채꼴의 넓이 S는 중심각의 크기 θ에 비례하므로,

$l : 2\pi r = \theta : 2\pi \quad \therefore l = r\theta$

$S : \pi r^2 = \theta : 2\pi \quad \therefore S = \frac{1}{2}r^2\theta = \frac{1}{2}lr$

예 1 다음 각각에 대하여 부채꼴의 호의 길이와 넓이를 구하여라.

a) 반지름 8 cm, 중심각 210° b) 반지름 5 cm, 중심각 $\frac{\pi}{4}$

풀이

a) 호의 길이 $= 8 \times 210 \times \frac{\pi}{180} = \frac{28}{3}\pi\text{cm}$, 넓이 $= \frac{1}{2} \times \frac{28}{3}\pi \times 8 = \frac{112}{3}\pi\text{cm}^2$

b) 호의 길이 $= 5 \times \frac{\pi}{4} = \frac{5}{4}\pi\text{cm}$, 넓이 $= \frac{1}{2} \times \frac{5}{4}\pi \times 5 = \frac{25}{8}\pi\text{cm}^2$

예 2 아래 그림에서 반지름의 길이가 2 cm 이고, 부채꼴의 호의 길이가 $\frac{\pi}{3}$ cm 일 때 이 부채꼴의 중심각의 크기와 넓이를 구하여라.

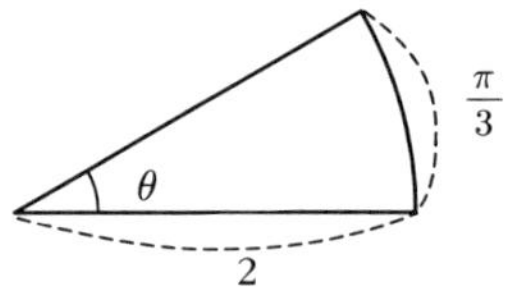

풀이

a) 중심각의 크기 : $l = r\theta = 2\theta = \frac{\pi}{3}$ $\therefore\ \theta = \frac{\pi}{6}$

b) 부채꼴의 넓이 : $S = \frac{1}{2}rl = \frac{1}{2} \times 2 \times \frac{\pi}{3} = \frac{\pi}{3}$

3.2 삼각함수의 정의

다음 그림에서 동경 OP가 나타내는 각의 크기를 θ, 동경과 반지름의 길이가 r인 원과의 교점을 $P(x, y)$라고 할 때 삼각함수를 다음과 같이 정의한다.

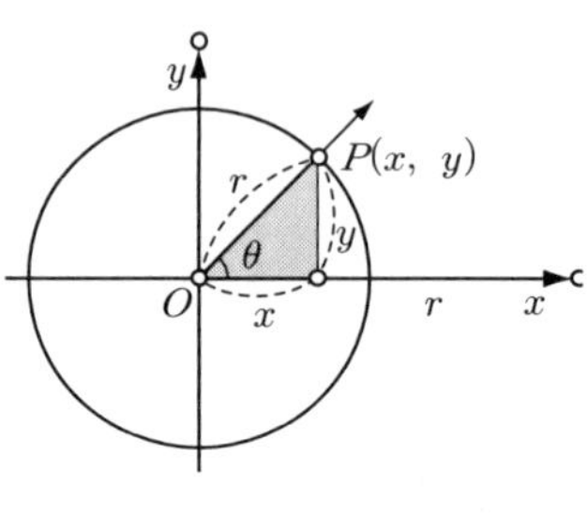

$\sin\theta=\dfrac{y}{r},\quad \cos\theta=\dfrac{x}{r},\quad \tan\theta=\dfrac{\sin\theta}{\cos\theta}=\dfrac{y}{x}$
$\operatorname{cosec}\theta=\dfrac{1}{\sin\theta}=\dfrac{r}{y},\quad \sec\theta=\dfrac{1}{\cos\theta}=\dfrac{r}{x},\quad \cot\theta=\dfrac{1}{\tan\theta}=\dfrac{x}{y}$
$\sin^2\theta+\cos^2\theta=1,\quad 1+\tan^2\theta=\sec^2\theta,\quad 1+\cot^2\theta=\operatorname{cosec}^2\theta$

1. 삼각함수의 값의 성질

삼각함수의 값이 원의 반지름 r의 크기와는 상관없기 때문에 계산상 편리를 위하여 $r=1$을 선택한다. 여기서, 좌표평면 위에서 중심이 원점이고 반지름이 $r=1$인 원을 **단위원**이라고 한다.

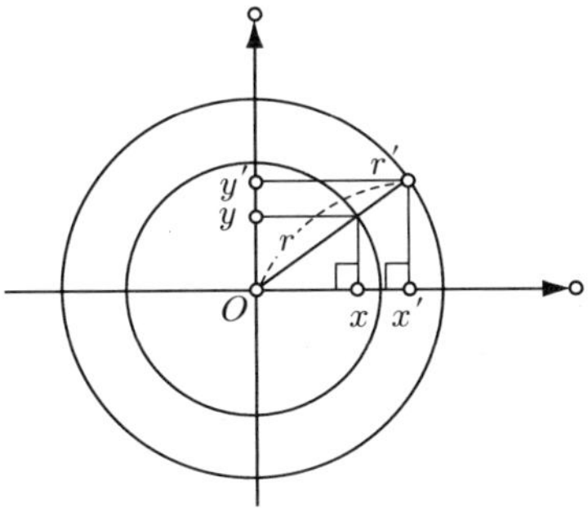

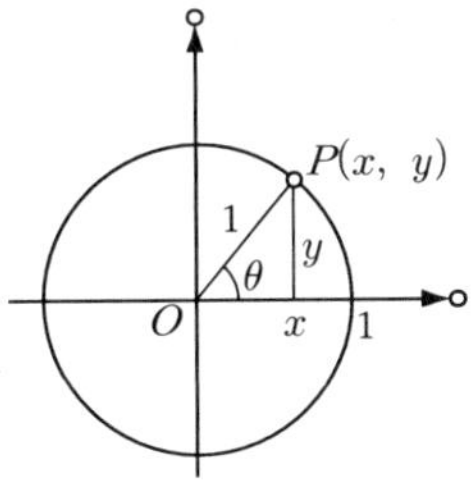

위의 우측에 그림의 단위원 $x^2+y^2=1$ 상에 임의 점 $P(x, y)$에 대하여 동경 OP가 나타내는 각의 크기를 θ라고 하면 $\sin\theta=\dfrac{y}{1}=y,\quad \cos\theta=\dfrac{x}{1}=x$이다. 따라서, $\sin\theta=y,\quad \cos\theta=x$을 얻는다.

예 1 아래 그림에서 $\theta=\dfrac{5}{4}\pi$일 때 $\sin\theta,\ \cos\theta,\ \tan\theta$의 값을 단위원을 이용하여 구하여라.

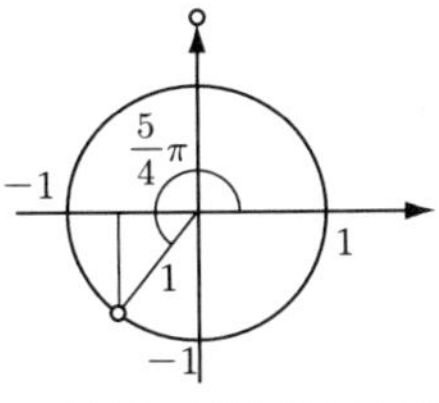

풀이 그림에서 동경은 $\frac{5}{4}\pi$이고, 단위원의 교점을 P라고 하면 P의 좌표는 $\left(-\frac{1}{\sqrt{2}},\ -\frac{1}{\sqrt{2}}\right)$이다. 따라서,

$\sin\frac{5}{4}\pi=-\frac{1}{\sqrt{2}}$, $\cos\frac{5}{4}\pi=-\frac{1}{\sqrt{2}}$, $\tan\frac{5}{4}\pi=1$,

$\operatorname{cosec}\frac{5}{4}\pi=\frac{1}{\sin\frac{5}{4}\pi}=-\sqrt{2}$, $\sec\frac{5}{4}\pi=\frac{1}{\cos\frac{5}{4}\pi}=-\sqrt{2}$, $\cot\frac{5}{4}\pi=\frac{1}{\tan\frac{5}{4}\pi}=1$

예 2 θ가 다음과 같을 때 $\sin\theta$, $\cos\theta$, $\tan\theta$의 값을 구하여라.

(a) 30° (b) 45° (c) -60° (d) 120°

(e) π (f) $-\frac{\pi}{6}$ (g) $-\frac{\pi}{4}$ (h) $\frac{5}{6}\pi$

풀이 (a) $\frac{1}{2}$, $\frac{\sqrt{3}}{2}$, $\frac{1}{\sqrt{3}}$ (b) $\frac{1}{\sqrt{2}}$, $\frac{1}{\sqrt{2}}$, 1 (c) $-\frac{\sqrt{3}}{2}$, $\frac{1}{2}$, $-\sqrt{3}$

(d) $\frac{\sqrt{3}}{2}$, $-\frac{1}{2}$, $-\sqrt{3}$ (e) 0, -1, 0 (f) $-\frac{1}{2}$, $\frac{\sqrt{3}}{2}$, $-\frac{1}{\sqrt{3}}$

(g) $-\frac{1}{\sqrt{2}}$, $\frac{1}{\sqrt{2}}$, -1 (h) $\frac{1}{2}$, $-\frac{\sqrt{3}}{2}$, $-\frac{1}{\sqrt{3}}$

2. 삼각함수의 부호

삼각함수의 정의에서 r은 동경 OP의 길이이므로 그 부호는 양이고, x, y는 동점 P의 x좌표, y좌표이므로 그 부호는 점 P가 어느 사분면의 각인가에 따라 정해진다. 점 P의 위치에 따라 삼각함수의 부호는 다음과 같다.

θ가 제1사분면	θ가 제2사분면	θ가 제3사분면	θ가 제4사분면
$x>0,\ y>0$	$x<0,\ y>0$	$x<0,\ y<0$	$x>0,\ y<0$
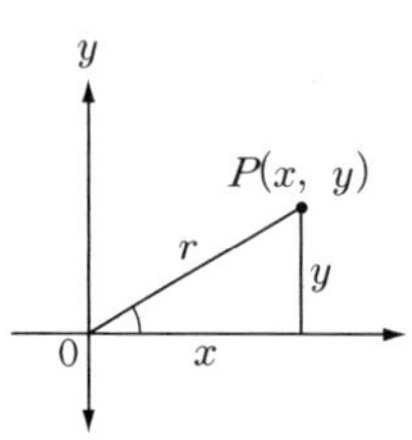	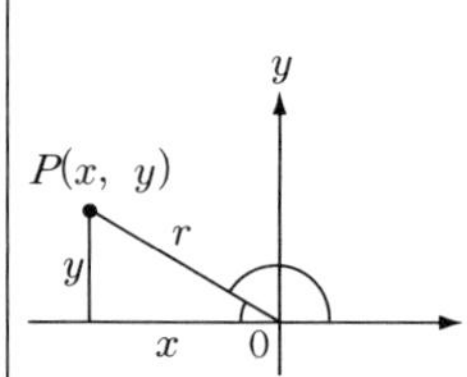	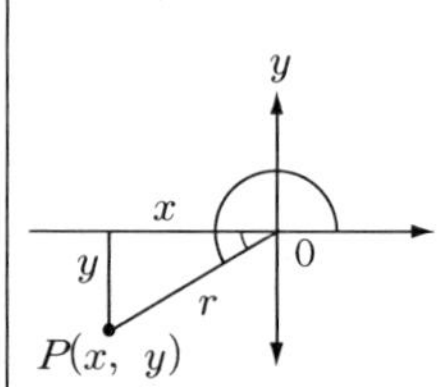	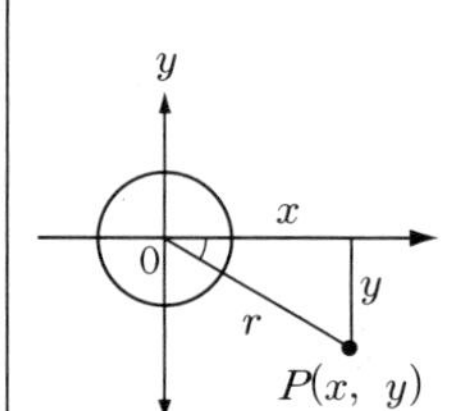
(모두가 양)	(sin만 양)	(tan만 양)	(cos만 양)

즉, θ가 제1사분면의 각일 때에는 $x>0,\ y>0$이고, r은 항상 양이므로

$$\sin\theta=\frac{y}{r}>0,\quad \cos\theta=\frac{x}{r}>0,\quad \tan\theta=\frac{y}{x}>0$$

이고, θ가 제2사분면의 각일 때에는 $x<0,\ y>0$이고, r은 항상 양이므로

$$\sin\theta=\frac{y}{r}>0,\quad \cos\theta=\frac{x}{r}<0,\quad \tan\theta=\frac{y}{x}<0$$

같은 방법으로 θ가 제 3사분면의 각일 때에는 $\tan\theta$만 양이고, 제4분면의 각일 때에는 $\cos\theta$만이 양이 됨을 알 수 있다.

이와 같이 하여 각 사분면에서 삼각함수의 값이 양인 것만을 표시해 두면 아래와 같다.

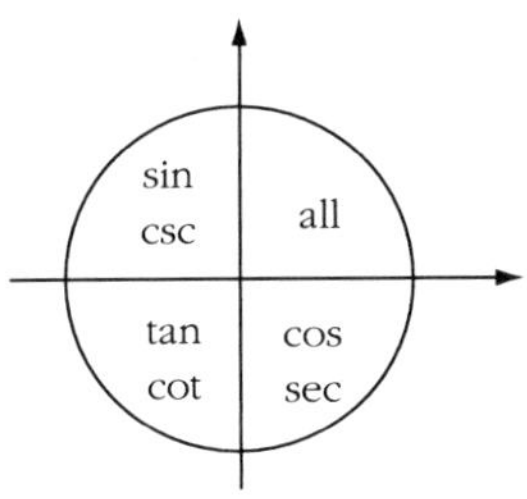

사분면 / 항수	1	2	3	4
$\sin\theta$	+	+	−	−
$\cos\theta$	+	−	−	+
$\tan\theta$	+	−	+	−

이 표를 이용하면 다음 성질을 얻을 수 있다.

a) sin 값이 같은 각은 α와 $\pi-\alpha$로 동경이 y축에 관하여 대칭이다.
b) cos 값이 같은 각은 α와 $-\alpha$로 동경이 x축에 관하여 대칭이다.
c) tan 값이 같은 각은 α와 $\pi+\alpha$로 동경이 원점에 관하여 대칭이다.

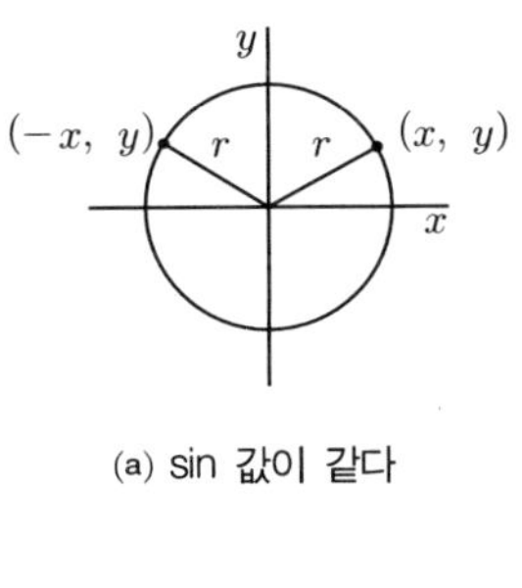

(a) sin 값이 같다

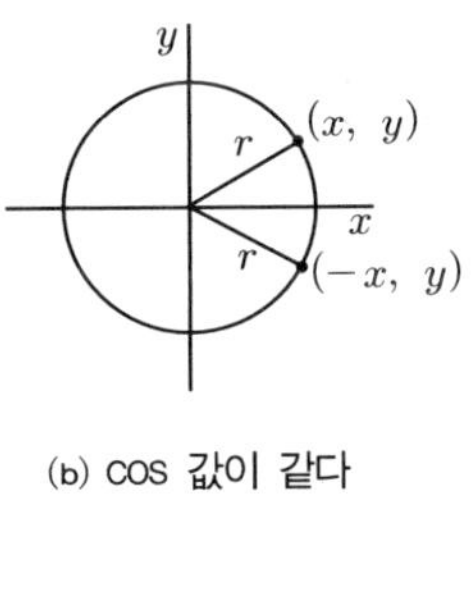

(b) cos 값이 같다

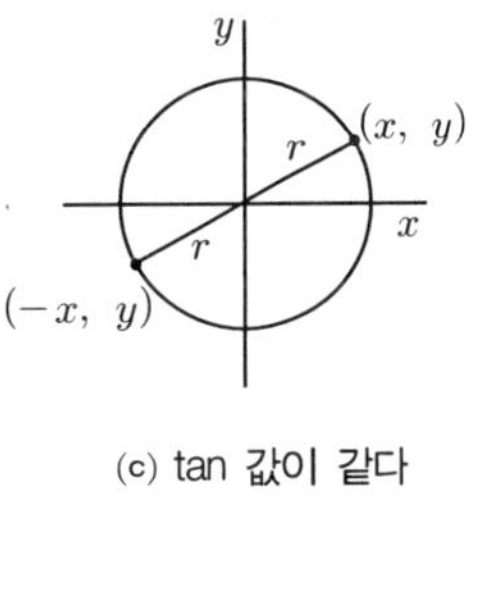

(c) tan 값이 같다

$\operatorname{cosec}\theta = \dfrac{1}{\sin\theta}$, $\sec\theta = \dfrac{1}{\cos\theta}$, $\cot\theta = \dfrac{1}{\tan\theta}$ 이므로 $\operatorname{cosec}\theta$, $\sec\theta$, $\cot\theta$ 의 부호는 $\sin\theta$, $\cos\theta$, $\tan\theta$의 부호와 같다.

항수 \ 사분면	1	2	3	4
$\operatorname{cosec}\theta$	+	+	−	−
$\sec\theta$	+	−	−	+
$\cot\theta$	+	−	+	−

예 1 다음 식을 만족하는 x를 $0 < x < 2\pi$의 범위에서 구하여라.

a) $\sin x = \dfrac{\sqrt{3}}{2}$　　　　b) $\cos x = -\dfrac{1}{2}$

풀이 a) $\sin 60^\circ = \dfrac{\sqrt{3}}{2}$ 이므로, $x = \dfrac{\pi}{3}$

또한, sin 값은 동경이 y축에 대칭인 각이므로 그림에서 $x = \dfrac{2}{3}\pi$

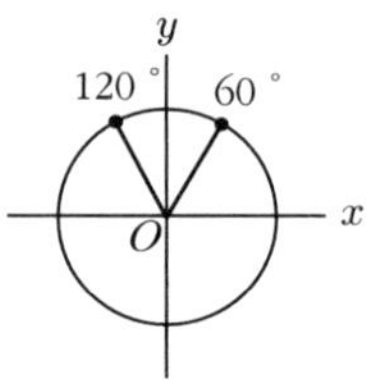

따라서, $x = \dfrac{\pi}{3}$, $\dfrac{2}{3}\pi$이다.

b) $\cos 60^\circ = \dfrac{1}{2}$ 이므로 그림에서 $x = \dfrac{2}{3}\pi$

cos 값은 동경이 x축에 대칭인 각이므로 그림에서 $x = \dfrac{4}{3}\pi$

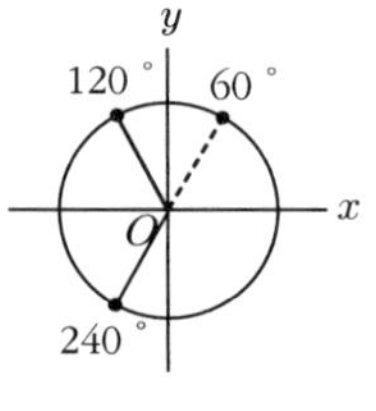

따라서, $x = \dfrac{2}{3}\pi$, $\dfrac{4}{3}\pi$이다.

3. 삼각함수 사이의 관계

아래 그림의 점 $P(x, y)$는 단위원 O 위의 점이다. 피타고라스 정리에 의하여

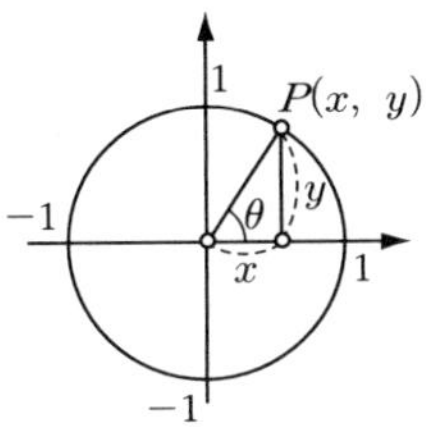

$x^2+y^2=1$이므로 $\cos^2\theta+\sin^2\theta=1$이 된다. 이 등식의 양변을 $\cos^2\theta$, $\sin^2\theta$으로 각각 나누면 $1+\tan^2\theta=\sec^2\theta$, $1+\cot^2\theta=\mathrm{cosec}^2\theta$이 성립한다.

여기서, $\cos^2\theta$와 $\sin^2\theta$는 $(\cos\theta)^2$, $(\sin\theta)^2$와 같은 것이다.

$$\sin^2\theta+\cos^2\theta=1,\quad 1+\tan^2\theta=\sec^2\theta,\quad 1+\cot^2\theta=\mathrm{cosec}^2\theta$$

예 1 $\sin\theta=-\frac{2}{3}$일 때 $\cos\theta$, $\tan\theta$의 값을 각각 구하여라.

풀이 $\sin^2\theta+\cos^2\theta=1$ 이므로, $\cos\theta=\pm\sqrt{1-\sin^2\theta}=\pm\sqrt{1-\left(-\frac{2}{3}\right)^2}=\pm\frac{\sqrt{5}}{3}$

따라서, $\tan\theta=\frac{\sin\theta}{\cos\theta}=\mp\frac{2}{\sqrt{5}}=\mp\frac{2\sqrt{5}}{5}$ 이다.

예 2 $\cos\theta=\frac{3}{5}$일 때 $\sin\theta$, $\tan\theta$의 값을 각각 구하여라(단, θ는 제4사분면의 각의 크기이다).

풀이 반지름이 5인 원에서 x좌표가 3인 점 중 4사분면의 점을 찾는다.

$$\sin\theta=-\frac{4}{5},\quad \tan\theta=-\frac{4}{3}$$

예 3 $\tan\theta = 2$일 때 $\cos\theta$, $\sin\theta$의 값을 구하여라(단, θ는 제3사분면의 각의 크기이다).

풀이 $(-1, -2)$를 지나는 원을 그려서 해결한다.

$$\cos\theta = -\frac{1}{\sqrt{5}}, \quad \sin\theta = -\frac{2}{\sqrt{5}}$$

예 4 $\sin\theta + \cos\theta = \sqrt{2}$ 일 때 $\sin\theta\cos\theta$의 값을 구하여라.

풀이 $\sin\theta + \cos\theta = \sqrt{2}$ 의 양변을 제곱하면 $\sin^2\theta + 2\sin\theta\cos\theta + \cos^2\theta = 2$
여기서, $\sin^2\theta + \cos^2\theta = 1$ 이므로, $1 + 2\sin\theta\cos\theta = 2$ 이다.

$$\therefore \sin\theta\cos\theta = \frac{1}{2}$$

3.3 삼각함수의 성질

1. $2n\pi + \theta$(n은 정수)의 삼각함수

임의 정수 n에 대하여 각의 크기 θ와 $2n\pi + \theta$의 동경의 위치는 같으므로 다음 등식이 성립한다.

$$\sin(2n\pi + \theta) = \sin\theta, \quad \cos(2n\pi + \theta) = \cos\theta, \quad \tan(n\pi + \theta) = \tan\theta$$

예를 들어, $\sin\frac{13}{2}\pi = \sin\left(2 \cdot 3 \cdot \pi + \frac{\pi}{3}\right) = \sin\frac{\pi}{3} = \frac{\sqrt{3}}{2}$

$\cos\left(-\frac{7}{4}\pi\right) = \cos\left(2 \cdot (-1) \cdot \pi + \frac{\pi}{4}\right) = \cos\frac{\pi}{4} = \frac{1}{\sqrt{2}}$

예 1 다음 값을 구하여라.

a) $\sin\frac{25}{6}\pi$ b) $\cos\left(-\frac{35}{6}\pi\right)$ c) $\tan\frac{7}{3}\pi$ d) $\cot\left(-\frac{5}{3}\pi\right)$

e) $\sec\frac{13}{6}\pi$ f) $\mathrm{cosec}\left(-\frac{11}{6}\pi\right)$

풀이 주어진 각을 $2n\pi+\theta$(n은 정수) 형태로 고쳐 앞의 정리를 활용한다.

a) $\frac{1}{2}$ b) $\frac{\sqrt{3}}{2}$ c) $\sqrt{3}$ d) $\frac{\sqrt{3}}{3}$

e) $\frac{2\sqrt{3}}{3}$ f) 2

2. $(-\theta)$의 삼각함수

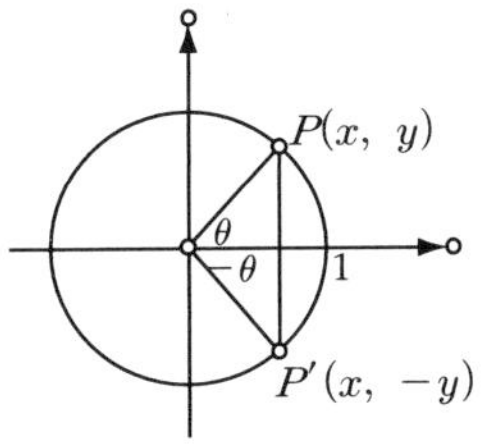

각의 크기를 θ, $-\theta$를 나타내는 동경과 단위원과의 교점 P와 P'는 x축에 대하여 대칭이다. 따라서,

$$\sin(-\theta)=-y=-\sin\theta,\quad \cos(-\theta)=x=\cos\theta,$$

$$\tan(-\theta)=-\frac{y}{x}=-\tan\theta$$

예 1 다음 값을 구하여라.

(a) $\sin\left(-\frac{\pi}{4}\right)$ (b) $\cos\left(-\frac{\pi}{3}\right)$ (c) $\tan\left(-\frac{\pi}{6}\right)$ (d) $\sin\left(-\frac{9}{4}\pi\right)$

(e) $\cos\left(-\frac{13}{6}\pi\right)$ (f) $\tan\left(-\frac{7}{3}\pi\right)$

풀이 (a) $-\frac{1}{\sqrt{2}}$ (b) $\frac{1}{2}$ (c) $-\frac{1}{\sqrt{3}}$ (d) $-\frac{1}{\sqrt{2}}$

(e) $\frac{\sqrt{3}}{2}$ (f) $-\sqrt{3}$

3. $\left(\frac{\pi}{2}+\theta\right)$의 삼각함수

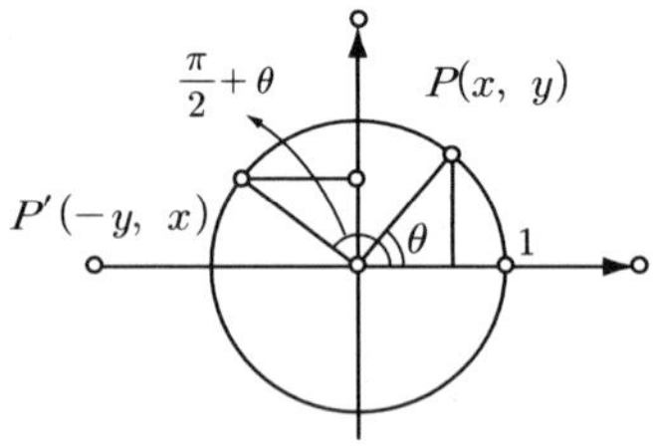

그림과 같이 각의 크기가 $\frac{\pi}{2}+\theta$인 동경 P'는 점 P를 원점을 중심으로 $\frac{\pi}{2}$ 회전한 점이다. 따라서,

$$\sin\left(\frac{\pi}{2}+\theta\right)=x=\cos\theta,\ \cos\left(\frac{\pi}{2}+\theta\right)=-y=-\sin\theta,\ \tan\left(\frac{\pi}{2}+\theta\right)=-\frac{x}{y}=-\cot\theta$$

예 1 다음 값을 구하여라.

(a) $\sin\frac{2}{3}\pi$ (b) $\cos\frac{5}{6}\pi$ (c) $\tan\frac{5}{6}\pi$

풀이 (a) $\frac{\sqrt{3}}{2}$ (b) $-\frac{\sqrt{3}}{2}$ (c) $-\frac{\sqrt{3}}{3}$

4. $\left(\frac{\pi}{2}-\theta\right)$의 삼각함수

$\left(\frac{\pi}{2}+\theta\right)$의 삼각함수 공식에서 θ 대신에 $-\theta$로 놓고, $-\theta$에 대한 삼각함수의 공식을 적용하면 다음 등식이 성립한다.

$$\sin\left(\frac{\pi}{2}-\theta\right)=\cos\theta,\quad \cos\left(\frac{\pi}{2}-\theta\right)=\sin\theta,\quad \tan\left(\frac{\pi}{2}-\theta\right)=\cot\theta$$

예 1 다음을 $0 \le \theta \le \frac{\pi}{4}$ 인 θ의 삼각함수로 나타내어라.

(a) $\sin\frac{3}{8}\pi$ (b) $\cos\frac{\pi}{3}$ (c) $\tan\frac{2}{5}\pi$

풀이 (a) $\cos\frac{\pi}{8}$ (b) $\sin\frac{\pi}{6}$ (c) $\cot\frac{\pi}{10}$

예 2 다음을 $0° \le \theta \le 45°$ 또는 $0 \le \theta \le \frac{\pi}{4}$ 인 각의 크기에 대하여 삼각함수로 나타내어라.

(a) $\sin 480°$ (b) $\cos(-480°)$ (c) $\tan\frac{5}{3}\pi$

풀이 (a) $\cos 30°$ (b) $-\sin 30°$ (c) $-\cot\frac{\pi}{6}$

5. $(\pi+\theta)$의 삼각함수

아래 그림과 같이 각의 크기가 θ, $\pi+\theta$인 동경과 단위원 O와의 교점 P, P'는 원점에 대하여 대칭이다. 따라서, 다음 등식을 얻는다.

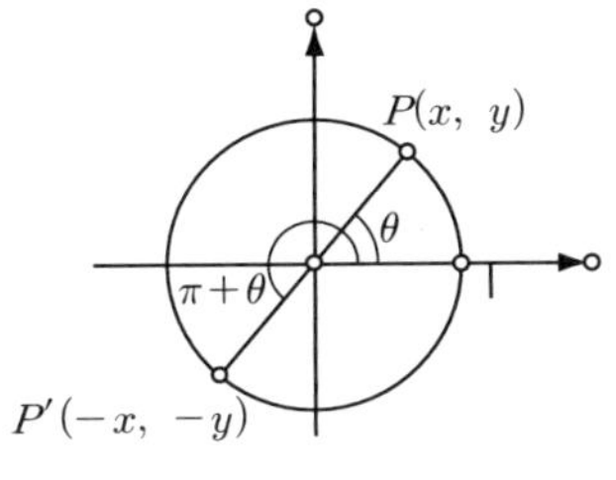

$$\sin(\pi+\theta) = -\sin\theta, \quad \cos(\pi+\theta) = -\cos\theta, \quad \tan(\pi+\theta) = \tan\theta$$

예 1 다음 값을 구하여라.

(a) $\sin\frac{5}{4}\pi$ (b) $\cos\frac{7}{6}\pi$ (c) $\tan\frac{4}{3}\pi$

풀이 (a) $-\frac{1}{\sqrt{2}}$ (b) $-\frac{\sqrt{3}}{2}$ (c) $\sqrt{3}$

6. $(\pi-\theta)$의 삼각함수

앞의 $(\pi+\theta)$의 삼각함수의 공식에서 θ 대신에 $-\theta$로 놓고 $-\theta$에 대한 삼각함수의 공식을 적용하면 다음 등식이 성립한다.

$$\sin(\pi-\theta)=\sin\theta,\ \cos(\pi-\theta)=-\cos\theta,\ \tan(\pi-\theta)=-\tan\theta$$

예 1 다음을 $0\le\theta\le\frac{\pi}{2}$인 θ에 대하여 삼각함수로 나타내어라.

(a) $\sin\frac{2}{3}\pi$　　(b) $\cos\frac{3}{4}\pi$　　(c) $\tan\frac{4}{7}\pi$

풀이 (a) $\sin\frac{\pi}{3}$　　(b) $-\cos\frac{\pi}{4}$　　(c) $-\tan\frac{3}{7}\pi$

예 2 다음 식을 간단히 하여라.

$\cos(\pi+\theta)+\cos\theta+\sin(\pi-\theta)-\cos\left(\frac{3}{2}\pi+\theta\right)$

풀이 $\cos(\pi+\theta)+\cos\theta+\sin(\pi-\theta)-\cos\left(\frac{3}{2}\pi+\theta\right)$

$=-\cos\theta+\cos\theta+\sin\theta-\sin\theta=0$

3.4 삼각함수의 그래프

1. 주기함수

상수함수가 아닌 함수 $f(x)$의 정의역에 속하는 모든 x에 대하여 $f(x+p)=f(x)$가 성립하는 0이 아닌 상수 p가 존재할 때 함수 $f(x)$를 **주기함수**라 하고, 상수 p 중에서 최소의 양수를 함수 f의 **주기**라 한다.

예를 들면, 함수 $y=\sin x$, $y=\cos x$, $y=\tan x$에 대하여 n이 정수일 때 $\sin(x+2n\pi)=\sin x$, $\cos(x+2n\pi)=\cos x$, $\tan(x+n\pi)=\tan x$가 성립한다(단, $n=0,\ \pm1,\ \pm2,\ \cdots$).

이 때, $2n\pi$ 중에서 최소의 양수는 2π이므로 $\sin x$, $\cos x$는 각각 주기가 2π인 주기함수이고, $n\pi$ 중에서 최소인 양수는 π이므로 $\tan x$는 주기가 π인 주기함수이다.

예 1 주기가 4인 주기함수 $y=f(x)$의 그래프가 다음과 같다. $f(5), f(100)$의 값을 구하여라.

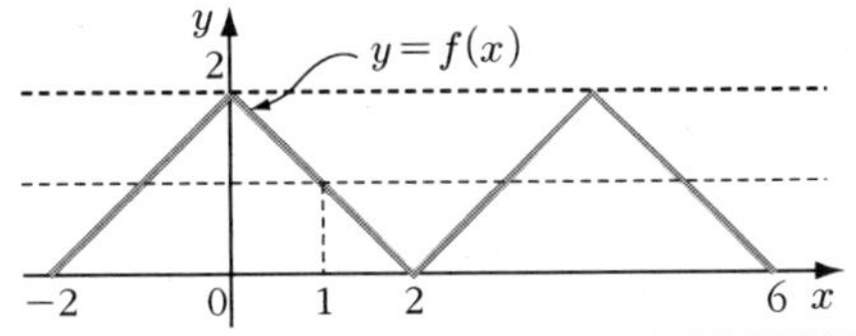

풀이 a) 주기가 4이므로, $f(x+p)=f(x)$에 의하여 $f(5)=f(1+4)=f(1)=1$

b) $f(100)=f(96+4)=f(96)$

$f(96)=f(92+4)=f(92)$

$\vdots$

$f(4)=f(0+4)=f(0)=2 \quad \therefore f(100)=2$

2. $y=\sin x$의 그래프

a) $y=\sin x$의 그래프

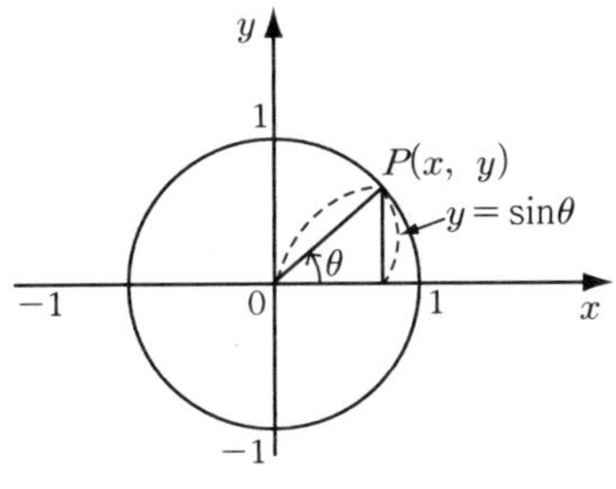

위의 그림에서 각의 크기가 θ인 동경 OP와 반지름의 길이가 1인 **단위원** O와의 교점을 $P(x, y)$라 하면 $\sin\theta=\dfrac{y}{1}$에서 $y=\sin\theta$이 된다. 따라서, 함수 $y=\sin\theta$의 값의 변화를 알려면 점 P의 y좌표의 변화를 살피면 된다.

지금, θ가 0에서 $\dfrac{\pi}{2}$까지 증가할 때 점 P는 점$(1, 0)$에서 점$(0, 1)$까지 단위원 위를 움직이므로 $\sin\theta$의 값은 0에서 1까지 증가한다. 따라서, θ가 0으로부터 2π까지 증가할 때 $\sin\theta$ 값의 변화는 다음과 같다.

θ	0	· ·	$\frac{\pi}{2}$	· ·	π	· ·	$\frac{3}{2}\pi$	· ·
sin	0	↗	1	↘	0	↘	-1	↗

이것을 이용하여 $y = \sin\theta$의 그래프를 그려보자. $\sin(\theta + 2\pi) = \sin\theta$이므로, $\sin\theta$의 값은 2π마다 사이클을 반복한다. $y = \sin\theta$의 그래프를 그리면 다음과 같다. 이것은 θ를 x로 바꾸어 x에 관한 함수로 생각할 수 있다.

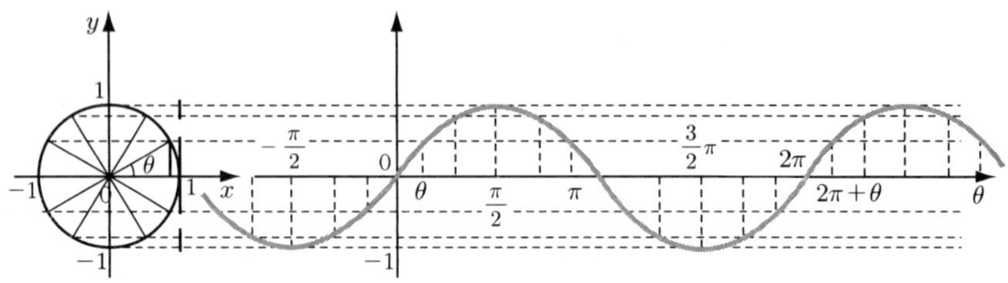

따라서, $\sin(-x) = -\sin x$이므로 $y = \sin x$의 그래프는 원점에 대하여 대칭이다. 함수 $y = \sin x$의 정의역은 실수의 집합이고, 치역은 $\{y | -1 \le y \le 1\}$임을 알 수 있다.

예 1 다음 함수의 그래프를 그려라.

a) $y = 2\sin x$ b) $y = \sin\left(x - \frac{\pi}{4}\right)$

풀이 a) 임의의 x에 대하여 $2\sin x$의 값은 $\sin x$의 값의 2배이므로 다음 그림과 같다.

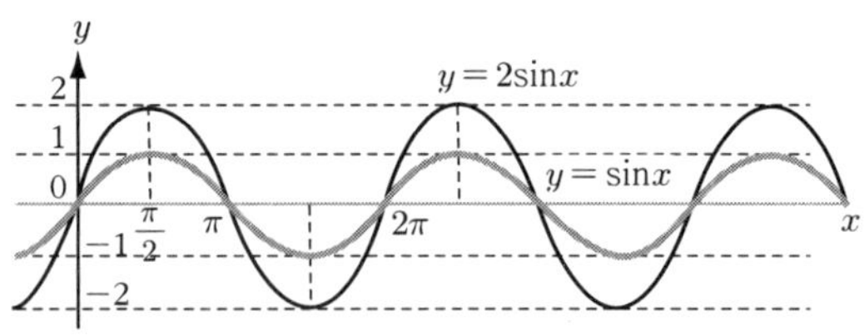

b) 그래프는 $y = \sin x$의 그래프를 x축의 방향으로 $\frac{\pi}{4}$만큼 평행 이동한 것과 같다.

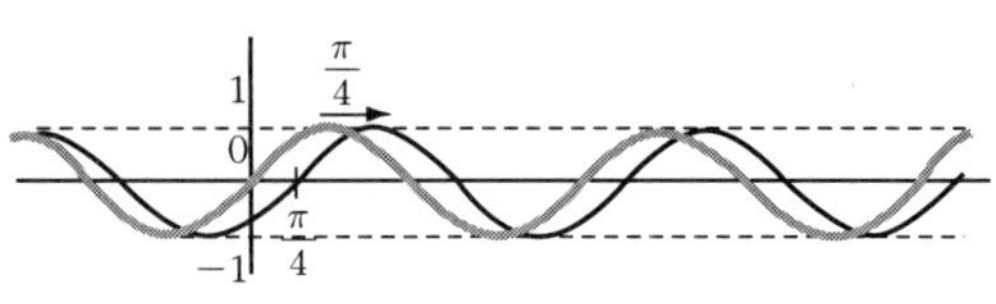

2) $y=\sin\omega x$의 주기와 최대 · 최소

함수 $y=\sin\omega x$의 그래프는 $\sin\omega x=\sin(\omega x+2\pi)=\sin\omega(x+\frac{2\pi}{\omega})$이므로 위에서 정의된 $f(x+p)=f(x)$에 의하여 $\sin\omega x$의 주기 p는 $\left|\frac{2\pi}{\omega}\right|=\frac{2\pi}{|\omega|}$이다.

예를 들어, $y=\sin x$의 그래프를 이용하여 $y=\sin 2x$의 그래프를 그려보자. 먼저, 주기를 구해 보면 주기는 $\frac{2\pi}{2}=\pi$이므로 $y=\sin 2x$의 그래프는 $y=\sin x$의 그래프를 x축 방향으로 $\frac{1}{2}$배 축소한 것으로 다음 그림과 같다.

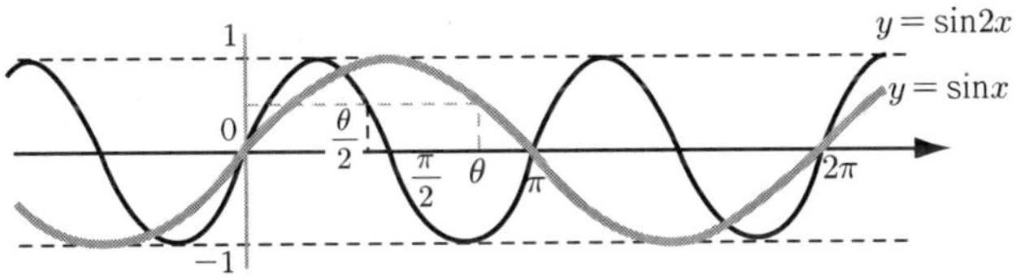

예 2 다음 함수의 주기를 구하고 그래프를 그려라.

a) $y=\sin\frac{x}{2}$　　　b) $y=\sin 2\left(x+\frac{\pi}{3}\right)$

풀이 a) $y=\sin\frac{x}{2}$의 그래프의 주기는 $\frac{2\pi}{\frac{1}{2}}=4\pi$

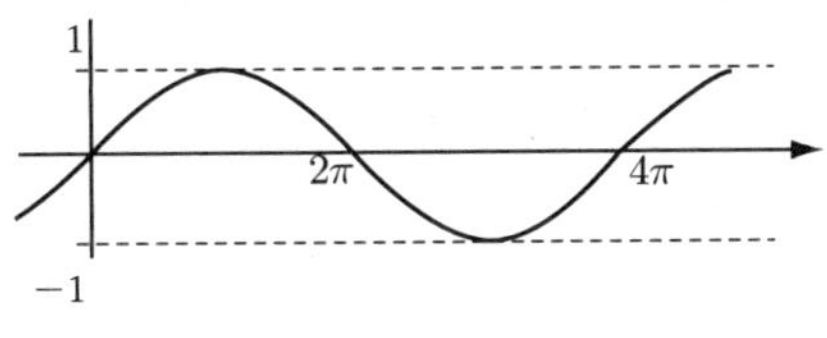

b) $y=\sin 2(x+\frac{\pi}{3})$의 그래프는 $y=\sin 2x$의 그래프를 x축 방향으로 $-\frac{\pi}{3}$만큼 평행 이동시켰고, 주기는 $\frac{2\pi}{2}=\pi$이므로 그래프는 다음과 같다.

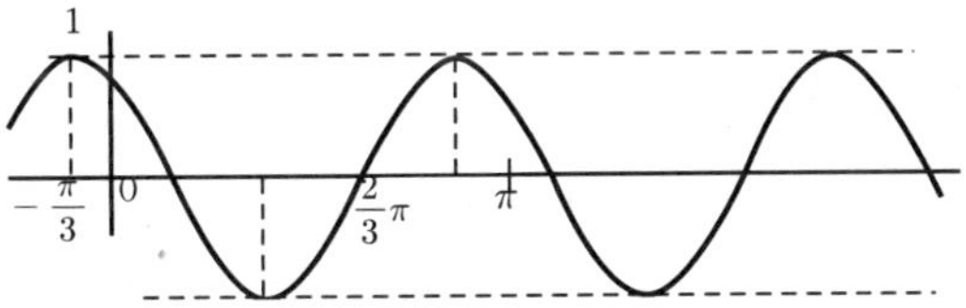

3. $y=\cos x$의 그래프

1) $y=\cos x$의 그래프

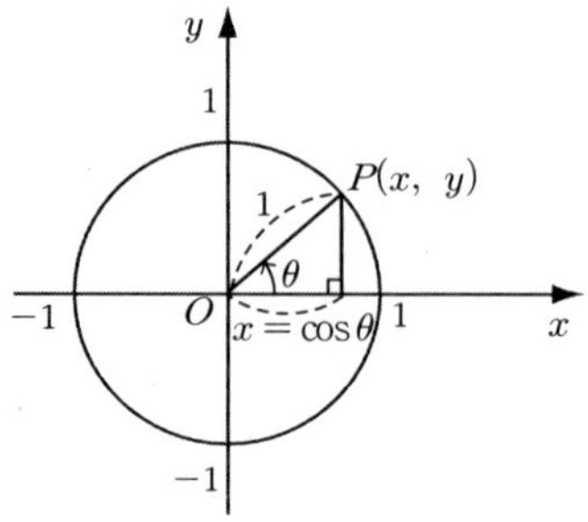

위의 그림에서 각의 크기가 θ인 동경과 단위원 O와의 교점을 $P(x,\ y)$라 하면 $\cos\theta=\dfrac{x}{1}$이므로 $x=\cos\theta$이다. 따라서, $\cos\theta$의 값의 변화는 점 P의 x좌표의 값의 변화와 같으므로 함수 $x=\cos\theta$의 값의 변화를 알려면, 점 P의 x좌표의 변화를 살피면 된다.

$\cos(\theta+2\pi)=\cos\theta$이므로 $\cos\theta$의 값은 2π마다 사이클을 반복한다. 이것을 감안하여 $y=\cos\theta$의 그래프를 그리면 다음과 같다.

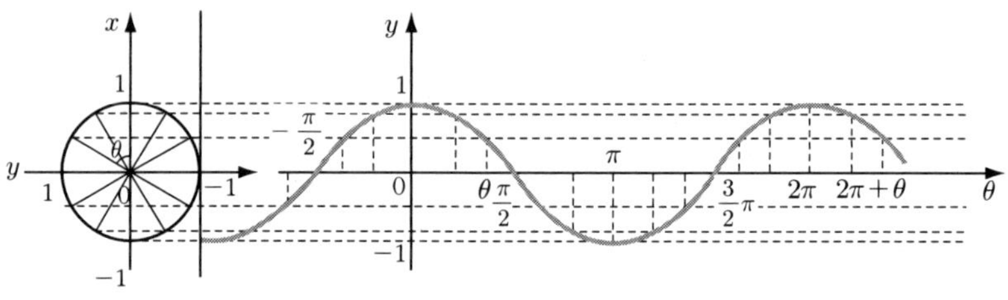

일반적으로 θ를 x로 바꾸어 x에 관한 함수로 생각하면 $\sin\left(x+\dfrac{\pi}{2}\right)=\cos x$이므로 $y=\cos x=\sin\left(x+\dfrac{\pi}{2}\right)$로 바꾸어 놓을 수 있다. 따라서, $y=\cos x$의 그래프는 $y=\sin x$의 그래프를 x축 방향으로 $-\dfrac{\pi}{2}$만큼 평행 이동시킨 것이다. 또한, $y=\cos(-x)=\cos x$이므로 $y=\cos x$의 그래프는 y축에 대하여 대칭임을 알 수 있다. 따라서, $y=\cos x$의 그래프는 다음과 같다.

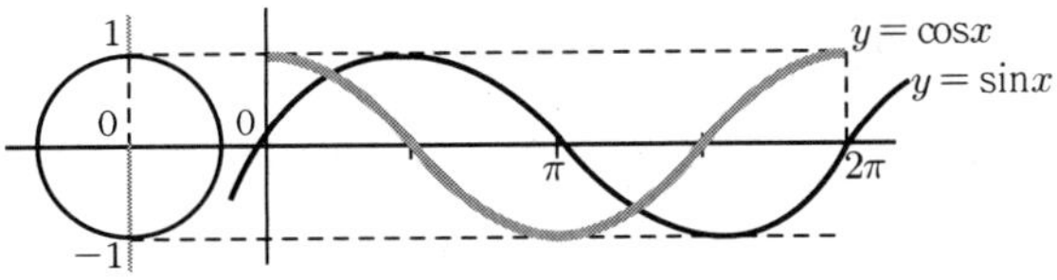

함수 $y=\cos x$의 정의역은 $\{x \mid x$의 실수$\}$이고, 치역은 $\{y \mid -1 \le y \le 1\}$이다. 그리고, $y=\cos x$의 그래프는 $\cos(x+2\pi)=\cos x$이므로 주기함수로 주기는 2π이다.

예 1 함수 $y=\cos 2\left(x-\frac{\pi}{4}\right)$의 주기를 구하고 그래프를 그려라.

풀이 $y=\cos 2\left(x-\frac{\pi}{4}\right)$의 그래프는 $y=\cos 2x$의 그래프를 x축 방향으로 $\frac{\pi}{4}$만큼 평행 이동시킨 것이고 주기는 $\frac{2\pi}{2}=\pi$이다.

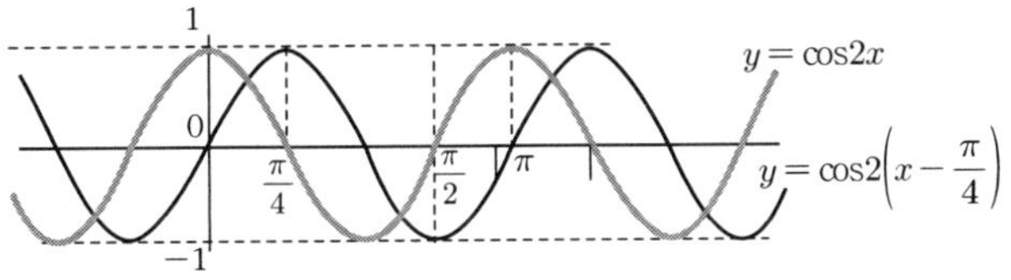

예 2 다음 함수의 주기를 구하고 그래프를 그려라.

a) $y=\frac{1}{2}\cos x$ b) $y=\cos\frac{x}{2}$

c) $y=\cos\frac{1}{2}\left(x-\frac{\pi}{2}\right)$ d) $y=2\cos x+1$

풀이

a) $y=\frac{1}{2}\cos x$의 주기는 2π

b) $y=\cos\frac{x}{2}$의 주기는 $\frac{2\pi}{\frac{1}{2}}=4\pi$

c) $y=\cos\frac{1}{2}\left(x-\frac{\pi}{2}\right)$의 주기는 4π

d) $y=2\cos x+1$의 주기는 2π이고, $y=2\cos x$의 그래프를 y축으로 1만큼 평행이동한 것이다.

3) $y=\sin x$와 $y=\cos x$의 성질

a) 정의역은 모두 실수의 집합이고, 치역은 둘 다 $\{y \mid -1 \le y \le 1\}$

b) 모두 주기가 2π인 주기함수이다. $y=\sin x$와 $y=\cos x$의 최대값 $|a|$, 최소값 $-|a|$(여기서 $a=1$이다)

c) $y=\cos x$의 그래프는 $y=\sin x$의 그래프를 x축 방향으로 $-\frac{\pi}{2}$만큼 평행 이동

d) $y=\sin x$의 그래프는 원점에 대칭
$y=\cos x$의 그래프는 y축에 대칭

4. $y=\tan x$의 그래프

1) $y=\tan x$의 그래프

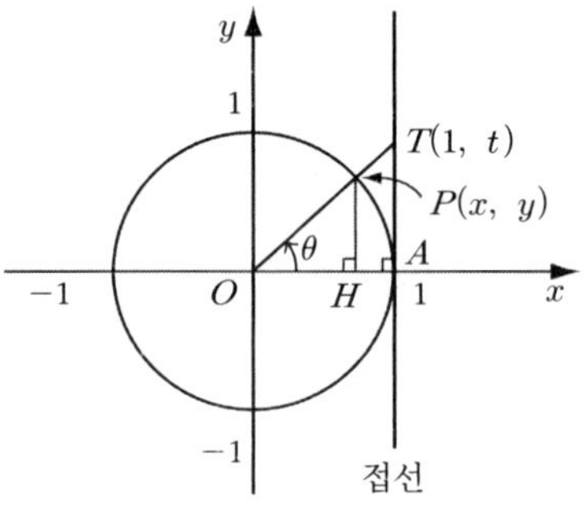

위의 그림과 같이 반지름의 길이가 1인 단위원에서 $\triangle OPH \backsim \triangle OTA$이므로

$$\tan\theta = \frac{y}{x} = \frac{t}{1} = t$$

따라서, $\tan\theta$의 값의 변화는 θ에 대응하는 t의 값의 변화와 같으므로 $y=\tan\theta$의 그래프는 다음과 같고, 그 그래프는 π간격으로 같은 모양이 반복됨을 알 수 있다. 즉, $\tan(\theta+n\pi)=\tan\theta$(단, n은 정수)이다.

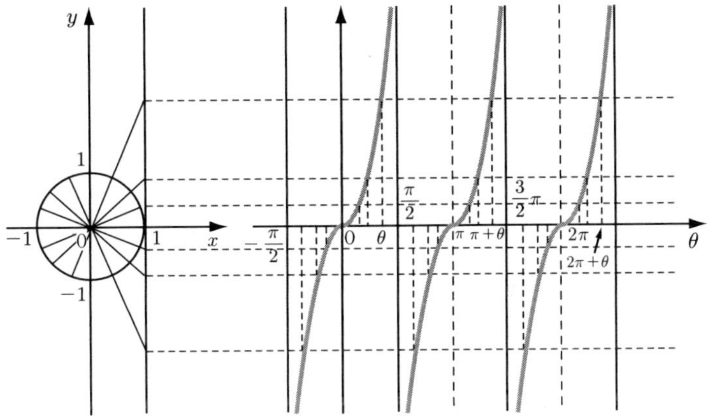

2) $y = \tan \omega x$의 주기와 최대 · 최소

$y = \tan \omega x = \tan(\omega x + \pi) = \tan \omega\left(x + \frac{\pi}{\omega}\right)$에서 $\tan \omega x$의 주기는 $\left|\frac{\pi}{\omega}\right|$임을 알 수 있다. 그리고 위의 그림에서처럼 최대값와 최소값은 없다. 예를 들어 $y = \tan 4x$의 주기는 $\frac{\pi}{4}$이고, $y = \tan\frac{1}{2}x$의 주기는 $\frac{\pi}{\frac{1}{2}} = 2\pi$이다.

3) $y = \tan x$의 성질

a) 정의역은 $x \neq \frac{\pi}{2} + n\pi$ (단, n은 정수)인 실수 x의 집합이고, 치역은 실수의 집합이다.

b) 주기가 π인 주기함수이고, 최대값과 최소값은 없다.

c) $y = \tan x$의 그래프는 $\tan(-x) = -\tan x$로부터 원점에 대하여 대칭이다.

d) 직선 $x = \frac{\pi}{2} + n\pi$(단, n은 정수)는 $y = \tan x$의 그래프의 점근선이다.

예 1 다음 함수의 주기와 점근선을 구하고, 그래프를 그려라.

(a) $y = \tan\left(x + \frac{\pi}{3}\right)$ (b) $y = \tan\frac{x}{2}$

(c) $y = \tan\frac{1}{2}\left(x - \frac{\pi}{4}\right)$ (d) $y = \tan\left(2x - \frac{\pi}{2}\right)$

풀이 (a) 주기 π, 점근선의 방정식 $x=\frac{\pi}{6}+n\pi$ (n은 정수)

(b) 주기 2π, 점근선의 방정식 $x=\pi+2n\pi$ (n은 정수)

(c) 주기 2π, 점근선의 방정식 $x=\frac{5}{4}\pi+2n\pi$ (n은 정수)

(d) 주기 $\frac{\pi}{2}$, 점근선의 방정식 $x=\frac{\pi}{2}+\frac{1}{2}n\pi$ (n은 정수), 그래프는 $y=\tan 2\left(x-\frac{\pi}{4}\right)$이므로 $y=\tan 2x$의 그래프를 x축 방향으로 $\frac{\pi}{4}$만큼 평행이동한 것이다.

3.5 삼각함수의 덧셈정리

1. 삼각함수의 덧셈정리(1)

$$\cos(\alpha+\beta)=\cos\alpha\cos\beta-\sin\alpha\sin\beta$$
$$\cos(\alpha-\beta)=\cos\alpha\cos\beta+\sin\alpha\sin\beta$$

[증명] 아래 그림과 같이 두 각 α, β가 나타내는 두 동경이 단위원과 만나는 점을 각각 P, Q라 하면 두 점, P, Q의 좌표는 다음과 같다.

$P(\cos\alpha,\ \sin\alpha)$, $Q(\cos\beta,\ \sin\beta)$

이 때, 두 점 P, Q 사이의 거리 $\overline{PQ}$에 대하여

$$\overline{PQ}^2=(\cos\alpha-\cos\beta)^2+(\sin\alpha-\sin\beta)^2$$
$$=2-2(\cos\alpha\cos\beta+\sin\alpha\sin\beta) \quad \cdots\cdots ①$$

또, $\triangle OPQ$에서 제이코사인 법칙을 적용하면

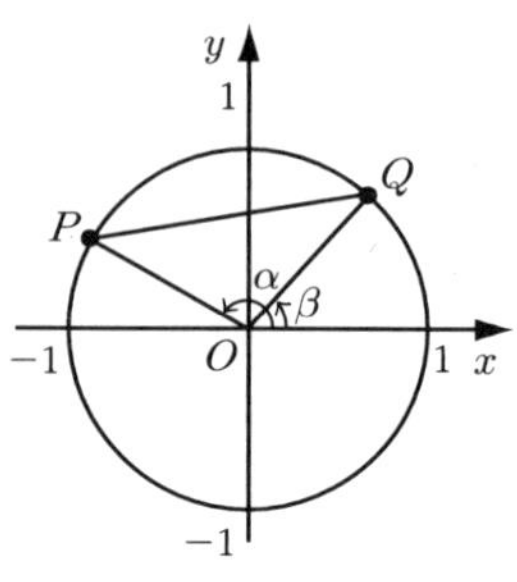

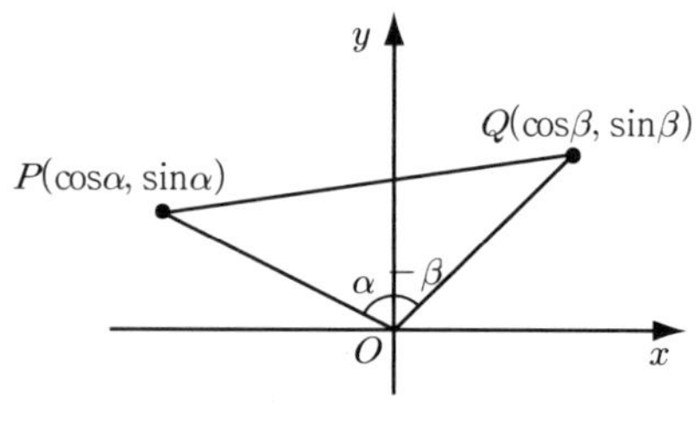

$$\overline{PQ}^2 = \overline{OP}^2 + \overline{OQ}^2 - 2\overline{OP} \cdot \overline{OQ}\cos(\angle POQ)$$
$$= 1^2 + 1^2 - 2 \cdot 1 \cdot 1\cos(\alpha - \beta)$$
$$= 2 - 2\cos(\alpha - \beta) \quad \cdots\cdots ②$$

따라서, ①, ②에서 $\cos(\alpha - \beta) = \cos\alpha\cos\beta + \sin\alpha\sin\beta$ ⋯⋯ ③

또, ③에서 β대신에 $-\beta$를 대입하면

$\cos\{\alpha - (-\beta)\} = \cos\alpha\cos(-\beta) + \sin\alpha\sin(-\beta)$

$\therefore \ \cos(\alpha + \beta) = \cos\alpha\cos\beta - \sin\alpha\sin\beta$

2. 삼각함수의 덧셈정리(2)

$$\sin(\alpha + \beta) = \sin\alpha\cos\beta + \cos\alpha\sin\beta$$
$$\sin(\alpha - \beta) = \sin\alpha\cos\beta - \cos\alpha\sin\beta$$

[증명] $\sin\theta = \cos\left(\frac{\pi}{2} - \theta\right)$, $\cos\theta = \sin\left(\frac{\pi}{2} - \theta\right)$이고,

$\cos(\alpha - \beta) = \cos\alpha\cos\beta + \sin\alpha\sin\beta$이므로 다음 등식이 얻어진다.

$$\sin(\alpha + \beta) = \cos\left[\frac{\pi}{2} - (\alpha + \beta)\right] = \cos\left[\left(\frac{\pi}{2} - \alpha\right) - \beta\right]$$
$$= \cos\left(\frac{\pi}{2} - \alpha\right)\cos\beta + \sin\left(\frac{\pi}{2} - \alpha\right)\sin\beta$$

$\therefore \ \sin(\alpha + \beta) = \sin\alpha\cos\beta + \cos\alpha\sin\beta$ ⋯⋯ ①

또, ①에서 β대신에 $-\beta$를 대입하면

$\sin\{\alpha + (-\beta)\} = \sin\alpha\cos(-\beta) + \cos\alpha\sin(-\beta)$

$\therefore \ \sin(\alpha - \beta) = \sin\alpha\cos\beta - \cos\alpha\sin\beta$

3. 삼각함수의 덧셈정리(3)

$$\tan(\alpha + \beta) = \frac{\tan\alpha + \tan\beta}{1 - \tan\alpha\tan\beta}, \quad \tan(\alpha - \beta) = \frac{\tan\alpha - \tan\beta}{1 + \tan\alpha\tan\beta}$$

[증명] $\tan(\alpha + \beta)$의 덧셈정리를 $\cos(\alpha + \beta)$, $\sin(\alpha + \beta)$로 나타내면 다음과 같다.

$$\tan(\alpha + \beta) = \frac{\sin(\alpha + \beta)}{\cos(\alpha + \beta)} = \frac{\sin\alpha\cos\beta + \cos\alpha\sin\beta}{\cos\alpha\cos\beta - \sin\alpha\sin\beta}$$

위의 식에서 분모, 분자를 각각 $\cos\alpha\cos\beta(\cos\alpha\cos\beta \neq 0)$로 나누면

$$\tan(\alpha+\beta) = \frac{\frac{\sin\alpha}{\cos\alpha}+\frac{\sin\beta}{\cos\beta}}{1-\frac{\sin\alpha}{\cos\alpha}\times\frac{\sin\beta}{\cos\beta}} = \frac{\tan\alpha+\tan\beta}{1-\tan\alpha\tan\beta} \quad \cdots\cdots ①$$

또, ①에서 β대신에 $-\beta$를 대입하면 $\tan(-\beta)=-\tan\beta$이므로

$$\tan(\alpha-\beta) = \frac{\tan\alpha-\tan\beta}{1+\tan\alpha\tan\beta}$$

예 1 삼각함수의 값을 구하여라.

a) $\cos 15^\circ$ b) $\cos\frac{5}{12}\pi$ c) $\cos 75^\circ$ d) $\cos 105^\circ$

풀이 a) $\cos 15^\circ = \cos(45-30)^\circ = \cos 45^\circ\cos 30^\circ + \sin 45^\circ\sin 30^\circ$

$$= \frac{\sqrt{2}}{2}\times\frac{\sqrt{3}}{2}+\frac{\sqrt{2}}{2}\times\frac{1}{2} = \frac{\sqrt{6}+\sqrt{2}}{4}$$

b) $\cos\frac{5}{12}\pi = \cos\left(\frac{\pi}{6}+\frac{\pi}{4}\right) = \cos\frac{\pi}{6}\cos\frac{\pi}{4} - \sin\frac{\pi}{6}\sin\frac{\pi}{4}$

$$= \frac{\sqrt{3}}{2}\times\frac{\sqrt{2}}{2}-\frac{1}{2}\times\frac{\sqrt{2}}{2} = \frac{\sqrt{6}-\sqrt{2}}{4}$$

c) $\cos 75^\circ = \cos(45+30)^\circ = \cos 45^\circ\cos 30^\circ - \sin 45^\circ\sin 30^\circ$

$$= \frac{\sqrt{2}}{2}\times\frac{\sqrt{3}}{2}-\frac{\sqrt{2}}{2}\times\frac{1}{2} = \frac{\sqrt{6}-\sqrt{2}}{4}$$

d) $\cos 105^\circ = \cos(60+45)^\circ = \cos 60^\circ\cos 45^\circ - \sin 60^\circ\sin 45^\circ$

$$= \frac{1}{2}\times\frac{\sqrt{2}}{2}-\frac{\sqrt{3}}{2}\times\frac{\sqrt{2}}{2} = \frac{\sqrt{2}-\sqrt{6}}{4}$$

예 2 다음 식의 값을 구하여라.

a) $\cos 25^\circ\cos 35^\circ - \sin 25^\circ\sin 35^\circ$ b) $\cos 55^\circ\cos 10^\circ + \sin 55^\circ\sin 10^\circ$

풀이 a) $\cos 25^\circ\cos 35^\circ - \sin 25^\circ\sin 35^\circ = \cos(25^\circ+35^\circ) = \cos 60^\circ = \frac{1}{2}$

b) $\cos 55^\circ\cos 10^\circ + \sin 55^\circ\sin 10^\circ = \cos(55^\circ-10^\circ) = \cos 45^\circ = \frac{\sqrt{2}}{2}$

예 3 삼각함수의 값을 구하여라.

a) $\sin 75^\circ$ b) $\sin\frac{7}{12}\pi$ c) $\sin 15^\circ$ d) $\sin 105^\circ$

풀이 a) $\sin 75^\circ = \sin(45+30)^\circ = \sin 30^\circ \cos 45^\circ + \cos 30^\circ \sin 45^\circ$

$$= \frac{1}{2}\times\frac{\sqrt{2}}{2}+\frac{\sqrt{3}}{2}\times\frac{\sqrt{2}}{2}=\frac{\sqrt{2}+\sqrt{6}}{4}$$

b) $\sin\frac{7}{12}\pi = \cos\left(\frac{\pi}{3}+\frac{\pi}{4}\right)=\sin\frac{\pi}{3}\cos\frac{\pi}{4}+\cos\frac{\pi}{3}\sin\frac{\pi}{4}$

$$=\frac{\sqrt{3}}{2}\times\frac{\sqrt{2}}{2}+\frac{1}{2}\times\frac{\sqrt{2}}{2}=\frac{\sqrt{6}+\sqrt{2}}{4}$$

c) $\sin 15^\circ = \cos(45-30)^\circ = \sin 45^\circ \cos 30^\circ - \cos 45^\circ \sin 30^\circ$

$$=\frac{\sqrt{2}}{2}\times\frac{\sqrt{3}}{2}-\frac{\sqrt{2}}{2}\times\frac{1}{2}=\frac{\sqrt{6}-\sqrt{2}}{4}$$

d) $\sin 105^\circ = \sin(60+45)^\circ = \sin 60^\circ \cos 45^\circ + \cos 60^\circ \sin 45^\circ$

$$=\frac{\sqrt{3}}{2}\times\frac{\sqrt{2}}{2}+\frac{1}{2}\times\frac{\sqrt{2}}{2}=\frac{\sqrt{6}+\sqrt{2}}{4}$$

예 4 다음 식의 값을 구하여라.

a) $\sin 35^\circ \cos 25^\circ + \cos 35^\circ \sin 25^\circ$ b) $\sin 54^\circ \cos 9^\circ - \cos 54^\circ \sin 9^\circ$

풀이

a) $\sin 35^\circ \cos 25^\circ + \cos 35^\circ \sin 25^\circ = \sin(35^\circ + 25^\circ) = \sin 60^\circ = \frac{\sqrt{3}}{2}$

b) $\sin 54^\circ \cos 9^\circ - \cos 54^\circ \sin 9^\circ = \sin(54^\circ - 9^\circ) = \sin 45^\circ = \frac{\sqrt{2}}{2}$

예 5 다음 삼각함수의 값을 구하여라.

a) $\tan 75^\circ$ b) $\tan\frac{\pi}{12}$ c) $\tan 15^\circ$ d) $\tan 105^\circ$

e) $\dfrac{\tan 80^\circ - \tan 50^\circ}{1+\tan 80^\circ \tan 30^\circ}$

풀이

a) $\tan 75^\circ = \tan(45+30)^\circ = \dfrac{\tan 45^\circ + \tan 30^\circ}{1-\tan 45^\circ \tan 30^\circ} = \dfrac{1+\frac{\sqrt{3}}{3}}{1-1\times\frac{\sqrt{3}}{3}} = 2+\sqrt{3}$

b) $\tan\frac{\pi}{12}=\tan\left(\frac{\pi}{3}-\frac{\pi}{4}\right)=\frac{\tan\frac{\pi}{3}-\tan\frac{\pi}{4}}{1+\tan\frac{\pi}{3}\tan\frac{\pi}{4}}=2-\sqrt{3}$

c) $\tan15^\circ=\tan(45-30)^\circ=\frac{\tan45^\circ-\tan30^\circ}{1+\tan45^\circ\tan30^\circ}=\frac{1-\frac{1}{\sqrt{3}}}{1+1\times\frac{1}{\sqrt{3}}}$

$=\frac{\sqrt{3}-1}{\sqrt{3}+1}=2-\sqrt{3}$

d) $\tan105^\circ=\tan(65+45)^\circ=\frac{\tan60^\circ+\tan45^\circ}{1-\tan60^\circ\tan45^\circ}=\frac{\sqrt{3}+1}{1-\sqrt{3}\times1}=-2-\sqrt{3}$

4. 삼각함수의 합성

a) $a\sin\theta+b\cos\theta=\sqrt{a^2+b^2}\sin(\theta+\alpha)$ $\left(\text{단, } \cos\alpha=\frac{a}{\sqrt{a^2+b^2}},\ \sin\alpha=\frac{b}{\sqrt{a^2+b^2}}\right)$

b) $a\sin\theta+b\cos\theta=\sqrt{a^2+b^2}\sin(\theta-\beta)$ $\left(\text{단, } \cos\beta=\frac{b}{\sqrt{a^2+b^2}},\ \sin\beta=\frac{a}{\sqrt{a^2+b^2}}\right)$

[증명] a) $a\sin\theta+b\cos\theta$를 $r\sin(\theta+\alpha)(r>0)$의 꼴로 나타내는 경우 아래 그림과 같이 좌표평면 위에 점 $P(a,\ b)$를 잡고, $\overline{OP}$와 x축의 양의 방향이 이루는 각의 크기를 α라 하면

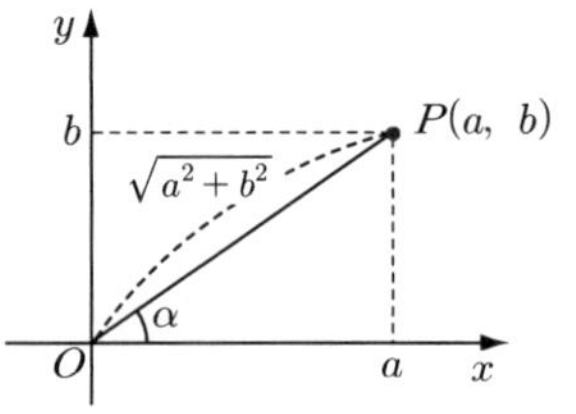

$\overline{OP}=\sqrt{a^2+b^2}$, $\cos\alpha=\frac{a}{\sqrt{a^2+b^2}}$, $\sin\alpha=\frac{b}{\sqrt{a^2+b^2}}$

$a\sin\theta+b\cos\theta$을 $\sqrt{a^2+b^2}$으로 묶으면,

$a\sin\theta+b\cos\theta=\sqrt{a^2+b^2}\left(\frac{a}{\sqrt{a^2+b^2}}\sin\theta+\frac{b}{\sqrt{a^2+b^2}}\cos\theta\right)$

$$= \sqrt{a^2+b^2}(\cos\alpha\sin\theta+\sin\alpha\cos\theta)$$
$$= \sqrt{a^2+b^2}\sin(\theta+\alpha)$$

b) $a\sin\theta+b\cos\theta$를 $r\sin(\theta-\beta)(r>0)$의 꼴로 나타내는 경우

$a\sin\theta+b\cos\theta=\sqrt{a^2+b^2}\sin(\theta+\alpha)$에서 $90^\circ-\alpha=\beta$라 하면,

$$a\sin\theta+b\cos\theta=\sqrt{a^2+b^2}\sin(90^\circ+\theta-\beta)=\sqrt{a^2+b^2}\cos(\theta-\beta)$$

예 1 다음에서 a), b)는 $r\sin(x+\alpha)$의 꼴로 c)는 $r\cos(x+\alpha)$의 꼴로 나타내어라.

a) $\sin x+\cos x$ b) $\sqrt{3}\sin x-\cos x$ c) $-\sin x-\sqrt{3}\cos x$

풀이 a) $\sin x+\cos x=\sqrt{2}\left(\frac{1}{\sqrt{2}}\sin x+\frac{1}{\sqrt{2}}\cos x\right)$

$$=\sqrt{2}(\cos\frac{\pi}{4}\sin x+\sin\frac{\pi}{4}\cos x)=\sqrt{2}\sin\left(x+\frac{\pi}{4}\right)$$

b) $\sqrt{3}\sin x-\cos x=\sqrt{(\sqrt{3})^2+(-1)^2}\left(\frac{\sqrt{3}}{2}\sin x-\frac{1}{2}\cos x\right)$

$$=2\left(\cos\frac{\pi}{6}\sin x-\sin\frac{\pi}{6}\cos x\right)=2\sin\left(x-\frac{\pi}{6}\right)$$

c) $-\sin x-\sqrt{3}\cos x=-2\left(\frac{\sqrt{3}}{2}\cos x+\frac{1}{2}\sin x\right)=-2\left(\cos\frac{\pi}{6}\cos x+\sin\frac{\pi}{6}\sin x\right)$

$$=-2\cos\left(x-\frac{\pi}{6}\right)$$

3.6 삼각함수의 여러 가지 공식

1. 배각의 공식

1) 배각 공식

a) $\sin2\alpha=2\sin\alpha\cos\alpha$

b) $\cos2\alpha=\cos^2\alpha-\sin^2\alpha=2\cos^2\alpha-1=1-2\sin^2\alpha$

c) $\tan2\alpha=\frac{2\tan\alpha}{1-\tan^2\alpha}$

[증명] 삼각함수의 덧셈정리

$\sin(\alpha+\beta) = \sin\alpha\cos\beta + \cos\alpha\sin\beta$ ······························ ①

$\cos(\alpha+\beta) = \cos\alpha\cos\beta - \sin\alpha\sin\beta$ ······························ ②

$\tan(\alpha+\beta) = \dfrac{\tan\alpha+\tan\beta}{1-\tan\alpha\tan\beta}$ ······························ ③

에서 $\beta=\alpha$로 두면 배각의 공식을 유도할 수 있다.

①에서 $\sin2\alpha = \sin(\alpha+\alpha) = \sin\alpha\cos\alpha + \cos\alpha\sin\alpha = 2\sin\alpha\cos\alpha$

②에서 $\cos2\alpha = \cos(\alpha+\alpha) = \cos\alpha\cos\alpha - \sin\alpha\sin\alpha = \cos^2\alpha - \sin^2\alpha$

이때 $\sin^2\alpha + \cos^2\alpha = 1$에서 $\sin^2\alpha = 1-\cos^2\alpha$, $\cos^2\alpha = 1-\sin^2\alpha$이므로

$\cos2\alpha = \cos^2\alpha - \sin^2\alpha = \cos^2\alpha - (1-\cos^2\alpha) = 2\cos^2\alpha - 1$

$\cos2\alpha = \cos^2\alpha - \sin^2\alpha = (1-\sin^2\alpha) - \sin^2\alpha = 1-2\sin^2\alpha$

③에서 $\tan2\alpha = \tan(\alpha+\alpha) = \dfrac{\tan\alpha+\tan\alpha}{1-\tan\alpha\tan\alpha} = \dfrac{2\tan\alpha}{1-\tan^2\alpha}$

예 1 $0<\alpha<\dfrac{\pi}{2}$이고, $\sin\alpha=\dfrac{3}{5}$일 때 다음 값을 구하여라.

a) $\sin2\alpha$ b) $\cos2\alpha$ c) $\tan2\alpha$

풀이 $0<\alpha<\dfrac{\pi}{2}$에서 $\cos\alpha>0$, $\tan\alpha>0$이므로

$\cos\alpha = \sqrt{1-\sin^2\alpha} = \dfrac{4}{5}$, $\tan\alpha = \dfrac{\sin\alpha}{\cos\alpha} = \dfrac{3}{4}$

a) $\sin2\alpha = 2\sin\alpha\cos\alpha = 2\cdot\dfrac{3}{5}\cdot\dfrac{4}{5} = \dfrac{24}{25}$

b) $\cos2\alpha = 1-2\sin^2\alpha = 1-2\cdot\dfrac{9}{25} = \dfrac{7}{25}$

c) $\tan2\alpha = \dfrac{2\tan\alpha}{1-\tan^2\alpha} = \dfrac{2\cdot\dfrac{3}{4}}{1-\dfrac{9}{16}} = \dfrac{24}{7}$

예 2 $\dfrac{\pi}{2}<\alpha<\pi$이고, $\cos\alpha=-\dfrac{\sqrt{3}}{2}$일 때 다음 값을 구하여라.

a) $\sin2\alpha$ b) $\cos2\alpha$ c) $\tan2\alpha$

풀이 $\frac{\pi}{2} < \alpha < \pi$에서 $\sin\alpha > 0$이므로

$$\sin\alpha = \sqrt{1-\cos^2\alpha} = \sqrt{1-\left(-\frac{\sqrt{3}}{2}\right)^2} = \frac{1}{2}$$

a) $\sin2\alpha = 2\sin\alpha\cos\alpha = 2\cdot\frac{1}{2}\cdot\left(-\frac{\sqrt{3}}{2}\right) = -\frac{\sqrt{3}}{2}$

b) $\cos2\alpha = 2\cos^2\alpha - 1 = 2\cdot\left(-\frac{\sqrt{3}}{2}\right)^2 - 1 = \frac{1}{2}$

c) $\tan2\alpha = \frac{\sin\alpha}{\cos^2\alpha} = -\sqrt{3}$

2) 삼배각의 공식

a) $\sin3\alpha = 3\sin\alpha - 4\sin^3\alpha$　　b) $\cos3\alpha = 4\cos^3\alpha - 3\cos\alpha$

c) $\tan3\alpha = \frac{3\tan\alpha - \tan^3\alpha}{1-3\tan^2\alpha}$

[증명] 삼각함수의 덧셈정리의 배각의 공식을 이용하여 삼배각의 공식을 유도할 수 있다.

$$\begin{aligned}\sin3\alpha &= \sin(2\alpha+\alpha) = \sin2\alpha\cos\alpha + \cos2\alpha\sin\alpha\\ &= 2\sin\alpha\cos\alpha\cdot\cos\alpha + \sin\alpha(1-2\sin^2\alpha)\\ &= 2\sin\alpha(1-\sin^2\alpha) + \sin\alpha(1-2\sin^2\alpha)\\ &= 3\sin\alpha - 4\sin^3\alpha\end{aligned}$$

$$\begin{aligned}\cos3\alpha &= \cos(2\alpha+\alpha) = \cos2\alpha\cos\alpha - \sin2\alpha\sin\alpha\\ &= (2\cos^2\alpha-1)\cos\alpha - 2\sin\alpha\cos\alpha\cdot\sin\alpha\\ &= 2\cos^3\alpha - \cos\alpha - 2\cos\alpha(1-\cos^2\alpha)\\ &= 4\cos^3\alpha - 3\cos\alpha\end{aligned}$$

$$\begin{aligned}\tan3\alpha &= \frac{\sin3\alpha}{\cos3\alpha} = \frac{3\sin\alpha - 4\sin^3\alpha}{4\cos^3\alpha - 3\cos\alpha} = \frac{3\tan\alpha\sec^2\alpha - 4\tan^3\alpha}{4-3\sec^2\alpha}\\ &= \frac{3\tan\alpha(1+\tan^2\alpha) - 4\tan^3\alpha}{4-3(1+\tan^2\alpha)} = \frac{3\tan\alpha - \tan^3\alpha}{1-3\tan^2\alpha}\end{aligned}$$

예 3 $\frac{\pi}{2}<\alpha<\pi$이고 $\sin\alpha=\frac{3}{5}$일 때 다음 값을 구하여라.

a) $\sin3\alpha$ b) $\cos3\alpha$ c) $\tan3\alpha$

풀이 $\frac{\pi}{2}<\alpha<\pi$에서 $\cos\alpha<0$이므로 $\cos\alpha=-\sqrt{1-\sin^2\alpha}=-\frac{4}{5}$

a) $\sin3\alpha=3\sin\alpha-4\sin^3\alpha=3\cdot\frac{3}{5}-4\cdot\frac{27}{125}=\frac{117}{125}$

b) $\cos3\alpha=4\cos^3\alpha-3\cos\alpha=4\left(-\frac{64}{125}\right)-3\left(-\frac{4}{5}\right)=\frac{44}{125}$

c) $\tan3\alpha=\frac{\sin3\alpha}{\cos3\alpha}=\frac{\frac{117}{125}}{\frac{44}{125}}=\frac{117}{44}$

예 4 $\frac{\pi}{2}<\alpha<\pi$이고 $\cos\alpha=-\frac{\sqrt{2}}{2}$일 때 다음 값을 구하여라.

a) $\sin3\alpha$ b) $\cos3\alpha$ c) $\tan3\alpha$

풀이 $\frac{\pi}{2}<\alpha<\pi$에서 $\sin\alpha>0$이므로

$\sin\alpha=\sqrt{1-\cos^2\alpha}=\sqrt{1-\frac{1}{2}}=\frac{\sqrt{2}}{2}$

a) $\sin3\alpha=3\sin\alpha-4\sin^3\alpha=3\cdot\frac{\sqrt{2}}{2}-4\left(\frac{\sqrt{2}}{2}\right)^3=\frac{\sqrt{2}}{2}$

b) $\cos3\alpha=4\cos^3\alpha-3\cos\alpha=4\left(-\frac{\sqrt{2}}{2}\right)^3-3\left(-\frac{\sqrt{2}}{2}\right)=\frac{\sqrt{2}}{2}$

c) $\tan3\alpha=\frac{\sin3\alpha}{\cos3\alpha}=1$

3) 반각의 공식

a) $\sin^2\frac{\alpha}{2}=\frac{1-\cos\alpha}{2}$ b) $\cos^2\frac{\alpha}{2}=\frac{1+\cos\alpha}{2}$

c) $\tan^2\frac{\alpha}{2}=\frac{1-\cos\alpha}{1+\cos\alpha}$

[증명] 배각의 공식 $\cos 2\alpha = 2\cos^2\alpha - 1 = 1 - 2\sin^2\alpha$에서

두 식을 각각 $\cos^2\alpha$, $\sin^2\alpha$에 대하여 정리하면

$$\sin^2\alpha = \frac{1-\cos 2\alpha}{2}, \quad \cos^2\alpha = \frac{1+\cos 2\alpha}{2}$$

이므로 $\tan^2\alpha = \dfrac{\sin^2\alpha}{\cos^2\alpha} = \dfrac{1-\cos 2\alpha}{1+\cos 2\alpha}$

여기서, α 대신에 $\dfrac{\alpha}{2}$를 대입하면

$$\sin^2\frac{\alpha}{2} = \frac{1-\cos\alpha}{2}, \quad \cos^2\frac{\alpha}{2} = \frac{1+\cos\alpha}{2}, \quad \tan^2\frac{\alpha}{2} = \frac{1-\cos\alpha}{1+\cos\alpha}$$

예 5 다음 삼각함수의 값을 구하여라.

a) $\sin 15^\circ$ b) $\cos 15^\circ$ c) $\tan 15^\circ$

풀이

a) $\sin^2 15^\circ = \sin^2\dfrac{30^\circ}{2} = \dfrac{1-\cos 30^\circ}{2} = \dfrac{2-\sqrt{3}}{4}$

$\therefore \sin 15^\circ = \sqrt{\dfrac{2-\sqrt{3}}{4}} = \sqrt{\dfrac{4-2\sqrt{3}}{8}} = \dfrac{\sqrt{3}-1}{2\sqrt{2}} = \dfrac{\sqrt{6}-\sqrt{2}}{4}$

b) $\cos^2 15^\circ = \cos^2\dfrac{30^\circ}{2} = \dfrac{1+\cos 30^\circ}{2} = \dfrac{2+\sqrt{3}}{4}$

$\therefore \cos 15^\circ = \sqrt{\dfrac{2+\sqrt{3}}{4}} = \sqrt{\dfrac{4+2\sqrt{3}}{8}} = \dfrac{\sqrt{3}+1}{2\sqrt{2}} = \dfrac{\sqrt{6}+\sqrt{2}}{4}$

c) $\tan 15^\circ = \dfrac{\sin 15^\circ}{\cos 15^\circ} = \dfrac{\sqrt{6}-\sqrt{2}}{\sqrt{6}+\sqrt{2}} = 2-\sqrt{3}$

예 6 다음 삼각함수의 값을 구하여라.

a) $\sin 22.5^\circ$ b) $\cos 22.5^\circ$ c) $\tan 22.5^\circ$

풀이

a) $\sin^2 22.5^\circ = \sin^2\dfrac{45^\circ}{2} = \dfrac{1-\cos 45^\circ}{2} = \dfrac{1-\dfrac{\sqrt{2}}{2}}{2} = \dfrac{2-\sqrt{2}}{4}$

$\therefore \sin 22.5^\circ = \dfrac{\sqrt{2-\sqrt{2}}}{2}$ ($\because$ 22.5°는 예각)

b) $\cos^2 22.5^\circ = \cos^2\dfrac{45^\circ}{2} = \dfrac{1+\cos 45^\circ}{2} = \dfrac{1+\dfrac{\sqrt{2}}{2}}{4} = \dfrac{2+\sqrt{2}}{4}$

$\therefore \cos 22.5° = \dfrac{\sqrt{2+\sqrt{2}}}{2}$ ($\because$ 22.5° 는 예각)

c) $\tan 22.5° = \dfrac{\sin 22.5°}{\cos 22.5°} = \dfrac{\sqrt{2-\sqrt{2}}}{\sqrt{2+\sqrt{2}}} = \sqrt{\dfrac{2-\sqrt{2}}{2+\sqrt{2}}} = \sqrt{3-2\sqrt{2}} = \sqrt{2}-1$

2. 합 · 차와 곱의 변환

1) 합 또는 차를 곱으로 고치는 공식

a) $\sin A + \sin B = 2\sin\dfrac{A+B}{2}\cos\dfrac{A-B}{2}$

b) $\sin A - \sin B = 2\cos\dfrac{A+B}{2}\sin\dfrac{A-B}{2}$

c) $\cos A + \cos B = 2\cos\dfrac{A+B}{2}\cos\dfrac{A-B}{2}$

d) $\cos A - \cos B = -2\sin\dfrac{A+B}{2}\sin\dfrac{A-B}{2}$

단, 합, 차를 고치는 방식은 $\sin A \pm \sin B$, $\cos A \pm \cos B$인 경우에만 적용가능하고, $\sin A \pm \cos B$인 경우에 공식을 사용하려면 $\cos B = \sin\left(\dfrac{\pi}{2} - B\right)$임을 이용하여 $\sin A \pm \cos B = \sin A \pm \sin\left(\dfrac{\pi}{2} - B\right)$와 같이 변형하여 사용한다(복호동순).

[증명] 삼각함수의 덧셈정리에서

$\sin(\alpha+\beta) = \sin\alpha\cos\beta + \cos\alpha\sin\beta$ ………… ①

$\sin(\alpha-\beta) = \sin\alpha\cos\beta - \cos\alpha\sin\beta$ ………… ②

① + ②을 하면

$\sin(\alpha+\beta) + \sin(\alpha-\beta) = 2\sin\alpha\cos\beta$ ………… ③

이 때, $\alpha+\beta = A$, $\alpha-\beta = B$라 하고 α, β에 대하여 정리하면

$\alpha = \dfrac{A+B}{2}$, $\beta = \dfrac{A-B}{2}$

이므로 ③에 대입하면

$\sin A + \sin B = 2\sin\dfrac{A+B}{2}\cos\dfrac{A-B}{2}$

또, ① − ② 하여 위와 같이 계산하면

$$\sin A-\sin B=2\cos\frac{A+B}{2}\sin\frac{A-B}{2}$$

다른 것들도 같은 방법으로 하면

$$\cos A+\cos B=2\cos\frac{A+B}{2}\cos\frac{A-B}{2}$$

$$\cos A-\cos B=-2\sin\frac{A+B}{2}\sin\frac{A-B}{2}$$

예 1 다음 식의 값을 구하여라.

a) $\sin 70^\circ-\sin 50^\circ-\sin 10^\circ$ b) $\dfrac{\sin 75^\circ-\sin 15^\circ}{\cos 75^\circ+\cos 15^\circ}$

풀이 a) (준식)

$$=(\sin 70^\circ-\sin 50^\circ)-\sin 10^\circ=2\cos\frac{70^\circ+50^\circ}{2}\sin\frac{70^\circ-50^\circ}{2}-\sin 10^\circ$$

$$=2\cos 60^\circ\sin 10^\circ-\sin 10^\circ=2\times\frac{1}{2}\times\sin 10^\circ-\sin 10^\circ=0$$

b) (준식)

$$=\frac{\sin 75^\circ-\sin 15^\circ}{\cos 75^\circ+\cos 15^\circ}=\frac{2\cos\frac{75^\circ+15^\circ}{2}\sin\frac{75^\circ-15^\circ}{2}}{2\cos\frac{75^\circ+15^\circ}{2}\cos\frac{75^\circ-15^\circ}{2}}=\tan 30^\circ=\frac{\sqrt{3}}{3}$$

2) 곱을 합 또는 차로 고치는 공식

a) $\sin\alpha\cos\beta=\frac{1}{2}\{\sin(\alpha+\beta)+\sin(\alpha-\beta)\}$

b) $\cos\alpha\sin\beta=\frac{1}{2}\{\sin(\alpha+\beta)-\sin(\alpha-\beta)\}$

c) $\cos\alpha\cos\beta=\frac{1}{2}\{\cos(\alpha+\beta)+\cos(\alpha-\beta)\}$

d) $\sin\alpha\sin\beta=-\frac{1}{2}\{\cos(\alpha+\beta)-\cos(\alpha-\beta)\}$

[증명] 삼각함수의 덧셈정리에서

$\sin(\alpha+\beta)=\sin\alpha\cos\beta+\cos\alpha\sin\beta$ ······························ ①

$\sin(\alpha-\beta)=\sin\alpha\cos\beta-\cos\alpha\sin\beta$ ······························ ②

$\cos(\alpha+\beta)=\cos\alpha\cos\beta-\sin\alpha\sin\beta$ ········· ③

$\cos(\alpha-\beta)=\cos\alpha\cos\beta+\sin\alpha\sin\beta$ ········· ④

①+②를 하면 $\sin(\alpha+\beta)+\sin(\alpha-\beta)=2\sin\alpha\cos\beta$

$\therefore\ \sin\alpha\cos\beta=\frac{1}{2}\{\sin(\alpha+\beta)+\sin(\alpha-\beta)\}$

①−②를 하면 $\sin(\alpha+\beta)-\sin(\alpha-\beta)=2\cos\alpha\sin\beta$

$\therefore\ \cos\alpha\sin\beta=\frac{1}{2}\{\sin(\alpha+\beta)-\sin(\alpha-\beta)\}$

③+④를 하면 $\cos(\alpha+\beta)+\cos(\alpha-\beta)=2\cos\alpha\cos\beta$

$\therefore\ \cos\alpha\cos\beta=\frac{1}{2}\{\cos(\alpha+\beta)+\cos(\alpha-\beta)\}$

③−④를 하면 $\cos(\alpha+\beta)-\cos(\alpha-\beta)=-2\sin\alpha\sin\beta$

$\therefore\ \sin\alpha\sin\beta=-\frac{1}{2}\{\cos(\alpha+\beta)-\cos(\alpha-\beta)\}$

예 2 다음 식의 값을 구하여라.

a) $\sin75^\circ\cos15^\circ$ b) $\cos105^\circ\cos45^\circ$

풀이 a) $\sin75^\circ\cos15^\circ=\frac{1}{2}\{\sin(75^\circ+15^\circ)+\sin(75^\circ-15^\circ)\}$

$=\frac{1}{2}(\sin90^\circ+\sin60^\circ)=\frac{2+\sqrt{3}}{4}$

b) $\cos105^\circ\cos45^\circ=\frac{1}{2}\{\cos(105^\circ+45^\circ)+\cos(105^\circ-45^\circ)\}$

$=\frac{1}{2}(\cos150^\circ+\cos60^\circ)=\frac{1}{2}(-\sin60^\circ+\cos60^\circ)$

$=\frac{1-\sqrt{3}}{4}$

제3장 삼각 함수

연습문제

1. 제1사분면의 각 θ의 동경과 5θ의 동경이 서로 x축에 대하여 대칭일 때 θ 값을 구하여라.

2. $\pi < \theta < 2\pi$인 θ의 동경과 2θ의 동경이 서로 y축에 대하여 대칭일 때 θ의 값을 구하여라.

3. 다음 부등식을 만족시키는 θ는 몇 사분면인지를 구하여라.

(a) $\sin\theta < 0,\ \cos\theta < 0$

(b) $\cos s\theta > 0,\ \tan\theta < 0$

(c) $\sin\theta\cos\theta < 0$

(d) $\sin\theta\tan\theta > 0$

4. $\cos\theta = -\frac{4}{5}$(단, $\frac{\pi}{2} < \theta < \pi$)일 때 $1+\cot\theta$의 값을 구하여라.

5. $\sin\theta + \cos\theta = \frac{1}{2}$일 때 $\tan\theta + \cot\theta$의 값을 구하여라.

6. $\sin\theta + \cos\theta = \frac{1}{2}\,(0 < \theta < \pi)$일 때 $\sin\theta - \cos\theta$의 값을 구하여라.

(a) $\sin\theta - \cos\theta$

(b) $\sin^3\theta + \cos^3\theta$

7. 다음 함수의 그래프를 그려라.

(a) $y = \frac{1}{2}\sin x$

(b) $y = \sin\left(x + \frac{\pi}{3}\right)$

8. $y = -3\sin\left(2x - \frac{\pi}{3}\right)$의 그래프는 $y = -3\sin 2x$의 그래프를 x축 방향으로 얼마나 평행 이동시켰는지, 또 이 함수의 주기와 최대값, 최소값을 구하여라.

9. $\sin\alpha = \frac{1}{2}$, $\sin\beta = \frac{1}{3}$ 일 때 다음 값을 구하여라$\left(\text{단, } 0 < \alpha < \frac{\pi}{2},\ \frac{\pi}{2} < \beta < \pi\right)$.

(a) $\sin(\alpha - \beta)$ (b) $\cos(\alpha + \beta)$ (c) $\tan(\alpha - \beta)$

10. $\tan x = \frac{1}{4}$ 일 때 $\tan\left(2x - \frac{\pi}{4}\right)$의 값을 구하여라.

11. $f(\theta) = 2\sqrt{3}\sin\theta + 3\cos\left(\theta + \frac{\pi}{3}\right)$의 최대값과 최소값을 구하여라.

12. $2\sin\left(\theta + \frac{\pi}{6}\right) - 3\cos\theta$의 최대값과 최소값을 구하여라.

13. $0 < \alpha < \frac{\pi}{2}$ 이고, $\tan\alpha = \frac{1}{2}$ 일 때 다음 값을 구하여라.

(a) $\sin 2\alpha$ (b) $\cos 2\alpha$ (c) $\tan 2\alpha$

14. $\pi < \alpha < \frac{3}{2}\pi$ 이고, $\tan\alpha = \sqrt{3}$ 일 때 다음 값을 구하여라.

(a) $\sin 3\alpha$ (b) $\cos 3\alpha$ (c) $\tan 3\alpha$

15. 다음 각의 값을 구하여라.

(a) $\sin 18^\circ$ (b) $\cos 36^\circ$

16. $\frac{\pi}{2} < \alpha < \pi$ 이고, $\tan\alpha = -\frac{4}{3}$ 일 때 다음 삼각함수의 값을 구하여라.

(a) $\sin\frac{\alpha}{2}$ (b) $\cos\frac{\alpha}{2}$ (c) $\tan\frac{\alpha}{2}$

17. $\tan x = t$라 할 때 $\sin 2x$, $\cos 2x$, $\tan 2x$를 t로 나타내어라.

18. 다음 식의 값을 구하여라.

(a) $\cos^2\theta + \cos^2(60^\circ + \theta) + \cos^2(60^\circ - \theta)$ (b) $\sin x + \sin\left(\frac{2}{3}\pi + x\right) + \sin\left(\frac{4}{3}\pi + x\right)$

제Ⅱ편

미분편

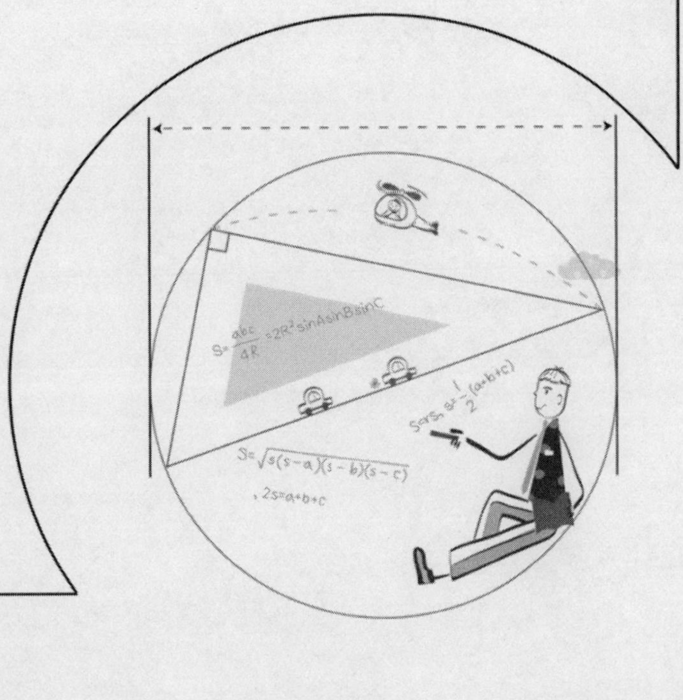

제4장 함수의 극한과 연속성

4.1 함수의 극한

1. 함수의 수렴

1) 함수의 극한값

함수 $f(x)$에서 x가 a와 다른 값을 가지면서 a에 한없이 가까워질 때 $f(x)$의 값이 일정한 값 α에 한없이 가까워지면

$$x \to a\text{일 때 } f(x) \to \alpha \text{ 또는 } \lim_{x \to a} f(x) = \alpha$$

로 나타내고, α를 $f(x)$의 **극한값** 또는 **극한**이라고 한다.

2) 좌극한값, 우극한값

a) 함수 $f(x)$에서 x가 a보다 작은 값을 가지면서 a에 한없이 가까워질 때 $f(x)$의 값이 α에 한없이 가까워지면

$$x \to a-0\text{일 때 } f(x) \to \alpha \text{ 또는 } \lim_{x \to a-0} f(x) = \alpha$$

로 나타내며, α를 $f(x)$의 **좌극한값**이라 한다.

b) 함수 $f(x)$에서 x가 a보다 큰 값을 가지면서 a에 한없이 가까워질 때 $f(x)$의 값이 α에 한없이 가까워지면

$$x \to a+0\text{일 때 } f(x) \to \alpha \text{ 또는 } \lim_{x \to a+0} f(x) = \alpha$$

로 나타내며, α를 $f(x)$의 **우극한값**이라 한다.

예를 들어, 변수 x가

x ; 2.9, 2,99, 2.999, 2.9999, $\cdots$ ······························· ①

x ; 3.1, 3.01, 3.001, 3.0001, $\cdots$ ······························· ②

와 같이 x의 값이 한없이 3에 가까워질 때, x는 3에 **수렴**한다고 하고, $x \to 3$으로 나타낸다. 여기서, ①에서는 x의 값이 3보다 작은 값을 가지면서 3에 수렴하는 경우는 $x \to 3-0$(좌극한값)으로 나타내고, ②에서는 x의 값이 3보다 큰 값을 가지면서 3에 수렴하는 경우는 $x \to 3+0$(우극한값)으로 나타내며, 이 두 경우를 통틀어 $x \to 3$으로 나타낸다.

$x \to 0+0$, $x \to 0-0$을 간단히 $x \to +0$, $x \to -0$

3) **좌극한값과 우극한값이 같지 않으면 극한값 $\lim\limits_{x \to a} f(x) = \alpha$는 존재하지 않는다.**

예를 들어, 위의 예에서 $\lim\limits_{x \to a-0} f(x) = \alpha$, $\lim\limits_{x \to a+0} f(x) = \alpha$로 나타내고 각각은 좌극한값, 우극한값이라 하며, 좌극한값과 우극한값이 같으므로 극한값이 존재하며 $\lim\limits_{x \to a} f(x) = \alpha$로 나타낸다. 예를 들어, 함수 $f(x) = x - 1$에서 $x \to 3$일 때의 $f(x)$의 값의 변화를 조사해 보면 다음과 같다.

x	2.9, 2.99, 2.999, 2.9999, $\cdots \to 3$
$f(x)$	1.9, 1.99, 1.999, 1.9999, $\cdots \to 2$

x	3.1, 3.01, 3.001, 3.0001, $\cdots \to 3$
$f(x)$	2.1, 2.01, 2.001, 2.0001, $\cdots \to 2$

와 같이 $f(x)$의 값이 한없이 2에 가까워져 그림에서처럼 좌극한값 $\lim\limits_{x \to 3-0} f(x) = 2$, 우극한값 $\lim\limits_{x \to 3+0} f(x) = 2$로 나타내며, **좌극한값과 우극한값** $\lim\limits_{x \to a-0} f(x) = \lim\limits_{x \to a+0} f(x)$**로 같기 때문에** $x \to 3$**일 때** $f(x) \to 2$**에 수렴한다고 하고,** $\lim\limits_{x \to 3} f(x) = 2$ 로 나타내며 2를 $f(x)$의 **극한값** 또는 **극한**이라 한다.

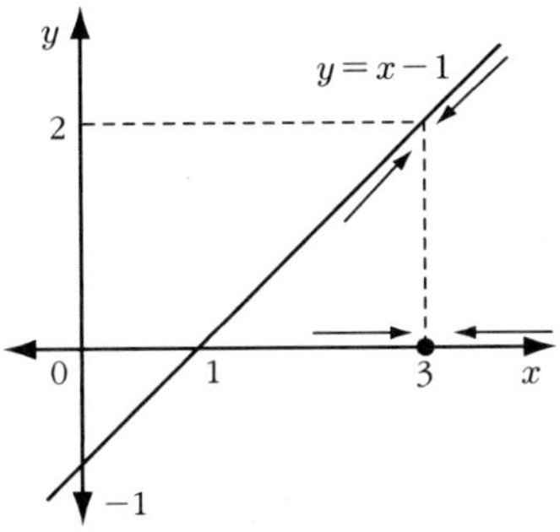

이와는 달리, 다음은 **극한값이 존재하지 않는** 예를 든 것이다.

첫째, $f(x)=\dfrac{1}{x}$은 아래 그림 (a)과 같이 $\lim\limits_{x\to+0}\dfrac{1}{x}=\infty$이지만 $\lim\limits_{x\to-0}\dfrac{1}{x}=-\infty$이므로(즉, 좌극한값$\neq$우극한값), $\lim\limits_{x\to 0}\dfrac{1}{x}$ 의 극한값은 존재하지 않는다.

둘째, $g(x)=\dfrac{|x|}{x}$은 그림 (b)와 같이 $\lim\limits_{x\to+0}\dfrac{|x|}{x}=1$, $\lim\limits_{x\to-0}\dfrac{|x|}{x}=-1$이므로 $\lim\limits_{x\to 0}\dfrac{|x|}{x}$의 극한값이 존재하지 않는다.

셋째, $h(x)=[x]$는 그림 (c)와 같이, n이 정수일 때 $\lim\limits_{x\to n+0}[x]=n$, $\lim\limits_{x\to n-0}[x]=n-1$이므로 $\lim\limits_{x\to n}[x]$의 극한값이 존재하지 않는다.

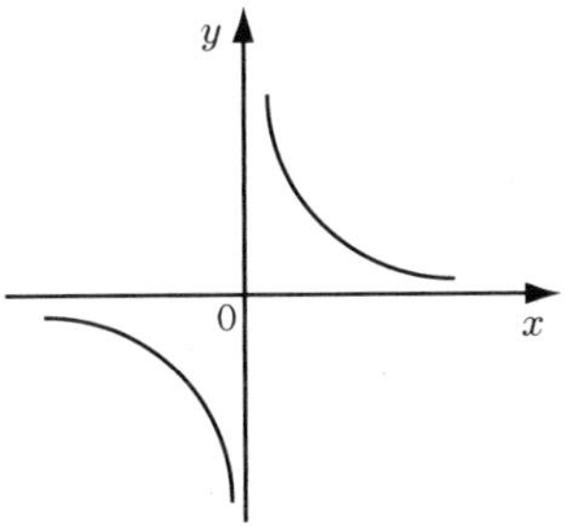

(a)

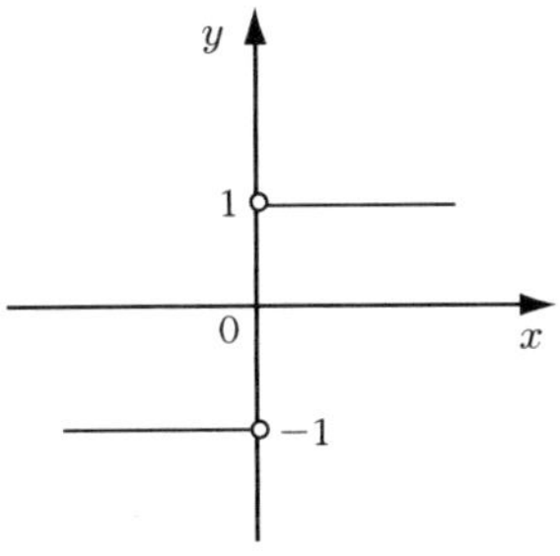

(b)

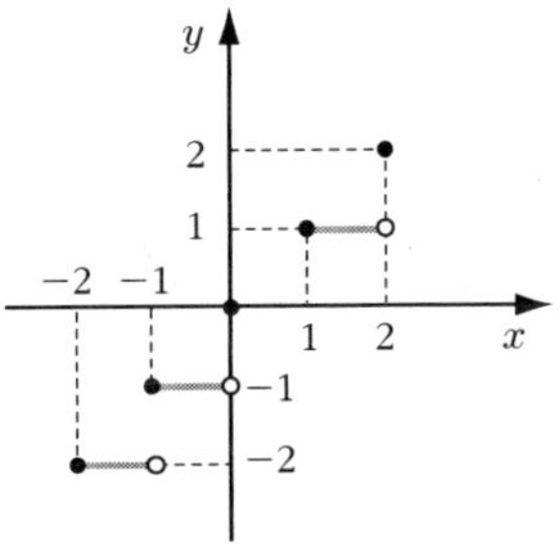

(c)

예 1 극한값 $\lim\limits_{x\to 3}([x^2]+a[x])$이 존재하도록 상수 a를 정하여라.

풀이 우극한값 $\lim\limits_{x\to 3+0}([x^2]+a[x])=9+3a\left(\because \lim\limits_{x\to 3+0}[x]=3,\ \lim\limits_{x\to 3+0}[x^2]=9\right)$

좌극한값 $\lim\limits_{x\to 3-0}([x^2]+a[x])=8+2a\left(\because \lim\limits_{x\to 3-0}[x]=2,\ \lim\limits_{x\to 3-0}[x^2]=8\right)$

따라서, 우극한값=좌극한값이므로 $9+3a=8+2a$ $\quad\therefore a=-1$

예 2 극한값 $\lim_{x\to 0}\frac{1}{1+2^{\frac{1}{x}}}$을 구하여라.

풀이 $\lim_{x\to 0}\frac{1}{1+2^{\frac{1}{x}}}$의 그래프에서

a) 우극한 $x\to+0$일 때 $\frac{1}{x}\to\infty$이므로 $2^{\frac{1}{x}}\to+\infty$ $\therefore$ 우극한값 $=0$

b) 좌극한 $x\to-0$일 때 $\frac{1}{x}\to-\infty$이므로 $2^{\frac{1}{x}}\to 0$ $\therefore$ 좌극한값 $=1$

따라서, 우극한값$=0$, 좌극한값$=1$이므로 극한값이 존재하지 않는다.

2. 함수의 발산

1) 양의 무한대로 발산

함수 $f(x)$에서 $x\to a$일 때 $f(x)$의 값이 한없이 커지면, $x\to a$일 때 $f(x)$는 양의 무한대로 발산한다고 하고

$$x\to a\text{일 때 } f(x)\to\infty \text{ 또는 } \lim_{x\to a}f(x)=\infty$$

로 나타낸다.

2) 음의 무한대로 발산

함수 $f(x)$에서 $x\to a$일 때 $f(x)$의 값이 음으로 그 절대값이 한없이 커지면, $x\to a$일 때 $f(x)$는 음으로 무한대로 발산한다고 하고

$$x\to a\text{일 때 } f(x)\to-\infty \text{ 또는 } \lim_{x\to a}f(x)=-\infty$$

로 나타낸다.

예1 아래 그림에서 함수 $f(x)=\frac{1}{x^2}$은 $x\to 0$일 때 $f(x)=\infty$(즉, $\lim_{x\to 0}f(x)=\infty$)이고, 함수 $g(x)=-\frac{1}{x^2}$은 $x\to 0$일 때 $g(x)=-\infty$(즉, $\lim_{x\to 0}g(x)=-\infty$)이다.

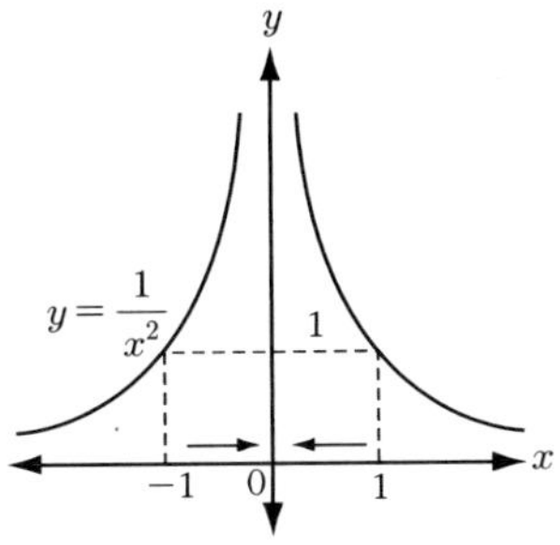

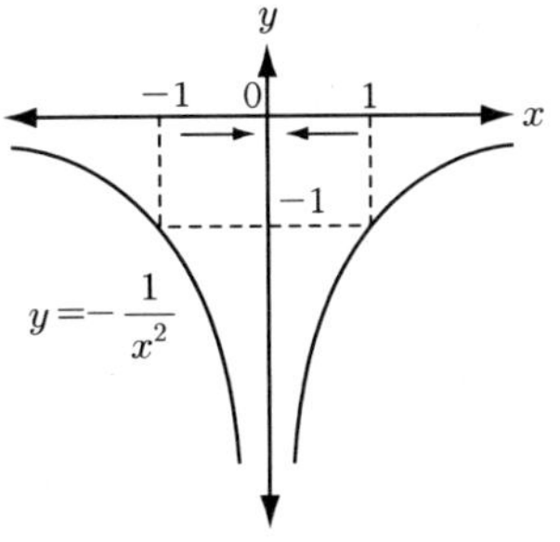

예2 아래 그림에서 함수 $f(x)=\frac{1}{x}$은 $\lim_{x\to+0}f(x)=\infty$이고, $\lim_{x\to-0}f(x)=-\infty$이므로 $\lim_{x\to0}\frac{1}{x}$은 극한값이 존재하지 않지만 $\lim_{x\to+\infty}f(x)=0$이고, $\lim_{x\to-\infty}f(x)=0$이므로 $\lim_{x\to\infty}\frac{1}{x}$은 극한값이 존재한다.

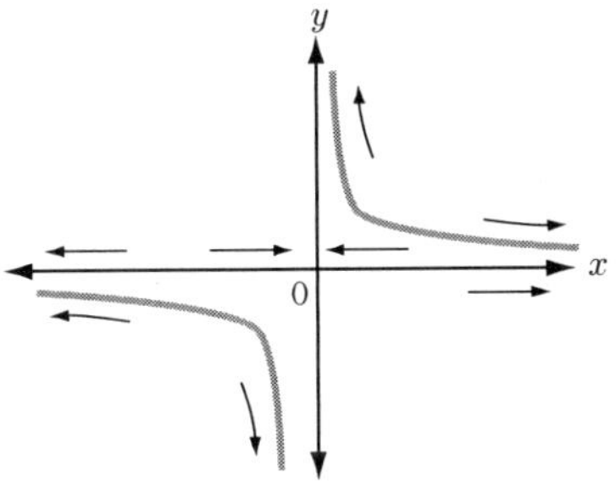

3. 극한값의 기본 성질

$\lim_{x\to a}f(x)=\alpha,\ \lim_{x\to a}g(x)=\beta(\alpha,\ \beta$는 상수)

a) $\lim_{x\to a}kf(x)=k\lim_{x\to a}f(x)=k\alpha$ (α는 상수)

b) $\lim_{x\to a}\{f(x)\pm g(x)\}=\lim_{x\to a}f(x)\pm\lim_{x\to a}g(x)=\alpha\pm\beta$

c) $\lim_{x\to a}f(x)g(x)=\lim_{x\to a}f(x)\lim_{x\to a}g(x)=\alpha\beta$

d) $\lim_{x\to a}\frac{f(x)}{g(x)}=\frac{\lim_{x\to a}f(x)}{\lim_{x\to a}g(x)}=\frac{\alpha}{\beta}$(단, $g(x)\neq0,\ \beta\neq0$)

e) $f(x)<g(x)$이면 $\lim_{x\to a}f(x)\leq\lim_{x\to a}g(x)$, 즉 $\alpha\leq\beta$

예 1 다음 극한값을 구하여라.

a) $\lim_{x\to 2} 3x^3$ b) $\lim_{x\to 1}(x^3-x^2+2x)$ c) $\lim_{x\to 2} x(2x-1)$

d) $\lim_{x\to 1}\frac{x^2}{x+2}$ e) $\lim_{x\to 1}\frac{2^{x+1}}{2^x+3^x}$

풀이 a) $\lim_{x\to 2} 3x^3 = 3\lim_{x\to 2} x^3 = 3\times 8 = 24$

b) $\lim_{x\to 1}(x^3-x^2+2x) = \lim_{x\to 1}x^3 - \lim_{x\to 1}x^2 + 2\lim_{x\to 1}x = 1^3 - 1^2 + 2\times 1 = 2$

c) $\lim_{x\to 2}x(2x-1) = \lim_{x\to 2}x \cdot \lim_{x\to 2}(2x-1) = 2\times(2\times 2-1) = 6$

d) $\lim_{x\to 1}\frac{x^2}{x+2} = \frac{\lim_{x\to 1}x^2}{\lim_{x\to 1}(x+2)} = \frac{1}{3}$

e) $\lim_{x\to 1}\frac{2^{x+1}}{2^x+3^x} = \frac{\lim_{x\to 1}2^{x+1}}{\lim_{x\to 1}2^x+3^x} = \frac{4}{5}$

4. 극한값의 계산

1) $\frac{0}{0}$꼴의 극한값

$\frac{0}{0}$꼴의 극한값 계산은 무한소의 요소를 제거하기 위하여 무한소를 구해야 하며, 무한소란 $x \to a$일 때 $(x-a)$가 무한소가 된다. 다시 말해서, **무한소**란 0에 한없이 가까워지는 상태를 말하며 무한소를 찾으려면 분수함수는 인수분해, 무리함수는 유리화를 해야 한다.

a) 분수함수 : 분모와 분자를 인수분해한 후 약분한다.

b) 무리함수 : 근호가 있는 쪽을 유리화한 후 약분한다.

2) $\frac{\infty}{\infty}$꼴의 극한값

분모의 최고차항으로 분모와 분자를 나누는데 **분모의 차수가 분자보다 크면** 극한값은 0이고, **분자의 차수가 분모보다 크면** 극한값은 ∞이다.

예 1 다음의 극한값을 구하여라.

a) $\lim_{x\to-3}\dfrac{x^2-9}{x+3}$ b) $\lim_{x\to a}\dfrac{x^3-ax^2+a^2x-a^3}{x-a}$

c) $\lim_{x\to\infty}\dfrac{4x}{\sqrt{2+x^2}-3}$ d) $\lim_{x\to2}\dfrac{\sqrt{x^2+5}-3}{x-2}$ e) $\lim_{x\to-\infty}\dfrac{x}{\sqrt{x^2+1}-1}$

f) $\lim_{x\to\infty}\dfrac{2x-1}{\sqrt{1+x^2}+x}$ g) $\lim_{x\to\infty}\dfrac{2x+3}{\sqrt{x^2+3x}+2}$

풀이

a) $\lim_{x\to-3}\dfrac{x^2-9}{x+3}=\lim_{x\to-3}\dfrac{(x+3)(x-3)}{x+3}=\lim_{x\to-3}(x-3)=-6$

b) $$\lim_{x\to a}\frac{x^3-ax^2+a^2x-a^3}{x-a}=\lim_{x\to a}\frac{x^2(x-a)+a^2(x-a)}{x-a}=\lim_{x\to a}\frac{(x-a)(x^2+a^2)}{x-a}$$
$$=\lim_{x\to a}(x^2+a^2)=2a^2$$

c) $$\lim_{x\to\infty}\frac{4x}{\sqrt{2+x^2}-3}=\lim_{x\to\infty}\frac{4}{\sqrt{\dfrac{2}{x^2}+1}-\dfrac{3}{x}}=4$$

d) $$\lim_{x\to2}\frac{\sqrt{x^2+5}-3}{x-2}=\lim_{x\to2}\frac{(x^2+5)-3^2}{(x-2)\left(\sqrt{x^2+5}+3\right)}=\lim_{x\to2}\frac{(x+2)(x-2)}{(x-2)\left(\sqrt{x^2+5}+3\right)}$$
$$=\lim_{x\to2}\frac{(x+2)}{\left(\sqrt{x^2+5}+3\right)}=\frac{4}{\sqrt{9}+3}=\frac{2}{3}$$

e) $$\lim_{x\to-\infty}\frac{x}{\sqrt{x^2+1}-1}=\lim_{x\to-\infty}\frac{x}{\sqrt{x^2\left(1+\dfrac{1}{x^2}\right)}-1}=\lim_{x\to-\infty}\frac{x}{|x|\sqrt{1+\dfrac{1}{x^2}}-1}$$
$$=\lim_{x\to-\infty}\frac{x}{-x\sqrt{1+\dfrac{1}{x^2}}-1}=\lim_{x\to-\infty}\frac{1}{-\sqrt{1+\dfrac{1}{x^2}}-\dfrac{1}{x}}=\frac{1}{-1-0}=-1$$

f) $$\lim_{x\to\infty}\frac{2x-1}{\sqrt{1+x^2}+x}=\lim_{x\to\infty}\frac{2x-1}{\sqrt{x^2\left(1+\dfrac{1}{x^2}\right)}+x}=\lim_{x\to\infty}\frac{2x-1}{|x|\sqrt{1+\dfrac{1}{x^2}}+x}$$
$$=\lim_{x\to\infty}\frac{2x-1}{x\sqrt{1+\dfrac{1}{x^2}}+x}=\lim_{x\to\infty}\frac{2-\dfrac{1}{x}}{\sqrt{1+\dfrac{1}{x^2}}+1}=\frac{2}{1+1}=1$$

g) $$\lim_{x\to\infty}\frac{2x+3}{\sqrt{x^2+3x}+2}=\lim_{x\to\infty}\frac{2x+3}{\sqrt{x^2\left(1+\dfrac{3}{x}\right)}+2}=\lim_{x\to\infty}\frac{2x+3}{|x|\sqrt{1+\dfrac{3}{x}}+2}$$
$$=\lim_{x\to\infty}\frac{2x+3}{x\sqrt{1+\dfrac{3}{x}}+2}=\lim_{x\to\infty}\frac{2+\dfrac{3}{x}}{\sqrt{1+\dfrac{3}{x}}+\dfrac{2}{x}}=\frac{2}{1}=2$$

3) 부정형

a) $(\infty-\infty)$꼴의 극한값은 최고차항으로 묶거나 유리화한다.

b) $(\infty\cdot 0)$꼴의 극한값은 $\frac{\infty}{\infty}$ 또는 $\frac{0}{0}$의 꼴로 고친 다음 극한값을 계산한다.

예 2 다음 극한값을 구하여라.

a) $\lim_{x\to-\infty}(\sqrt{x^2-3x}+x)$ b) $\lim_{x\to 0}\frac{1}{x}\left(\frac{1}{x+1}-1\right)$

풀이 a) $x=-t$라 두면

$$\lim_{x\to-\infty}(\sqrt{x^2-3x}+x)=\lim_{t\to\infty}(\sqrt{t^2+3t}-t)=\lim_{t\to\infty}\frac{3t}{\sqrt{t^2+3t}+t}$$

$$=\lim_{t\to\infty}\frac{3}{\sqrt{1+\frac{3}{t}}+1}=\frac{3}{2}$$

b) $$\lim_{x\to 0}\frac{1}{x}\left(\frac{1}{x+1}-1\right)=\lim_{x\to 0}\frac{1}{x}\left(\frac{1-(x+1)}{x+1}\right)=\lim_{x\to 0}\frac{1}{x}\left(\frac{-x}{x+1}\right)=\lim_{x\to 0}\frac{-1}{x+1}=-1$$

예 3 $\lim_{x\to 0}\frac{1}{x}\left(\frac{1}{x+a}-\frac{1}{a}\right)=-\frac{1}{4}$를 만족하는 상수 a를 구하여라.

풀이 $$\lim_{x\to 0}\frac{1}{x}\left(\frac{1}{x+a}-\frac{1}{a}\right)=\lim_{x\to 0}\frac{1}{x}\,\frac{a-(x+a)}{a(x+a)}=\lim_{x\to 0}\frac{-x}{ax(x+a)}=\lim_{x\to 0}\frac{-1}{a(x+a)}=-\frac{1}{a^2}$$

따라서, $a^2=4$ $\therefore a=\pm 2$

5. 미정계수 결정

함수 $f(x)$, $g(x)$에 대하여

1) $\lim_{x\to a}\frac{g(x)}{f(x)}=\alpha$($\alpha$는 0이 아닌 일정한 상수)인 경우

a) $\lim_{x\to a}f(a)=0$이면 $\lim_{x\to a}g(a)=0$

b) $\lim_{x\to a}g(a)=0$이면 $\lim_{x\to a}f(a)=0$

2) $\lim_{x\to\infty}\frac{g(x)}{f(x)}=\alpha$($\alpha$는 0이 아닌 일정한 상수)인 경우

$f(x)\to\infty$ 이면 $g(x)\to\infty$ 이고 분모와 분자의 차수는 같다.

예 1 다음 극한에 대하여 상수 a, b를 구하여라.

a) $\lim_{x\to1}\frac{x^2+ax+b}{x-1}=2$　　b) $\lim_{x\to1}\frac{x^2-1}{x^2+ax+b}=\frac{2}{3}$　　c) $\lim_{x\to2}\frac{\sqrt{x+a}-b}{x-2}=\frac{1}{4}$

풀이 a) $x\to1$일 때 분모$\to0$이므로 극한값을 가지기 위해서는

$x\to1$일 때 분자$\to0$ 따라서, $1+a+b=0$ $\therefore b=-a-1$ ·············· (i)

(i)를 준식에 대입하면,

$$\lim_{x\to1}\frac{x^2+ax-1-a}{x-1}=\lim_{x\to1}\frac{(x^2-1)+a(x-1)}{x-1}=\lim_{x\to1}\{(x+1)+a\}=2$$

따라서, $2+a=2$에서 $a=0$ ·············· (ii)

(ii)를 (i)에 대입하면 $b=-1$　　$\therefore a=0,\ b=-1$

b) $x\to1$일 때 분자$\to0$이므로 극한값을 가지기 위해서는

$x\to1$일 때 분모$\to0$ 따라서, $1+a+b=0$ $\therefore b=-a-1$ ·············· (i)

(i)를 준식에 대입하면,

$$\lim_{x\to1}\frac{x^2-1}{x^2+ax-a-1}=\lim_{x\to1}\frac{(x+1)(x-1)}{(x^2-1)+a(x-1)}=\lim_{x\to1}\frac{(x+1)}{(x+1)+a}=\frac{2}{3}$$

따라서, 분모, 분자에 $x=1$을 대입하면 $\frac{2}{2+a}=\frac{2}{3}$　$\therefore a=1$ ········ (ii)

(ii)를 (i)에 대입하면 $b=-2$　　$\therefore a=1,\ b=-2$

c) $x\to2$일 때 분모$\to0$이므로, 분자$\to0$

$\therefore \sqrt{2+a}-b=0$, 즉 $b=\sqrt{2+a}$ ·············· (i)

$$\lim_{x\to2}\frac{\sqrt{x+a}-b}{x-2}=\lim_{x\to2}\frac{\sqrt{x+a}-\sqrt{2+a}}{x-2}=\lim_{x\to2}\frac{x-2}{(x-2)(\sqrt{x+a}+\sqrt{2+a})}$$

$$=\frac{1}{2\sqrt{2+a}}=\frac{1}{4}$$

$\therefore \sqrt{2+a}=2$　$a=2$

(i)에서 $b=\sqrt{2+2}=2$　　$\therefore a=b=2$

4.2 삼각함수의 극한

1. 삼각함수의 극한(I)

삼각함수의 극한값은 삼각함수의 여러 가지 공식을 이용하여 주어진 식을 최대한 간단히 한 후에 극한값을 구한다. 예를 들어, $\lim_{x\to0}\frac{\sin 2x}{\sin x}$의 극한값을 구할 때 먼저 $x\to0$을 생각하면 분자, 분모가 모두 0이 되어 극한값을 정할 수 없어 보이지만 배각의 공식

$$\sin 2x = 2\sin x\cos x$$

를 이용하면

$$\lim_{x\to0}\frac{\sin 2x}{\sin x}=\lim_{x\to0}\frac{2\sin x\cos x}{\sin x}=\lim_{x\to0}2\cos x=2\cos0=2$$

와 같이 극한값을 구할 수 있다.

예 1 다음 극한 값을 구하여라.

a) $\lim_{x\to0}\frac{\cos3x-\cos x}{\sin 2x}$ b) $\lim_{x\to0}x^2\sin\frac{1}{x}$ c) $\lim_{x\to0}\frac{\sin3x+\sin x}{\sin 2x}$

풀이

a) $\lim_{x\to0}\frac{\cos3x-\cos x}{\sin 2x}=\lim_{x\to0}\frac{4\cos^3x-3\cos x-\cos x}{2\sin x\cos x}=\lim_{x\to0}\frac{4\cos^3x-4\cos x}{2\sin x\cos x}$

$=\lim_{x\to0}\frac{2(\cos^2x-1)}{\sin x}=\lim_{x\to0}\frac{-2\sin^2x}{\sin x}=-2\sin0=0$

b) $x\to0$일 때 $x^2\to0,\ \frac{1}{x}\to\infty$

그런데, $-1\le\sin\frac{1}{x}\le1$이므로 $-x^2\le x^2\sin\frac{1}{x}\le x^2$

$\lim_{x\to0}(-x^2)=\lim_{x\to0}x^2=0$이므로 $\lim_{x\to0}x^2\sin\frac{1}{x}=0$

c) $\lim_{x\to0}\frac{\sin3x+\sin x}{\sin 2x}=\lim_{x\to0}\frac{4\sin x-4\sin^3x}{2\sin x\cos x}=\lim_{x\to0}\frac{2(1-\sin^2x)}{\cos x}$

$=\lim_{x\to0}\frac{2\cos^2x}{\cos x}=\lim_{x\to0}2\cos x=2$

2. 삼각함수의 극한(I)

x의 단위가 라디안일 때 (a) $\lim_{x\to 0}\frac{\sin x}{x}=1$, (b) $\lim_{x\to 0}\frac{\tan x}{x}=1$

[증명] a) 아래 그림과 같이 중심이 O인 단위원에서 중심각 $\angle AOB$의 크기를 x라디언이라 하고, 점 A에서 원 O에 그은 접선과 선분 OB의 연장선과의 교점을 T라 하자.

i) $0 < x < \frac{\pi}{2}$일 때

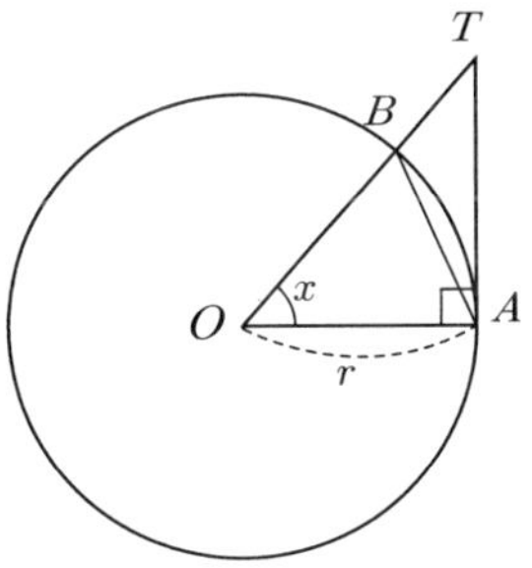

다음 부등식이 성립한다.

($\triangle AOB$의 넓이) < (부채꼴 AOB의 넓이) < ($\triangle AOT$의 넓이)

$\therefore\ \frac{1}{2}\sin x < \frac{1}{2}x < \frac{1}{2}\tan x$

$\sin x > 0$이므로 이 두 부등식의 각 변을 $\frac{\sin x}{2}$로 나누면

$1 < \frac{x}{\sin x} < \frac{1}{\cos x}$

각 항의 역수를 취하면 $1 > \frac{\sin x}{x} > \cos x$

이 때, $x\to +0$이면 $\lim_{x\to +0}\cos x \to 1$이므로 $\lim_{x\to +0}\frac{\sin x}{x}=1$ ‥ ①

ii) $-\frac{\pi}{2} < x < 0$일 때

$x=-x'$라고 하면 $x\to -0$일 때 $x'\to +0$이므로

$\lim_{x\to -0}\frac{\sin x}{x}=\lim_{x'\to +0}\frac{\sin(-x')}{-x'}=\lim_{x'\to +0}\frac{\sin x'}{x'}=1$ .... ②

①, ②에서 $\lim_{x\to0}\frac{\sin x}{x}=1$

b) $\lim_{x\to0}\frac{\tan x}{x}=\lim_{x\to0}\frac{\sin x}{\cos x}\cdot\frac{1}{x}=\lim_{x\to0}\frac{1}{\cos x}\cdot\frac{\sin x}{x}=1$

그리고, 삼각함수의 극한에서 부정형은 삼각함수의 변형공식에 의하여 $\frac{\sin x}{x}$의 꼴로 변형하여 푼다. 예를 들어,

$\lim_{x\to0}\frac{\sin ax}{x}=\lim_{x\to0}\frac{\sin ax}{ax}\times a=a$, $\lim_{x\to0}\frac{\sin x}{bx}=\frac{1}{b}\times\lim_{x\to0}\frac{\sin x}{x}=\frac{1}{b}$

예 1 다음 극한값을 구하여라.

a) $\lim_{x\to0}\frac{\sin 4x}{\tan 6x}$　　b) $\lim_{x\to\pi}\frac{\cos\left(3x-\frac{\pi}{2}\right)}{x-\pi}$　　c) $\lim_{x\to0}\frac{\sqrt{1-\cos x}}{x}$

풀이 a) $\lim_{x\to0}\frac{\sin 4x}{\tan 6x}=\lim_{x\to0}\frac{\sin4x/4x}{\tan6x/6x}\times\frac{4x}{6x}=\frac{2}{3}$

b) $x-\pi-t$라 두면 $x=\pi+t$, $3x=3\pi+3t$, $\cos\left(3x-\frac{\pi}{2}\right)=\cos\left(\frac{5\pi}{2}+3t\right)$

따라서 $\lim_{x\to\pi}\frac{\cos\left(3x-\frac{\pi}{2}\right)}{x-\pi}=\lim_{x\to0}\frac{\cos\left(\frac{5\pi}{2}+3t\right)}{t}\ \lim_{t\to0}\frac{\sin 3t}{t}=3$

c) $\lim_{x\to0}\frac{\sqrt{1-\cos x}}{x}=\lim_{x\to0}\frac{\sqrt{1-\cos^2 x}}{x\sqrt{1+\cos x}}(\because 1+\cos x>0)$

$=\lim_{x\to0}\frac{|\sin x|}{x\sqrt{1+\cos x}}$

$=\lim_{x\to0}\frac{-\sin x}{x}\cdot\frac{1}{\sqrt{1_{\cos}x}}(\because x<0$이면 $\sin x<0)$

$=-\frac{1}{\sqrt{2}}$

4.3 지수함수 · 로그함수의 극한

1. 지수함수 · 로그함수의 극한

a) $\lim_{x\to\infty} a^x = \begin{cases} +\infty & (a>1) \\ 1 & (a=1) \\ 0 & (0<a<1) \end{cases}$	b) $\lim_{x\to-\infty} a^x = \begin{cases} 0 & (a>1) \\ 1 & (a=1) \\ +\infty & (0<a<1) \end{cases}$

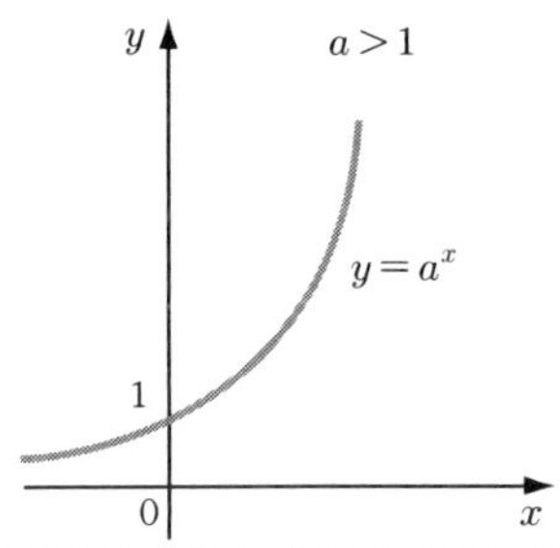

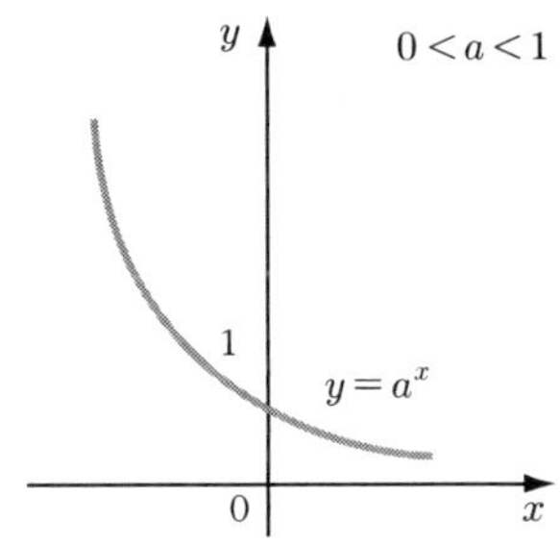

c) $\lim_{x\to+0} \log_a x = \begin{cases} -\infty & (a>1) \\ +\infty & (0<a<1) \end{cases}$	d) $\lim_{x\to+\infty} \log_a x = \begin{cases} +\infty & (a>1) \\ -\infty & (0<a<1) \end{cases}$

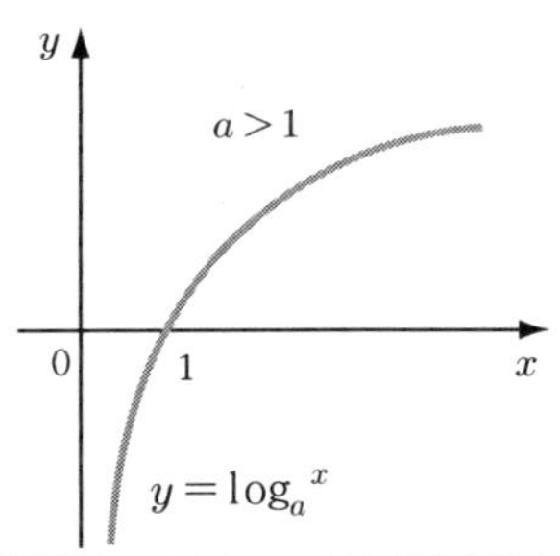

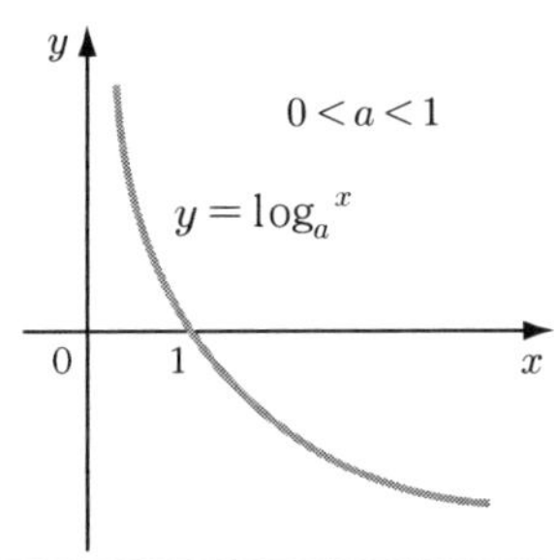

2. 극한값 e의 정의

a) $\lim_{x\to 0}(1+x)^{\frac{1}{x}}$ 의 극한값을 구하여 보자. 마클로우린(Maclaurin) 급수 전개식

$$(1+x)^n = x^0 + {}_nC_1x + {}_nC_2x^2 + {}_nC_3x^3 + \cdots$$

$$= 1 + nx + \frac{n(n-1)}{2!}x^2 + \frac{n(n-1)(n-2)}{3!}x^3 + \cdots$$

에서 조합의 수 ${}_nC_r = \dfrac{n!}{r!(n-r)!}$ (단, $0 \le r \le n$)을 이용하고, $n = \dfrac{1}{x}$을 대입하면

$$(1+x)^{\frac{1}{x}} = 1 + \frac{1}{x}x + \frac{1}{2!}\frac{1}{x}\left(\frac{1}{x}-1\right)x^2 + \frac{1}{3!}\frac{1}{x}\left(\frac{1}{x}-1\right)\left(\frac{1}{x}-2\right)x^3 + \cdots\cdots$$

$$= 1 + 1 + \frac{1-x}{2!} + \frac{(1-x)(1-2x)}{3!} + \cdots\cdots$$

가 되므로

$$\lim_{x\to 0}\left(1+\frac{1}{x}\right)^{\frac{1}{x}} = 1 + \frac{1}{1!} + \frac{1}{2!} + \frac{1}{3!} + \frac{1}{4!} + \cdots\cdots = 2.7182818\cdots\cdots$$

인 무리수이다. 이 값을 e로 나타낸다. 즉,

$$e = \lim_{x\to 0}\left(1+\frac{1}{x}\right)^{\frac{1}{x}} = 1 + \frac{1}{1!} + \frac{1}{2!} + \frac{1}{3!} + \frac{1}{4!} + \cdots\cdots = 2.7182818\cdots\cdots$$

$$\therefore \lim_{x\to 0}(1+x)^{\frac{1}{x}} = e$$

또, e를 밑으로 하는 로그 $\log_e x\,(x>0)$를 x의 **자연로그**라 하고, e를 **자연로그의 밑**이라 하며, $\log_e x$를 간단히 $\ln x$로 쓴다.

b) $\displaystyle\lim_{x\to\infty}\left(1+\frac{1}{x}\right)^x$의 극한값을 구하여 보자. $\dfrac{1}{x} = h$라 두면 $x\to\infty$일 때 $h\to 0$이므로,

$$\therefore \lim_{x\to\infty}\left(1+\frac{1}{x}\right)^x = \lim_{h\to 0}(1+h)^{\frac{1}{h}} = e$$

예를 들면 $\displaystyle\lim_{x\to 0}(1+2x)^{\frac{1}{3x}} = \lim_{x\to 0}(1+2x)^{\frac{1}{2x}\times\frac{2}{3}} = e^{\frac{2}{3}}$,

$$\lim_{n\to\infty}\left(1+\frac{2}{n}\right)^n = \lim_{n\to\infty}\left(1+\frac{2}{n}\right)^{\frac{n}{2}\times 2} = e^2$$

이다.

3. 무리수 e의 정의를 이용한 지수함수와 로그함수의 극한값

a) 밑이 e인 경우

$$\lim_{x\to 0}\frac{\ln(1+x)}{x}=1$$

[증명]

$$\lim_{x\to 0}\frac{\ln(1+x)}{x}=\lim_{x\to 0}\frac{1}{x}\ln(1+x)$$
$$=\lim_{x\to 0}\ln(1+x)^{\frac{1}{x}}$$
$$=\ln e=1$$

$$\lim_{x\to 0}\frac{e^x-1}{x}=1$$

[증명]

$e^x-1=t$라 두면 $e^x=t+1$

$\therefore\ x=\ln(1+t)$

이 때, $x\to 0$일 때 $t\to 0$이므로

$$\lim_{x\to 0}\frac{e^x-1}{x}=\lim_{t\to 0}\frac{t}{\ln(1+t)}$$
$$=\lim_{t\to 0}\frac{1}{\frac{\ln(1+t)}{t}}$$
$$=\frac{1}{1}=1$$

b) 밑이 e가 아닌 경우(단, $a\neq 0$, $a>0$)

$$\lim_{x\to 0}\frac{\log_a(1+x)}{x}=\frac{1}{\ln a}$$

[증명]

$$\lim_{x\to 0}\frac{\log_a(1+x)}{x}=\lim_{x\to 0}\frac{\ln(1+x)}{\ln a}\cdot\frac{1}{x}$$
$$=\frac{1}{\ln a}\cdot\frac{\ln(1+x)}{x}$$
$$=\frac{1}{\ln a}\cdot 1=\frac{1}{\ln a}$$

$$\lim_{x\to 0}\frac{a^x-1}{x}=\ln a$$

[증명]

$a^x-1=t$라 두면 $a^x=t+1$

$\therefore\ x=\log_a(1+t)$

이 때, $x\to 0$일 때 $t\to 0$이므로

$$\lim_{x\to 0}\frac{a^x-1}{x}=\lim_{t\to 0}\frac{t}{\log_a(1+t)}$$
$$=\lim_{t\to 0}\frac{1}{\frac{\log_a(1+t)}{t}}$$
$$=\frac{1}{\frac{1}{\ln a}}=\ln a$$

예 1 다음 극한값을 구하여라.

a) $\lim\limits_{x\to0}\dfrac{\ln(1+2x)}{x}$ b) $\lim\limits_{x\to0}\dfrac{e^{2x}-1}{\sin 2x}$ c) $\lim\limits_{x\to0}\dfrac{\ln(1+x)}{3x}$ d) $\lim\limits_{x\to0}\dfrac{e^{-x}-1}{x}$

e) $\lim\limits_{x\to0}\dfrac{\log_2(1+x)}{x}$ f) $\lim\limits_{x\to0}\dfrac{6^x-3^x}{x}$

풀이

a) $\lim\limits_{x\to0}\dfrac{\ln(1+2x)}{x}=\lim\limits_{2x\to0}\dfrac{\ln(1+2x)}{2x}\cdot 2=1\cdot 2=2$

b) $\lim\limits_{x\to0}\dfrac{e^{2x}-1}{\sin 2x}=\lim\limits_{2x\to0}\dfrac{e^{2x}-1}{2x}\cdot\dfrac{2x}{\sin 2x}=1\cdot 1=1$

c) $\lim\limits_{x\to0}\dfrac{\ln(1+x)}{3x}=\dfrac{1}{3}\lim\limits_{x\to0}\dfrac{\ln(1+x)}{x}=\dfrac{1}{3}\cdot 1=\dfrac{1}{3}$

d) $-x=t$라 두면 $x\to0$일 때 $t\to0$이므로

$$\lim_{x\to0}\frac{e^{-x}-1}{x}=\lim_{t\to0}\frac{e^{t}-1}{-t}=-\lim_{t\to0}\frac{e^{t}-1}{t}=-1$$

e) $\lim\limits_{x\to0}\dfrac{\log_2(1+x)}{x}=\lim\limits_{x\to0}\dfrac{\ln(1+x)}{\ln 2}\cdot\dfrac{1}{x}=\lim\limits_{x\to0}\dfrac{\ln(1+x)}{x}\cdot\dfrac{1}{\ln 2}=\dfrac{1}{\ln 2}$

f) $\lim\limits_{x\to0}\dfrac{6^x-3^x}{x}=\lim\limits_{x\to0}\dfrac{6^x-1-(3^x-1)}{x}=\lim\limits_{x\to0}\dfrac{6^x-1}{x}-\lim\limits_{x\to0}\dfrac{3^x-1}{x}$

$=\ln 6-\ln 3=\ln\dfrac{6}{3}=\ln 2$

예 2 다음 극한값을 구하여라.

a) $\lim\limits_{x\to0}\dfrac{e^{3x}-1}{x}$ b) $\lim\limits_{x\to0}\dfrac{e^{2x}-1}{\sin 3x}$ c) $\lim\limits_{x\to0}\dfrac{e^{5x}-e^{3x}-e^{2x}+1}{x^2}$

풀이

a) $\lim\limits_{x\to0}\dfrac{e^{3x}-1}{x}\ \lim\limits_{x\to0}\dfrac{e^{3x}-1}{3}\times 3=3$

b) $\lim\limits_{x\to0}\dfrac{e^{2x}-1}{\sin 3x}=\lim\limits_{x\to0}\dfrac{e^{2x}-1}{3x}\times\dfrac{3x}{\sin 3x}=\dfrac{2}{3}$

c) $\lim\limits_{x\to0}\dfrac{e^{5x}-e^{3x}-e^{2x}+1}{x^2}=\lim\limits_{x\to0}\dfrac{e^{3x}-1}{x}\times\dfrac{e^{2x}-1}{x}=3\times 2=6$

예 3 다음 극한값을 구하여라(치환을 이용하는 경우).

a) $\lim\limits_{x\to1}\dfrac{\cos\frac{\pi}{2}x}{1-x^2}$ b) $\lim\limits_{x\to2}\dfrac{\sin\pi x}{x-2}$

c) $\lim_{x\to\frac{\pi}{2}} \frac{2x-\pi}{\cos x}$

d) $\lim_{x\to 2} \frac{x^2-2x+1-e^{x-2}}{x-2}$

e) $\lim_{x\to\pi} \frac{\sin nx}{\sin x}$ (단, n은 자연수)

풀이

a) $x-1=t$라 두면 $\cos\frac{\pi}{2}x = \cos\frac{\pi}{2}(t+1) = \cos\left(\frac{\pi t}{2}+\frac{\pi}{2}\right) = -\sin\frac{\pi t}{2}$

$1-x^2 = 1-(t+1)^2 = -2t-t^2$

$$\therefore \lim_{t\to 0}\frac{\sin\frac{\pi t}{2}}{t(t+2)} = \lim\frac{\sin\frac{\pi t}{2}}{\frac{\pi}{2}t}\cdot\frac{\pi}{2}\cdot\frac{1}{(t+2)} = \frac{\pi}{4}$$

b) $x-2=t$라 두면 $x\to 2$일 때 $t\to 0$이고, $x=t+2$

$$\lim_{x\to 2}\frac{\sin\pi x}{x-2} = \lim_{t\to 0}\frac{\sin\pi(t+2)}{t} = \lim_{t\to 0}\frac{\sin(\pi t+2\pi)}{t} = \lim_{t\to 0}\frac{\sin\pi t}{t}$$

$$= \lim_{t\to 0}\frac{\sin\pi t}{\pi t}\cdot\pi = \pi$$

c) $2x-\pi=t$라 두면 $x\to\frac{\pi}{2}$일 때 $t\to 0$이고, $x=\frac{\pi}{2}+\frac{t}{2}$

$$\lim_{x\to\frac{\pi}{2}}\frac{2x-\pi}{\cos x} = \lim_{t\to 0}\frac{t}{\cos\left(\frac{\pi}{2}+\frac{t}{2}\right)} = \lim_{t\to 0}\frac{t}{-\sin\frac{t}{2}}$$

$$= -\lim_{t\to 0}\frac{\frac{t}{2}\cdot 2}{\sin\frac{t}{2}} = -1\cdot 2 = -2$$

d) $x-2=t$라 하면 $x^2-2x=(t+2)t$이고, $1-e^{x-2}=1-e^t$이므로

$$\lim_{x\to 2}\frac{x^2-2x+1-e^{x-2}}{x-2} = \lim_{t\to 0}\frac{t(t+2)+1-e^t}{t} = \lim_{t\to 0}\left(t+2+\frac{1-e^t}{t}\right)$$

$$= 2-\lim_{t\to 0}\frac{e^t-1}{t} = 1$$

e) $x-\pi=t$라 두면 $x\to\pi$일 때 $t\to 0$이고,

$\sin x = \sin(\pi+t) = -\sin t$

$\sin nx = \sin n(\pi+t) = \sin(n\pi+nt) = (-1)^n\sin nt$이므로

$$\lim_{x\to\pi}\frac{\sin nx}{\sin x} = \lim_{t\to 0}(-1)^n\frac{\sin nt}{-\sin t} = (-1)^{n-1}n$$

4.4 함수의 연속

1. 개구간과 폐구간

임의 두 실수 $a, b\,(a<b)$에 대하여

$a \le x \le b$	$[a,\ b]$	$a \le x < b$	$[a,\ b)$
$a < x < b$	$(a,\ b)$	$a < x \le b$	$(a,\ b]$

여기서, $[a,\ b]$를 **폐구간**, $(a,\ b)$를 **개구간**, $[a,\ b)$와 $(a,\ b]$ **반개구간** 또는 **반폐구간** 이라고 한다. 또한, 실수 전체의 집합을 하나의 구간인 $(-\infty,\ \infty)$로 나타내고, 모든 실수 a 대한 x의 부등식을 구간으로 나타내면 다음과 같다.

$x \le a$	$(-\infty,\ a]$
$x < a$	$(-\infty,\ a)$
$x \ge a$	$[a,\ \infty)$
$x > a$	$(a,\ \infty)$

예 1 다음 각 함수의 정의역을 구간의 기호를 써서 나타내어라.

a) $f(x)=x^2$ b) $f(x)=\dfrac{x^2-1}{x-1}$ c) $f(x)=\dfrac{2}{x^2-1}$ d) $f(x)=\sqrt{x-1}$

풀이 a) $(-\infty,\infty)$ b) $x-1\neq 0$이므로 $(-\infty,1)\cup(1,\infty)$

c) $x^2-1\neq 0$이므로 $(-\infty,-1)\cup(-1,1)\cup(1,\infty)$

d) $x-1\ge 0$이므로 $[1,\infty)$

2. 연속함수

어떤 점에서 **연속**이란 그 점의 부근에서 이어진 상태로 그 점에 한없이 접근할 때의 **극한값과 그 점에서의 함수값이** 같을 때를 말한다.

1) $x=a$에서의 연속

다음 세 조건을 만족할 때 함수 $f(x)$는 $x=a$ 에서 연속이라 한다.

a) $x=a$에서 함수 f가 정의된다.
b) $\lim\limits_{x\to a} f(x)$가 존재한다.
c) $\lim\limits_{x\to a} f(x)=f(a)$

위의 세 가지 조건을 모두 만족해야 하는 이유를 다음 예를 가지고 살펴보자.

a) $\lim\limits_{x\to a} f(x)$가 존재하지 않으므로 연속이 아닌 함수	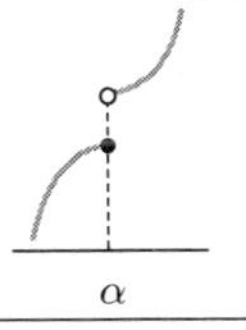
b) $\lim\limits_{x\to a} f(x)$가 존재하지만 $f(a)$가 존재하지 않으므로 연속이 아닌 함수	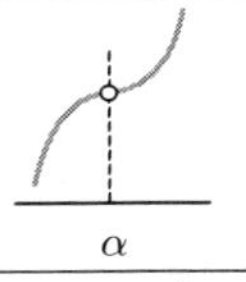
c) $\lim\limits_{x\to a} f(x)$및 $f(x)$가 존재하지만 $\lim\limits_{x\to a} f(x) \neq f(a)$이다. 따라서, 이 그림은 $x=a$에서 연속이 아니다.	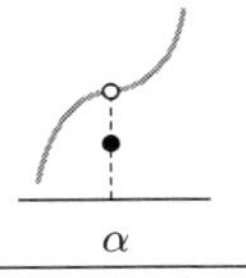
d) $x=a$에서 연속인 함수(위의 세 가지 조건을 모두 만족하는 함수)	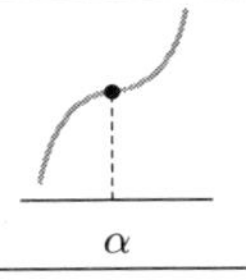

함수 $f(x)$가 $x=a$에서 연속을 정의할 때는 일반적으로 $\lim\limits_{x\to a} f(x)=f(a)$만을 사용한다. 이것에 대하여 살펴보자. 함수$f(x)$에 대해서 $f(a)$라 표기하는 것은 $x=a$가 함수 f의 정의역에 포함된다는 의미를 가정하고 있어 조건 a)가 이미 가정된 것이다. 또한, "$\lim\limits_{x\to a} f(x)=$"이라는 표현은 $x\to a$일 때 함수 $f(x)$의 극한값이 존재함을 의미한다. 다시 말해, 등호와 같이 사용하는 것은 $\lim\limits_{x\to a} f(x)$값이 유한 확정 값을 내포하고 있다는 뜻이다. 따라서 조건 b)가 성립한다는 것이다. 따라서, 조건 c)는 a)와 b)를 포함하고 있으므로 c)만으로도 연속의 정의가 가능하다.

예 1 $f(x)=x+1$가 $x=2$에서 연속임을 보여라.

풀이 a) $f(x)$는 $x=2$에서 정의되어 있다. 즉, $f(2)=2+1=3$

b) $\lim_{x\to2}f(x)$ 가 존재한다. 즉, $\lim_{x\to2}f(x)=\lim_{x\to2}(x+1)=3$

c) $\lim_{x\to2}f(x)=f(2)$

따라서, 함수 $f(x)$는 $x=2$에서 연속이다. 이것의 의미는 함수 f의 그래프는 $x=2$에서 이어져 있음을 알 수 있다.

2) $x=a$에서의 불연속

함수 $y=f(x)$가 $x=a$에서 연속이 아니면 이 함수는 $x=a$에서 **불연속**이라 하고, a를 **불연속점**이라 한다.

a) $x=a$에서 정의되어 있지 않거나
b) $\lim_{x\to a}f(x)$가 존재하지 않거나
c) $x=a$에서 정의되고, $\lim_{x\to a}f(x)$가 존재해도 $\lim_{x\to a}f(x)\neq f(a)$이다.

위의 경우는 함수 $f(x)$는 $x=a$에서 **불연속**이라 한다. $x=a$에서 $f(x)$가 **불연속일 때의 그래프는** $x=a$**에서 반듯이 끊어진다.**

예 2 다음 그래프의 연속, 불연속을 말하여라.

a) $f(x)=\dfrac{x^2+x}{x}$ b) $f(x)=[x]$ c) $f(x)=\begin{cases}x^2+1 & (x\neq0)\\0 & (x=0)\end{cases}$

풀이 a) $f(x)=\dfrac{x^2+x}{x}$의 그래프는 다음과 같다.

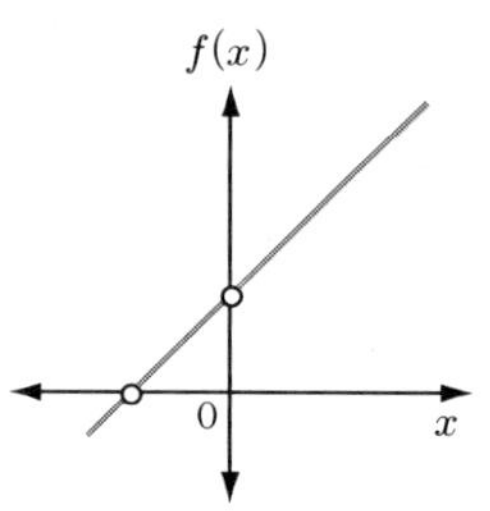

이 그래프는 $f(0)$의 값이 존재하지 않으므로 $x=0$에서 불연속이다.

그러나, $f(0)=1$인 조건을 추가하면 모든 값에서 연속이 된다.

b) $f(x)=[x]$의 그래프는 다음과 같다.

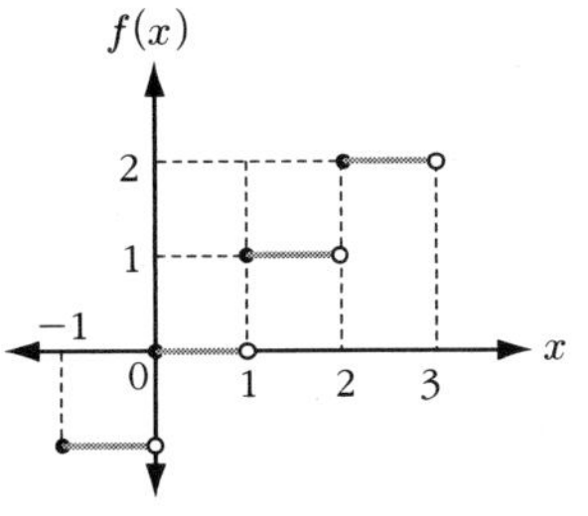

이 그래프에서 $f(1)$의 값은 $f(1)=1$로서 존재하지만, $\lim_{x\to1}f(x)$의 값은 존재하지 않으므로$\left(\because \lim_{x\to1-0}f(x)=0,\ \lim_{x\to1+0}f(x)=1\right)$ $x=1$에서 불연속이다. 일반적으로 $x=n$(n은 정수)에서 불연속이다.

c) $f(x)=\begin{cases} x^2+1 & (x\neq0) \\ 0 & (x=0) \end{cases}$의 그래프는 다음과 같다.

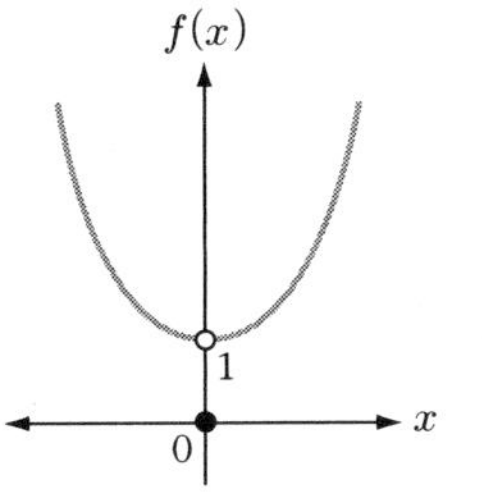

이 그래프에서는 $\lim_{x\to0}f(x)=1$, $f(0)=0$으로서 $\lim_{x\to0}f(x)$, $f(0)=0$은 존재하지만, $\lim_{x\to0}f(x)\neq f(0)$이므로 $x=0$에서 $f(x)$는 불연속이다.

3. 연속함수의 성질

함수 $f(x)$, $g(x)$가 $x=a$에서 연속이면 다음 함수도 $x=a$에서 연속이다.

a) $cf(x)$ (c는 상수)	b) $f(x)\pm g(x)$
c) $f(x)\cdot g(x)$	d) $\dfrac{g(x)}{f(x)}$(단, $f(a)\neq0$)

기본함수의 연속성에 대하여 다음과 같이 정리할 수 있다.

a) 다항함수 $f(x)=a_nx^n+a_{n-1}x^{n-1}+\cdots+a_1x+a_0$	$(-\infty, \infty)$에서 연속
b) 분수함수 $\dfrac{g(x)}{f(x)}$ (f, g는 다항 함수)	$f(x)=0$인 점에서 불연속
c) 무리함수 $\sqrt{f(x)}$	$f(x)\geq 0$인 점에서 연속
d) 지수함수 $y=a^x\,(a\neq 1, a>0)$	$(-\infty, \infty)$에서 연속
e) 로그함수 $y=\log_a x\,(a\neq 0,\ a>0)$	$(0, \infty)$에서 연속
f) $y=\sin x$, $y=\cos x$	$(-\infty, \infty)$에서 연속
g) $y=\tan x$	$x=n\pi+\dfrac{\pi}{2}$(n은 정수)에서 불연속

4. 최대, 최소 정리와 중간값 정리

이것은 연속함수의 중요한 성질이므로 반드시 이해하길 바란다.

1) 최대, 최소 정리

아래 그림의 함수 $f(x)$가 폐구간 $[a, b]$에서 연속이면 $f(x)$는 그 구간에서 반듯이 최대값과 최소값을 갖는다. 일반적으로 최대, 최소 정리는 폐구간 $[a, b]$에서 성립하며, 개구간 (a, b)이나 반개구간 $(a, b]$, $[a, b)$에서는 반듯이 성립하지는 않는다. 예를 들어, $y=x+2$는 폐구간 $[0, 3]$에서 최대값 5, 최소값 2를 갖지만, 반폐구간 $(0, 3]$에서는 최소값을 갖지 않는다.

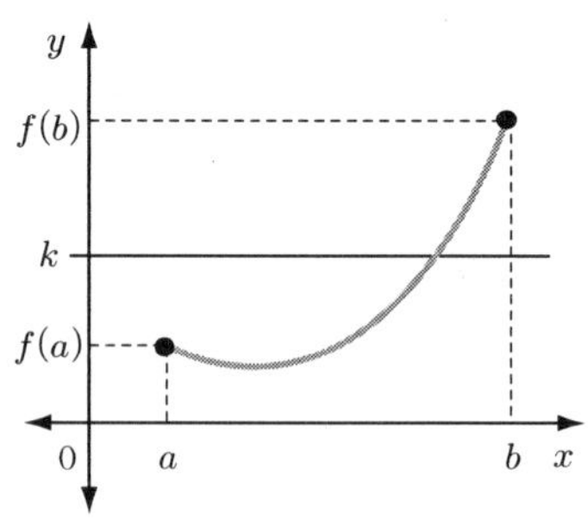

2) 중간값 정리

아래 그림에서 함수 $f(x)$가 폐구간 $[a, b]$에서 연속이고, $f(a)\neq f(b)$일 때 $f(a)$

와 $f(b)$ 사이의 임의 값을 k라 하면 $f(c)=k$인 c가 개구간 (a, b)안에 적어도 하나 존재한다.

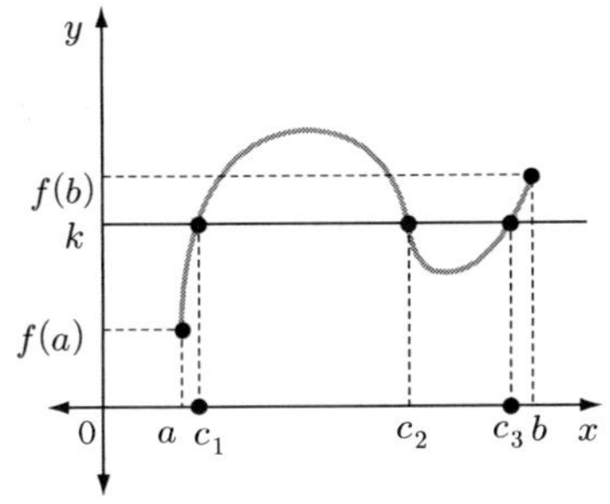

다음 그림은 **중간값 정리의 특별한 경우**로 함수 $f(x)$가 폐구간 $[a, b]$에서 **연속이고**, $f(a)$와 $f(b)$가 **다른 부호**이면 $f(x)=0$인 x가 개구간 (a, b)안에 적어도 하나 존재한다.

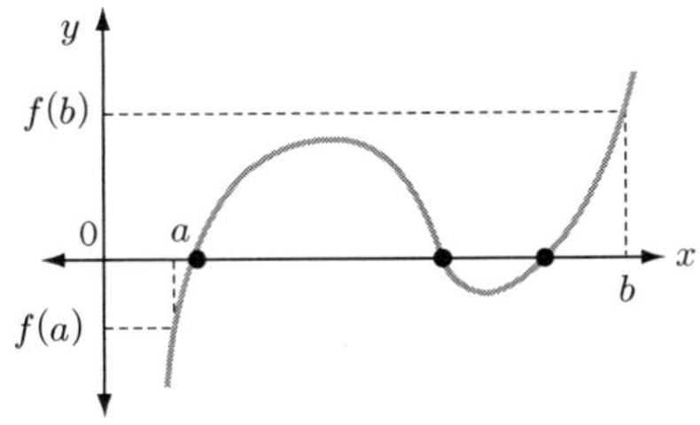

예를 들어, 방정식 $x^3+3x-1=0$에서 $f(x)=x^3+3x-1$이라 하면 함수 $f(x)$는 $(-\infty, \infty)$에서 연속이고, $f(0)=-1<0$, $f(1)=3>0$이므로 방정식 $x^3+3x-1=0$은 0과 1사이에 적어도 하나의 실근을 가진다.

예 1 다음 방정식이 주어진 구간에서 적어도 하나의 실근을 가짐을 증명하여라.

a) $x^4-3x-2=0$ $(1,\ 2)$ b) $\log_{10}x+x-3=0$ $(2,\ 3)$

c) $x\cos x-\sin x=0$ $\left(\pi,\ \dfrac{3}{2}\pi\right)$

풀이 a) $f(x)=x^4-3x-2=0$라 하면 함수 $f(x)$는 폐구간 $[1, 2]$에서 연속이고,

$f(1)=1-3-2=-4<0$

$f(2)=16-6-2=8>0$

$f(1)\cdot f(2)<0$이므로 방정식 $f(x)=0$은 $(1, 2)$에서 적어도 하나의 실근을 가진다.

b) $f(x)=\log_{10}x+x-3=0$이라 하면 $\log_{10}x$, $x-3$이 모두 구간 $[2, 3]$에서 연속이므로, 함수 $f(x)$는 폐구간 $[2, 3]$에서 연속이고

$f(2)=\log_{10}2+2-3=\log_{10}2-1<0$ $(\because \log_{10}2 \fallingdotseq 0.3010)$

$f(3) = \log_{10}3 + 3 - 3 = \log_{10}3 > 0$ ($\because \log_{10}3 \fallingdotseq 0.4771$)

$f(2) \cdot f(3) < 0$이므로 방정식 $f(x) = 0$은 $(2, 3)$에서 적어도 하나의 실근을 가진다.

c) $f(x) = x\cos x - \sin x$이라 하면 x, $\cos x$, $\sin x$가 모두 구간 $\left[\pi, \frac{3}{2}\pi\right]$에서 연속이므로, 함수 $f(x)$는 폐구간 $\left[\pi, \frac{3}{2}\pi\right]$에서 연속이고

$f(\pi) = \pi\cos\pi - \sin\pi = -\pi < 0$

$f\left(\frac{3}{2}\pi\right) = \frac{3}{2}\pi\cos\frac{3}{2}\pi - \sin\frac{3}{2}\pi = 1 > 0$

$f(\pi) \cdot f\left(\frac{3}{2}\pi\right) < 0$이므로 방정식 $f(x) = 0$은 $\left(\pi, \frac{3}{2}\pi\right)$에서 적어도 하나의 실근을 가진다.

제4장 함수의 극한과 연속성

연습문제

1. $\lim\limits_{x\to 1}\{[2x]-[x]\}$의 값을 구하여라(단, $[x]$는 x를 넘지 않는 최대의 정수).

2. 다음 극한을 구하여라.

(a) $\lim\limits_{x\to 0}\dfrac{1}{\sqrt{x^2}}$ (b) $\lim\limits_{x\to 1}\dfrac{x}{(x-1)^2}$ (c) $\lim\limits_{x\to +2}\left(5-\dfrac{3}{|x-2|}\right)$

3. 다음 극한값을 구하여라.

(a) $\lim\limits_{x\to 0}\cos x$ (b) $\lim\limits_{x\to 1}\sin\dfrac{\pi x}{2}$ (c) $\lim\limits_{x\to\frac{\pi}{3}}\log_9(\tan x)$ (d) $\lim\limits_{x\to 10}\left(\log x^2-\log\dfrac{1}{x}\right)$

4. $\lim\limits_{x\to 0}\dfrac{1}{x}\left(\dfrac{1}{x+a}-\dfrac{1}{a}\right)=-\dfrac{1}{4}$를 만족하는 상수 a를 구하여라.

5. $\lim\limits_{x\to 0}\left(\sqrt{\dfrac{1}{x^2}+\dfrac{1}{x}}-\sqrt{\dfrac{1}{x^2}-\dfrac{1}{x}}\right)$의 극한값을 구하여라.

6. 다음 두 식을 만족시키는 다항식 $f(x)$를 구하여라.

$\lim\limits_{x\to\infty}\dfrac{f(x)}{2x^2+x+1}=1,\quad \lim\limits_{x\to 2}\dfrac{f(x)}{x^2-x-2}=1$

7. 다음 극한값을 구하여라.

(a) $\lim\limits_{x\to 0}\dfrac{x+\tan x}{\sin x}$ (b) $\lim\limits_{x\to 0}\dfrac{\sin x}{\sqrt{1+x}-1}$

8. 다음 극한값을 구하여라.

(a) $\lim\limits_{x\to\infty}\{\log_2(3x+2x^2)-\log_2 x-\log_2(x-1)\}$ (b) $\lim\limits_{x\to 4}\{\log_4|\sqrt{x}-2|-\log_4|x-4|\}$

9. 다음 미정계수를 포함한 꼴로 극한값을 구하여라.

(a) $\lim_{x\to\pi}\dfrac{\sqrt{a+\cos x}-b}{(x-\pi)^2}=\dfrac{1}{8}$를 만족하는 상수 a, b의 값을 구하여라.

(b) $\lim_{x\to 0}\dfrac{ax+b}{x+2\sin x}=5$일 때 $\lim_{x\to 0}\dfrac{ax+b}{x-2\sin x}$의 값을 구하여라.

(c) $\lim_{x\to 0}\dfrac{\sin 3x}{\sqrt{ax+b}-1}=3$이기 위한 a, b의 값을 구하여라.

(d) $\lim_{x\to 0}\dfrac{e^{x+a}-2}{x}=b$인 0이 아닌 상수 a, b의 값을 구하여라.

(e) $\lim_{x\to 0}\dfrac{\ln(x+b)}{\sin ax}=5$를 만족하는 상수 a, b에 대하여 $\dfrac{b}{a}$의 값을 구하여라.

(f) $\lim_{x\to 0}\dfrac{a^{3x}-1}{ax+b}=\ln 3$일 때 $\lim_{x\to 0}\dfrac{ax+b}{x}$의 값을 구하여라.

10. 다음 함수의 $x=1$에서의 연속성을 조사하여라.

(a) $f(x)=x^2-1$

(b) $g(x)=\begin{cases}\dfrac{x^2-1}{x-1} & (x\neq 1)\\ 1 & (x=1)\end{cases}$

11. 방정식 $x-\cos\pi x=1+\log_2 x$의 실근이 1과 2 사이에 적어도 하나 존재함을 증명하여라.

제5장 변화율과 도함수

5.1 미분계수

1. 평균변화율

아래 그림에서 함수 $y=f(x)$에서 x의 값이 a에서 $a+\Delta x$까지 변할 때 $\dfrac{\Delta y}{\Delta x}=\dfrac{f(a+\Delta x)-f(a)}{\Delta x}=\dfrac{y\text{의 변화량}}{x\text{의 변화량}}$을 구간 $[a, a+\Delta x]$에서의 y의 **평균변화율**이라 한다.

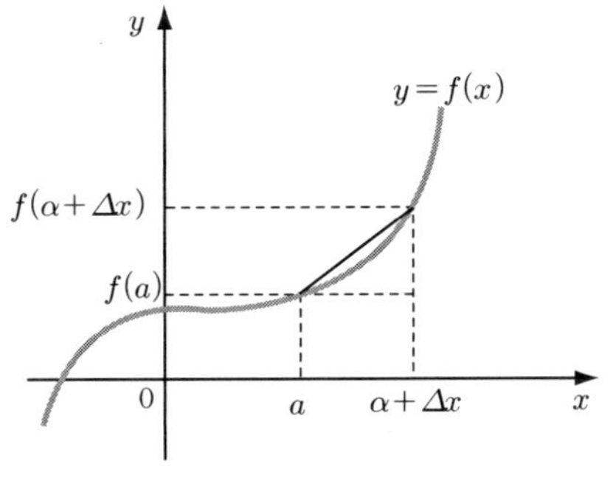

또한, x의 값이 x_1에서 x_2로 변한다고 하면 **평균변화율은**

$$\frac{\Delta y}{\Delta x}=\frac{f(x_2)-f(x_1)}{x_2-x_1}=\frac{f(x_1+\Delta x)-f(x_1)}{\Delta x}$$

로도 나타낼 수 있다. 평균변화율의 기하학적 의미는 $y=f(x)$의 x좌표가 a인 점과 $a+\Delta x$인 점을 잇는 **직선의 기울기**를 의미한다.

예 1 함수 $f(x)=x^2-3x$에 대하여 a에서 $a+\Delta x$까지 평균변화율을 구하여라.

풀이 $\dfrac{\Delta y}{\Delta x}=\dfrac{f(a+\Delta x)-f(a)}{\Delta x}=\dfrac{\{(a+\Delta x)^2-3(a+\Delta x)\}-(a^2-3a)}{\Delta x}$

$$=\frac{\Delta x(2a+\Delta x-3)}{\Delta x}=2a-3+\Delta x$$

2. 미분계수

함수 $y=f(x)$에서 x의 값이 a에서 $a+\Delta x$까지 변할 때의 평균변화율에서 $\Delta x \to 0$일 때의 극한값을 함수 $y=f(x)$의 $x=a$에서의 **미분계수**, **순간변화율**, 또는 **변화율**이라 하며 $f'(a)$로 나타낸다.

$$f'(a)=\lim_{\Delta x\to 0}\frac{\Delta y}{\Delta x}=\lim_{\Delta x\to 0}\frac{f(a+\Delta x)-f(a)}{\Delta x}=\lim_{x\to a}\frac{f(x)-f(a)}{x-a}$$

여기서, $a+\Delta x=x$라 두면 $\Delta x=x-a$가 되므로 위와 같이 변형이 가능하다.

미분계수의 기하학적 의미는 곡선 위의 점 $(a, f(a))$에서의 **접선의 기울기**는 함수 $y=f(x)$의 $x=a$에서의 미분계수 $f'(a)$와 같다.

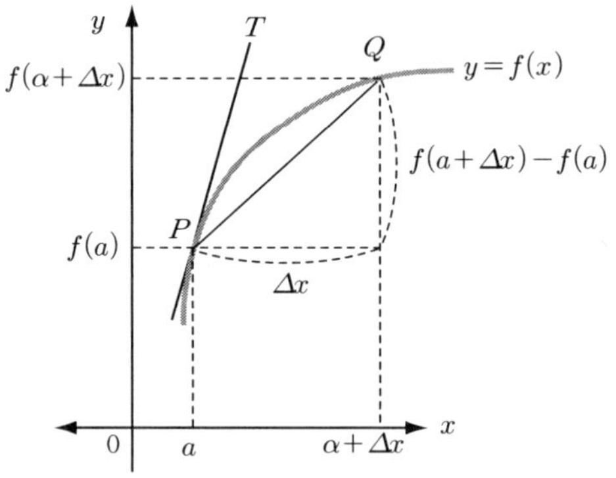

함수 $y=f(x)$ 위의 두 점 $P(a, f(a))$, $Q(a+\Delta x, f(a+\Delta x))$를 이은 직선의 기울기는 $\dfrac{\Delta y}{\Delta x}=\dfrac{f(a+\Delta x)-f(a)}{\Delta x}$는 x의 값이 $x=a$에서 $x=a+\Delta x$까지 변할 때의 **평균변화율**이다. 여기서, $\Delta x \to 0$이면 점 Q는 곡선을 따라 점 P에 가까워지고, 이 때 직선 PQ는 점 P를 지나는 일정한 직선 PT에 한없이 가까워진다.

이 직선 PT를 점 P에서의 곡선 $y=f(x)$의 접선이라고 하며 점 P를 접점이라고 한다. 따라서, $\Delta x \to 0$일 때 직선 PQ의 기울기의 극한값 $f'(a)$는 접선 PT의 접선의 기울기가 된다.

예 1 곡선 $y=x^2+1$ 위의 점 $(-1, 2)$에서 이 곡선의 접선의 기울기를 구하여라.

풀이

$$f'(-1)=\lim_{\Delta x\to 0}\frac{f(-1+\Delta x)-f(-1)}{\Delta x}=\lim_{\Delta x\to 0}\frac{\{(-1+\Delta x)^2+1\}-\{(-1)^2+1\}}{\Delta x}$$

$$=\lim_{\Delta x\to 0}(-2+\Delta x)=-2$$

예 2 함수 $y=f(x)=x^2+3x+4$에 대하여 다음에 답하여라.

a) x가 a부터 b까지 변할 때의 $f(x)$의 평균변화율을 구하여라.

b) 위의 평균변화율이 1이고, $b=a+2$일 때 a, b의 값을 구하여라.

c) $x=c$에서의 $f(x)$의 변화율과 (a)의 평균변화율이 같을 때 c를 a, b로 나타내어라.

풀이 $f(x)=x^2+3x+4$에서

a) $$\frac{\Delta y}{\Delta x}=\frac{f(b)-f(a)}{b-a}=\frac{(b^2+3b+4)-(a^2+3a+4)}{b-a}=\frac{(b^2-a^2)+3(b-a)}{b-a}$$

$$=\frac{(b+a)(b-a)+3(b-a)}{b-a}=a+b+3$$

b) 평균변화율이 1이므로 $a+b+3=1$, $b=a+2$에서 $\therefore a=-2, b=0$

c) 변화율

$$f'(c)=\lim_{\Delta x\to 0}\frac{f(c+\Delta x)-f(c)}{\Delta x}$$

$$=\lim_{\Delta x\to 0}\frac{\{(c+\Delta x)^2+3(c+\Delta x)+4\}-(c^2+3c+4)}{x-a}$$

$$=\lim_{\Delta\to 0}\frac{(2c+3)(\Delta x)+(\Delta x)^2}{\Delta x}=\lim_{\Delta x\to 0}(2c+3+\Delta x)=2c+3$$

따라서, $2c+3=a+b+3$으로부터 $c=\frac{1}{2}(a+b)$이다.

3. 미분가능과 연속

1) 미분가능

함수 $y=f(x)$에서 x가 a에서 $a+\Delta x$까지 변할 때의 평균변화율에서 $\Delta x \to 0$일 때의 극한값 $\lim\limits_{\Delta x \to 0} \dfrac{\Delta y}{\Delta x} = \lim\limits_{\Delta x \to 0} \dfrac{f(a+\Delta x)-f(a)}{\Delta x} = f'(a)$가 존재할 때 함수 $y=f(x)$는 $x=a$에서 **미분가능하다**고 하고, $f'(a)$가 존재하지 않으면 함수 $f(x)$는 $x=a$에서 **미분불능**이라고 한다.

2) 미분가능과 연속(중요한 것)

a) 함수 $f(x)$가 $x=a$에서 미분가능하면 $f(x)$는 $x=a$에서 연속이다. b) 함수 $f(x)$가 어떤 구간에서 미분가능하면 $f(x)$는 그 구간에서 연속이다.
위의 (a), (b)의 역은 반듯이 성립하는 것은 아니다.

[증명] 함수 $y=f(x)$가 $x=a$에서 미분가능할 때는 극한값

$\lim\limits_{\Delta x \to 0} \dfrac{f(a+\Delta x)-f(a)}{\Delta x} = f'(a)$가 존재한다. 그런데,

$$\begin{aligned}\lim_{\Delta x \to 0} \{f(a+\Delta x)-f(a)\} &= \lim_{\Delta x \to 0} \frac{f(a+\Delta x)-f(a)}{\Delta x} \cdot \Delta x \\ &= \lim_{\Delta x \to 0} \frac{f(a+\Delta x)-f(a)}{\Delta x} \cdot \lim_{\Delta x \to 0} \Delta x \\ &= f'(a) \cdot 0 = 0\end{aligned}$$

따라서, $\lim\limits_{\Delta x \to 0} f(a+\Delta x) = f(a)$

$\therefore$ 함수 $f(x)$는 $x=a$에서 연속이다.

미분가능하면 반듯이 연속이지만, 연속이라고 해서 반듯이 $f(x)$가 $x=a$에서 미분가능하지는 않다.

예 1 $f(x)=|x|$가 $x=0$에서의 연속성과 미분가능성에 대하여 조사해보자.

풀이 $f(x)=|x|$의 그래프는 다음과 같다.

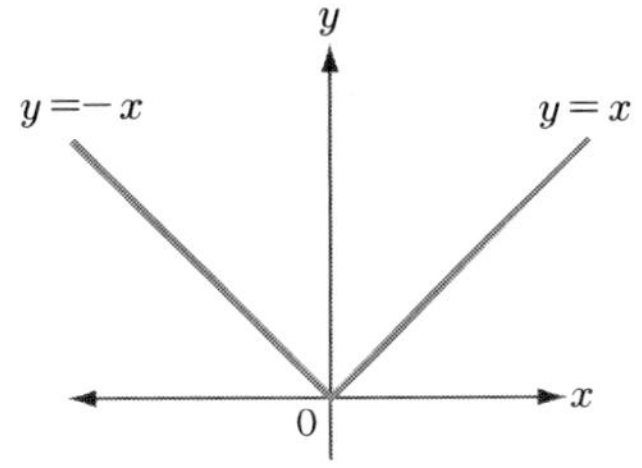

a) $f(0)=0,\ \lim_{x\to 0} f(x)=\lim_{x\to 0}|x|=0 \qquad \therefore \lim_{\Delta x\to 0} f(x)=f(0)=0$

따라서, $f(x)$는 $x=0$에서 연속이다.

b) $f'(0)=\lim_{\Delta x\to 0}\dfrac{f(0+\Delta x)-f(0)}{\Delta x}=\lim_{\Delta x\to 0}\dfrac{|0+\Delta x|-|0|}{\Delta x}=\lim_{\Delta x\to 0}\dfrac{|\Delta x|}{\Delta x}$에서

우미분계수 $\lim_{\Delta x\to +0}\dfrac{|\Delta x|}{\Delta x}=\lim_{\Delta x\to +0}\dfrac{\Delta x}{\Delta x}=1$

좌미분계수 $\lim_{\Delta x\to -0}\dfrac{|\Delta x|}{\Delta x}=\lim_{\Delta x\to -0}\dfrac{-\Delta x}{\Delta x}=-1$

(우미분계수$\neq$좌미분계수)이므로 $f'(0)$은 존재하지 않는다. 따라서, $f(x)$는 $x=0$에서 연속이지만 미분불능이다.

예 2 $f(x)=|x^2-2x|$가 $x=2$에서의 연속성과 미분가능성에 대하여 조사해보라.

풀이

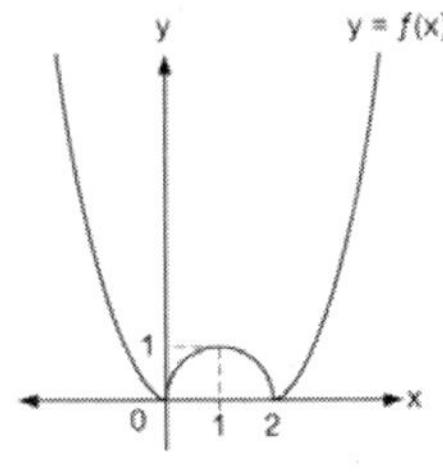

a) $f(x)=|x^2-2x|$는 $\lim_{x\to 2} f(x)=f(2)=0$이므로 $x=2$에서 연속이다.

b) $f'(2)=\lim_{\Delta x\to 0}\dfrac{f(2+\Delta x)-f(2)}{\Delta x}$

$$= \lim_{\Delta x \to 0} \frac{|(2+\Delta x)^2 - 2(2+\Delta x)| - |(2^2 - 2\times 2)|}{\Delta x}$$

$$= \lim_{\Delta x \to 0} \frac{|2 \cdot \Delta x + (\Delta x)^2| - 0}{\Delta x} \text{ 에서}$$

우미분계수 $\displaystyle \lim_{\Delta x \to +0} \frac{|2 \cdot \Delta x + (\Delta x)^2| - 0}{\Delta x} = \lim_{\Delta x \to 0} (2+\Delta x) = 2$

좌미분계수 $\displaystyle \lim_{\Delta x \to -0} \frac{|2 \cdot \Delta x + (\Delta x)^2| - 0}{\Delta x} = \lim_{\Delta x \to -0} (-2-\Delta x) = -2$

(우미분계수≠좌미분계수)이므로 $f'(2)$은 존재하지 않는다. 따라서, $f(x)$는 $x=2$에서 연속이지만 미분불능이다.

5.2 도함수

1. 도함수의 정의

함수 $f(x)=x^2$의 $x=a$에서의 미분계수는

$$f'(a) = \lim_{\Delta x \to 0} \frac{\Delta y}{\Delta x} = \lim_{\Delta x \to 0} \frac{f(a+\Delta x) - f(a)}{\Delta x} = \lim_{\Delta x \to 0} \frac{(a+\Delta x)^2 - a^2}{\Delta x}$$

$$= \lim_{\Delta x \to 0} (2a + \Delta x) = 2a \quad \cdots\cdots ①$$

이다. 여기서, a에 $a=1, 2, 3, \cdots$을 대입하면

$$f'(1)=2,\ f'(2)=4,\ f'(3)=6,\ \cdots$$

이 정해진다. 따라서, a를 변수로 보면 $f'(a)$는 a의 함수이다. 즉, ①에서 a를 x로 바꾸어 놓으면

$$f'(x) = \lim_{\Delta x \to 0} \frac{\Delta y}{\Delta x} = \lim_{\Delta x \to 0} \frac{f(x+\Delta x) - f(x)}{\Delta x}$$

는 함수 $f(x)$의 정의역에 속하는 임의의 x에 $f'(x)$를 대응시키는 새로운 함수이고, 이 함수 $f'(x)$가 함수 $f(x)$의 **도함수**이다.

따라서, 도함수에 대하여 정리하면 연속함수 $y=f(x)$에 대하여

$$f'(x) = \lim_{\Delta x \to 0} \frac{\Delta y}{\Delta x} = \lim_{\Delta x \to 0} \frac{f(x+\Delta x) - f(x)}{\Delta x}$$

를 x에 관한 $f(x)$의 **도함수**라고 하고 다음과 같은 기호로 나타낸다.

$$y',\ f'(x),\ \frac{dy}{dx},\ \frac{df(x)}{dx},\ \frac{d}{dx}f(x)$$

또, 함수 $f(x)$의 도함수 $f'(x)$를 구하는 것을 $f(x)$를 x에 관하여 **미분한다**고 하고 그 계산법을 **미분법**이라고 한다.

예 1 함수 $f(x) = x^2 + x$에 대하여 다음 물음에 답하여라.

a) 구간 $[1, 3]$에서의 함수 $f(x)$의 평균변화율을 구하여라.

b) $x = 2$에서의 함수 $f(x)$의 변화율(미분계수)을 구하여라.

c) 함수 $f(x)$의 도함수 $f'(x)$를 구하여라.

풀이

a) 평균변화율 $\dfrac{\Delta y}{\Delta x} = \dfrac{f(3) - f(1)}{3-1} = \dfrac{(3^2+3) - (1^2+1)}{3-1} = 5$

b) 변화율

$$f'(2) = \lim_{\Delta x \to 0} \frac{f(2+\Delta x) - f(2)}{\Delta x} = \lim_{\Delta x \to 0} \frac{\{(2+\Delta x)^2 + (2+\Delta x)\} - (2^2+2)}{\Delta x}$$

$$= \lim_{\Delta \to 0} \frac{5(\Delta x) + (\Delta x)^2}{\Delta x} = \lim_{\Delta x \to 0} (5 + \Delta x) = 5$$

c) $$f'(x) = \lim_{\Delta x \to 0} \frac{f(x+\Delta x) - f(x)}{\Delta x} = \lim_{\Delta x \to 0} \frac{\{(x+\Delta x)^2 + (x+\Delta x)\} - (x^2+x)}{\Delta x}$$

$$= \lim_{\Delta x \to 0} \frac{(\Delta x)^2 + 2x(\Delta x) + \Delta x}{\Delta x} = \lim_{\Delta x \to 0} (\Delta x + 2x + 1) = 2x + 1$$

2. 도함수의 공식

a) $y = x^n$이면 $y' = nx^{n-1}$(n은 자연수)

[증명] $\Delta y = f(x+\Delta x) - f(x) = (x+\Delta x)^n - x^n$

$$= \{(x+\Delta x) - x\}\{(x+\Delta x)^{n-1} + (x+\Delta x)^{n-1} \cdot x + \cdots + x^{n-1}\}$$

$$= \Delta x\{(x+\Delta x)^{n-1} + (x+\Delta x)^{n-2} \cdot x + (x+\Delta x)^{n-3} \cdot x^2 + \cdots$$

$$+ x^{n-1}\}$$

$$\therefore y' = \lim_{\Delta x \to 0} \frac{\Delta y}{\Delta x}$$

$$= \lim_{\Delta x \to 0} \{(x+\Delta x)^{n-1} + (x+\Delta x)^{n-2} \cdot x + (x+\Delta x)^{n-3} \cdot x^2 + \cdots + x^{n-1}\}$$

$$= x^{n-1} + x^{n-1} + x^{n-1} \cdots + x^{n-1} = nx^{n-1}$$

b) $y = c$(c는 상수)이면 $y' = 0$

[증명] $f(x) = c$에서

$$\Delta y = f(x+\Delta x) - f(x) = c - c = 0$$

$$\therefore y' = \lim_{\Delta x \to 0} \frac{\Delta y}{\Delta x} = 0$$

c) $y = cf(x)$(c는 상수)이면 $y' = cf'(x)$

[증명] $\Delta y = cf(x+\Delta x) - cf(x) = c\{f(x+\Delta x) - f(x)\}$

$$\therefore y' = \lim_{\Delta x \to 0} \frac{\Delta y}{\Delta x} = \lim_{\Delta x \to 0} \frac{c\{f(x+\Delta x) - f(x)\}}{\Delta x} = c \lim_{\Delta x \to 0} \frac{f(x+\Delta x) - f(x)}{\Delta x}$$

$$= cf'(x)$$

d) $y = f(x) \pm g(x)$이면 $y' = f'(x) \pm g'(x)$ (복호동순)

[증명] $\Delta y = \{f(x+\Delta x) \pm g(x+\Delta x)\} - \{f(x) \pm g(x)\}$

$$= \{f(x+\Delta x) - f(x)\} \pm \{g(x+\Delta x) - g(x)\}$$

$$\therefore y' = \lim_{\Delta x \to 0} \frac{\Delta y}{\Delta x}$$

$$= \lim_{\Delta x \to 0} \frac{1}{\Delta x} [\{f(x+\Delta x) - f(x)\} \pm \{g(x+\Delta x) - g(x)\}]$$

$$= \lim_{\Delta x \to 0} \frac{f(x+\Delta x) - f(x)}{\Delta x} \pm \lim_{\Delta x \to 0} \frac{g(x+\Delta x) - g(x)}{\Delta x}$$

$$= f'(x) \pm g'(x)$$

e) $y = f(x)g(x)$이면 $y' = f'(x)g(x) \pm f(x)g'(x)$

[증명] $\Delta y = f(x+\Delta x)g(x+\Delta x) - f(x)g(x)$

$$= f(x+\Delta x)g(x+\Delta x) - f(x)g(x+\Delta x) + f(x)g(x+\Delta x) - f(x)g(x)$$

$$= \{f(x+\Delta x) - f(x)\}g(x+\Delta x) + f(x)\{g(x+\Delta x) - g(x)\}$$

$$\therefore y' = \lim_{\Delta x \to 0} \frac{\Delta y}{\Delta x}$$

$$= \lim_{\Delta x \to 0} \frac{1}{\Delta x} [\{f(x+\Delta x) - f(x)\}g(x+\Delta x) + f(x)\{g(x+\Delta x) - g(x)\}]$$

$$= \lim_{\Delta x \to 0} \frac{f(x+\Delta x) - f(x)}{\Delta x} \cdot g(x+\Delta x) + \lim_{\Delta x \to 0} f(x) \cdot \frac{g(x+\Delta x) - g(x)}{\Delta x}$$

$$= f'(x)g(x) \pm f(x)g'(x)$$

f) $y = \{f(x)\}^n$ 이면 $y' = n\{f(x)\}^{n-1} \cdot f'(x)$

[증명] $y = u^n$, $u = f(x)$라 두면 $\frac{dy}{du} = nu^{n-1}$, $\frac{du}{dx} = f'(x)$이므로

$$\therefore \frac{dy}{dx} = \frac{dy}{du} \cdot \frac{du}{dx} = nu^{n-1} \cdot f'(x)$$

$$= n\{f(x)\}^{n-1} \cdot f'(x)$$

g) 미분가능한 함수 $f(x)$, $g(x)$에 대하여

$$\left\{\frac{f(x)}{g(x)}\right\}' = \frac{f'(x)g(x) - f(x)g'(x)}{\{g(x)\}^2} \text{(단, } g(x) \neq 0)$$

[증명] $y = \frac{f(x)}{g(x)}$라 하고, 도함수의 정의에 의하여 위의 공식을 증명하여 보자.

$$\Delta y = \frac{f(x+\Delta x)}{g(x+\Delta x)} - \frac{f(x)}{g(x)} = \frac{f(x+\Delta x)g(x) - f(x)g(x+\Delta x)}{g(x+\Delta x)g(x)}$$

$$= \frac{f(x+\Delta x)g(x) - f(x)g(x) - f(x)g(x+\Delta x) + f(x)g(x)}{g(x+\Delta x)g(x)}$$

$$= \frac{f(x+\Delta x)g(x) - f(x)g(x)}{g(x+\Delta x)g(x)} - \frac{g(x+\Delta x)f(x) - f(x)g(x)}{g(x+\Delta x)g(x)}$$

$$= \frac{\{f(x+\Delta x) - f(x)\}g(x)}{g(x+\Delta x)g(x)} - \frac{f(x)\{g(x+\Delta x) - g(x)\}}{g(x+\Delta x)g(x)}$$

$$\therefore y' = \lim_{\Delta x \to 0} \frac{\Delta y}{\Delta x}$$

$$= \lim_{\Delta x \to 0} \frac{1}{g(x+\Delta x)g(x)} \left\{\frac{f(x+\Delta x) - f(x)}{\Delta x} \cdot g(x) - f(x) \cdot \frac{g(x+\Delta x) - g(x)}{\Delta x}\right\}$$

$$= \frac{f'(x)g(x) - f(x)g'(x)}{\{g(x)\}^2}$$

특히, $f(x) = 1$인 경우는 $f'(x) = 0$이므로

$$\left\{\frac{1}{g(x)}\right\}' = \frac{0 \cdot g(x) - 1 \cdot g'(x)}{\{g(x)\}^2} = \frac{-g'(x)}{\{g(x)\}^2}$$

예 1 다음 함수의 도함수를 구하여라.

(a) $y = x^3 + \frac{3}{2}x^2 - 4x + 1$　　(b) $y = (x^2 + x + 1)^3$

(c) $y = (x^2 + x)^3 - (2x + 1)^2$　　(d) $y = (x^2 - x + 1)(x^3 - x)$

(e) $y = (x^2 - 1)(x - 2)(2x + 3)$

풀이

a) $y' = (x^3)' + \left(\frac{3}{2}x^2\right) - (4x)' + (1)' = 3x^2 + 3x - 4$

b) $y' = \{(x^2 + x + 1)^3\}' = 3(x^2 + x + 1)^2(x^2 + x + 1)' = 3(2x + 1)(x^2 + x + 1)^2$

c) $y' = \{(x^2 + x)^3\}' - \{(2x + 1)^2\}' = 3(x^2 + x)^2(2x + 1) - 2(2x + 1)(2)$
$= (2x + 1)(3x^4 + 6x^3 + 3x^2 - 4)$

d) $y' = (x^2 - x + 1)'(x^3 - x) + (x^2 - x + 1)(x^3 - x)'$
$= (2x - 1)(x^3 - x) + (x^2 - x + 1)(3x^2 - 1)$

e) $y' = (x^2 - 1)'(x - 2)(2x + 3) + (x^2 - 1)(x - 2)'(2x + 3) + (x^2 - 1)(x - 2)(2x + 3)'$
$= 2x(x - 2)(2x + 3) + (x^2 - 1)(2x + 3) + (x^2 - 1)(x - 2)(2)$
$= 8x^3 - 3x^2 - 16x + 1$

예 2 다음 함수의 도함수를 구하여라.

a) $\frac{3x - 2}{x^2 - x + 2}$　　b) $\frac{1}{2x + 1}$　　c) $\frac{x - 1}{3x^2 + 1}$　　d) $\frac{1}{x^m}$

풀이

a) $\left(\frac{3x - 2}{x^2 - x + 2}\right)' = \frac{(3x - 2)'(x^2 - x + 2) - (3x - 2)(x^2 - x + 2)'}{(x^2 - x + 2)^2}$
$= \frac{3(x^2 - x + 2) - (3x - 2)(2x - 1)}{(x^2 - x + 2)^2} = \frac{-3x^2 + 4x + 4}{(x^2 - x + 2)^2}$

b) $\left(\frac{1}{2x + 1}\right)' = -\frac{(2x + 1)'}{(2x + 1)^2} = -\frac{2}{(2x + 1)^2}$

c) $\left(\frac{x - 1}{3x^2 + 1}\right)' = \frac{(x - 1)'(3x^2 + 1) - (x - 1)(3x^2 + 1)'}{(3x^2 + 1)^2}$
$= \frac{(3x^2 + 1) - (x - 1)6x}{(3x^2 + 1)^2} = \frac{-3x^2 + 6x + 1}{(3x^2 + 1)^2}$

d) $\left(\frac{1}{x^m}\right)' = \frac{(1)'x^m - 1(x^m)'}{(x^m)^2} = \frac{-mx^{m-1}}{(x^m)^2} = -\frac{m}{x^{m+1}}$

3. 여러 가지 함수의 미분법

1) 합성함수의 미분법

예를 들어, $y=(2x+1)^2$의 도함수를 구하여 보자.
먼저, 우변을 전개하여 도함수를 구하면

$$y=(2x+1)^2=4x^2+4x+1$$

$$\frac{dy}{dx}=8x+4=4(2x+1) \quad \cdots\cdots ①$$

다음은 주어진 식을 전개하지 않고 도함수를 구하는 방법을 알아보자.
함수 $y=(2x+1)^2$은

$$y=t^2,\ t=2x+1$$

인 두 함수의 합성함수로 생각할 수 있다.

여기서, $\frac{dy}{dt}=(t^2)'=2t,\ \frac{dt}{dx}=(2x+1)'=2$

$$\therefore \frac{dy}{dt}\cdot\frac{dt}{dx}=2t\cdot 2=4t=4(2x+1) \quad \cdots\cdots ②$$

①, ②에서 $\frac{dy}{dx}=\frac{dy}{dt}\cdot\frac{dt}{dx}$가 성립함을 알 수 있다.

이와 같은 미분법을 **합성함수의 미분법**이라 한다.

(합성함수의 미분법)
$y=f(t),\ t=g(x)$가 미분가능하면 합성함수 $y=f(g(x))$도 미분가능하고
이 때, 다음이 성립한다. $y=f(t),\ t=g(x)$이면

$$\frac{dy}{dx}=\frac{dy}{dt}\cdot\frac{dt}{dx}$$

[증명] x의 증분 Δx에 대한 t의 증분을 Δt, 또 t의 증분 Δt에 대한 y의 증분을 Δy라 하면

$$\Delta t=g(x+\Delta x)-g(x),\ \Delta y=f(t+\Delta t)-f(t)$$

또, $t=g(x)$가 미분가능하므로 $\Delta x \to 0$일 때 $\Delta t \to 0$이다.

$$\frac{\Delta y}{\Delta x}=\frac{f(t+\Delta x)-f(t)}{\Delta x}=\frac{f(t+\Delta x)-f(t)}{\Delta t}\cdot\frac{\Delta t}{\Delta x}$$

$$=\frac{f(t+\Delta t)-f(t)}{\Delta t}\cdot\frac{g(x+\Delta x)-g(x)}{\Delta x}$$

$$\therefore \lim_{\Delta x\to 0}\frac{\Delta y}{\Delta x}=\lim_{\Delta t\to 0}\frac{f(t+\Delta t)-f(t)}{\Delta t}\cdot\lim_{\Delta x\to 0}\frac{g(x+\Delta x)-g(x)}{\Delta x}$$

$$=f'(x)\cdot g'(x)$$

$$\therefore \frac{dy}{dx}=\frac{dy}{dt}\cdot\frac{dt}{dx}$$

예 1 다음 함수의 도함수를 구하여라.

a) $y=(x^2+x)^3$ b) $y=(1-2x)^4$

풀이 a) $x^2+x=t$라 두면 $y=t^3$

$y=t^3$에서 $\frac{dy}{dt}=3t^2$, $t=x^2+x$에서 $\frac{dt}{dx}=2x+1$

$$\therefore \frac{dy}{dx}=\frac{dy}{dt}\cdot\frac{dt}{dx}=3t^2\cdot(2x+1)=3(x^2+x)^2(2x+1)$$

별해 $y=(x^2+x)^3$에서 $y'=3(x^2+x)^{3-1}(x^2+x)'=3(x^2+x)^2(2x+1)$

b) $1-2x=t$라 두면 $y=t^4$

$y=t^4$에서 $\frac{dy}{dt}=4t^3$, $t=1-2x$에서 $\frac{dt}{dx}=-2$

$$\therefore \frac{dy}{dx}=\frac{dy}{dt}\cdot\frac{dt}{dx}=4t^3\cdot(-2)=-8(1-2x)^3$$

별해 $y=(1-2x)^4$에서

$$y'=4(1-2x)^{4-1}(1-2x)'=4(1-2x)^3(-2)=-8(1-2x)^3$$

2) 음함수의 미분법

원점을 중심으로 하고, 반지름이 1인 원의 방정식

$$x^2+y^2=1 \quad \cdots\cdots ①$$

은 x가 폐구간 $[-1, 1]$의 임의 값으로 정해질 때 y의 값이 하나로 정해지지 않으므로

①이 나타내는 원은 함수의 그래프가 아니다.

그러나, ①을 y에 대하여 푼 식

$$y^2 = 1 - x^2, \quad y = \pm\sqrt{1 - x^2}$$

에서 $y \geq 0$인 부분의 반원은 함수

$$y = \sqrt{1 - x^2} \quad \cdots\cdots ②$$

의 그래프이고 $y \leq 0$인 부분의 반원은 함수

$$y = -\sqrt{1 - x^2} \quad \cdots\cdots ③$$

의 그래프이다. 또, 원 ①은 ②와 ③의 그래프의 합집합이다.

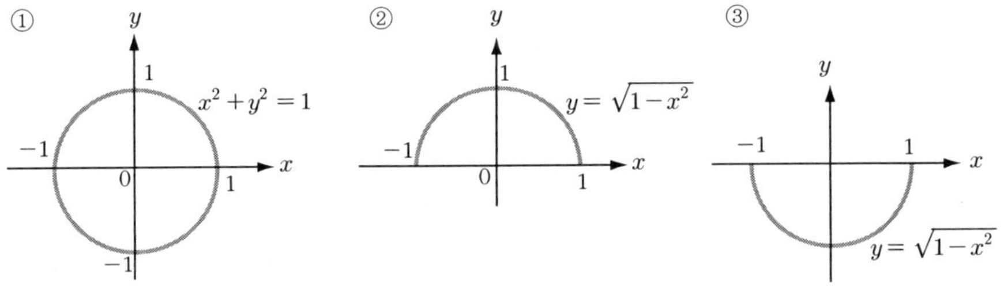

여기서, x의 함수가 ①과 같이 $f(x, y) = 0$의 꼴로 주어질 때 y를 x의 **음함수**라 하며, 이에 대하여 ② 또는 ③과 같이 $y = f(x)$인 꼴의 함수를 **양함수**라고 한다.

이제, $x^2 + y^2 = 1$에서 $\dfrac{dy}{dx}$를 구하여 보자.

y를 x의 함수로 보고 양변을 x에 대하여 미분하면

$$\frac{d}{dx}(x^2) + \frac{d}{dx}(y^2) = \frac{d}{dx}(1)$$

$\dfrac{d}{dx}(x^2) = 2x, \ \dfrac{d}{dx}(y^2) = \dfrac{d}{dy}(y^2) \cdot \dfrac{dy}{dx} = 2y \cdot \dfrac{dy}{dx}, \ \dfrac{d}{dx}(1) = 0$에서

$$2x + 2y\frac{dy}{dx} = 0 \quad \therefore \frac{dy}{dx} = -\frac{x}{y}$$

이것이 문제에서 어떤 의미가 있는지를 살펴보자.

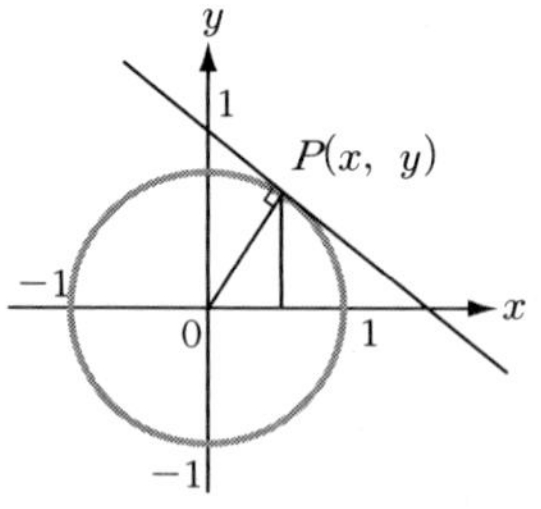

원 $x^2+y^2=1$ 위의 점 (x, y)와 원점을 지나는 직선의 기울기는 $\frac{y}{x}$이다.

따라서, 원 위의 점 (x, y)에서 이 원에 그은 접선의 기울기는

$$\therefore \frac{dy}{dx}=-\frac{x}{y}$$

이와 같이 음함수를 양함수로 고치지 않고 $\frac{dy}{dx}$를 구하는 것을 **음함수의 미분법**이라고 한다.

(음함수의 미분법)

음함수 $f(x, y)=0$의 각 항을 x에 대하여 미분하고 합성함수의 미분법을 이용하여 $\frac{dy}{dx}$를 구한다. 이 때, 다음 성질이 이용된다.

$$\frac{d}{dx}(y^n)+\frac{d}{dy}(y^n)\frac{dy}{dx}=ny^{n-1}\frac{dy}{dx}$$

예 2 다음 식에서 y가 x의 함수일 때 $\frac{dy}{dx}$를 구하여라.

a) $x^2+y^3=1$　　　　b) $y^2=x$

풀이 a) $\frac{d}{dx}(x^2)+\frac{d}{dx}(y^3)=\frac{d}{dx}(1)$에서 을 정리하면 $2x+3y^2\frac{dy}{dx}=0$

$2x+\frac{dy^3}{dy}\cdot\frac{dy}{dx}=0$　　$\therefore \frac{dy}{dx}=-\frac{2x}{3y^2}$

b) $\frac{d}{dx}(y^2)=\frac{d}{dx}x$에서 $\frac{dy^2}{dy}\cdot\frac{dy}{dx}=1$,　$2y\frac{dy}{dx}=1$

$\therefore \frac{dy}{dx}=\frac{1}{2y}$

3) 역함수의 미분법

함수 $y=f(x)$에서 $x=f^{-1}(y)=g(y)$라 하고 $x=g(y)$의 양변을 x에 대하여 미분하면

$$\frac{d}{dx}x=\frac{d}{dx}g(y)=\frac{d}{dy}g(y)\frac{dy}{dx}=g'(y)\frac{dy}{dx}$$

이 때, $g'(y)\neq 0$이면

$$\frac{dy}{dx}=\frac{1}{g'(y)}=\frac{1}{\frac{dx}{dy}}$$

이와 같은 미분법을 **역함수의 미분법**이라고 한다.

(역함수의 미분법)

$$\frac{dy}{dx}=\frac{1}{\frac{dx}{dy}}\left(\text{단, } \frac{dx}{dy}\neq 0\right)$$

예 3 다음에서 $\frac{dx}{dy}$를 이용하여 $\frac{dy}{dx}$를 구하여라.

a) $x=y^2-2y+3$　　　b) $y=\sqrt[3]{x}$

풀이 a) $\frac{dx}{dy}=2y-2$

$\therefore \frac{dy}{dx}=\frac{1}{2y-2}=\frac{1}{2(1\pm\sqrt{x-2})-2}=\pm\frac{1}{2\sqrt{x-2}}$

($\because y^2-2y+3-x=0$에서 $y=1\pm\sqrt{x-2}$)

b) $y=\sqrt[3]{x}$ 에서 $x=y^3$

이것의 양변을 y에 대하여 미분하면

$\frac{d}{dy}x=\frac{d}{dy}y^3,\ \frac{dx}{dy}=3y^2 \quad \therefore \frac{dy}{dx}=\frac{1}{3y^2}=\frac{1}{3\sqrt[3]{x^2}}$

4) 매개변수로 표시된 함수의 미분법

예를 들어,

$$x=1-t,\ \ y=t^2+2t-3$$

으로 주어진 함수에서 t를 수거하면 $y=x^2-4x$가 되어 y는 x의 함수로 주어진다. 일반적으로 변수 t의 함수 x, y가

$$x=f(t), \quad y=g(t)$$

의 꼴로 표시될 때 t의 어떤 값에 대하여 정해지는 x의 값을 같은 t의 값에 의하여 정해지는 y의 값에 대응시킴으로써 x에서 y로의 대응이 정해진다. 즉, y는 x의 함수로 정해진다.

이 때, y를 가리켜 t를 매개변수로 하는 x의 함수라 한다. 여기서, $x=f(t)$의 역함수가 존재하는 t는 x의 함수이다. 지금, $y=g(t)$의 양변을 x에 대하여 미분하면

$$\frac{dy}{dx}=\frac{d}{dt}g(t)\frac{dt}{dx}=\frac{dy}{dt}\cdot\frac{dt}{dx} \quad \cdots\cdots ①$$

$$\therefore \frac{dy}{dx}=-\frac{\dfrac{dy}{dt}}{\dfrac{dx}{dt}}=\frac{g'(t)}{f'(t)}(\text{단, } f'(t)\neq 0)$$

예 1 $x=2t+1$, $y=t^2+4t+3$일 때 $\dfrac{dy}{dx}$를 구하여라.

풀이 $\dfrac{dx}{dt}=2$, $\dfrac{dy}{dt}=2t+4$

$$\therefore \frac{dy}{dx}=\frac{\dfrac{dy}{dt}}{\dfrac{dx}{dt}}=\frac{2t+4}{2}=t+2=\frac{x+3}{2}$$

예 5 $2x^3-y^2=xy$에서 $\dfrac{dy}{dx}$를 구하여라.

풀이 $\dfrac{d}{dx}(2x^3-y^2)=\dfrac{d}{dx}(xy)$에서 $6x^2-2yy'=y+xy'$, $(x+2y)y'=6x^2-y$

$$\therefore y'=\frac{6x^2-y}{x+2y}$$

예 6 $x=y(a^2+y)$에서 다음을 구하여라.

a) a를 상수로 하여 $\frac{dx}{dy}$ b) y를 상수로 하여 $\frac{dx}{da}$

c) x를 상수로 하여 $\frac{da}{dy}$ d) a를 상수로 하여 $\frac{dy}{dx}$

풀이 a) $\frac{dx}{dy}=a^2+2y$ b) $\frac{dx}{da}=2ay$

c) $\frac{d}{dy}x=\frac{d}{dy}y(a^2+y)$에서 $0=y\cdot\frac{da^2}{dy}+a^2\frac{dy}{dy}+\frac{dy^2}{dy}$

$\therefore 0=2ay\frac{da}{dy}+a^2+2y \left(\because \frac{da^2}{dy}=\frac{da^2}{da}\cdot\frac{da}{dy}=2a\frac{da}{dy}\right)$

$\therefore \frac{da}{dy}=\frac{-(a^2+2y)}{2ay}$

d) $\frac{d}{dx}x=\frac{d}{dx}(ya^2+y^2)$에서 $1=a^2\cdot\frac{dy}{dx}+2y\cdot\frac{dy}{dx}$ $\therefore \frac{dy}{dx}=\frac{1}{a^2+2y}$

5.3 초월함수의 도함수

1. 삼각함수의 미분법

a) $y=\sin x$이면 $y'=\cos x$

[증명] $y=\sin x$일 때 $y'=\lim_{h\to 0}\frac{\sin(x+h)-\sin x}{h}=\lim_{h\to 0}\frac{2\cos\left(x+\frac{h}{2}\right)\sin\frac{h}{2}}{h}$

$$=\lim_{h\to 0}\cos\left(x+\frac{h}{2}\right)\cdot\frac{\sin\frac{h}{2}}{\frac{h}{2}}=\cos x$$

b) $y=\cos x$이면 $y'=-\sin x$

[증명] $y=\cos x$일 때

$$y'=\lim_{h\to 0}\frac{\cos(x+h)-\cos x}{h}=\lim_{h\to 0}\frac{-2\sin\left(x+\frac{h}{2}\right)\sin\frac{h}{2}}{h}$$

$$=-\lim_{h\to 0}\sin\left(x+\frac{h}{2}\right)\cdot\frac{\sin\frac{h}{2}}{\frac{h}{2}}=-\sin x$$

c) $y = \tan x$ 이면 $y' = \sec^2 x$

[증명] $y = \tan x$ 일 때 $y' = (\tan x)' = \left(\dfrac{\sin x}{\cos x}\right)' = \dfrac{\sin x \sin x + \cos x \cos x}{\cos^2 x}$

$= \dfrac{1}{\cos^2 x} = \sec^2 x$

d) $y = \cot x$ 이면 $y' = \operatorname{cosec}^2 x$

[증명] $y = \cot x$ 일 때 $y' = (\cot x)' = \left(\dfrac{\cos x}{\sin x}\right)' = \dfrac{-\sin x \sin x - \cos x \cos x}{\sin^2 x}$

$= \dfrac{-1}{\sin^2 x} = -\operatorname{cosec}^2 x$

e) $y = \sec x$ 이면 $y' = \sec x \tan x$

[증명] $y = \sec x$ 일 때

$$y' = (\sec x)' = \left(\frac{1}{\cos x}\right)' = \frac{0 - 1 \cdot (-\sin x)}{\cos^2 x} = \frac{\sin x}{\cos^2 x} = \sec x \tan x$$

f) $y = \operatorname{cosec} x$ 이면 $y' = -\operatorname{cosec} x \cot x$

[증명] $y = \operatorname{cosec} x$ 일 때

$$y' = (\operatorname{cosec} x)' = \left(\frac{1}{\sin x}\right)' = \frac{0 - 1 \cdot \cos x}{\sin^2 x} = \frac{-\cos x}{\sin^2 x} = -\operatorname{cosec} x \cot x$$

(주의사항)

a) $(\sin f(x))' = f'(x)\cos f(x)$ b) $(\cos f(x))' = -f'(x)\sin f(x)$

c) $(\tan f(x))' = f'(x)\sec^2 f(x)$

예 1 다음 함수의 도함수를 구하여라.

a) $y = \sin(ax + b)$ b) $y = \cos^2 x$ c) $y = \sin 2x \cos^2 x$

d) $y = \dfrac{\tan x - 1}{\tan x + 1}$ e) $y = \dfrac{\cos^2 x}{1 + \tan x}$ f) $y = \dfrac{\cos x}{\sqrt{1 + \sin x}}$

풀이 a) $(\sin f(x))' = f'(x)\cos f(x)$에 의하여

$y' = (ax + b)'\cos(ax + b) = a\cos(ax + b)$

b) $y = \cos^2 x = (\cos x)^2$에서

$y' = 2\cos x(\cos x)' = -2\sin x \cos x = -\sin 2x$

c) $y' = (\sin 2x)'\cos^2 x + \sin 2x(\cos^2 x)'$

$= 2\cos 2x \cos^2 x + \sin 2x(-2\cos x \sin x)$

$= 2\cos x(\cos 2x \cos x - \sin 2x \sin x) = 2\cos x \cos(2x + x)$

$= 2\cos x \cos 3x$

d) $y' = \dfrac{(\tan x - 1)'(\tan x + 1) - (\tan x - 1)(\tan x + 1)'}{(\tan x + 1)^2}$

$= \dfrac{\sec^2 x(\tan x + 1) - (\tan x - 1)\sec^2 x}{(\tan x + 1)^2}$

$= \dfrac{\sec^2 x(\tan x + 1 - \tan x + 1)}{(\tan x + 1)^2} = \dfrac{2\sec^2 x}{(\tan x + 1)^2}$

e) $y' = \dfrac{(\cos^2 x)'(1 + \tan x) - \cos^2 x(1 + \tan x)'}{(1 + \tan x)^2}$

$= -\dfrac{\sin 2x(1 + \tan x) + 1}{(1 + \tan x)^2}$

f) $y' = \dfrac{-\sin x\sqrt{1 + \sin x} - \dfrac{\cos^2 x}{2\sqrt{1 + \sin x}}}{1 + \sin x}$

$= -\dfrac{2\sin x(1 + \sin x) + \cos^2 x}{2(1 + \sin x)\sqrt{1 + \sin x}} = -\dfrac{(1 + \sin x)^2}{2(1 + \sin x)\sqrt{1 + \sin x}}$

$= -\dfrac{\sqrt{1 + \sin x}}{2}$

예 2 다음 물음에 구하여라.

a) $x\cos y + y\cos x - 1$에서 $\dfrac{dy}{dx}$를 구하여라.

b) $x = \sin y$에서 $x = \dfrac{1}{2}$일 때의 $\dfrac{dy}{dx}$를 구하여라$\left(\text{단, } 0 < y < \dfrac{\pi}{2}\right)$.

풀이 a) $x\cos y + y\cos x - 1$의 양변을 x에 관하여 미분하면

$\cos y - x\sin y\dfrac{dy}{dx} + \cos x\dfrac{dy}{dx} - y\sin x = 0$

$\therefore\ (\cos x - x\sin y)\dfrac{dy}{dx} = y\sin x - \cos y$

$\therefore\ \dfrac{dy}{dx} = \dfrac{y\sin x - \cos y}{\cos x - x\sin y}$

b) $\dfrac{dx}{dy} = \cos y \quad \therefore\ \dfrac{dy}{dx} = \dfrac{1}{\cos y}$

$x = \dfrac{1}{2}$일 때 $y = \dfrac{\pi}{6}$이므로, $\left[\dfrac{dy}{dx}\right]_{x=\frac{1}{2}} = \dfrac{1}{\cos\dfrac{\pi}{6}} = \dfrac{2\sqrt{3}}{3}$

2. 로그함수, 지수함수의 미분법

1) 로그함수의 미분법

a) $y=\log_a x$ 이면 $y'=\dfrac{1}{x\ln a}$ $(a>0,\ a\neq 1,\ x>0)$

[증명] $y=\log_a x$ 일 때

$$y'=\lim_{h\to 0}\frac{\log_a(x+h)-\log_a x}{h}=\lim_{h\to 0}\frac{1}{h}\log_a\frac{x+h}{x}=\lim_{h\to 0}\log_a\left(1+\frac{h}{x}\right)^{\frac{1}{h}}$$

$$=\lim_{h\to 0}\log_a\left(1+\frac{h}{x}\right)^{\frac{x}{h}\cdot\frac{1}{x}}=\log_a e^{\frac{1}{x}}=\frac{1}{x}\log_a e=\frac{1}{x}\cdot\frac{1}{\ln a}$$

b) $y=\ln x$ 이면 $y'=\dfrac{1}{x}$

[증명] 위의 식에서 $a=e$ 라 두면 $y'=\dfrac{1}{x}\cdot\dfrac{1}{\log e}=\dfrac{1}{x}$

> **(주의사항)**
>
> $y=\log_a f(x)$ 이면. $y'=\dfrac{1}{f(x)\cdot\ln a}f'(x)$
>
> $y=\ln f(x)$ 이면 $y'=\dfrac{f'(x)}{f(x)}$
>
> 예를 들어, $y=\log_{10}2x$ 일 때 $y'=\dfrac{(2x)'}{2x\ln 10}=\dfrac{1}{x\ln 10}$ 이다.
>
> 또한, $y=\ln 3x$ 일 때 $y'=\dfrac{(3x)'}{3x}=\dfrac{1}{x}$ 이다.

c) $y=\ln|f(x)|$ 이면 $y'=\dfrac{f'(x)}{f(x)}$ (단, $f(x)\neq 0$)

[증명] $y=\ln|f(x)|$ 에서 $u=f(x)$ 라 두면 $y=\ln|u|$ 이므로

$$\frac{dy}{du}=\frac{1}{u},\quad \frac{du}{dx}=f'(x)$$

$$\therefore\ y'=\frac{dy}{dx}=\frac{dy}{du}\cdot\frac{du}{dx}=\frac{1}{u}\cdot f'(x)=\frac{f'(x)}{f(x)}$$

d) $y=\log_a|f(x)|$ 이면 $y'=\dfrac{f'(x)}{f(x)\ln a}$ (단, $f(x)\neq 0$)

[증명] $y=\log_a|f(x)|$에서 $u=f(x)$라 두면 $y=\log_a|u|$

$$\therefore\ y'=\frac{dy}{dx}=\frac{dy}{du}\cdot\frac{du}{dx}=\frac{1}{u\ln a}\cdot f'(x)=\frac{f'(x)}{f(x)\ln a}$$

위에서 a)와 c), b)와 d)를 살펴보면 **절대값이 있는 경우와 없는 경우는 같다는** 것을 알 수 있다.

예 1 다음 도함수를 구하여라.

a) $y=(\log_x 3)^2$ b) $y=(\log_2 x)^3$

c) $y=x\ln(x^2+1)$ d) $\dfrac{1}{\ln|x|}$

e) $y=\log_3|2x+4|$ f) $y=3\log_4|x^2+1|$

풀이

a) $y=(\log_x 3)^2=\left(\dfrac{\ln 3}{\ln x}\right)^2$이므로,

$$y'=\frac{2\ln 3}{\ln x}\cdot\left(\frac{\ln 3}{\ln x}\right)'=\frac{2\ln 3}{\ln x}\cdot\frac{-\frac{\ln 3}{x}}{(\ln x)^2}=-\frac{2(\ln 3)^2}{x(\ln x)^3}$$

b) $y'=3(\log_2 x)^2\cdot(\log_2 x)'=3(\log_2 x)^2\cdot\dfrac{1}{x\ln 2}=\dfrac{3(\log_2 x)^2}{x\ln 2}$

c) $y'=\ln(x^2+1)+x\cdot\dfrac{2x}{x^2+1}=\ln(x^2+1)+\dfrac{2x^2}{x^2+1}$

d) $y'=\dfrac{-\frac{1}{x}}{(\ln|x|)^2}=-\dfrac{1}{x(\ln|x|)^2}$

e) $y'=\dfrac{(2x+4)'}{(2x+4)\ln 3}=\dfrac{2}{(2x+4)\ln 3}=\dfrac{1}{(x+2)\ln 3}$

f) $y'=3\cdot\dfrac{(x^2+1)'}{(x^2+1)\ln 4}=\dfrac{6x}{(x^2+1)\ln 4}$

2) 지수함수의 미분법

a) $y=a^x$이면 $y'=a^x\ln a$(단, $a>0,\ a\neq 1$)

[증명] $y=a^x\ (a>0,\ a\neq 1)$에서 $x=\log_a y$이므로 양변을 y에 관하여 미분하면

$$\frac{dx}{dy}=\frac{1}{y\ln a},\ \text{즉}\ \frac{dx}{dy}=\frac{1}{a^x\ln a}$$

따라서, $(a^x)' = \dfrac{dy}{dx} = \dfrac{1}{\dfrac{dx}{dy}} = a^x \ln a$이다.

b) $y = e^x$이면 $y' = e^x$

[증명] $a = e$라 두면 $y' = e^x \ln e = e^x$

c) $y = e^{f(x)}$이면 $y' = e^{f(x)} f'(x)$

[증명] $y = e^{f(x)}$에서 $u = f(x)$라 두면 $y = e^u$이므로 $\dfrac{dy}{du} = e^u$, $\dfrac{du}{dx} = f'(x)$

$$\therefore\ y' = \frac{dy}{dx} = \frac{dy}{du} \cdot \frac{du}{dx} = e^u f'(x) = e^{f(x)} f'(x)$$

d) $y = a^{f(x)}$이면 $y' = a^{f(x)} f'(x) \ln a$(단, $a > 0$, $a \neq 1$)

[증명] $y = a^{f(x)}$에서 $u = f(x)$라 두면 $y = a^u$이므로 $\dfrac{dy}{du} = a^u \ln a$, $\dfrac{du}{dx} = f'(x)$

$$\therefore\ y' = \frac{dy}{dx} = \frac{dy}{du} \cdot \frac{du}{dx} = a^u \ln a \cdot f'(x) = a^{f(x)} f'(x) \ln a$$

예 2 다음 도함수를 구하여라.

a) $y = 5e^{2x+1}$ b) $y = 3^{2x+1}$ c) $y = \dfrac{1}{3^x}$ d) $y = \ln\sqrt{\dfrac{1+\sin x}{1-\sin x}}$

e) $y = a^{\sin x}$ f) $y = e^{-x}\sin x$ g) $y = e^{x\sin x}$ h) $y = (1-e^{-x})^3$

i) $y = \sqrt{1+e^{2x}}$

풀이 a) $y' = 5e^{2x+1}(2x+1)' = 10e^{2x+1}$

b) $y' = 3^{2x+1}\ln 3 \cdot (2x+1)' = 2 \cdot 3^{2x+1}\ln 3$

c) $y' = (3^{-x})' = 3^{-x}\ln 3 \cdot (-x)' = -3^{-x}\ln 3$

d) $y = \ln\sqrt{\dfrac{1+\sin x}{1-\sin x}} = \dfrac{1}{2}\ln\dfrac{1+\sin x}{1-\sin x}$이므로

$$y' = \frac{1}{2}\frac{1-\sin x}{1+\sin x} \cdot \left(\frac{1+\sin x}{1-\sin x}\right)'$$

$$= \frac{1-\sin x}{2(1+\sin x)} \cdot \frac{\cos x(1-\sin x)+(1+\sin x)\cos x}{(1-\sin x)^2}$$

$$= \frac{2\cos x}{2(1+\sin x)(1-\sin x)} = \frac{\cos x}{1-\sin^2 x} = \frac{1}{\cos x}$$

e) $y' = a^{\sin x} \cdot \ln a \cdot (\sin x)' = a^{\sin x}\cos x \ln a$

f) $y' = e^{-x}(-x)' \sin x + e^{-x}(\sin x)' = -e^{-x}\sin x + e^{-x}\cos x$

$= e^{-x}(\cos x - \sin x)$

g) $y' = e^{x\sin x} \cdot (x\sin x)' = e^{x\sin x} \cdot (\sin x + x\cos x)$

h) $y' = 3(1-e^{-x})^2 \cdot (1-e^{-x})' = 3(1-e^{-x})^2 \cdot e^{-x}$

i) $y' = \dfrac{2e^{2x}}{2\sqrt{1+e^{2x}}} = \dfrac{e^{2x}}{\sqrt{1+e^{2x}}}$

5.4 이계도함수

1. 이계도함수

함수 $y = f(x)$가 미분가능하면 그 도함수 $f'(x)$도 한 함수이고, 만일 이것이 미분가능하면 그 도함수 $f''(x)$를 생각할 수 있다. 즉,

$$f''(x) = \lim_{\Delta x \to 0} \frac{f'(x+\Delta x) - f'(x)}{\Delta x}$$

가 함수 $f(x)$의 **이계도함수**라 하고, 다음과 같이 나타낸다.

$$y'',\ f''(x),\ \frac{d^2y}{dx^2},\ \frac{d^2}{dx^2}f(x)$$

이에 대하여 $f'(x)$를 $f(x)$의 **일계도함수**라고도 한다.

예를 들어, 함수 $y = x^3 - 2x^2 + 3x - 4$의 도함수는 $y' = 3x^2 - 4x + 3$이다. 이것은 또 x의 함수이므로, 다시 이 함수의 도함수인 이계도함수를 생각하면 $y'' = 6x - 4$가 된다.

2. 고계도함수

이계도함수 $f''(x)$가 미분가능할 때 $f''(x)$의 도함수를 $f(x)$의 **삼계도함수**라 하고,

$$y''',\ f'''(x),\ \frac{d^3y}{dx^3},\ \frac{d^3}{dx^3}f(x)$$

와 같이 나타낸다.

일반적으로 $y=f(x)$를 n번 미분하여 얻은 함수를 $f(x)$의 n**계도함수**라 하고,

$$y^{(n)},\ f^{(n)}(x),\ \frac{d^n y}{dx^n},\ \frac{d^n}{dx^n}f(x)$$

와 같이 나타낸다. 이와 같이 함수 $f(x)$의 이계 이상의 도함수를 통틀어 $f(x)$의 **고계도함수**라 한다.

예 1 다음 함수의 이계도함수를 구하여라.

a) $y=\dfrac{x}{x^2+1}$ b) $y=x^3e^x$

c) $y=e^x\ln x$ d) $x=\cos^3\theta,\ \ y=\sin^3\theta$

풀이

a) $y'=\dfrac{x^2+1-x(2x)}{(x^2+1)^2}=\dfrac{1-x^2}{(x^2+1)^2}$

$$\therefore\ y''=\frac{-2x(x^2+1)^2-(1-x^2)\cdot 2(x^2+1)\cdot 2x}{(x^2+1)^4}$$

$$=\frac{-2x\{x^2+1+2(1-x^2)\}}{(x^2+1)^3}=\frac{2x(x^2-3)}{(x^2+1)^3}$$

b) $y'=(x^3)'e^x+x^3(e^x)'=3x^2e^x+x^3e^x=e^x(3x^2+x^3)$

c) $y'=e^x\ln x+\dfrac{e^x}{x}=e^x\left(\ln x+\dfrac{1}{x}\right)$

$$\therefore\ y''=(e^x)'\left(\ln x+\frac{1}{x}\right)+e^x\left(\ln x+\frac{1}{x}\right)'$$

$$=e^x\left(\ln x+\frac{1}{x}\right)+e^x\left(\frac{1}{x}-\frac{1}{x^2}\right)=e^x\left(\ln x+\frac{2}{x}-\frac{1}{x^2}\right)$$

d) $\dfrac{dx}{d\theta}=-3\cos^2\theta\sin\theta,\ \ \dfrac{dy}{d\theta}=3\sin^2\theta\cos\theta$이므로

$$\frac{dy}{dx}=\frac{dy}{d\theta}\Big/\frac{dx}{d\theta}=\frac{3\sin^2\theta\cos\theta}{-3\cos^2\theta\sin\theta}=-\tan\theta$$

따라서, $\dfrac{d^2y}{dx^2}=\dfrac{d}{dx}\left(\dfrac{dy}{dx}\right)=\dfrac{d}{d\theta}\left(\dfrac{dy}{dx}\right)\dfrac{d\theta}{dx}=\dfrac{d}{d\theta}(-\tan\theta)\left(\dfrac{1}{\frac{dx}{d\theta}}\right)$

$$=-\sec^2\theta\cdot\frac{1}{-3\cos^2\theta\sin\theta}=\frac{1}{3}\operatorname{cosec}\theta\sec^4\theta$$

예 2 다음 함수의 n계 도함수를 간단히 나타내어라.

a) $f(x)=xe^x$ b) $f(x)=\sin x$

c) $f(x)=x^k$(단, $k>n$) d) $f(x)=e^{2x+1}$

풀이 a) $f(x)=xe^x$에서 $f'(x)=e^x+xe^x=(x+1)e^x$

$f''(x)=e^x+(x+1)e^x=(x+2)e^x$, $f'''(x)=(x+3)e^x$이므로

n계 도함수를 $f^{(n)}(x)=(x+n)e^x$라 하면

$f^{(n+1)}(x)=e^x+(x+n)e^x=(x+n+1)e^x$

따라서, 모든 자연수 n에 대하여 $f^{(n)}(x)=(x+n)e^x$이다.

b) $f(x)=\sin x$에서 $f'(x)=\cos x=\sin\left(\frac{\pi}{2}+x\right)$이고,

$f''(x)=-\sin x=\sin(\pi+x)$, $f'''(x)=-\cos x=\sin\left(\frac{3\pi}{2}+x\right)$이므로

n계 도함수를 $f^{(n)}(x)=\sin\left(\frac{n\pi}{2}+x\right)$라 하면

$f^{(n+1)}(x)=\cos\left(\frac{n\pi}{2}+x\right)=\sin\left(\frac{(n+1)\pi}{2}+x\right)$

따라서, 모든 자연수 n에 대하여 $f^{(n)}(x)=\sin\left(\frac{n\pi}{2}+x\right)$이다.

c) $y=x^k$에서 $y'=kx^{k-1}$, $y''=k(k-1)x^{k-2}$

$y'''=k(k-1)(k-2)x^{k-3}$이므로

n계 도함수를 $f^{(n)}(x)=k(k-1)(k-2)\cdots(k-n+1)x^{k-n}$라 하면

$f^{(n+1)}(x)=k(k-1)(k-2)\cdots(k-n+1)(k-n)x^{k-(n+1)}$

따라서, 모든 자연수 n에 대하여

$f^{(n)}(x)=k(k-1)(k-2)\cdots(k-n+1)x^{k-n}$이다.

d) $f(x)=e^{2x+1}$에서 $f'(x)=2e^{2x+1}$, $f''(x)=2^2e^{2x+1}$

$f'''(x)=2^3e^{2x+1}$이므로 n계 도함수를 $f^{(n)}(x)=2^ne^{2x+1}$라 하면

$f^{(n+1)}(x)=2^{n+1}e^{2x+1}$

따라서, 모든 자연수 n에 대하여 $f^{(n)}(x)=2^ne^{2x+1}$이다.

5.5 기타 중요 정리 모음

1. 롤(Roll)의 정리

함수 $f(x)$가 폐구간 $[a,\ b]$에서 연속이고, 개구간$(a,\ b)$에서 미분가능하며, $f(a)=f(b)$이면

$$f'(c)=0\ (a<c<b)$$

가 되는 c가 적어도 하나 존재한다. 이 정리를 직관적으로 말하면 함수 $f(x)$가 나타내는 곡선의 접선 중 x축과 평행한 것이 적어도 하나 존재한다는 것이다.

[증명] 함수 $f'(x)$가 폐구간 $[a,\ b]$에서 연속이면 최대값 M과 최소값 m을 가진다.

a) $M=m$일 때(아래 그림 좌측)

$f(a)=f(b)=k$라 두면 폐구간 $[a,\ b]$에 속하는 모든 점에서 $f'(x)=0$

b) $M\neq m$일 때(아래 그림 우측)

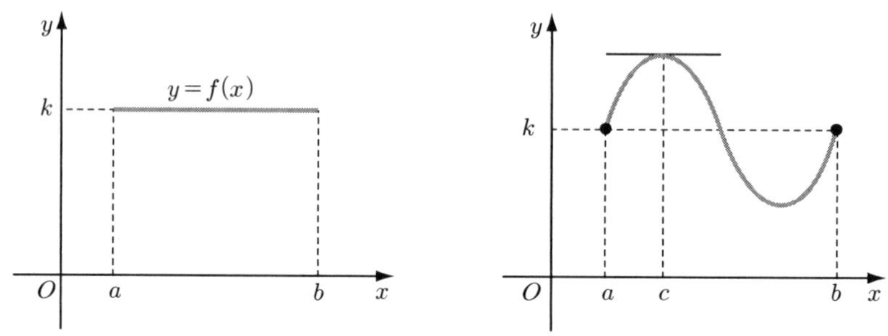

$f(x)$가 만일 구간 $(a,\ b)$에 속하는 어떤 값 c에서 최대값 $f(c)$를 가지면 그림에서와 같이 $x=c$에 대응하는 점에서는

$$h>0\text{일 때 } \frac{f(c+h)-f(c)}{h}\leq 0 \quad \therefore \lim_{h\to+0}\frac{f(c+h)-f(c)}{h}\leq 0 \ \cdot \text{①}$$

$$h<0\text{일 때 } \frac{f(c+h)-f(c)}{h}\geq 0 \quad \therefore \lim_{h\to-0}\frac{f(c+h)-f(c)}{h}\geq 0 \ \cdot \text{②}$$

그런데, $f(x)$는 $x=c$에서 미분가능하므로 좌극한값과 우극한값이 같아야 한다. 따라서, ①, ②로부터

$f'(c) \leq 0,\ f'(c) \geq 0 \qquad \therefore\ f'(c) = 0$

함수 $f(x)$가 만일 구간 $(a,\ b)$에 속하는 x의 값에서 최소값 $f(c)$를 가질 때에도 위와 마찬가지로 하여 $f'(c) = 0$이다.

또한, $f(x)$가 구간 $(a,\ b)$에서 최소값 m을 가지는 경우도 같은 방법으로 증명된다.

예 1 $f(x) = (x-2)^2(x-3)$일 때 $f'(c) = 0(2 < c < 3)$이 되는 c가 존재하는 것을 롤의 정리를 써서 보이고, 그 c의 값을 구하여라.

풀이 $f(x) = (x-2)^3(x-3)$ ········· ①

에서 $f(2) = 0,\ f(3) = 0$이므로 $f(2) = f(3)$이다.

삼차함수 $f(x)$는 $(2,\ 3)$에서 미분가능하므로 롤 정리로부터
$f'(c) = 0\ (2 < c < 3)$가 되는 c가 존재한다.

따라서, $f'(x) = 2(x-2)(x-3) + (x-2)^2 = (x-2)(3x-8)$이므로 $c = \dfrac{8}{3}$일 때 $f'(c) = 0$이고, c는 $2 < x < 3$을 만족시킨다. $c = \dfrac{8}{3}$

예 2 함수 $f(x) = x^2 - 2x$에 대하여 구간 $[0,\ 2]$에서 롤의 정리를 만족하는 상수 c를 구하여라.

풀이 $f(x) = x^2 - 2x$는 구간 $[0,\ 2]$에서 연속이고, $(0,\ 2)$에서 미분가능하다.
또, $f(0) = f(2)$이므로 롤의 정리에 의하여 $f'(c) = 0$가 되는 c가 존재한다.

$f'(x) = 2x - 2$에서 $f'(c) = 2c - 2 = 0 \quad \therefore\ c = 2$

예 3 함수 $f(x) = \sin x$에 대하여 구간 $[0,\ \pi]$에서 롤의 정리를 만족하는 상수 c의 값을 구하여라.

풀이 $f(x) = \sin x$는 폐구간 $[0,\ \pi]$에서 연속이고, 개구간 $(0,\ \pi)$에서 미분가능하며, $f(0) = f(\pi)$이므로 롤의 정리에 의해서 $f'(c) = 0(0 < c < \pi)$인 c가 반듯이 존재한다.

$f'(c) = \cos c = 0 \qquad \therefore\ c = \dfrac{\pi}{2}\ (\because\ 0 < c < \pi)$

2. 평균값의 정리

함수 $f(x)$가 폐구간 $[a,\ b]$에서 연속이고, 개구간$(a,\ b)$에서 미분가능하면

$$\frac{f(b)-f(a)}{b-a}=f'(c)\ (a<c<b)$$

가 되는 c가 적어도 하나 존재한다.

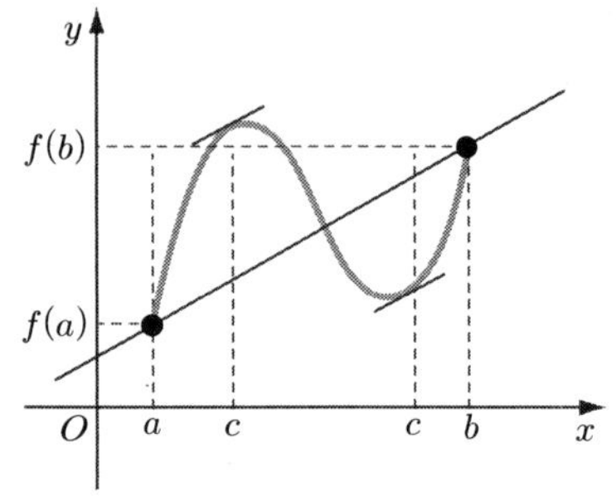

이 정리를 직관적으로 말하면 함수 $y=f(x)$에서 두 점 $A(a,\ f(a))$, $B(b,\ f(b))$를 맺는 직선 AB에 평행한 접선이 구간 $(a,\ b)$안에 적어도 하나는 존재한다. 평균값 정리에서 $f(a)=f(b)$인 경우는 롤의 정리가 된다.

[증명] 아래 그림에서 직선 AB의 기울기는 $m=\dfrac{f(b)-f(a)}{b-a}$으로, 직선 AB의 함수는 $y-f(a)=\dfrac{f(b)-f(a)}{b-a}=(x-a)$, 즉 $y=f(a)+\dfrac{f(b)-f(a)}{b-a}(x-a)$

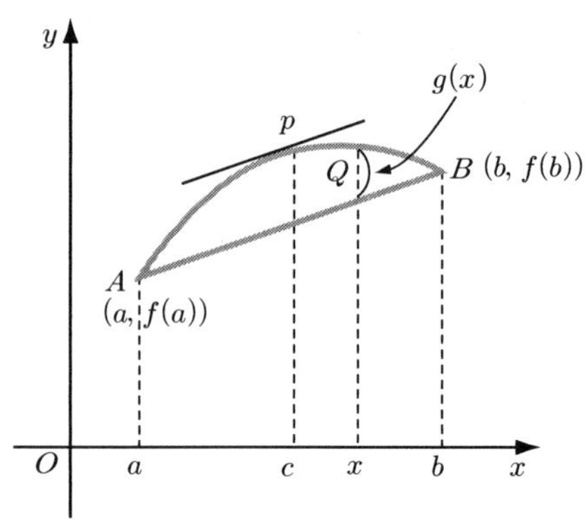

구간 $[a,\ b]$ 안의 한 점 x에 대응하는 함수 $f(x)$값과 직선 AB 위의 y 좌표의 차를 $g(x)$라 하면

$$g(x)=f(x)-f(a)-\frac{f(b)-f(a)}{b-a}(x-a)$$

따라서, $g(a)=0$, $g(b)=0$이고, g는 $[a,\ b]$에서 연속이고, $(a,\ b)$에서 미분가능하기 때문에 롤 정리에 의하여 $g'(c)=0(a<c<b)$이 되도록 하는 $(a,\ b)$에 점 c가 적어도 하나 존재한다.

한편, $f(z)$, $f(b)$, a, b는 상수이기 때문에 g를 미분하면

$$g'(x)=f'(x)-\frac{f(b)-f'(a)}{b-a}$$

$g'(e)=0$이기 때문에

$$0=g'(c)=f'(c)-\frac{f(b)-f(a)}{b-a}$$

$$f'(e)=\frac{f(b)-f(a)}{b-a}$$

예 1 다음 각 함수에 대하여 주어진 구간에서 평균값의 정리를 만족시키는 c의 값을 구하여라.

a) $f(x)=2\sqrt{x}$ $[-1,\ 4]$　　b) $f(x)=x^3$ $[0,\ 3\sqrt{3}]$

c) $f(x)=\sqrt{x}$ $[1,\ 9]$　　d) $f(x)=\log x$ $[1,\ e]$

풀이

a) $f(x)=2\sqrt{x}$에서 $f'(x)=2\cdot\frac{1}{2}x^{-\frac{1}{2}}=\frac{1}{\sqrt{x}}$이므로 구하는 c는

$$\frac{f(4)-f(1)}{4-1}=\frac{4-2}{3}=\frac{2}{3}=\frac{1}{\sqrt{c}}\qquad\therefore\ c=\frac{9}{4}$$

b) $f(x)=x^3$에서 $f'(x)=3x^2$이므로 구하는 c는

$$\frac{f(3\sqrt{3})-f(0)}{3\sqrt{3}-0}=3c^2\ (0<c<3\sqrt{3})\text{에서}\ \frac{(3\sqrt{3})^2-0^2}{3\sqrt{3}}=3c^2\qquad\therefore\ c=3$$

c) $f(x)=\sqrt{x}$에서 $f'(x)=\frac{1}{2\sqrt{x}}$이므로 구하는 c는

$$\frac{f(9)-f(1)}{9-1}=\frac{1}{2\sqrt{c}}\ (1<c<9)\text{에서}\ \frac{\sqrt{9}-\sqrt{1}}{8}=\frac{1}{2\sqrt{c}}\qquad\therefore\ c=4$$

d) $f(x)=\log x$에서 $f'(x)=\dfrac{1}{x}$이므로 구하는 c는

$$\frac{f(e)-f(1)}{e-1}=\frac{1}{c}\ (1<c<e)\text{에서 } \frac{\log e-\log 1}{e-1}=\frac{1}{c} \qquad \therefore\ c=e-1$$

예 2 함수 f는 폐구간 $[0,\ 5]$에서 정의되고, 개구간 $(0,\ 5)$에서 미분가능한 함수이다. 또 $f(0)=4$, $f(5)=-1$이다. 함수 $g(x)=\dfrac{f(x)}{x+1}$에서 평균값 정리를 만족하는 $0<c<5$인 어떤 c의 값에 대하여 $g'(c)$의 값을 구하여라

풀이 $f(0)=4,\ f(5)=-1,\ g(x)=\dfrac{f(x)}{x+1}\quad 0<c<5,\ g'(c)$

$$\frac{g(5)-g(0)}{5-0}=g'(c) \qquad (0<c<5)$$

$$\frac{\dfrac{-1}{5+1}-\dfrac{f(0)}{0+1}}{5}=\frac{1}{5}\left(-\frac{1}{6}-4\right)=\frac{1}{5}\left(-\frac{25}{6}\right)=\frac{-5}{6}$$

예 3 함수 $f(x)=2^x$의 구간 $[1,\ 3]$에서 평균값의 정리를 만족하는 c를 구하여라.

풀이 $f(1)=2,\ f(3)=8$이고, $f'(x)=2^x\ln 2$이므로 평균값의 정리에 의하여

$\dfrac{f(3)-f(1)}{3-1}=3=2^c\ln 2$인 c가 존재한다. $2^c=\dfrac{3}{\ln 2}$에서 $c=\log_2 3-\log_2\ln 2$

3. 코오시(Cauchy)의 정리

함수 $f(x)$, $g(x)$가 구간 $[a,\ b]$에서 미분가능하고, $g'(x)\neq 0$일 때

$$\frac{f(b)-f(a)}{g(b)-g(a)}=\frac{f'(c)}{g'(c)}=\ (a<c<b)$$

이 되는 c가 적어도 하나 존재한다.

[증명] $g(b)-g(a)=0$이면 롤의 정리로부터 $g'(c)=0\ (a<c<b)$인 c가 존재한다. 이것은

$g'(x)\neq 0$인 조건에 모순이다. $\quad\therefore\ g(b)\neq g(a)$

$$F(x)=f(x)-f(a)-\frac{f(b)-f(a)}{g(b)-g(a)}\{g(x)-g(a)\}$$ 로 놓으면

$$F(a)=0,\ F(b)=0$$

이므로 $F'(c)=0\ (a<c<b)$인 c가 적어도 하나 존재한다.

$$\therefore\ F'(c)=f'(c)-\frac{f(b)-f(a)}{g(b)-g(a)}\cdot g'(c)=0$$

여기에서 $g'(x)\neq 0$이므로 $\dfrac{f(b)-f(a)}{g(b)-g(a)}=\dfrac{f'(c)}{g'(c)}$

4. 로피탈(L'Hospital)의 정리

함수 $f(x)$, $g(x)$가 a를 포함하는 구간에서 미분가능하고,

$$f(a)=0,\ g(a)=0,\ g'(x)\neq 0$$

이며, $x\to a$일 때 $\dfrac{f'(x)}{g'(x)}$의 극한값이 존재하면 (∞, $-\infty$ 포함)

$$\lim_{x\to a}\frac{f(x)}{g(x)}=\lim_{x\to a}\frac{f'(x)}{g'(x)}$$

인 관계가 성립한다.

[증명] (i) $x>a$일 때 $a<c_1<x$가 되는 c_1에 대하여

$$\frac{f(x)-f(a)}{g(x)-g(a)}=\frac{f'(c_1)}{g'(c_1)}$$

조건에서 $f(a)=0,\ g(a)=0$이므로 $\dfrac{f(x)}{g(x)}=\dfrac{f'(c_1)}{g'(c_1)}$

여기에서 $x\to a$일 때 $c_1\to a$이므로

$$\lim_{x\to a}\frac{f(x)}{g(x)}=\lim_{c_1\to a}\frac{f'(c_1)}{g'(c_1)}=\lim_{x\to a}\frac{f'(x)}{g'(x)} \quad \cdots\cdots ①$$

(ii) $x<a$일 때 $x<c_2<a$가 되는 c_2에 대하여 $\dfrac{f(x)}{g(x)}=\dfrac{f'(c_2)}{g'(c_2)}$

여기에서 $x\to a$일 때 $c_2\to a$이므로

$$\lim_{x\to a}\frac{f(x)}{g(x)}=\lim_{c_2\to a}\frac{f'(c_2)}{g'(c_2)}=\lim_{x\to a}\frac{f'(x)}{g'(x)} \quad\cdots\cdots ②$$

①, ②의 결과는 같으므로 $\lim_{x\to a}\frac{f(x)}{g(x)}=\lim_{x\to a}\frac{f'(x)}{g'(x)}$

로피탈의 정리를 이용하면 $\frac{0}{0}$ 꼴이나 $\frac{\infty}{\infty}$ 꼴의 극한값이 쉽게 얻어진다.

예 1 다음 극한값을 구하여라.

a) $\lim_{x\to\infty}x^3e^{-x}$

b) $\lim_{x\to 0}\frac{1-\cos x}{x^2}$

c) $\lim_{\theta\to 2}\frac{\sec^2\theta-2\tan\theta}{1+\cos 4\theta}$

d) $\lim_{x\to\infty}x^{-1}=\left(e^{\frac{1}{x}}-1\right)$

e) $\lim_{x\to\infty}x^{-1}(\ln(x+5)-\ln(x))$

f) $\lim_{x\to 0}\frac{\tan x-x}{x-\sin x}$

g) $\lim_{x\to 0}\frac{x-\log(1+x)}{x^2}$

h) $\lim_{x\to 0}\frac{x-\ln(1+x)}{x^2}$

i) $\lim_{x\to 0}\frac{\tan x-x}{x^3}$

풀이

a) $\lim_{x\to\infty}x^3e^{-x}=\lim_{x\to\infty}\frac{x^3}{e^x}=\lim_{x\to\infty}\frac{3x^2}{e^x}=\lim_{x\to\infty}\frac{6x}{e^x}=\lim_{x\to\infty}\frac{6}{e^s}=0$

b) $\lim_{x\to 0}\frac{1-\cos x}{x^2}=\lim_{x\to 0}\frac{(1-\cos x)'}{(x^2)'}=\lim_{x\to 0}\frac{\sin x}{2x}=\lim_{x\to 0}\frac{(\sin x)'}{(2x)'}=\lim_{x\to 0}\frac{\cos x}{2}=\frac{1}{2}$

c) $\lim_{\theta\to\frac{\pi}{2}}\frac{\sec^2\theta-2\tan\theta}{1+\cos 4\theta}=\lim_{\theta\to\frac{\pi}{2}}\frac{(\sec^2\theta-2\tan\theta)'}{(1+\cos 4\theta)'}=\lim_{\theta\to\frac{\pi}{2}}\frac{2\sec^2\theta\tan\theta-2\sec^2\theta}{-4\sin 4\theta}$

$=\lim_{\theta\to\frac{\pi}{2}}\frac{\tan\theta-1}{\sin 4\theta}\cdot\frac{2\sec^2\theta}{-4}=\lim_{\theta\to\frac{\pi}{2}}\frac{\sec^2\theta}{4\cos 4\theta}=\frac{2}{(-4)}=\frac{1}{2}$

d) $\lim_{x\to\infty}x^{-1\left(e^{\frac{1}{x}}-1\right)}=\lim_{x\to\infty}\frac{\left(e^{\frac{1}{x}}-1\right)}{\frac{1}{x}}=\lim_{x\to\infty}\frac{-\frac{1}{x^2}\cdot e^{\frac{1}{x}}}{-\frac{1}{x^2}}\lim_{x\to\infty}e^{\frac{1}{x}}=e^0=1$

e) $\lim_{x\to\infty} x^{-1}(\ln(x+5)-\ln(x)) = \lim_{x\to\infty}\frac{\ln\frac{x+5}{x}}{\frac{1}{x}} = \lim_{x\to\infty}\frac{\ln\left(1+\frac{5}{x}\right)}{\frac{1}{x}}$

$$= \lim_{x\to\infty}\frac{\ln\left(1+\frac{5}{x}\right)}{\frac{1}{x}} = \lim_{x\to\infty}\frac{\ln\left(\frac{1}{1+\frac{5}{x}}\right)\left(\frac{-5}{x^2}\right)}{-\frac{1}{x^2}}$$

$$= \lim_{x\to\infty} 5\frac{1}{1+\frac{5}{x}} = 5$$

f) $\lim_{x\to 0}\frac{\tan x - x}{x-\sin x} = \lim_{x\to 0}\frac{(\tan x - x)'}{x-\sin x)'} = \lim_{x\to 0}\frac{\sec^2 x - 1}{1-\cos x}\lim_{x\to 0}\frac{(\sec^2 x - 1)'}{(1-\cos x)'}$

$$\lim_{x\to 0}\frac{2\sec^2 x\tan x}{\sin x} = \lim_{x\to 0} 3\sec^{2x}\lim_{x\to 0}\frac{\tan x}{\sin x} = 2$$

g) $\lim_{x\to 0}\frac{x-\log(1+x)}{x^2} = \lim_{x\to 0}\frac{\{x-\log(1+x)\}'}{(x^2)'} = \lim_{x\to 0}\frac{1-\frac{1}{1+x}}{2x}$

$$= \lim_{x\to 0}\frac{1}{2(1+x)} = \frac{1}{2}$$

h) $\lim_{x\to 0}\frac{x-\sin x}{x^3} = \lim_{x\to 0}\frac{(x-\sin x)'}{(x^3)'} = \lim_{x\to 0}\frac{1-\cos x}{3x^2} = \lim_{x\to 0}\frac{(1-\cos x)'}{(3x^2)'}$

$$= \lim_{x\to 0}\frac{\sin x}{6x} == \frac{1}{6}\lim_{x\to 0}\frac{\sin x}{x} = \frac{1}{6}$$

$$\lim_{x\to 0}\frac{x-\ln(1+x)}{x^2} = \lim_{x\to 0}\frac{\{x-\ln(1-x)\}'}{(x^2)'} = \lim_{x\to 0}\frac{1-\frac{1}{1+x}}{2x}$$

$$= \lim_{x\to 0}\frac{x}{2x(1+x)} = \frac{1}{2}$$

i) $\lim_{x\to 0}\frac{\tan x - x}{x^3} = \lim_{x\to 0}\frac{(\tan x - x)'}{(x^3)'} = \lim_{x\to 0}\frac{\sec^2 x - 1}{3x^2} = \lim_{x\to 0}\frac{\tan^2 x}{3x^2} = \frac{1}{3}$

예 2 다음 극한값을 구하여라.

a) $\lim\limits_{x\to+0}\dfrac{\sin^2 x}{x^2}$ b) $\lim\limits_{x\to+0}\dfrac{\sin x - x}{x^3}$ c) $\lim\limits_{x\to+0}\dfrac{\log\tan 2x}{\log\tan x}$

d) $\lim\limits_{x\to\infty}\dfrac{\log x}{x}$ e) $\lim\limits_{x\to\infty}\dfrac{e^{-x}}{x^{-2}}$ f) $\lim\limits_{x\to\infty}\dfrac{e^{2x}}{x^3}$

풀이

a) $\lim\limits_{x\to+0}\dfrac{\sin^2 x}{x^2}=\lim\limits_{x\to 0}\dfrac{2\sin x\cos x}{2x}=\lim\limits_{x\to+0}\dfrac{2(\cos^2 x-\sin^2 x)}{2}=1$

b) $\lim\limits_{x\to+0}=\dfrac{\sin x - x}{x^3}=\lim\limits_{x\to+0}\dfrac{\cos x-1}{3x^2}=\lim\limits_{x\to+0}\dfrac{-\sin x}{6x}=\lim\limits_{x\to+0}\dfrac{-\cos x}{6}$

$=\lim\limits_{x\to+0}\dfrac{\sin x}{6}=\dfrac{1}{6}$

c) $\lim\limits_{x\to+0}\dfrac{\log\tan 2x}{\log\tan x}=\lim\limits_{x\to+0}\dfrac{(\log\tan 2x)'}{(\log\tan x)'}=\lim\limits_{x\to+0}\dfrac{2\sec^2 2x}{\tan 2x}\Big/\dfrac{\sec^2 x}{\tan x}$

$=\lim\limits_{x\to+0}\dfrac{2\sin x\cos x}{\sin 2x\cos 2x}=\lim\limits_{x\to+0}\dfrac{1}{\cos 2x}=1$

d) $\lim\limits_{x\to\infty}\dfrac{\log x}{x}=\lim\limits_{x\to\infty}\dfrac{(\log x)'}{x'}=\lim\limits_{x\to\infty}\dfrac{\frac{1}{x}}{1}=\lim\limits_{x\to\infty}\dfrac{1}{x}=0$

e) $\lim\limits_{x\to\infty}\dfrac{e^{-x}}{x^{-2}}=\lim\limits_{x\to\infty}\dfrac{x^2}{e^x}=\lim\limits_{x\to\infty}\dfrac{(x^2)'}{(e^x)'}=\lim\limits_{x\to\infty}\dfrac{2x}{e^x}=\lim\limits_{x\to\infty}\dfrac{(2x)'}{(e^x)'}=\lim\limits_{x\to\infty}\dfrac{2}{e^x}=0$

f) $\lim\limits_{x\to\infty}\dfrac{e^{2x}}{x^3}=\lim\limits_{x\to\infty}\dfrac{(e^{2x})'}{(x^3)'}=\lim\limits_{x\to\infty}\dfrac{2e^{2x}}{3x^2}=\lim\limits_{x\to\infty}\dfrac{(2e^{2x})'}{(3x^2)'}=\lim\limits_{x\to\infty}\dfrac{4e^{2x}}{6x}=\lim\limits_{x\to\infty}\dfrac{(4e^{2x})'}{(6x)'}$

$=\lim\limits_{x\to\infty}\dfrac{8e^{2x}}{6}=\infty$

제5장 변화율과 도함수

연습문제

1. 다음 함수의 주어진 구간에서 평균변화율을 구하여라.

(a) $f(x)=x^2-2x \quad [3,5]$

(b) $y=x^2+x \quad [1,\ 1+\Delta x]$

2. 다음 함수의 주어진 x 값에서의 미분계수를 구하여라.

(a) $f(x)=\dfrac{1}{x} \quad (x=1)$

(b) $f(x)=\sqrt{x} \quad (x=9)$

3. $y=4x-x^2$ 위의 점 $(1,3)$에서 접선의 기울기를 구하여라.

4. 함수 $f(x)=|x-1|$은 $x=1$에서 미분가능하지 않음을 보여라.

5. 모든 실수 x에 대하여 $f(2x)=3f(x)$, $f'(1)=a$인 함수 $f(x)$가 있다. 이 때, $f'(2)$의 값을 구하여라.

6. $f'(a)=2$인 다항함수 $f(x)$에 대하여 다음 극한값을 각각 구하여라.

(a) $\displaystyle\lim_{h\to0}\frac{f(a+3h)-f(a)}{h}$

(b) $\displaystyle\lim_{h\to0}\frac{f(a+h^2)-f(a)}{h}$

7. 나음 함수의 $x=0$에서의 연속성과 미분가능성에 대하여 조사해보라.

(a) $f(x)=x|x|$

(b) $f(x)=x^2-4|x|+3$

8. 도함수의 정의에 의하여 $y=\sqrt{f(x)}$의 도함수를 $f(x)$, $f'(x)$로 나타내어라.

9. 도함수의 정의에 의하여 다음 함수의 도함수를 구하여라.

(a) $y=(2x+1)^2$

(b) $f(x)=\dfrac{1}{2x+1}$

10. 도함수의 정의에 의하여 $y=\{f(x)\}^2$의 도함수를 $f(x)$와 $f'(x)$로 나타내어라.

11. 다음 함수의 도함수를 구하여라.

(a) $y=(2x+3)^4$

(b) $y=(2x^2-3)^{-2}$

12. 다음 도함수를 구하여라.

(a) $f(x)=(x^2-3x)^2+(2x-3)^3$

(b) $f(x)=\sqrt[3]{\dfrac{3x-2}{2x+1}}$

(c) $f(x)=\sqrt[3]{x^2-2x+3}$

(d) $f(x)=\dfrac{2x+1}{x^2+x}$

13. 다음 각 식에서 $\dfrac{dy}{dx}$를 구하여라.

(a) $4x^2+9y^2=36$

(b) $y^2=4x$

(c) $x^3+y^3=3(xy+1)$

(d) $\sqrt[3]{x}+\sqrt[3]{y}=2$

(e) $(x-2)^2+(y+1)^2=4$

(f) $x^3+y^3-3xy=0$

(g) $\left(\dfrac{y}{x}\right)^2+\left(\dfrac{x}{y}\right)^2=1$

14. $y\neq 2x$이고, $\dfrac{y}{x}+\dfrac{x}{y}=4$일 때 $\dfrac{dy}{dx}$를 구하여라.

15. 다음에서 $\dfrac{dx}{dy}$를 이용하여 $\dfrac{dy}{dx}$를 구하여라.

(a) $x=y^2-2y+3$

(b) $y=\sqrt[3]{x}$

(c) $x=\left(\dfrac{y^2-2}{1-2y}\right)^2$

16. 다음 함수에서 $\dfrac{dy}{dx}$를 구하여라.

(a) $x=3y^2+y-5$

(b) $x=y\sqrt{1+y}$

(c) $x=\sqrt{2-y^2}$

(d) $x=\sqrt[3]{1+y}$

17. $x=2t-1,\ y=t^2-1$일 때 $\dfrac{dy}{dx}$를 구하여라.

제6장 도함수의 응용

6.1 접선의 방정식

1. 접선의 방정식

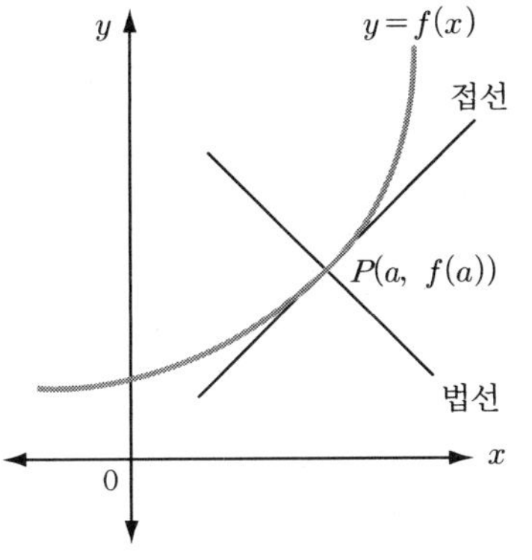

$f'(a)$는 곡선 $y=f(x)$ 위의 점 $P(a, f(a))$에서 이 곡선에 접하는 접선의 기울기를 나타내므로 구하는 **접선의 방정식**은 기울기가 $f'(a)$이고, $P(a, f(a))$를 지나는 접선의 방정식은

$$y-f(a)=f'(a)(x-a)$$

또, 이 점 $P(a, f(a))$를 지나는 이 접선에 수직인 직선의 기울기는 $-\dfrac{1}{f'(a)}$이므로 구하는 **법선의 방정식**은

$$y-f(a)=-\frac{1}{f'(a)}(x-a)$$

이다.

예 1 $y=\frac{1}{3}x^3-x^2+1$에 대하여 물음에 답하여라.

a) 기울기가 3인 접선의 방정식 b) x축에 평행인 접선의 방정식

풀이 a) $y=\frac{1}{3}x^3-x^2+1$에서 $y'=x^2-2x=3$, $(x-3)(x+1)=0$ $\therefore x=3, -1$

접점은 $(3, 1)$, $\left(-1, -\frac{1}{3}\right)$

따라서, 구하는 접선의 방정식은 $y-1=3(x-3)$ 또는 $y+\frac{1}{3}=3(x+1)$

$\therefore y=3x-8$, $y=3x+\frac{8}{3}$

b) $y'=x^2-2x=0$, $\therefore x=0, 2$

접점은 $(0, 1)$, $\left(2, -\frac{1}{3}\right)$

따라서, 구하는 접선의 방정식은 $y=1$, $y=-\frac{1}{3}$이다.

예 2 다음 곡선 위의 점에서 접선과 법선의 방정식을 구하여라.

a) $y=x\sin 2x+1$ $\left(x=\frac{\pi}{4}\right)$ b) $y=(x+1)e^x$ $(x=1)$

c) $y=(x^2+x)\ln x$ $(x=1)$

풀이 a) $y=x\sin 2x+1$에서 $y=\sin 2x+2x\cos 2x$이고, $\left(x=\frac{\pi}{4}\right)$이면 $y=\frac{\pi}{4}+1$,

$y'=1$

접선의 방정식 $y-\left(\frac{\pi}{4}+1\right)=1\left(x-\frac{\pi}{4}\right)$ $\therefore y=x+1$

법선의 방정식 $y-\left(\frac{\pi}{4}+1\right)=-1\left(x-\frac{\pi}{4}\right)$ $\therefore y=x+\frac{\pi}{2}+1$

b) $y=(x+1)e^x$에서 $y'=e^x+(x+1)e^x$이고, $(x=1)$이면 $y=2e$, $y'=3e$

접선의 방정식 $y-2e=3e(x-1)$ $\therefore y=3ex-e$

법선의 방정식 $y-2e=-\frac{1}{3e}(x-1)$ $\therefore y=-\frac{1}{3e}x+2e+\frac{1}{3e}$

c) $y=(x^2+x)\ln x$에서 $y'=(2x+1)\ln x+\frac{x^2+x}{x}=(2x+1)\ln x+x+1$이고,

$(x=1)$이면 $y=0$, $y'=2$이므로

접선의 방정식 $y-0=2(x-1)$ $\therefore y=2x-2$

법선의 방정식 $y-0=-\frac{1}{2}(x-1)$ $\therefore y=-\frac{1}{2}x+\frac{1}{2}$

6.2 극대 · 극소와 최대 · 최소

1. 함수의 증감

명심해야 할 것은 **단조증가와 단조감소는 한 구간에서** 함수의 증가, 감소를 다루고, **증가상태와 감소상태는 한 점에서** 증가, 감소의 상태를 다룬다.

1) 단조증가와 단조감소

함수 $f(x)$가 구간 $[a, b]$에서 연속일 때 $a \le x_1 < x_2 \le b$인 임의의 x_1, x_2에 대하여

a) $f(x_1) < f(x_2)$이면 $f(x)$는 이 구간에서 **단조증가** 또는 **증가**한다고 하고(이 때 $f(x)$를 이 구간에서 **증가함수**라 한다.), 이 구간에서 임의의 x에 대하여 $f'(x) \ge 0$이다.	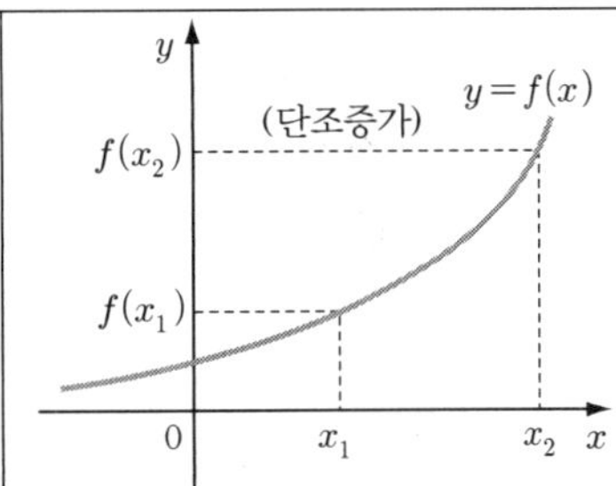
b) $f(x_1) > f(x_2)$이면 $f(x)$는 이 구간에서 **단조감소** 또는 **감소**한다고 하고(이 때 $f(x)$를 이 구간에서 **감소함수**라 한다.), 이 구간에서 임의의 x에 대하여 $f'(x) \le 0$이다.	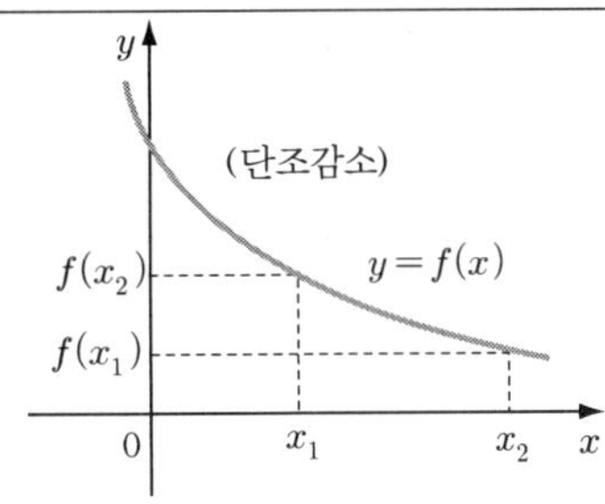
그러나, **위 정리의 역은 성립하지 않는다.**	

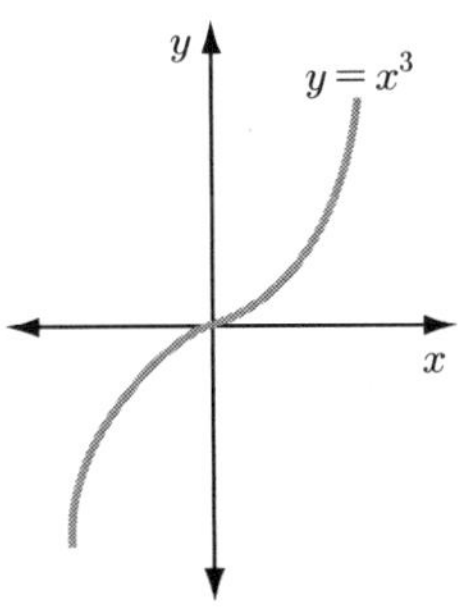

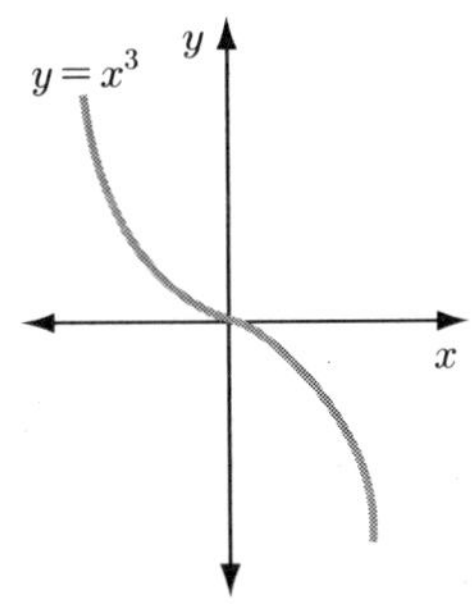

위의 그림에서 함수 $f(x) = x^3$에서는 모든 구간에서 증가함수이지만 $x = 0$에서는 $f'(0) = 0$이고, 함수 $f(x) = -x^3$에서는 모든 구간에서 감소함수이지만 $x = 0$에서는 $f'(0) = 0$이다. 다시 말하면 $f(x) = x^3$은 증가함수로 $f'(x) = 3x^2 \geq 0$이고, $f(x) = -x^3$은 감소함수로 $f'(x) = -3x^2 \leq 0$이다. 즉, $f'(x)$가 0일 때도 있다는 것이다.

예 1 함수 $y = x^2 - 2x$의 증가, 감소를 조사하여라.

풀이 $y' = 2x - 2 = 2(x-1)$에서 $x \geq 1$일 때 $y' \geq 0$이고, $x \leq 1$일 때 $y' \leq 0$이다.
따라서, $y = x^2 - 2x$는 $x \geq 1$일 때 증가하고, $x \leq 1$일 때 감소한다.

예 2 함수 $f(x) = \ln x$은 구간 $[1,\ e]$에서 증가함을 보여라.

풀이 구간 $[1,\ e]$에 속하는 $0 < x_x < x_2$인 양의 실수 x_1, x_2에 대하여

$$f(x_2) - f(x_1) = \ln x_2 - \ln x_1 = \ln\frac{x_2}{x_1} \quad \cdots\cdots ①$$

그런데, $1 \leq x_1 < x_2$에서 $1 < \dfrac{x_2}{x_1}$이므로, $\ln\dfrac{x_2}{x_1} > 0$이다. 따라서, ①에 의하여

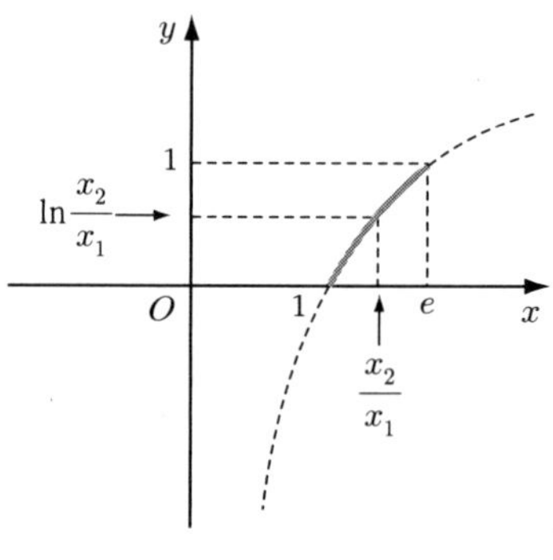

$f(x_2) - f(x_1) > 0 \qquad \therefore f(x_2) > f(x_1)$이 된다.
따라서, $f(x) = \ln x$은 구간 $[1,\ e]$에서 증가한다.

2) 증가상태와 감소상태

예를 들어, 함수 $f(x) = x^2$에서

a) 다음 좌측 그림을 살펴보면 x가 증가하면서 한 점 $x=2$를 지나는 좌우에서 함수 값이 $f(2)$보다 작은 값에서 큰 값으로 변한다. 이 때, 충분히 작은 양수 h에 대하여

$$f(2-h)<f(2)<f(2+h)$$

가 성립한다.

b) 다음 우측 그림을 살펴보면, x가 증가하면서 한 점 $x=-2$를 지나는 좌우에서 함수값이 $f(-2)$보다 큰 값에서 작은 값으로 변한다. 이 때, 충분히 작은 양수 h에 대하여

$$f(-2-h)<f(-2)<f(-2+h)$$

가 성립한다.

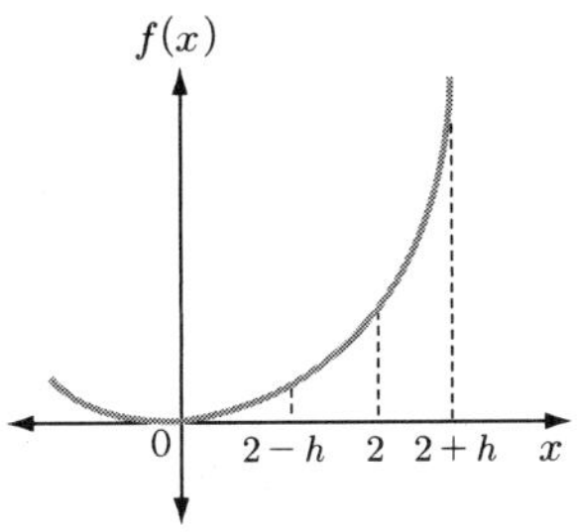

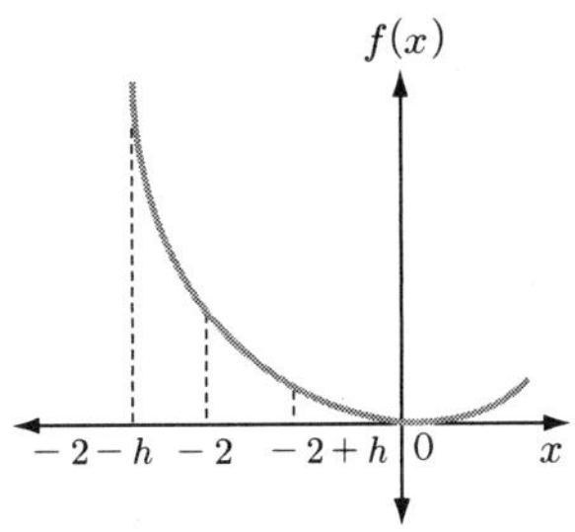

이들을 요약하여 정리하면 다음과 같다.

> 충분히 작은 양수 h에 대하여
> a) $f(a-h)<f(a)<f(a+h)$을 만족하는 함수 $f(x)$는 '$x=a$에서 **증가상태**에 있다.' 라고 하며 이 때 $f'(a)\geq 0$이다.
> b) $f(a-h)>f(a)>f(a+h)$을 만족하는 함수 $f(x)$는 '$x=a$에서 **감소상태**에 있다.' 라고 하며 이 때 $f'(a)\leq 0$이다.
>
> 그러나, 위 명제의 역은 성립하지 않는다.

그러나, 아래 함수 $f(x)=x^2$는 $x\leq 0$인 구간에서 감소하고, $x\geq 0$인 구간에서 증가한다. 이와 같이 $x=0$의 좌우에서 감소에서 증가 상태로 바뀌므로 $x=0$에서는 증가상태도 감소상태도 아니다.

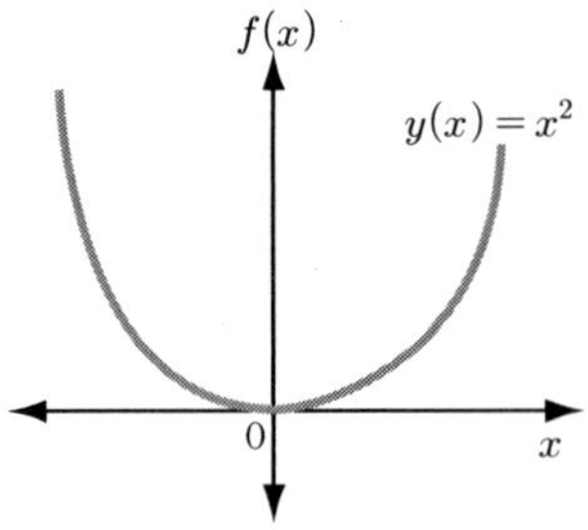

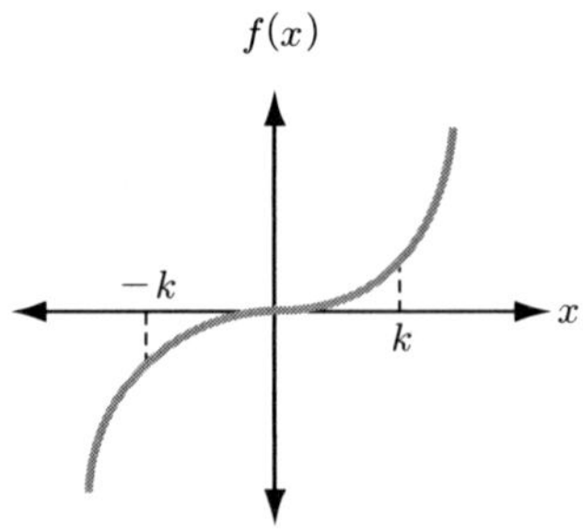

또, 위의 우측 그림의 함수 $f(x)=x^3$은 모든 구간에서 증가한다. 따라서, 충분히 작은 양수 h에 대하여

$$f(0-h)<f(0)<f(0+h)$$

가 성립하므로 $x=0$에서 증가상태에 있다.

예 3 함수 $f(x)=x^3-3x$가 $x=2$에서 증가상태인가, 감소상태인가?

풀이 $f'(x)=3x^2-3$에서 $f'(2)=9>0$이므로 증가상태에 있다.

예 4 함수 $f(x)=-x^2+2x$가 $x=2$에서 증감상태를 조사하여라.

풀이 $f'(x)=-2x+2$에서 $f'(2)=-2<0$이므로 감소상태에 있다.

2. 함수의 극대와 극소

1) 함수의 극대와 극소

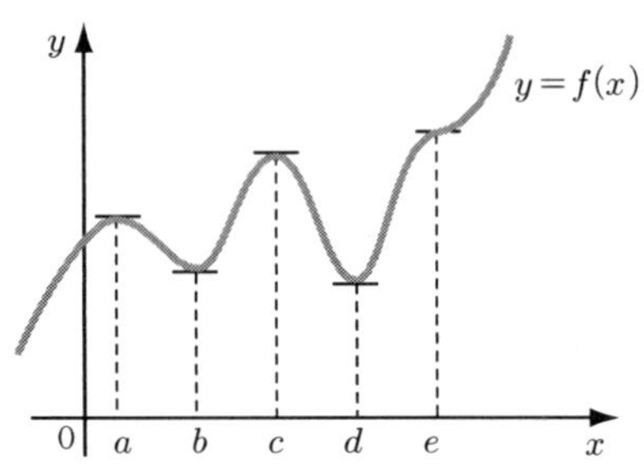

앞의 그림 $x=a$에서 연속함수 $f(x)$가 증가상태에서 감소상태로 변하면 $f(x)$는 $x=a$에서 극대가 된다고 하고, $f(a)$를 **극대값**이라고 한다. 또한, $x=b$에서 연속함수 $f(x)$가 감소상태에서 증가 상태로 변하면 $f(x)$는 $x=b$에서 극소가 된다고 하고 $f(b)$를 **극소값**이라고 한다. 예를 들어, 위의 그림 $y=f(x)$는 $x=a$, $x=c$에서 극대이고, 극대값은 $f(a)$, $f(c)$이다. 또한, $x=b$, $x=d$에서 극소이고, 극소값은 $f(b)$, $f(d)$이다.

이러한 극대값과 극소값을 합쳐서 **극값** 또는 **극치**라고 하며, 위의 그래프에서 극대가 되는 점$(a,\ f(a))$와 점$(c,\ f(c))$를 **극대점**, 극소가 되는 점$(a,\ f(b))$와 점$(d,\ f(d)$를 **극소점**이라 하고, 극대점과 극소점을 합쳐서 **극점**이라고 한다.

이를 정리하면 다음과 같다.

> 미분가능한 함수 $f(x)$가 $f'(a)=0$이고, $x=a$의 좌우에서 $f'(x)$의 부호가
> a) 양(+)에서 음(−)으로 변하면 $f(x)$는 $x=a$에서 극대값이다
> b) 음(−)에서 양(+)으로 변하면 $f(x)$는 $x=a$에서 극소값이다

2) 극대, 극소의 판정

다항함수의 그래프의 기본 꼴은 최고차항의 부호에 따라 모양이 바뀐다. 즉, x가 증가하는 쪽으로 생각하여 a) **최고차항의 부호가 양이면 아래 그래프의 꼴(화살표 방향)이 위로 향하고,** b) **최고차항의 부호가 음이면 아래 그래프의 꼴(화살표 방향)이 아래로 향한다.** 다음은 1차함수에서 5차함수까지의 그래프의 기본 꼴이다.

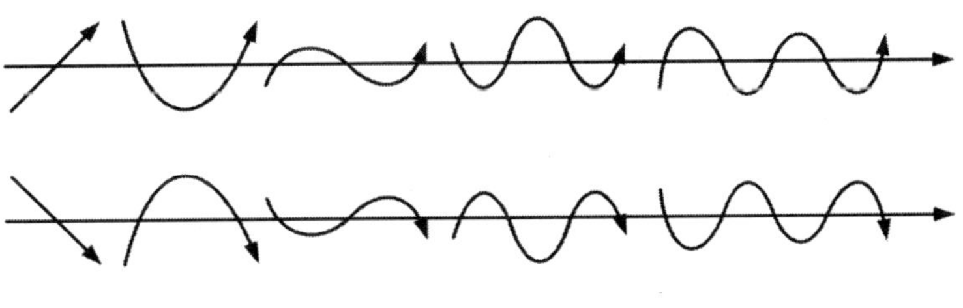

> **예 1** 다음 함수의 극값을 구하고 그 그래프를 그려라.
> a) $f(x)=2x^3-3x^2-12x+5$　　b) $f(x)=x^3-3x^2-9x+5$
> c) $f(x)=x^4-4x^3+4x^2+10$　　d) $f(x)=3x^4-4x^3-12x^2+20$

풀이 a) $f(x)=2x^3-3x^2-12x+5$에서 $f'(x)=6x^2-6x-12$

$f'(0)$에서 $x^2-x-2=0$ $x=-1,\ 2$

x	$-\infty$	$\cdots$	-1	$\cdots$	2	$\cdots$	∞
$f'(x)$		$+$	0	$-$	0	$+$	
$f(x)$		↗	12	↘	-15	↗	
	$-\infty$		극대		극소		∞

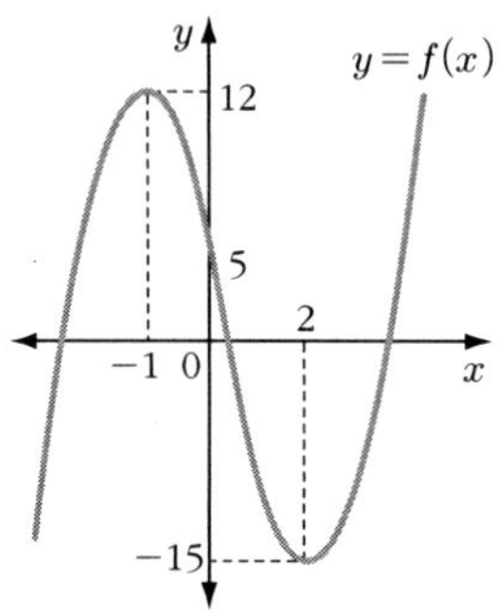

(a)

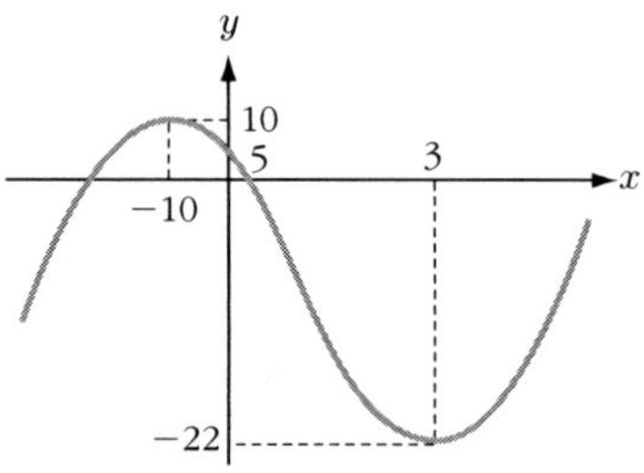

(b)

b) $f(x)=x^3-3x^2-9x+5$에서 $f'(x)=3x^2-6x-9=0$이므로 $x=-1,3$

x	$\cdots$	-1	$\cdots$	3	$\cdots$
$f'(x)$	$+$	0	$-$	0	$+$
$f(x)$	↗	10	↘	-22	↗
		극대		극소	

c) $f(x)=x^4-4x^3+4x^2+10$에서 $f'(x)=4x-12x^2+8x$이므로

$f'(x)=0$에서 $x=0,1,2$

x	$\cdots$	0	$\cdots$	1	$\cdots$	2	$\cdots$
$f'(x)$	$-$	없다	$+$	없다	$-$	없다	$+$
$f(x)$	↘	10	↗	11	↘	10	↗
		극소		극대		극소	

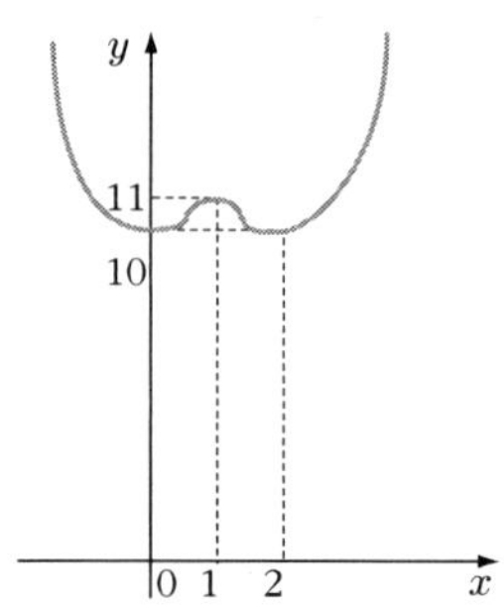

d) $f(x) = 3x^4 - 4x^3 - 12x^2 + 20$라 하면

$f'(x) = 12x^3 - 12x^2 - 24x = 12x(x+1)(x-2)$

$f'(x) = 0$에서 $x = -1, 0, 2$

x	$-\infty$	$\cdots$	-1	$\cdots$	0	$\cdots$	2	$\cdots$	∞
$f'(x)$		$-$	0	$+$	0	$-$	0	$+$	
$f(x)$		↘	15	↗	20	↘	-12	↗	
	∞		극소		극대		극소		∞

따라서, $x = -1$일 때 극소값 $f(-1) = 15$

$x = 0$일 때 극대값 $f(0) = 20$

$x = 2$일 때 극소값 $f(2) = -12$

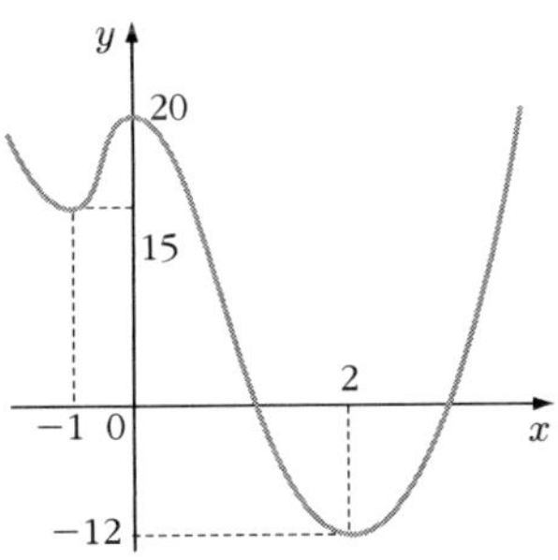

3) 다항함수의 그래프 개형

a) $y = ax^3 + bx^2 + cx + d\,(a \neq 0)$: $a > 0$일 때

3차 함수 $f(x)$에 있어서 $f'(x) = 0$이 서로 다른 두 실근 α, β을 가질 때는 극값을 가지지만, $f'(x) = 0$이 중근 또는 허근을 가질 때는 극값이 없다. 다음 그래프들로 살펴보자.

i) $f'(x) = 0$이 서로 다른 두 실근 α, β을 가질 때	ii) $f'(x) = 0$이 중근 α을 가질 때	iii) $f'(x) = 0$이 허근을 가질 때
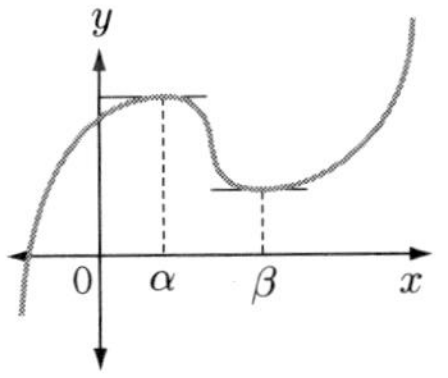	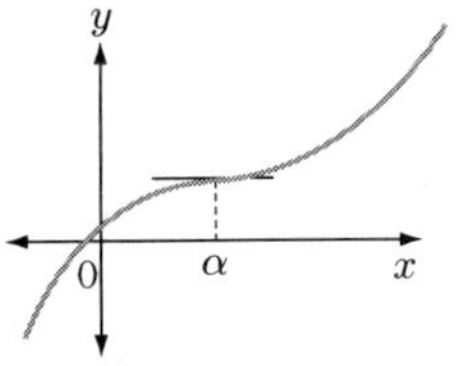	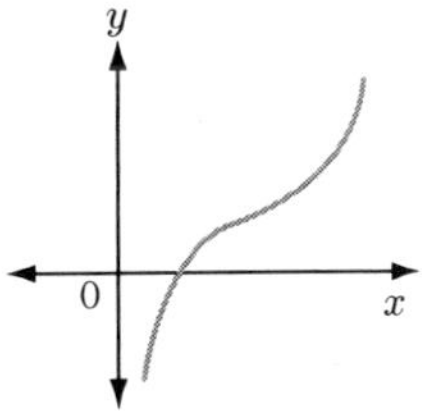

예 2 다음 함수의 극값이 있으면 이를 구하고 그 개형을 그려라.

a) $f(x)=x^3-3x^2+3x+1$ b) $f(x)=-x^3+3x^2-5x+4$

풀이 a) $f(x)=x^3-3x^2+3x+1$에서 $f'(x)=3x^2-6x+3=3(x-1)^2\geq 0$

따라서, $f(x)$는 모든 구간에서 증가함수이므로 극값이 없다.

또, $f(-1)=-6<0$, $f(0)=1>0$이므로 x축과는 구간 $(-1, 0)$에서 만나고 $f'(1)=0$이므로 $x=1$에서 x축에 평행한 접선을 갖는다.

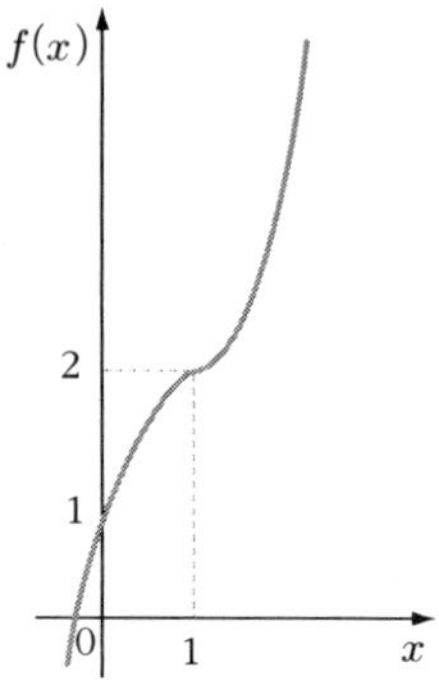

b) $f(x)=-x^3+3x^2-5x+4$에서 $f'(x)=-3x^2+6x-5=-3(x-1)^2-2<0$

따라서, $f(x)$는 모든 구간에서 감소함수이므로 극값이 없다.

또, $f(1)=1>0$, $f(2)=-2<0$이므로 x축과는 구간 $(1, 2)$에서 만나고, $f'(1)=0$이므로 $x=1$에서 x축에 평행한 접선을 갖는다.

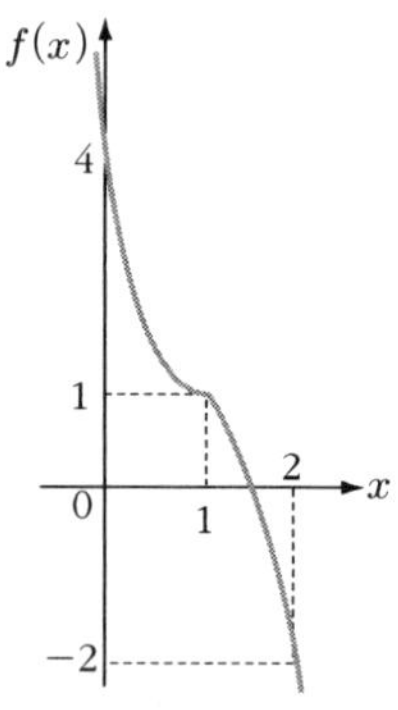

b) $f(x) = ax^4 + bx^2 + cx + d \, (a \neq 0)$

i) $f'(x) = 0$이 서로 다른 세 실근 α, β, γ을 가질 때 극값을 가진다.	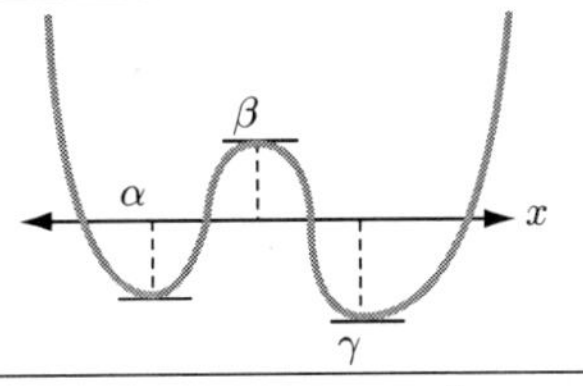
ii) $f'(x) = 0$이 중근 α와 다른 근 β를 가질 때 β에서 극소값을 가진다.	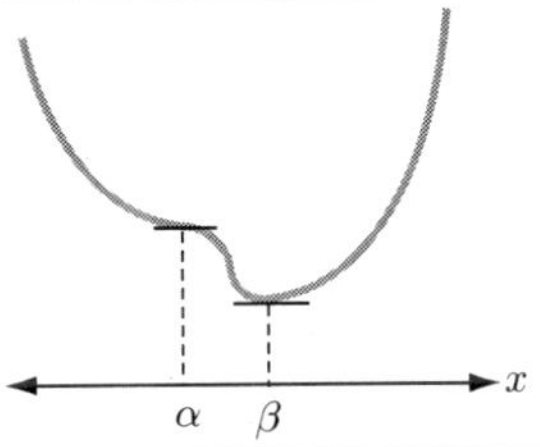
iii) $f'(x) = 0$이 삼중근 α을 가질 때 극값이 없다.	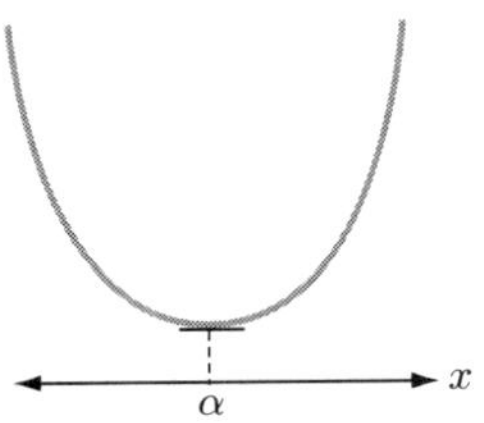
iv) $f'(x) = 0$이 실근 α와 허근을 가질 때 실근 α에서 극소값이 존재	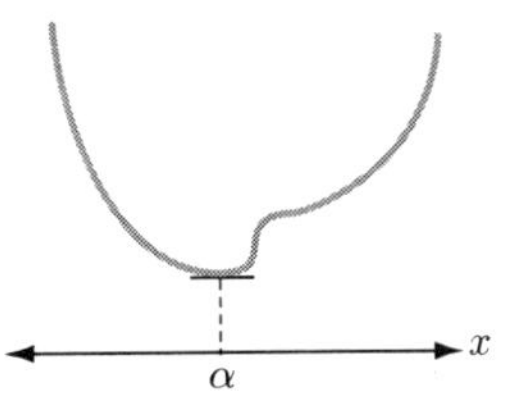

예 3 다음 함수의 극값을 구하고 그 개형을 그려라.

a) $f(x) = 3x^4 - 8x^3 - 6x^2 + 24x + 9$ b) $f(x) = x^4 - 6x^3 - 8x + 13$

풀이 a) $f(x) = 3x^4 - 8x^3 - 6x^2 + 24x + 9$에서

$f'(x) = 12x^3 - 24x^2 - 12x + 24 = 12x^2(x-2) - 12(x-2)$

$= 12(x-2)(x+1)(x-1)$

$f'(x) = 0$에서 $x = -1, 1, 2$

x	$-\infty$	$\cdots$	-1	$\cdots$	1	$\cdots$	2	$\cdots$	$+\infty$
$f'(x)$		$-$	0	$+$	0	$-$	0	$+$	
$f(x)$		↘	-10	↗	22	↘	17	↗	
	$-\infty$		극소		극대		극소		$+\infty$

$\therefore$ $x=-1$ 에서 극소값 -10, $x=1$ 에서 극대값 22, $x=2$ 에서 극소값 17

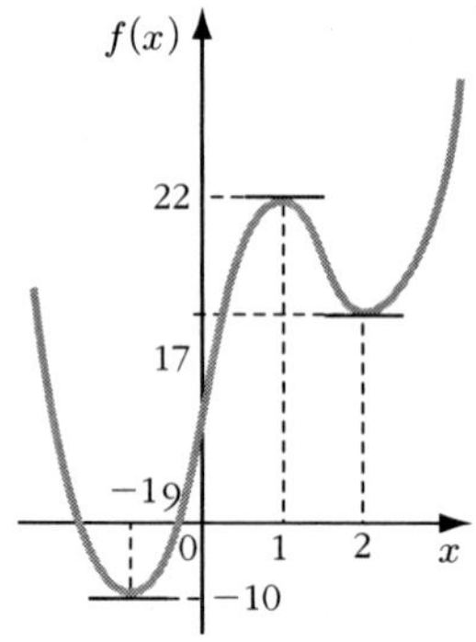

b) $f(x)=x^4-6x^3-8x+13$에서 $f'(x)=4x^3-12x-8=4(x+1)^2(x-2)$
$f'(x)=0$에서 $x=-1,\ 2$

x	$-\infty$	$\cdots$	-1	$\cdots$	2	$\cdots$	$+\infty$
$f'(x)$		$-$	0	$-$	0	$+$	
$f(x)$		↘	16	↘	-11	↗	
	$+\infty$		극소		극소		$+\infty$

$\therefore$ $x=2$ 에서 극소값 -11

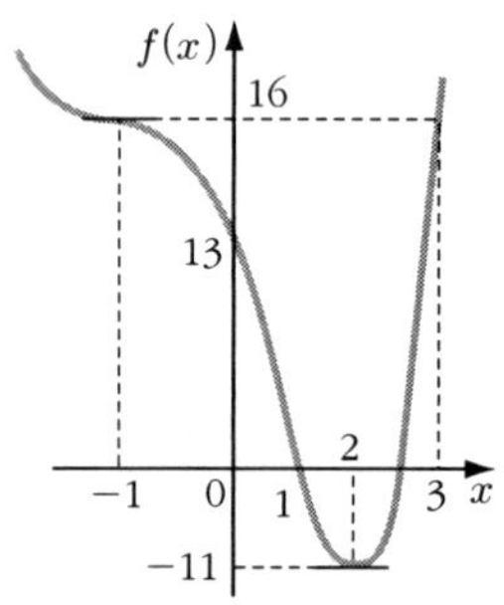

4) 이계도함수를 이용한 함수의 극대와 극소

이계도함수를 갖는 완수 $f(x)$에 대하여 $f'(a)=0$일 때

a) $f''(a) > 0$이면 $f(x)$는 $x=a$에서 극소이고, 극소값 $f(a)$를 갖는다.

$f''(a) > 0$이므로 $f'(a)$는 $x=a$에서 증가상태에 있다. 그런데, $f'(a)=0$이므로 $f'(x)$는 $x=a$의 좌우에서 부호가 음(−)에서 양(+)으로 바뀐다. 따라서, $f(x)$는 $x=a$에서 극소이며, 극소값은 $f(a)$이다.

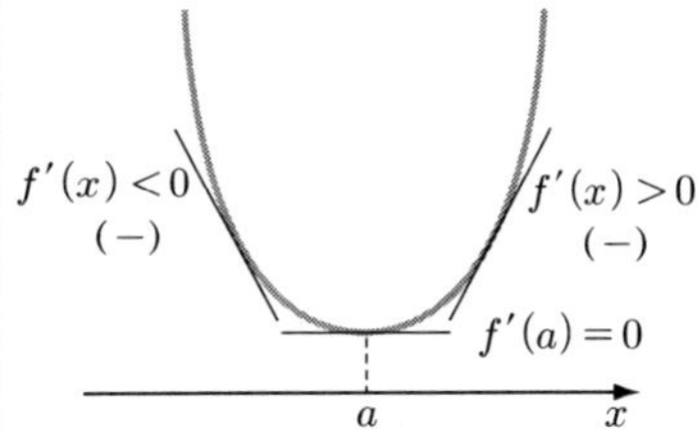

$x=a$에서 극소

b) $f''(a) < 0$이면 $f(x)$는 $x=a$에서 극대이고, 극대값 $f(a)$를 갖는다.

$f''(a) < 0$이므로 $f'(a)$는 $x=a$에서 감소상태에 있다. 그런데, $f'(a)=0$이므로 $f'(x)$는 $x=a$의 좌우에서 부호가 양(+)에서 음(−)으로 바뀐다. 따라서, $f(x)$는 $x=a$에서 극대이며, 극대값은 $f(a)$이다.

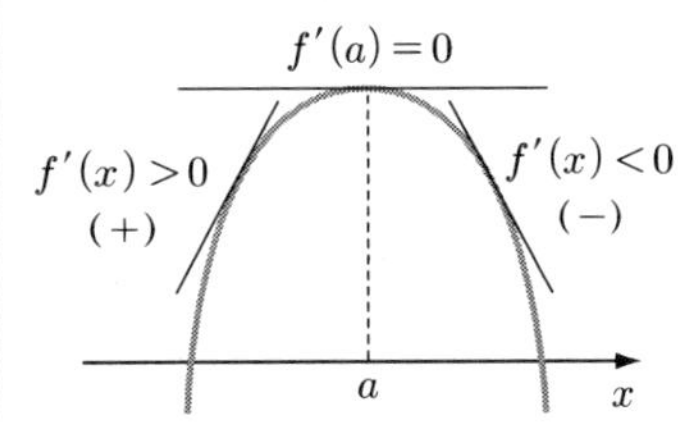

$x=a$에서 극대

예 1 이계도함수를 이용하여 함수 $f(x)=\sin x (0 \le x \le 2\pi)$의 극값을 구하여라.

풀이 먼저, $f'(x)-0$인 점을 찾고 그 점에서 $f''(x)$의 부호를 조사하여 극대, 극소를 판별한다.

$f'(x)=\cos x, \quad f''(x)=-\sin x$

$0 \le x \le 2\pi$에서 $f'(x)=0$인 x의 값은 $x=\frac{\pi}{2}$ 또는 $x=\frac{3}{2}\pi$

$f''\left(\frac{\pi}{2}\right)=-1<0, \quad f''\left(\frac{3}{2}\pi\right)=1>0$

따라서, $x=\frac{\pi}{2}$일 때 극대값 $f\left(\frac{\pi}{2}\right)=1$

$x=\frac{3}{2}\pi$일 때 극소값 $f\left(\frac{3}{2}\pi\right)=-1$

예 2 이계도함수를 이용하여 함수 $y = e^x + e^{-x}$의 극값을 구하여라.

풀이 $y' = e^x - e^{-x}$이므로 $y' = 0$에서 $x = 0$

$y'' = e^x + e^{-x}$에서 $x = 0$일 때 $y'' = e^0 + e^{-0} = 2 > 0$

따라서, $x = 0$에서 극소값 $y = 2$를 갖는다.

예 3 이계도함수를 이용하여 함수 $y = x\ln x$의 극값을 구하여라(단, $0 < x \le e$).

풀이 $f'(x) = onx + x \cdot \dfrac{1}{x} = \ln x + 1$, $f'(x) = 0$에서 $x = \dfrac{1}{e}$

$f''(x) = \dfrac{1}{x}$이고, $f''\left(\dfrac{1}{e}\right) = e > 0$

따라서, $x = \dfrac{1}{e}$에서 극소값 $f\left(\dfrac{1}{e}\right) = -\dfrac{1}{e}$이다.

3. 함수의 최대와 최소

다음 그림에서 $a \le x \le b$에서 연속인 함수 $f(x)$의 구간에서의 최대값, 최소값은 이 구간에서의 극대값과 극소값, $f(a)$, $f(b)$중에서 제일 큰 값이 최대값이고 제일 작은 값이 최소값이다.

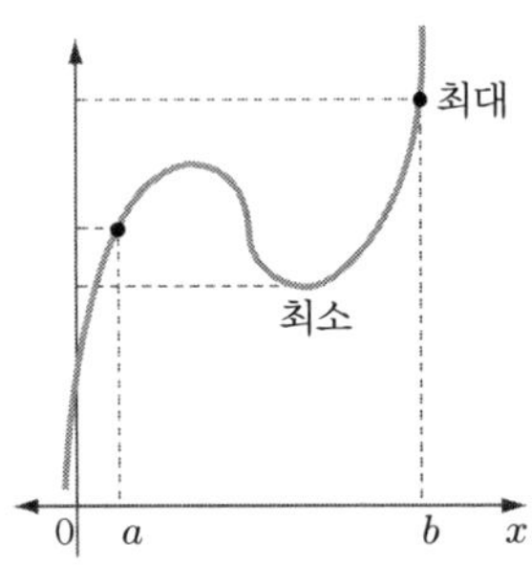

다항함수의 최대값, 최소값은 이차함수일 때는 $y = (x-a)^2 + b$(완전제곱의 꼴)로 변형하여 구하고, 삼차함수 이상의 함수에서는 미분을 이용하여 구한다. 연속함수의 성질 중 최대값, 최소값의 정리에 의하여 다항함수는 폐구간 $[a, b]$에서는 반듯이 최대값과 최소값이 존재하지만, 반개구간 또는 개구간, 즉 $(a, b]$, $[a, b)$, (a, b), $(-\infty, a]$, $[b, \infty)$, (b, ∞), $(-\infty, a)$, $(-\infty, \infty)$ 등에서는 다음 그림과 같이 최대값 또는 최소값이 존재하지 않는다.

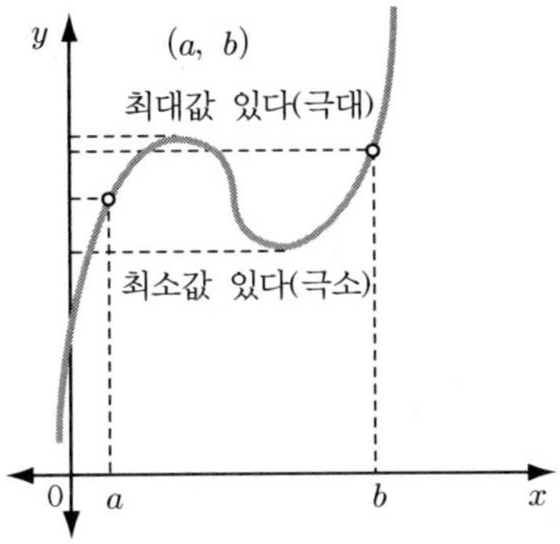

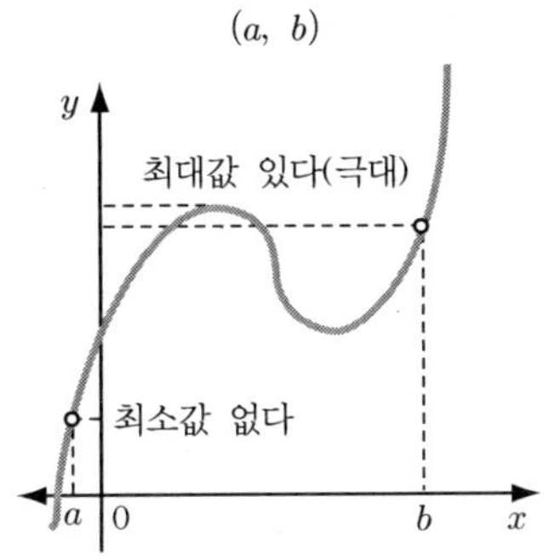

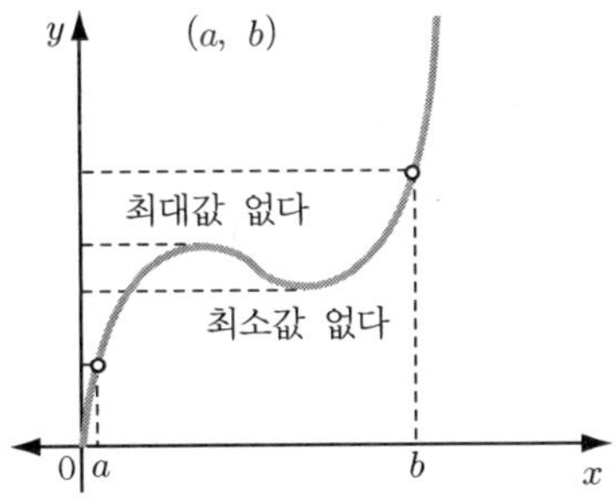

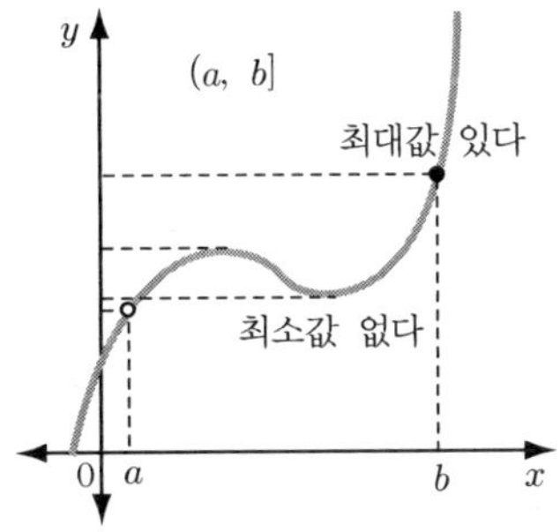

예 1 다음 주어진 구간에서의 최대값, 최소값을 구하여라.

a) $f(x)=2x^3-9x^2+12x-2\,(0 \le x \le 3)$

b) $f(x)=2x^3-6x^2+20\,(-2 \le x \le 2)$

c) $f(x)=2\sin^3 x+3\cos^2 x\,(0 \le x \le 2\pi)$

d) $f(x)=2x^3-3x^2+3\ \ (-1 \le x \le 2)$

풀이 a) $f(x)=2x^3-9x^2+12x-2$에서 $f'(x)=6x^2-18x+12=6(x-1)(x-2)$

$f'(x)=0$에서 $x=1, 2$

$0 \le x \le 3$에서 증감을 소사하면 아래와 같다.

x	0	$\cdots$	1	$\cdots$	2	$\cdots$	3
$f'(x)$		+	0	−	0	+	
$f(x)$	−2	↗	3	↘	2	↗	7
			극대		극소		

∴ 최대값 7, 최소값 −2

b) $f(x)=2x^3-6x^2+20$ 에서 $f'(x)=6x^2-12x=0$ $\therefore x=0$ 또는 $x=2$
주어진 구간에서 극값은 $f(0)=20$, $f(2)=12$이고, $f(-2)=-20$
$\therefore$ 최대값 20, 최소값 -20

c) $\sin x=t$라 두면 $0 \le x \le 2\pi$에서 $-1 \le t \le 1$이고,
$f(x)=2\sin^3 x+3\cos^2 x=2\sin^3 x+3(1-\sin^2 x)=2t^3-3t^2+3$
$y=2t^3-3t^2+3$라 두면 $y'=6t^2-6t=6t(t-1)=0$ $\therefore t=0, 1$
$-1 \le t \le 1$에서 증감을 조사하면 아래와 같다.

x	-1	$\cdots$	0	$\cdots$	1
$f'(x)$		$+$	0	$-$	0
$f(x)$	-2	↗	3	↘	2
			극대		극소

$\therefore$ 최대값 3, 최소값 -2

d) $f(x)=2x^3-3x^2+3$에서 $f'(x)=6x^2-6x=0$ $\therefore x=0, 1$
$f(-1)=-2$, $f(0)=3$, $f(1)=2$, $f(2)=7$
$x=-1$에서 최소값 -2, $x=2$에서 최대값 7

6.3 편도함수

1. 다변수함수

지금까지 살펴본 함수들은 한 개의 독립변수에 한 개의 종속변수가 존재하는 $y=f(x)$형태의 함수였으며 1변수함수라 부른다. 이 절에서는 두 개 이상의 독립변수와 한 개의 종속변수가 존재하는 다변수함수를 살펴보자.

함수 $z=f(x, y)$는 두 개의 독립변수인 x, y와 한 개의 종속변수인 z를 가지는 2변수함수이고, 만약 독립변수가 n개 존재한다면 n변수함수는 $z=f(x_1, x_2, \dots, x_n)$로 표기가 될 것이다.

2변수함수 $f(x, y)$에서 (x, y)가 (a, b)에 접근할 때 $f(x, y)$의 값이 일정한 값 c에 접근하면 "$f(x, y)$는 c에 수렴한다"라고 하고, c를 $f(x, y)$의 극한값이라고 하며 다음과 같이 표기한다.

$$\lim_{(x,y)\to(a,b)} f(x,\ y) = c$$

이렇듯 함수 $f(x,\ y)$의 점$(a,\ b)$에서 극한은 $(x,\ y)$가 일정한 값 l에 한없이 가까워지는 것으로, 점(a, b)에서 함수의 연속은 그 점에서의 극한값과 실제 함수값이 일치하는가를 살펴보는 것이다.

만약 2변수함수 $z=f(x,\ y)$가 $\lim_{(x,y)\to(a,b)} f(x,\ y)=f(a,\ b)$이라면, "함수는 $x=a, y=b$에서 연속이다"라고 말한다.

또한, $f(x,\ y)$, $g(x,\ y)$가 연속함수라 하면 연속함수의 덧셈과 뺄셈$(f(x,\ y) \pm g(x,\ y))$, 곱셈$(f(x,\ y) \cdot g(x,\ y))$, 나눗셈$\left(\dfrac{f(x,y)}{g(x,y)}\right.$ 단, $\left. g(x,y) \neq 0\right)$ 결과가 모두 연속함수라는 특징을 갖는다.

예 1 다음 극한값을 구하여라.

a) $\lim_{\substack{x\to1 \\ y\to3}} xy^2$ b) $\lim_{\substack{x\to0 \\ y\to1}} \dfrac{xy+4}{x^2y-2y}$

풀이 a) $\lim_{\substack{x\to1 \\ y\to3}} xy^2 = 1 \cdot 3^2 = 9$ b) $\lim_{\substack{x\to0 \\ y\to1}} \dfrac{xy+4}{x^2y-2y} = \dfrac{4}{-2} = -2$

2. 편도함수

함수 $z=f(x,\ y)$에서 y는 고정시키고, x만을 변화시킨다고 하자. 그러면 z는 x만의 함수가 되므로 y의 x에 관한 1차 도함수가 존재할 수 있다. 이를 z의 x에 관한 1차 편도함수 또는 z의 x에 관한 편미분이라고 하며 다음과 같이 표기한다.

$$\frac{\partial z}{\partial x} = f_x = \lim_{\Delta x\to0} \frac{f(x+\Delta x,\ y)-f(x,\ y)}{\Delta x}$$

대부분 편미분에서는 $\dfrac{\partial z}{\partial x}$를 사용하는데, $\dfrac{dz}{dx}$와는 같은 의미이다. 다만 2 개의 변수 중 x만이 변화시키는 도함수란 의미를 나타내는 관행적인 표현으로 주로 $\dfrac{\partial z}{\partial x}$ 형태를 많이 사용한다.

지금까지는 1계 편도함수에 대해서만 설명하였는데 2변수함수 $z=f(x,\ y)$를 x

에 대해 편미분하고, 그 결과를 다시 y에 대해 편미분한다면 이것을 2계 편도함수라 고 하고 $\dfrac{\partial^2 z}{\partial x \partial y}$, z_{xy}로 표기한다. 만약 x에 대해서만 편미분을 2번 한다면 2계 편도 함수는 $\dfrac{\partial^2 z}{\partial x^2}$, z_{xx}로 표기된다.

예 1 $z = f(x, y) = x^2y^4$에서 편도함수 f_x와 f_y를 구하여라.

풀이 f_x는 함수 $f(x, y)$에서 y를 상수로 놓고, x만을 변수로 생각하여 미분하면 되므로 $f_y = 2xy^4$ 이다.
f_y는 f_x와 반대로 함수 $f(x, y)$에서 x를 상수로 놓고, y만을 변수로 생각하여 미분하면 되므로 $f_y = 4x^2y^3$ 이다.

예 2 $z = f(x, y) = ye^{2x}$에서 x와 y의 편도함수 $\dfrac{\partial z}{\partial x} = f_x$와 $\dfrac{\partial z}{\partial y} = f_y$를 구하여라.

풀이 $\dfrac{\partial z}{\partial x} = f_x$는 함수 $z = f(x, y) = ye^{2x}$에서 y를 상수로 놓고 x만을 변수로 생각하여 미분하면 되므로 x에 대한 편도함수는 $\dfrac{\partial z}{\partial x} = f_x = 2ye^{2x}$이다.
그리고 y에 대한 편도함수는 또한 마찬가지로 x를 상수로 놓고, y만을 변수로 생각하여 미분하면 $\dfrac{\partial z}{\partial y} = f_y = e^{2x}$가 된다.

예 3 $z = f(x, y) = x^2y^4$일 때 2계 편도함수인 $\dfrac{\partial^2 z}{\partial x \partial y}$을 구하여라.

풀이 2차 편도함수는 x에 대한 편미분을 하고, 그 결과를 다시 y에 대한 편미분을 하여 계산한다.
x에 대한 1차 편도함수인 $\dfrac{\partial z}{\partial x} = 2xy^4$을 다시 y에 대해 편미분을 하면 $\dfrac{\partial^2 z}{\partial x \partial y} = 8xy^3$ 이 된다. $\dfrac{\partial^2 z}{\partial x \partial y} = 8xy^3$이 2차 편도함수가 된다.

3. 전미분

전미분이란 n 변수함수 $y = f(x_1, x_2, \cdots, x_n)$일 때 각 독립변수 $x_1, x_2, \cdots, x_n$에 대한 미분량에 대한 종속변수 y의 변화량을 말한다.

예를 들어 독립변수가 2개인 2변수함수를 살펴보자.

2변수함수인 $z=f(x,y)$에서 종속변수 z의 변화량은 $\Delta z=f(x+\Delta x, y+\Delta y)-f(x,y)$이다. 즉, z의 변화량은 독립변수 x, y에 대한 미분량을 의미하므로

$$\Delta z=f(x+\Delta x,\ y+\Delta y)-f(x,\ y)=f_x(x,\ y)\Delta x+f_y(x,\ y)\Delta y$$

이다. z의 전미분은 간단하게 정리하면,

$$dz=f_x(x,\ y)dx+f_y(x,\ y)dy=\frac{\partial z}{\partial x}dx+\frac{\partial z}{\partial x}dy$$

로 표시할 수 있다.

예 1 다음 함수의 전미분을 구하여라.

a) $z=f(x,y)=x^2y+xy+xy^3$　　b) $z=f(x,y)=x^2\sin y$

풀이 a) $dz=f_x dx+f_y dy=(x^2y+xy+xy^3)dx+(x^2y+xy+xy^3)dy$
$=(2xy+y+y^3)dx+(x^2+x+2xy^2)dy$

b) $dz=f_x dx+f_y dy=(x^2\sin y)dx+(x^2\sin y)\,dy$
$=2x\sin y\,dx+x^2\cos y\,dy$

제6장 도함수의 응용(Ⅰ)

연습문제

1. 곡선 $y=x^3+2x^2-3x+1$ 위의 $x=1$인 점에서의 접선이 다시 이 곡선과 만나는 점의 좌표를 구하여라.

2. 곡선 $y=2x^2-3x-1$의 기울기가 1인 직선의 방정식을 구하여라.

3. 다음 각 함수는 모든 구간에서 증가함수임을 보여라.

(a) $f(x)=x^3-6x^2+15x+5$ (b) $f(x)=x^3-3x^2+3x-5$

4. 함수 $f(x)=-x^3+\dfrac{3}{2}x^2+18x+5$가 증가하는 x의 값의 범위를 구하여라.

5. 다음 함수의 극값을 구하고 그 그래프를 그려라.

(a) $f(x)=|x^3-3x|$ (b) $f(x)=x|x^2-2x|+1$

(c) $y=x^2-2|x|+1$ (d) $f(x)=x|x^2-3x|+1$

6. 다음 함수의 최대값, 최소값을 구하여라.

(a) $f(x)=x^4-4|x^2-1|\ (-1\le x\le 2)$ (b) $f(x)=x^3-3|x^2-1|(-1\le x\le 3)$

(c) $f(x)=|x|(x^2-3x)\ (-1<x<4)$

7. 점 $(2,0)$에서 곡선 $y=x^2-3$에 그은 접점의 좌표와 접선의 방정식을 구하여라.

제Ⅲ편

적분편

제 7 장　적분법

제 8 장　정적분의 활용

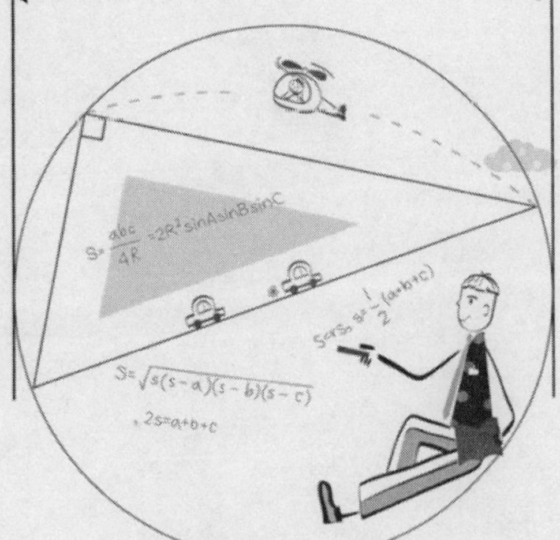

제7장 적분법

7.1 부정적분

1. 부정적분의 정의

부정적분(원시함수)를 정리하면 다음과 같다.

함수 $f(x)$가 주어져 있을 때 $F'(x)=f(x)$인 함수 $F(x)$를 $f(x)$의 **부정적분** 또는 **원시함수**라 한다. 함수 $f(x)$의 부정적분의 하나를 $F(x)$라 할 때 $f(x)$의 임의의 부정적분은 $F(x)+C$의 꼴로 나타내어지며, 이것을

$$\int f(x)dx = F(x)+C\,(\text{단, } C\text{는 적분상수})$$

로 나타낸다. 다시 말해서, $F'(x)=f(x) \Leftrightarrow \int f(x)dx = F(x)+C$

여기서, C를 **적분상수**, $f(x)$를 **피적분함수**, x를 **적분변수**라 하고, $f(x)$의 부정적분을 구하는 것을 $f(x)$를 적분한다고 한다.

2. 부정적분과 미분 사이의 관계

1) $\int \left(\frac{d}{dx}f(x)\right)dx = f(x)+C$ (C는 적분상수)

[증명] $\int \left(\frac{d}{dx}f(x)\right)dx = F(x)$라 두면 $\frac{d}{dx}F(x)=\frac{d}{dx}f(x)$이므로

$$\frac{d}{dx}F(x)-\frac{d}{dx}f(x)=0,\ \frac{d}{dx}(F(x)-f(x))=0$$

$\therefore\ F(x)-f(x)=C$, 즉 $F(x)=f(x)+C$

$\therefore\ \int\left(\frac{d}{dx}f(x)\right)dx=f(x)+C$

2) $\frac{d}{dx}\left(\int f(x)dx\right)=f(x)$

[증명] $f(x)$의 부정적분의 하나를 $F(x)$라 하면 $\int f(x)dx=F(x)+C$이므로

$F'(x)=f(x)\quad \therefore\ \frac{d}{dx}\left(\int f(x)\,dx\right)=\frac{d}{dx}(F(x)+c)=F'(x)=f(x)$

즉, $\frac{d}{dx}\left(\int f(x)dx\right)=f(x)$이다.

예 1 $\int\left(\frac{d}{dx}x^3\right)dx$, $\frac{d}{dx}\left(\int x^3dx\right)$의 각각을 구하여라.

풀이 $(x^3)'=3x^2$이므로 $\int\left(\frac{d}{dx}x^3\right)dx=\int 3x^2dx=x^3+C$

$(x^4)'=4x^3$이므로 $\left(\frac{1}{4}x^4\right)'=x^3\quad \therefore\ \frac{d}{dx}\left(\int x^3dx\right)=\frac{d}{dx}\left(\frac{1}{4}x^4+C\right)=x^3$

예 2 $\log_x\left\{\frac{d}{dx}\left(\int x^2dx\right)\right\}=x^2-2x-1$을 만족하는 x의 값을 구하여라.

풀이 $\frac{d}{dx}\left(\int x^2dx\right)=x^2$이므로 주어진 식은 $\log_x x^2=x^2-2x-1$, $2=x^2-2x-1$

$x^2-2x-3=0\quad (x+1)(x-3)=0\quad \therefore\ x=-1,\ 3$

그런데, 진수와 밑의 조건에서 $x>0$, $x\neq 1$이므로 $x=3$

---

3. 부정적분의 기본 공식

1) 부정적분의 기본공식

a) $\int kf(x)\,dx=k\int f(x)\,dx$ (k는 상수)

[증명] $\int f(x)\,dx=F(x)+C$라고 하면 $F'(x)=f(x)$이고

우변 $k\int f(x)\,dx = kF(x) + kC$ ……………………………………………… ①

또, $\{kF(x)\}' = kF'(x) = kf(x)$이므로

좌변 $\int kf(x)\,dx = kF(x) + C_1$ ……………………………………………… ②

여기서, 적분상수를 $kC = C_1$이 되게 정하면 ①과 ②의 우변은 같다.

따라서, $\int kf(x)\,dx = k\int f(x)\,dx$

b) $\int \{f(x) + g(x)\}\,dx = \int f(x)dx + \int g(x)\,dx$

[증명] $\int f(x)\,dx = F(x) + C_1$, $\int g(x)\,dx = G(x) + C_2$라고 하면

$F'(x) = f(x)$, $G'(x) = g(x)$이고,

$\int f(x)\,dx + \int g(x)\,dx = F(x) + G(x) + C_1 + C_2$ ……………………… ①

두 함수의 합의 도함수는 각각의 도함수의 합과 같으므로

$\{F(x) + G(x)\}' = F'(x) + G'(x) = f(x) + g(x)$

따라서, $\int \{f(x) + g(x)\}dx = F(x) + G(x) + C$ ……………………… ②

여기서, 적분상수를 $C = C_1 + C_2$가 되게 정하면 ①, ② 의 우변은 같다.

따라서, $\int \{f(x) + g(x)\}\,dx = \int f(x)dx + \int g(x)\,dx$

c) $\int \{f(x) - g(x)\}\,dx = \int f(x)dx - \int g(x)\,dx$

[증명] a)에서 $k = -1$이라 하고 b)를 이용하면,

$$\begin{aligned}\int \{f(x) - g(x)\}\,dx &= \int \{f(x) + (-g(x))\}\,dx \\ &= \int f(x)\,dx + \int \{-g(x)\}dx \\ &= \int f(x)\,dx - \int g(x)\,dx\end{aligned}$$

2) x^n(n은 정수)의 부정적분

a) $n \neq -1$일 때 $\int x^n dx = \dfrac{x^{n+1}}{n+1} + C$

b) $n = -1$일 때 $\int \dfrac{1}{x} dx = \ln|x| + C$

예 1 다음 부정적분을 구하여라.

a) $\int \dfrac{5}{x} dx$ b) $\int \dfrac{3-x}{x^2} dx$

풀이 a) $\int \dfrac{5}{x} dx = 5\int \dfrac{1}{x} dx = 5\ln|x| + C$

b) $\int \dfrac{3-x}{x^2} dx = \int \dfrac{3}{x^2} dx - \int \dfrac{1}{x} dx = -\dfrac{3}{x} - \ln|x| + C$

3) $\int (ax+b)^n dx$의 계산

a가 0이 아니고, n이 0 또는 양의 정수일 때

$$\int (ax+b)^n dx = \frac{(ax+b)^{n+1}}{a(n+1)} + C \;(C\text{는 상수})$$

[증명] $\dfrac{d}{dx}\left\{\dfrac{(ax+b)^{n+1}}{a(n+1)} + C\right\} = \dfrac{1}{a(n+1)}(n+1)(ax+b)^n(ax+b)'$

$$= (ax+b)^n$$

$$\therefore \int (ax+b)^n dx = \frac{(ax+b)^{n+1}}{a(n+1)} + C$$

예 2 다음 부정적분을 구하여라.

a) $\int (2x+1)^4$ b) $\int \dfrac{x^3}{x-1} dx - \int \dfrac{1}{x-1} dx$ c) $\int (\sqrt{2} + \sqrt[4]{x}) dx$

풀이 a) $\int (2x+1)^4 = \dfrac{(2x+1)^{4+1}}{2(4+1)} + C = \dfrac{(2x+1)^5}{10} + C$

b) $\int \dfrac{x^3}{x-1} dx - \int \dfrac{1}{x-1} dx = \int \dfrac{x^3-1}{x-1} dx = \int (x^2+x+1) dx$

$$= \frac{1}{3}x^3 + \frac{1}{2}x^2 + x + C$$

c) $\int (\sqrt{2}+\sqrt[4]{x})dx=\int \left(x^{\frac{1}{2}}+x^{\frac{1}{4}}\right)dx=\int x^{\frac{1}{2}}dx+x^{\frac{1}{4}}dx$

$$=\frac{2}{3}x^{\frac{3}{2}}+\frac{4}{5}x^{\frac{5}{4}}+C=\frac{2}{3}x\sqrt{x}+\frac{4}{5}x\sqrt[4]{x}+C$$

4. 삼각함수의 부정적분

a) $(\cos x)'=-\sin x$ 이므로 $\int \sin x\,dx=-\cos x+C$

b) $(\sin x)'=\cos x$ 이므로 $\int \cos x\,dx=\sin x+C$

c) $(\tan x)'=\sec^2 x$ 이므로 $\int \sec^2 x\,dx=\tan x+C$

d) $(\cot x)'=-\mathrm{cosec}^2 x$ 이므로 $\int \mathrm{cosec}^2 x\,dx=-\cot x+C$

e) $(\sec x)'=\sec x\tan x$ 이므로 $\int \sec x\tan x\,dx=\sec x+C$

f) $(\mathrm{cosec}\,x)'=-\mathrm{cosec}\,x\cot x$ 이므로 $\int \mathrm{cosec}\,x\cot x\,dx=-\mathrm{cosec}\,x+C$

예 1 다음 부정적분을 구하여라.

a) $\int (2\cos x-3\sin x)dx$ b) $\int (1+2\tan x)\cos x\,dx$

c) $\int \frac{1}{1-\cos^2 x}dx$

풀이 a) $\int (2\cos x-3\sin x)dx=2\int \cos x\,dx-3\int \sin x\,dx=2\sin x+3\cos x+C$

b) $\int (1+2\tan x)\cos x\,dx=\int (\cos x+2\sin x)dx=\int \cos x\,dx+2\int \sin x\,dx$

$$=\sin x-2\cos x+C$$

c) $\int \frac{1}{1-\cos^2 x}dx=\int \frac{1}{\sin^2 x}dx=\int \mathrm{cosec}^2 x\,dx=-\cot x+C$

예 2 다음 부정적분을 구하여라(반각, 배각, 3배각, 곱을 합으로).

a) $\int \sin x\cos x\cos 2x\,dx$ b) $\int \sin 3\cos 2x\,dx$ c) $\int \sin 3x\,dx$

풀이 a) $\sin x \cos x = \frac{1}{2}\sin 2x$ 이므로

준식$= \frac{1}{2}\int \sin 2x \cos 2x\, dx = \frac{1}{4}\int \sin 4x\, dx = -\frac{1}{16}\cos 4x + C$

b) $\sin 3x \cos 2x = \frac{1}{2}\{\sin(3x+2x) + \sin(3x-2x)\} = \frac{1}{2}(\sin 5x + \sin x)$

준식$= \frac{1}{2}\int (\sin 5x + \sin x)\, dx = \frac{1}{2}\left(-\frac{1}{5}\cos 5x - \cos x\right) + C$

$= -\frac{1}{10}\cos 5x - \frac{1}{2}\cos x + C$

c) $\sin 3x = 3\sin x - 4\sin^3 x$ 에서 $\sin^3 x = -\frac{1}{4}\sin 3x + \frac{3}{4}\sin x$ 이므로

준식$= \int \left(\frac{3}{4}\sin x - \frac{1}{4}\sin 3x\right) dx = -\frac{3}{4}\cos x + \frac{1}{12}\cos 3x + C$

5. 지수함수의 부정적분

지수함수의 미분법으로부터

a) $(e^x)' = e^x$ 이므로 $\int e^x dx = e^x + C$

b) $(a^x)' = \frac{a^x}{\ln a} + C$ (단, $a > 0,\ a \neq 1$)

예 1 다음 부정적분을 구하여라.

a) $\int e^{x+2} dx$　　　b) $\int a^{x+h} dx$

풀이 a) $\int e^{x+2} dx = \int e^x \cdot e^2 dx = e^2 \int e^x dx = e^2 e^x + C = e^{x+2} + C$

b) $\int a^{x+h} dx = \int a^x \cdot a^h dx = a^h \int a^x dx = a^h \cdot \frac{a^x}{\ln a} + C = \frac{a^{x+h}}{\ln a} + C$

6. 치환적분법

1) 치환적분법

부정적분 $F(x) = \int f(x)\, dx$ 에서 $x = g(t)$ 이면 $F(x) = F(g(t))$ 이므로 합성함수의 미분법에 의하여

$$\frac{d}{dx}F(x)=\frac{d}{dx}F(x)\cdot\frac{dx}{dt}=f(x)\cdot g'(t)=f\{g(t)\}\cdot g'(t)$$

따라서, $\int f\{g(t)\}\cdot g'(t)dt=F(x)=\int f(x)\,dx$

$\therefore\ \int f(x)\,dx=\int f\{g(t)\}\cdot g'(t)dt$

이와 같이, $x=g(t)$라 두고 x를 t의 함수로 치환하여 적분하는 방법을 **치환적분법**이라 한다. 그러면, 이 방법을 이용하여 부정적분 $\int\cos(3x+1)\,dx$를 구하여 보자.

함수 $f(x)=\frac{1}{3}\sin(3x+1)$을 미분하면

$$\frac{d}{dx}\left\{\frac{1}{3}\sin(3x+1)\right\}=\frac{1}{3}\cos(3x+1)\cdot(3x+1)'=\cos(3x+1)$$

따라서, $\int\cos(3x+1)dx=\frac{1}{3}\int\cos(3x+1)\cdot(3x+1)'dx$

$$=\frac{1}{3}\sin(3x+1)+C$$

그러나, 이와 같이 하면 $f(x)$를 찾는 것은 쉬운 일이 아니므로, 치환적분법을 이용하여 $\int\cos(3x+1)\,dx$를 구하여 보자. $3x+1=t$라 두면

$$3\frac{dx}{dt}=1 \qquad \therefore\ dx=\frac{1}{3}dt$$

$$\therefore\ \int\cos(3x+1)\,dx=\int\cos t\cdot\frac{1}{3}dt=\frac{1}{3}\int\cos t\,dt$$

$$=\frac{1}{3}\sin t+C=\frac{1}{3}\sin(3x+1)+C$$

예 1 다음 부정적분을 구하여라.

a) $\int(2x+1)\sqrt{2x+3}\,dx$ b) $\int\frac{4x}{\sqrt{3-2x^2}}dx$

c) $\int x\sqrt{1-3x}\,dx$ d) $\int\frac{x}{\sqrt[3]{2x-1}}dx$

풀이 a) $\sqrt{2x+3}=t$라 두면 $2x+3=t^2$, $2x=t^2-3$ $\therefore\ dx=t\,dt$

$$\text{준식}=\int(t^2-2)t^2dt=\int(t^4-2t^2)dt=\frac{1}{5}t^5-\frac{2}{3}t^3+C$$

$$=\frac{t}{15}(3t^4-10t^2)+C=\frac{1}{15}\sqrt{2x+3}\{3(2x+3)^2-10(2x+3)\}+C$$

$$=\frac{1}{15}(12x^2+16x-3)\sqrt{2x+3}+C$$

b) $\sqrt{3-2x^2}=t$라 두면 $3-2x^2=t^2$ $\therefore\ -4x\,dx=2t\,dt$

$$\text{준식}=-\int 2dt=-2t+C=-2\sqrt{3-2x^2}+C$$

c) $\sqrt{1-3x}=t$라 두면 $1-3x=t^2$, $x=\frac{1}{3}(1-t^2)$ $\therefore\ dx=-\frac{2}{3}t\,dt$

$$\text{준식}=-\frac{2}{9}\int(1-t^2)t^2dt=-\frac{2}{9}\left(\frac{t^3}{3}-\frac{t^5}{5}\right)+C=-\frac{2}{9}\cdot\frac{t^3}{15}(5-3t^2)+C$$

$$=-\frac{2}{135}(2+9x)(1-3x)\sqrt{1-3x}+C$$

d) $\sqrt[3]{2x-1}=t$라 두면 $x=\frac{1}{2}(t^3+1)$ $\therefore\ dx=\frac{3}{2}t^2dt$

$$\text{준식}=\int\frac{t^3+1}{2t}\cdot\frac{3}{2}t^2dt=\frac{3}{4}\int(t^4+t)dt=\frac{3}{4}\left(\frac{t^5}{5}+\frac{t^2}{2}\right)+C$$

$$=\frac{3}{40}t^2(2t^3+5)+C=\frac{3}{40}(4x+3)\sqrt[3]{(2x-1)^2}+C$$

예 2 다음 부정적분을 구하여라.

a) $\int\sin^3x\cos x\,dx$ b) $\int\frac{\sin x(1+\cos x)}{\cos^2x}dx$

c) $\int\sin x(\sin^4x+\cos^5x)\,dx$

풀이 a) $\sin x=t$라 두면 $\cos x\,dx=dt$

$$\text{준식}=\int t^3dt=\frac{t^4}{4}+C=\frac{\sin^4x}{4}+C$$

b) $\cos x=t$라 두면 $-\sin x\,dx=dt$

$$\text{준식}=-\int\frac{1+t}{t^2}dt=-\int\frac{1}{t^2}dt-\int\frac{1}{t}dt=\frac{1}{t}-\ln|t|+C$$

$$=\frac{1}{\cos x}-\ln|\cos x|+C$$

c) $\cos x=t$라 두면 $-\sin x\,dx=dt$이고,

$\sin^4x=(1-\cos^2x)^2=(1-t^2)^2=t^4-2t^2+1$

준식$=-\int (t^5+t^4-2t^2+1)dt=-\frac{1}{6}t^6-\frac{1}{5}t^5+\frac{2}{3}t^3-t+C$

$=-\frac{1}{6}\cos^6 x-\frac{1}{5}\cos^5 x+\frac{2}{3}\cos^3 x-\cos x+C$

예 3 다음 부정적분을 구하여라.

a) $\int \frac{dx}{\sqrt{(a-x^2)^3}}$ $(a>0)$ b) $\int \frac{dx}{\sqrt{(a+x^2)^3}}$ $(a>0)$

c) $\int \frac{dx}{\sqrt{(1-x^2)^3}}$ d) $\int \frac{dx}{\sqrt{(1+x^2)^3}}$

풀이 a) $x=a\sin\theta$라 두면 $\sqrt{a^2-x^2}=a\cos\theta$, $dx=a\cos\theta\, d\theta$

$$\therefore \int \frac{1}{\sqrt{(a-x^2)^3}}dx=\int \frac{a\cos\theta}{a^3\cos^3\theta}d\theta=\frac{1}{a^2}\int \frac{1}{\cos^2\theta}d\theta=\frac{1}{a^2}\int \sec^2\theta\, d\theta$$

$$=\frac{1}{a^2}\tan\theta+C=\frac{x}{a^2\sqrt{a^2-x^2}}+C$$

b) $x=a\tan\theta$라 두면 $\sqrt{a^2-x^2}=a\sec\theta$, $dx=a\sec^2\theta\, d\theta$

$$\therefore \int \frac{1}{\sqrt{(a+x^2)^3}}dx=\int \frac{a\sec^2\theta}{a^3\sec^3\theta}d\theta=\frac{1}{a^2}\int \cos\theta\, d\theta=\frac{1}{a^2}\sin\theta+C$$

$$=\frac{x}{a^2\sqrt{a^2+x^2}}+C$$

c) $x=\sin t$라 두면 $dx=\cos t\, dt$

준식$=\int \frac{\cos t}{\cos^2 t}dt=\int \sec^2 t\, dt=\tan t+C=\frac{x}{\sqrt{1-x^2}}+C$

d) $x=\tan t$라 두면 $dx=\sec^2 t\, dt$

준식$=\int \frac{\sec^2 t}{\sec^3 t}dt=\int \cos t\, dt=\frac{x}{\sqrt{x^2+1}}+C$

2) 치환적분법의 활용

a) $\int f(ax+b)dx=\frac{1}{a}F(ax+b)+C$ (단, $a\neq 0$, $\int f(x)=F(x)+C$)

[증명] $ax+b=t$라 두면 $a\frac{dx}{dt}=1$

$$\int f(ax+b)dx=\int f(t)\cdot\frac{1}{a}dt=\frac{1}{a}\int f(t)\,dt$$

$$\int f(t)\,dt = F(t) + C \text{ 이면 } \int f(ax+b)dx = \frac{1}{a}F(ax+b) + C$$

위의 성질을 이용하면 다음과 같은 적분을 간단히 구할 수 있다. 즉, $a \neq 0$일 때

$$\int (ax+b)^n dx = \frac{1}{a(n+1)}(ax+b)^{n+1} + C \text{ (단, } n \neq -1)$$

$$\int \frac{1}{ax+b}dx = \frac{1}{a}\ln|ax+b| + C$$

$$\int \sin(ax+b)dx = -\frac{1}{a}\cos(ax+b) + C$$

$$\int \cos(ax+b)dx = \frac{1}{a}\sin(ax+b) + C$$

$$\int e^{ax+b}dx = \frac{1}{a}e^{ax+b} + C$$

b) $\int \{f(x)\}^n f'(x)dx = \frac{1}{n+1}\{f(x)\}^{n+1} + C$(단, $n \neq -1$)

[증명] $f(x) = t$라 두면 $f'(x)\frac{dx}{dt} = 1$

$$\therefore \int \{f(x)\}^n f'(x)\,dx = \int t^n dt = \frac{1}{n+1}t^{n+1} + C$$

$$= \frac{1}{n+1}\{f(x)\}^{n+1} + C \ (n \neq -1)$$

c) $\int \frac{f'(x)}{f(x)}dx = \ln|f(x)| + C$

[증명] $f(x) = t$라 두면 $f'(x)\frac{dx}{dt} = 1$

$$\therefore \frac{f'(x)}{f(x)} = \int \frac{1}{t}dt = \ln|t| + C = \ln|f(x)| + C$$

예 4 다음 부정적분을 구하여라.

a) $\int \sin^4 x \cos x dx$ b) $\int \frac{x^2}{x^3-2}dx$ c) $\int \tan x dx$

d) $\int \frac{e^x}{e^x+1}dx$ e) $\int \frac{1+\cos x}{x+\sin x}dx$

풀이 a) $\int \sin^4 x \cos x dx = \int \sin^4 x (\sin x)' dx = \frac{1}{5}\sin^5 x + C$

b) $\int \frac{x^2}{x^3-2}dx = \frac{1}{3}\int \frac{3x^2}{x^3-2}dx = \frac{1}{3}\int \frac{(x^3-2)'}{(x^3-2)}dx = \frac{1}{3}\ln|x^3-2| + C$

c) $\int \tan x dx = \int \frac{\sin x}{\cos x}dx = -\int \frac{-\sin x}{\cos x}dx = -\int \frac{(\cos x)'}{\cos x}dx$

$= -\ln|\cos x| + C$

d) $\int \frac{e^x}{e^x+1}dx = \int \frac{(e^x+1)'}{e^x+1}dx = \ln|e^x+1| + C$

e) $\int \frac{1+\cos x}{x+\sin x}dx = \int \frac{(x+\sin x)'}{x+\sin x}dx = \ln|x+\sin x| + C$

7. 분수함수의 부정적분

1) 분모, 분자를 각각 인수분해하여 약분한다. 즉, 기약분수꼴로 고친다.

2) 다음과 같이 주어진 식을 적절히 변형하여 기본공식에 대입한다.

a) (분자의 차수) 〉 (분모의 차수)인 경우

직접 나눗셈을 하여 몫과 나머지를 나누어 계산한다.

b) (분자의 차수) 〈 (분모의 차수)인 경우 부분분수로 분해한다.

3) 부분분수를 인수분해하는 방법

일반적으로 다음과 같이 식을 변형한 후 항등식임을 이용해 미정계수를 구한다.

a) 분모가 일차식으로 표현되는 경우, 즉 계수가 실수인 일차식의 곱으로 표현될 때

$$\frac{x+2}{(x+1)(x+3)} = \frac{1}{2}\left(\frac{1}{x+1} + \frac{1}{x+3}\right)$$

$$\frac{x^2+2x+3}{(x+1)(x+2)^2} = \frac{2}{x+1} - \frac{1}{x+2} - \frac{3}{(x+2)^2}$$

$$\frac{x-1}{x^2-2x-1}=\frac{x-1}{(x-1-\sqrt{2})(x-1+\sqrt{2})}$$
$$=\frac{1}{2}\left(\frac{1}{x-1-\sqrt{2}}+\frac{1}{x-1+\sqrt{2}}\right)$$

b) 분모에 이차식이 포함된 경우

$$\frac{3x^2+4x+4}{(x+1)(x^2+x+3)}=\frac{1}{x+1}+\frac{2x+1}{x^2+x+3}$$

(x^2+x+3)은 실수의 범위에서 인수분해되지 않는다.

예 1 다음 부정적분을 구하여라.

a) $\int \frac{x^3+2x}{x^2+2x+1}dx$ b) $\int \frac{x+1}{x(x-1)^2}dx$

c) $\int \frac{x^3-x^2-3x}{x^2-2x-1}dx$ d) $\int \frac{dx}{x^2(x-1)}$

풀이 a) $\int \frac{x^3+2x}{x^2+2x+1}dx=\int\left(x-1+\frac{2x+1}{x^2+x+1}\right)dx$

$$=\int\left\{x-1+\frac{(x^2+x+1)'}{x^2+x+1}\right\}dx$$
$$=\frac{1}{2}x^2-x+\ln(x^2+x+1)+C$$

b) $\frac{x+1}{x(x-1)^2}=\frac{A}{x}+\frac{B}{x-1}+\frac{C}{(x-1)^2}=\frac{A(x-1)^2+Bx(x-1)+Cx}{x(x-1)^2}$

$$=\frac{(A+B)x^2+(-2A-B+C)x+A}{x(x-1)^2}$$

이 식은 항등식이므로 $A+B=0$, $-2A-B+C=1$, $A=1$

이것을 풀면, $A=1$, $B=-1$, $C=2$이다.

따라서, $\frac{x+1}{x(x-1)^2}=\frac{1}{x}-\frac{1}{x-1}+\frac{2}{(x-1)^2}$

$$\therefore \int\frac{dx}{x(x-1)^2}=\int\left\{\frac{1}{x}-\frac{1}{x-1}+\frac{2}{(x+1)^2}\right\}dx$$
$$=\ln|x|-\ln|x-1|-\frac{2}{x-1}+C$$
$$=\ln\left|\frac{x}{x-1}\right|-\frac{2}{x-1}+C$$

c) $\dfrac{x^3-x^2-3x}{x^2-2x-1}=x+1+\dfrac{1}{x^2-2x-1}$

$$=x+1+\frac{1}{\{x-(1+\sqrt{2})\}\{x-(1-\sqrt{2})\}}$$

$$=x+1+\frac{1}{2\sqrt{2}}\left\{\frac{1}{x-(1+\sqrt{2})}-\frac{1}{x-(1-\sqrt{2})}\right\}$$

준식$=\displaystyle\int\left[x+1+\frac{1}{2\sqrt{2}}\left\{\frac{1}{x-(1+\sqrt{2})}-\frac{1}{x-(1-\sqrt{2})}\right\}\right]dx$

$$=\frac{x^2}{2}+x+\frac{1}{2\sqrt{2}}\ln\left|\frac{x-1-\sqrt{2}}{x-1+\sqrt{2}}\right|+C$$

d) $\dfrac{1}{x^2(x-1)}=\dfrac{A}{x^2}+\dfrac{B}{x}+\dfrac{C}{x-1}$에서 $A=-1$, $B=-1$, $C=1$

준식$=\displaystyle\int\left(\frac{-1}{x^2}-\frac{1}{x}+\frac{1}{x-1}\right)dx=\frac{1}{x}-\ln|x|+\ln|x-1|+C$

$$=\frac{1}{x}+\ln\left|\frac{x-1}{x}\right|+C$$

8. 부분적분법

$$\int f'(x)g(x)dx=f(x)g(x)-\int f(x)g'(x)\,dx$$

[증명] $\{f(x)g(x)\}'=f'(x)g(x)+f(x)g'(x)$에서 양변을 x에 대하여 적분하면

$$f(x)g(x)=\int\{f'(x)g(x)+f(x)g'(x)\}dx$$

$$=\int f'(x)g(x)dx+\int f(x)g'(x)dx$$

$$\therefore \int f'(x)g(x)dx=f(x)g(x)-\int f(x)g'(x)\,dx$$

위의 공식이 어떻게 적용되는지를 $\int\ln x\,dx=x\ln x-x+C$를 증명해 보면 쉽게 이해할 수 있다.

[증명] $f'(x)=1$, $g(x)=\ln x$라 하면 $f(x)=x$, $g'(x)=\dfrac{1}{x}$이므로

$\int\ln x\,dx$는 $\int f'(x)g(x)dx=f(x)g(x)-\int f(x)g'(x)\,dx$의 공식을 적용하면 다음과 같다.

$$\int 1 \cdot \ln x\,dx = x \cdot \ln x - \int x \cdot \frac{1}{x}\,dx = x\ln x - x + C$$

예 1 다음 부정적분을 구하여라.

a) $\int xe^x dx$ b) $\int x\sin 2x\,dx$ c) $\int (2x-1)\ln x\,dx$

d) $\int x\cos^2 x\,dx$ e) $\int x\ln x dx$ f) $\int x^3 \ln x\,dx$

풀이 a) $f'(x)=e^x$, $g(x)=x$라 두면 $f(x)=e^x$, $g'(x)=1$

$$\therefore \int x e^x\,dx = x e^x - \int e^x \cdot 1\,dx = xe^x - e^x + C$$

b) $f'(x)=\sin 2x$, $g(x)=x$라 두면 $f(x)=-\frac{1}{2}\cos 2x$, $g'(x)=1$이므로

$$\therefore \int x\sin 2x\,dx = \left(-\frac{1}{2}\cos 2x\right)x - \int\left(-\frac{1}{2}\cos 2x\right)\cdot 1\,dx$$
$$=-\frac{1}{2}x\cos x + \frac{1}{4}\sin 2x + c$$

c) $f'(x)=2x-1$, $g(x)=\ln x$라 두면 $f(x)=x^2-x$, $g'(x)=\frac{1}{x}$이므로

$$\therefore \int (2x-1)\ln x\,dx = (x^2-x)\cdot \ln x - \int (x^2-x)\cdot\frac{1}{x}dx$$
$$=(x^2-x)\cdot\ln x - \int (x-1)\,dx = (x^2-x)\cdot \ln x - \frac{1}{2}x^2 + x + C$$

d) $\int x\cos^2 x\,dx = \int x\cdot\frac{1+\cos 2x}{2}dx = \frac{1}{2}\int x(1+\cos 2x)dx$

여기서, $f'(x)=1+\cos 2x$, $g(x)=x$라 두면

$f(x)=x+\frac{1}{2}\sin 2x$, $g'(x)=1$

준식 $=\frac{1}{2}\int x(1+\cos 2x)dx = \frac{1}{2}\left\{x\left(x+\frac{1}{2}\sin 2x\right) - \int\left(x+\frac{1}{2}\sin 2x\right)dx\right\}$

$$=\frac{1}{2}\left(x^2+\frac{1}{2}x\sin 2x - \frac{1}{2}x^2 + \frac{1}{4}\cos 2x\right) + C$$
$$=\frac{1}{4}x^2 + \frac{1}{4}x\sin 2x + \frac{1}{8}\cos 2x + C$$

e) $f(x)'=x$, $g(x)=\ln x$라 두면 $f(x)=\frac{x^2}{2}$, $g'(x)=\frac{1}{x}$

$$\therefore \int x\ln x dx = \frac{x^2}{2}\ln x - \int\frac{x^2}{2}\cdot\frac{1}{x}dx = \frac{x^2}{2}\ln x - \frac{x^2}{4} + C$$
$$=\frac{x^2}{2}\left(\ln x - \frac{1}{2}\right) + C$$

f) $f'(x)=x^3$, $g(x)=\ln x$라 두면 $f(x)=\dfrac{1}{4}x^4$, $g(x)=\dfrac{1}{x}$

$$\therefore \int x^3 \ln x dx = \frac{x^2}{4}\ln x - \frac{1}{4}\int x^3 dx = \frac{x^4}{4}\ln x - \frac{x^4}{16} + C$$

예 2 다음 부정적분을 구하여라.

a) $\displaystyle\int x^2 e^{2x-1} dx$ b) $\displaystyle\int x^2 \sin x\, dx$ c) $\displaystyle\int x(\ln x)^2 dx$

풀이

a) $f'(x)=e^{2x-1}$, $g(x)=x^2$라 두면 $f(x)=\dfrac{1}{2}e^{2x-1}$, $g'(x)=2x$

$$\int x^2 e^{2x-1} dx = \frac{1}{2}e^{2x-1}\cdot x^2 - \int \frac{1}{2}e^{2x-1}\cdot 2x\, dx = \frac{1}{2}x^2 e^{2x-1}$$

$$-\int x e^{2x-1} dx \quad \cdots\cdots ①$$

다시, $u'=e^{2x-1}$, $v=x$라 두면 $u=\dfrac{1}{2}e^{2x-1}$, $v'=1$이므로

$$\int x e^{2x-1} dx = \frac{1}{2}e^{2x-1}\cdot x - \int \frac{1}{2}e^{2x-1}\cdot 1 dx = \frac{1}{2}x e^{2x-1}$$

$$-\frac{1}{4}e^{2x-1} + C \quad \cdots\cdots ②$$

①, ②로부터 (준식)$=\dfrac{1}{4}(2x^2-2x+1)e^{2x-1}+C$

b) $f'(x)=\sin x$, $g(x)=x^2$라 두면 $f(x)=-\cos x$, $g'(x)=2x$이므로

$$\int x^2 \sin x\, dx = (-\cos x)x^2 - \int (-\cos 2x)\, 2x\, dx = -x^2\cos x$$

$$+2\int x\cos x\, dx \quad \cdots\cdots ①$$

다시, $u'=\cos x$, $v=x$라 두면 $u=\sin x$, $v'=1$

$$\int x\cos x\, dx = x\sin x - \int \sin x\, dx = x\sin x + \cos x + C \quad \cdots\cdots ②$$

①, ②로부터 (준식)$=(2-x^2)\cos x + 2x\sin x + C$

c) $f'(x)=x$, $g(x)=(\ln x)^2$라 두면 $f(x)=\dfrac{x^2}{2}$, $g(x)=\dfrac{2}{x}\ln x$

$$\int x(\ln x)^2 dx = \frac{x^2}{2}(\ln x)^2 - \int x\ln x\, dx \quad \cdots\cdots ①$$

다시, $u'=x$, $v=\ln x$라 두면 $u=\dfrac{x^2}{2}$, $v'=\dfrac{1}{x}$이므로

$$\int x\ln x\, dx = \frac{x^2}{2}\ln x - \int \frac{x}{2} dx = \frac{x^2}{2}\ln x - \frac{1}{4}x^2 + C \quad \cdots\cdots ②$$

①, ②로부터 (준식)$=\dfrac{1}{2}x^2(\ln x)^2 - \dfrac{1}{2}x^2\ln x + \dfrac{1}{4}x^2 + C$

7.2 정적분

1. 정적분과 그 계산

1) 정적분의 정의

함수 $f(x)$가 폐구간 $[a, b]$에서 연속이고, $f(x) \geq 0$이라고 하자. 구간 $[a, b]$를 n등분하여 양 끝 점과 각 분점의 x좌표를 $a = x_0,\ x_1,\ x_2,\ \cdots\ , x_{n-2},\ x_{n-1},\ x_n = b$라 하고, 각 소구간의 길이를 Δx라고 하면 $\Delta x = \dfrac{b-a}{n}$이다.

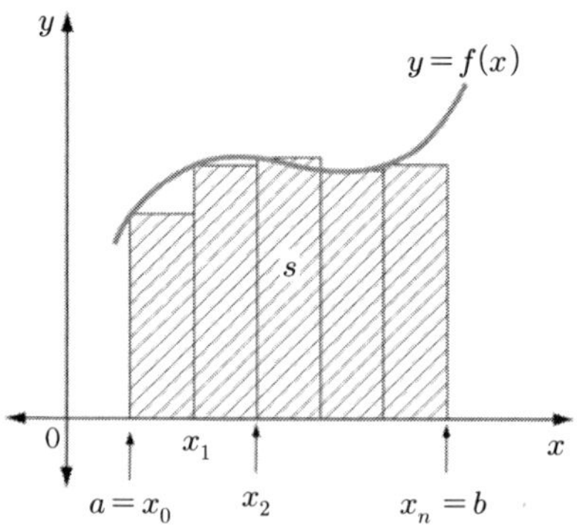

위의 그림과 같이 밑변의 길이가 Δx이고, 각 소구간의 왼쪽 끝점에서의 함수값을 높이로 하는 n개의 직사각형을 생각하면 이들 직사각형의 넓이의 합 S_n은

$$S_n = f(x_0)\Delta x + f(x_1)\Delta x + \cdots + f(x_{n-1})\Delta x = \sum_{k=0}^{n-1} f(x_k)\Delta x$$

이다. 여기서, n이 한없이 커지면, S_n은 곡선 $f(x)$와 x축 및 두 직선 $x = a,\ x = b$에 둘러싸인 도형의 넓이 S에 한없이 가까워진다.

$$\therefore\ S = \lim_{n\to\infty} S_n = \lim_{n\to\infty}\sum_{k=0}^{n-1} f(x_k)\Delta x$$

위에서 각 소구간의 왼쪽 끝점에서의 함수값 대신에 오른쪽 끝점의 함수값을 높이로 하는 n개의 직사각형의 넓이를 생각하면 이들 직사각형의 넓이의 합 $S_n{}'$은

$$\therefore\ S = \lim_{n\to\infty} S_n{}' = \lim_{n\to\infty}\sum_{k=1}^{n} f(x_k)\Delta x$$

가 된다. 일반적으로, 함수 $f(x)$가 구간 $[a, b]$에서 연속이면 함수값의 부호에 관계없이 두 극한값

$$\int_a^b f(x)dx = \lim_{n\to\infty}\sum_{k=0}^{n-1} f(x_k)\triangle x = \lim_{n\to\infty}\sum_{k=1}^{n} f(x_k)\triangle x$$

이다. 이 때, $F(x)$가 연속함수 $f(x)$의 부정적분이면

$$\int_a^b f(x)\,dx = F(b) - F(a)$$

이다. 이 때 $\int_a^b (x)dx$를 함수 $f(x)$의 a에서 b까지의 정적분이라고 하고, a를 정적분의 아래끝, b를 위끝이라 한다. 또 $\int_a^b f(x)dx$를 구하는 것을 함수 $f(x)$를 a에서 b까지 적분한다고 하고, x를 적분변수라고 한다.

2) 정적분의 기본성질

함수 $f(x)$, $g(x)$가 폐구간 $[a, b]$에서 연속일 때

a) $\int_a^b \{f(x) + g(x)\}\,dx = \int_a^b f(x)dx + \int_a^b g(x)dx$

[증명] 함수 $f(x)$, $g(x)$의 부정적분을 $F(x)$, $G(x)$라고 하면

$$\begin{aligned}\int_a^b \{f(x) + g(x)\}\,dx &= [F(x) + G(x)]_a^b = \{F(b) + G(b)\} - \{F(a) - G(a)\}\\ &= \{F(b) - F(a)\} + \{G(b) - G(a)\}\\ &= \int_a^b f(x)dx + \int_a^b g(x)dx\end{aligned}$$

b) $\int_a^b \{f(x) - g(x)\}\,dx = \int_a^b f(x)dx - \int_a^b g(x)dx$

[증명] (a)와 같은 방법으로 한다.

c) $\int_a^b kf(x)\,dx = k\int_a^b f(x)dx$(단, k는 상수)

[증명] $\int_a^b kf(x)\,dx = [kF(x)]_a^b = kF(b) - kF(a)$

$$= k\{F(b) - F(a)\} = k\int_a^b f(x)dx$$

d) $\int_a^b f(x)\,dx = \int_a^c f(x)dx + \int_c^b f(x)dx$

[증명] $\int_a^c f(x)\,dx + \int_c^b f(x)dx = [F(x)]_a^c + [F(x)]_c^b$

$$= F(c) - F(a) + F(b) - F(c) = F(b) - F(a)$$

e) $\int_a^a f(x)\,dx = 0$

f) $\int_a^b f(x)\,dx = -\int_b^a f(x)dx$

예 1 다음 정적분을 구하여라.

a) $\int_0^1 \frac{t}{t^2+3t+2}dt$ b) $\int_0^2 \frac{dx}{\sqrt{2+x}+\sqrt{x}}$

c) $\int_0^{\frac{\pi}{2}} \frac{\cos^2 x}{1+\sin x}dx$ d) $\int_0^{\frac{\pi}{3}} \sin 4x \cos 3x dx$

풀이 a) $\frac{t}{t^2+3t+2} = \frac{t}{(t+1)(t+2)} = \frac{2}{t+2} - \frac{1}{t+1}$

$$\int_0^1 \frac{t}{t^2+3t+2}dt = \int_0^1 \left(\frac{2}{t+2} - \frac{1}{t+1}\right)dt = [2\ln|t+2| - \ln|t+1|]_0^1$$

$$= 2\ln 3 - \ln 2 - 2\ln 2 = 2\ln 3 - 3\ln 2 = \ln\frac{9}{8}$$

b) $\frac{1}{\sqrt{x+2}+\sqrt{x}} = \frac{\sqrt{x+2}-\sqrt{x}}{2}$

$$\int_0^2 \frac{dx}{\sqrt{2+x}+\sqrt{x}} = \frac{1}{2}\int_0^2 (\sqrt{x+2} - \sqrt{x})\,dx = \frac{1}{2}\left[\frac{2}{3}(x+2)^{\frac{3}{2}} - \frac{2}{3}x^{\frac{3}{2}}\right]_0^2$$

$$= \frac{1}{2}\left(\frac{2}{3}\cdot 4^{\frac{3}{2}} - \frac{2}{3}\cdot 2^{\frac{3}{2}} - \frac{2}{3}\cdot 2^{\frac{3}{2}}\right) = \frac{1}{3}\cdot 2^3 - \frac{2}{3}\cdot 2^{\frac{3}{2}}$$

$$= \frac{4}{3}(2 - \sqrt{2})$$

c) $\displaystyle\int_0^{\frac{\pi}{2}} \frac{\cos^2 x}{1+\sin x}dx = \int_0^{\frac{\pi}{2}} \frac{(1-\sin x)(1+\sin x)}{1+\sin x}dx = \int_0^{\frac{\pi}{2}}(1-\sin x)dx$

$\displaystyle = [x+\cos x]_0^{\frac{\pi}{2}} = \frac{\pi}{2}-1$

d) $\displaystyle\int_0^{\frac{\pi}{3}} \sin 4x\cos 3x dx = \frac{1}{2}\int_0^{\frac{\pi}{3}}(\sin 7x+\sin x)\,dx = \frac{1}{2}\left[-\frac{\cos 7x}{7}-\cos x\right]_0^{\frac{\pi}{3}}$

$\displaystyle = \frac{1}{2}\left(-\frac{1}{14}-\frac{1}{2}+\frac{1}{7}+1\right) = \frac{2}{7}$

예 2 다음 정적분을 구하여라.

a) $\displaystyle\int_0^1 \frac{x^3}{x+1}dx + \int_0^1 \frac{1}{t+1}dt$ b) $\displaystyle\int_1^{\ln 2} \frac{e^{2x}}{e^x-1}dx + \int_{\ln 2}^1 \frac{1}{e^t-1}dt$

c) $\displaystyle\int_0^2 \frac{t^4+t^3}{t-1}dt - \int_0^2 \frac{y^3+1}{y-1}dy$ d) $\displaystyle\int_0^1 (2x+1)^2dx - \int_0^{-2}(2y+1)^2dy$

풀이

a) $\displaystyle\int_0^1 \frac{x^3}{x+1}dx + \int_0^1 \frac{1}{t+1}dt = \int_0^1 \frac{x^3}{x+1}dx + \int_0^1 \frac{1}{x+1}dx = \int_0^1 \frac{x^3+1}{x+1}dx$

$\displaystyle = \int_0^1 \frac{(x+1)(x^2-x+1)}{x+1}dx$

$\displaystyle = \int_0^1 (x^2-x+1)dx$

$\displaystyle = \left[\frac{1}{3}x^3-\frac{1}{2}x^2+x\right]_0^1 = \frac{1}{3}-\frac{1}{2}+1 = \frac{5}{6}$

b) $\displaystyle\int_1^{\ln 2} \frac{e^{2x}}{e^x-1}dx + \int_{\ln 2}^1 \frac{1}{e^t-1}dt = \int_1^{\ln 2} \frac{e^{2x}}{e^x-1}dx + \int_{\ln 2}^1 \frac{1}{e^x-1}dx$

$\displaystyle = \int_1^{\ln 2} \frac{e^{2x}-1}{e^x-1}dx$

$\displaystyle = \int_1^{\ln 2} \frac{(e^x-1)(e^x+1)}{e^x-1}dx = \int_1^{\ln 2}(e^x+1)dx$

$\displaystyle = [e^x+x]_1^{\ln 2} = (e^{\ln 2}+\ln 2)-(e+1)$

$= \ln 2+1-e$

c) $\displaystyle\int_0^2 \frac{t^4+t^3}{t-1}dt - \int_0^2 \frac{y^3+1}{y-1}dy = \int_0^2 \frac{t^4+t^3}{t-1}dt - \int_0^2 \frac{t^3+1}{t-1}dt = \int_0^2 \frac{t^4-1}{t-1}dt$

$\displaystyle = \int_0^2 (t^3+t^2+t+1)dt = \left[\frac{t^4}{4}+\frac{t^3}{3}+\frac{t^2}{2}+t\right]_0^2 = \frac{32}{3}$

d) $\int_0^1 (2x+1)^2 dx - \int_0^{-2} (2y+1)^2 dy = \int_0^1 (2x+1)^2 dx + \int_{-2}^0 (2x+1)^2 dx$

$= \int_{-2}^1 (2x+1)^2 dx = \frac{1}{6}\left[(2x+1)^3\right]_{-2}^1 = 9$

2. 절대값 기호를 포함한 함수의 정적분

절대값 기호안의 식이 음수가 아닐 때와 음수일 때로 구간을 나누어 적분한다.

예 1 $\int_0^{\pi} |\cos 2x| dx$ 의 정적분의 값을 구하여라.

풀이

a) $|\cos 2x| = \begin{cases} \cos 2x & \left(0 \le x < \frac{\pi}{4}\right) \\ -\cos 2x & \left(\frac{\pi}{4} \le x < \frac{3}{4}\pi\right) \\ \cos 2x & \left(\frac{3}{4}\pi \le x \le \pi\right) \end{cases}$ 이므로

$$\int_0^{\frac{\pi}{2}} |\cos 2x| dx = \int_0^{\frac{\pi}{4}} \cos 2x\, dx + \int_{\frac{\pi}{4}}^{\frac{3}{4}\pi} (-\cos 2x)\, dx + \int_{\frac{3}{4}\pi}^{\pi} \cos 2x\, dx$$

$$= \left[\frac{1}{2}\sin 2x\right]_0^{\frac{\pi}{4}} + \left[-\frac{1}{2}\sin 2x\right]_{\frac{\pi}{4}}^{\frac{3}{4}\pi} + \left[\frac{1}{2}\sin 2x\right]_{\frac{3}{4}\pi}^{\pi}$$

$$= \frac{1}{2} + 1 + \frac{1}{2} = 2$$

3. 정적분의 치환적분법

함수 $f(x)$가 구간 $[a,\ b]$에서 연속이고, $x = g(t)$가 구간 $[\alpha,\ \beta]$에서 단조증가(또는 감소)하고 미분가능할 때 $a = g(\alpha)$, $b = g(\beta)$이면

$$\therefore \int_a^b f(x)\, dx = \int_\alpha^\beta f\{g(t)\} \cdot g'(t) dt$$

예 1 다음 정적분을 구하여라.

a) $\displaystyle\int_0^3 \frac{x}{\sqrt{x+1}}dx$ b) $\displaystyle\int_2^3 x\sqrt[3]{2x-5}\,dx$ c) $\displaystyle\int_1^2 3x\sqrt{2-x}\,dx$

풀이 a) $\sqrt{x+1}=t$라 두면 $x=t^2-1$, $dx=2t\,dt$

$x=0$일 때 $t=1$, $x=3$일 때 $t=2$

$$\int_0^3 \frac{x}{\sqrt{x+1}}dx=\int_1^2 \frac{t^2-1}{t}\cdot 2t\,dt=2\int_1^2 (t^2-1)\,dt=2\left[\frac{t^3}{3}-t\right]_1^2$$
$$=2\left\{\left(\frac{8}{3}-\frac{1}{3}\right)-(2-1)\right\}=\frac{8}{3}$$

b) $2x-5=t$라 두면 $2x=t+5$, $2\,dx=dt$

$x=2$일 때 $t=-1$, $x=3$일 때 $t=1$

$$\int_2^3 x\sqrt[3]{2x-5}\,dx=\int_{-1}^1 \frac{t+5}{2}\cdot t^{\frac{1}{3}}\frac{dt}{2}=\frac{1}{4}\int_{-1}^1 (t^{\frac{4}{3}}+5t^{\frac{1}{3}})dt$$
$$=\frac{1}{4}\left[\frac{3}{7}t^{\frac{7}{3}}+\frac{15}{4}t^{\frac{4}{3}}\right]_{-1}^1=\frac{1}{4}\left(\frac{3}{7}+\frac{15}{4}+\frac{3}{7}-\frac{15}{4}\right)=\frac{3}{14}$$

c) $2-x=t$라 두면 $x=2-t$, $dx=-dt$

$x=1$일 때 $t=1$, $x=2$일 때 $t=0$

$$\int_1^2 3x\sqrt{2-x}\,dx=3\int_1^0 (2-t)\sqrt{t}\,(-dt)=3\int_0^1 (2\sqrt{t}-t\sqrt{t})dt$$
$$=3\int_0^1 (2t^{\frac{1}{2}}-t^{\frac{3}{2}})dt=3\left[\frac{4}{3}t^{\frac{3}{2}}-\frac{2}{5}t^{\frac{5}{2}}\right]_0^1=\frac{14}{5}$$

예 2 다음 정적분을 구하여라.

a) $\displaystyle\int_0^{\frac{\pi}{2}} \cos 2x\cos x\,dx$ b) $\displaystyle\int_0^{\frac{\pi}{2}} (1-\cos^2 x)\sin x\,dx$

c) $\displaystyle\int_{\frac{\pi}{6}}^{\frac{\pi}{2}} \frac{\cos x}{\sin x+\sin^3 x}dx$

풀이 a) $\cos 2x=1-2\sin^2 x$이므로 $\sin x=t$라 두면 $\cos x dx=dt$

$x=0$일 때 $t=0$, $x=\dfrac{\pi}{2}$일 때 $t=1$

$$\int_0^{\frac{\pi}{2}} \cos 2x\cos x\,dx=\int_0^1 (1-2t^2)\,dt=\left[t-\frac{2}{3}t^3\right]_0^1=1-\frac{2}{3}=\frac{1}{3}$$

b) $\cos x = t$라 두면 $-\sin x\,dx = dt$

$x=0$일 때 $t=1$, $x=\frac{\pi}{2}$일 때 $t=0$

$$\int_0^{\frac{\pi}{2}}(1-\cos^2 x)\sin x\,dx = \int_1^0 (1-t^2)(-dt)$$

$$= \int_0^1 (1-t^2)dt = \left[t-\frac{1}{3}t^3\right]_0^1 = \frac{2}{3}$$

c) $\sin x = t$라 두면 $\cos x\,dx = dt$

$x=\frac{\pi}{6}$일 때 $t=\frac{1}{2}$, $x=\frac{\pi}{2}$일 때 $t=1$

$$\int_{\frac{\pi}{6}}^{\frac{\pi}{2}} \frac{\cos x}{\sin x+\sin^3 x}dx = \int_{\frac{1}{2}}^1 \frac{1}{t+t^3}dt$$

$$= \int_{\frac{1}{2}}^1 \left(\frac{1}{t}-\frac{t}{1+t^2}\right)dt = \left[\ln t-\frac{1}{2}\ln(1+t^2)\right]_{\frac{1}{2}}^1$$

예 3 다음 정적분을 구하여라.

a) $\int_0^{\frac{1}{2}}\sqrt{1-x^2}\,dx$ b) $\int_0^a \frac{dx}{x^2+a^2}$ (단, $a>0$) c) $\int_0^2 \sqrt{4-x^2}\,dx$

풀이 a) $x=\sin\theta$라 두면 $dx=\cos\theta\,d\theta$, $\sqrt{1-x^2}=\cos\theta$

$x=0$일 때 $\theta=0$, $x=\frac{1}{2}$일 때 $\theta=\frac{\pi}{6}$이므로

$$\int_0^{\frac{1}{2}}\sqrt{1-x^2}\,dx = \int_0^{\frac{\pi}{6}}\cos\theta\cos\theta\,d\theta = \int_0^{\frac{\pi}{6}}\cos^2\theta\,d\theta = \int_0^{\frac{\pi}{6}}\frac{1+\cos 2\theta}{2}d\theta$$

$$= \frac{1}{2}\left[\theta+\frac{1}{2}\sin 2\theta\right]_0^{\frac{\pi}{6}} = \frac{1}{2}\left(\frac{\pi}{6}+\frac{1}{2}\cdot\frac{\sqrt{3}}{2}\right) = \frac{\pi}{12}+\frac{\sqrt{3}}{8}$$

b) $x=a\tan\theta$라 두면 $dx=a\sec^2\theta\,d\theta$

$x=0$일 때 $\theta=0$, $x=a$일 때 $\theta=\frac{\pi}{4}$이므로

$$\int_0^a \frac{dx}{x^2+a^2} = \int_0^a \frac{dx}{a\sec^2\theta}\cdot a\sec^2\theta\,d\theta = \int_0^{\frac{\pi}{4}}\frac{1}{a}d\theta = \frac{1}{a}[\theta]_0^{\frac{\pi}{4}} = \frac{\pi}{4a}$$

c) $x=2\sin\theta$라 두면 $dx=2\cos\theta\,d\theta$

$x=0$일 때 $\theta=0$, $x=2$일 때 $\theta=\frac{\pi}{2}$이므로

$$\int_0^2 \sqrt{4-x^2}\,dx = \int_0^{\frac{\pi}{2}} \sqrt{4(1-\sin^2\theta)}\,2\cos\theta\,d\theta = 4\int_0^{\frac{\pi}{2}} \cos^2\theta\,d\theta$$

$$= 2\int_0^{\frac{\pi}{2}} (1+\cos2\theta)\,d\theta = 2\left[\theta + \frac{\sin2\theta}{2}\right]_0^{\frac{\pi}{2}} = \pi$$

4. 정적분의 부분적분법

$$\int_a^b f'(x)g(x)dx = [f(x)g(x)]_a^b - \int_a^b f(x)g'(x)\,dx$$

예 1 다음 정적분을 구하여라.

a) $\int_1^e \ln(1+x)\,dx$ b) $\int_0^{\frac{\pi}{4}} x\sin 2x\,dx$ c) $\int_0^1 xe^{1-x}dx$

풀이 a) $f'(x)=1$, $g(x)=\ln(1+x)$라 두면 $f(x)=x$, $g'(x)=\frac{1}{1+x}$

$$\therefore \int_1^e \ln(1+x)\,dx = [x\ln(1+x)]_1^e - \int_1^e \frac{x}{1+x}dx$$

$$= [x\ln(1+x)]_1^e - [x-\ln(1+x)]_1^e$$

$$= (1+e)\ln(1+e) - 2\ln2 - e + 1$$

b) $f'(x)=\sin 2x$, $g(x)=1$라 두면 $f(x)=-\frac{1}{2}\cos2x$, $g'(x)=1$

$$\therefore \int_0^{\frac{\pi}{4}} x\sin 2x\,dx = \left[x\left(-\frac{1}{2}\cos2x\right)\right]_0^{\frac{\pi}{4}} - \int_0^{\frac{\pi}{4}}\left(-\frac{1}{2}\cos2x\right)dx$$

$$= 0 + \frac{1}{4}[\sin 2x]_0^{\frac{\pi}{4}} = \frac{1}{4}$$

c) $f'(x)=e^{1-x}$, $g(x)=x$라 두면 $f(x)=-e^{1-x}$, $g'(x)=1$

$$\therefore \int_0^1 xe^{1-x}dx = [x(-e^{1-x})]_0^1 - \int_0^1(-e^{1-x})\,dx = -1 - [e^{1-x}]_0^1 = e-2$$

5. 우함수와 기함수

1) $f(x)$가 기함수일 때 $y=f(x)$의 그래프는 아래 좌측 그림에서처럼 **원점**에 대하여 대칭이므로

$$\int_0^a f(x)\,dx = -\int_{-a}^0 f(x)dx$$

$$\therefore \int_{-a}^a f(x)\,dx = \int_{-a}^0 f(x)dx + \int_0^a f(x)dx = 0$$

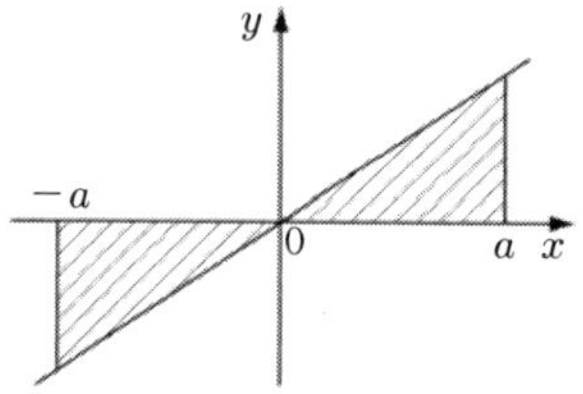

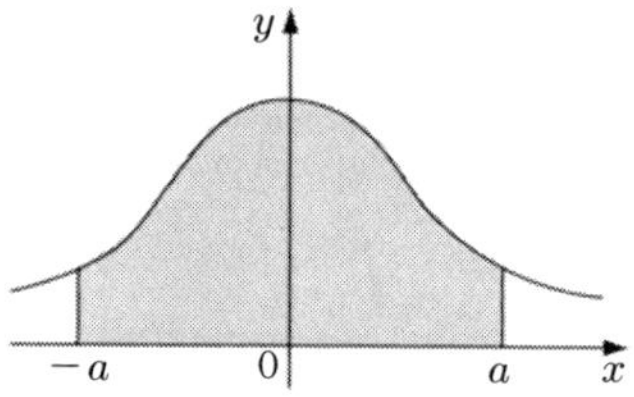

2) $f(x)$가 우함수일 때 $y=f(x)$의 그래프는 위의 우측 그림에서처럼 y**축**에 대하여 대칭이므로

$$\int_0^a f(x)\,dx = \int_{-a}^0 f(x)dx$$

$$\therefore \int_{-a}^a f(x)\,dx = \int_{-a}^0 f(x)dx + \int_0^a f(x)dx = 2\int_0^a f(x)dx$$

이를 정리하면 다음과 같다.

a) $f(x)$가 기함수, 즉 $[f(-x)=-f(x)]$이면 $\int_{-a}^a f(x)\,dx = 0$

b) $f(x)$가 우함수, 즉 $[f(-x)=f(x)]$이면 $\int_{-a}^a f(x)\,dx = 2\int_0^a f(x)dx$

예 1 다음 정적분의 값을 구하여라.

a) $\int_{-1}^1 x^3 dx$ b) $\int_{-2}^2 (3x^2+4x+1)\,dx$

c) $\int_{-\frac{\pi}{4}}^{\frac{\pi}{4}} (\sin 2x + \cos x + \sin x\cos x)\,dx$

풀이 a) x^3은 기함수이므로 $\int_{-1}^{1} x^3 dx = 0$

b) $\int_{-2}^{2}(3x^2+4x+1)\,dx = \int_{-2}^{2}(3x^2+1)dx + \int_{-2}^{2} 4x\,dx = 2\int_{0}^{2}(3x^2+1)dx = 20$

c) $\sin 2x$, $\sin x \cos x$는 기함수이고, $\cos x$는 우함수이다.

$$\int_{-\frac{\pi}{4}}^{\frac{\pi}{4}}(\sin 2x + \cos x + \sin x \cos x)\,dx$$

$$= \int_{-\frac{\pi}{4}}^{\frac{\pi}{4}}(\sin 2x + \sin x \cos x)\,dx + \int_{-\frac{\pi}{4}}^{\frac{\pi}{4}} \cos x\,dx$$

$$= 0 + 2\int_{0}^{\frac{\pi}{4}} \cos x\,dx = 2[\sin x]_0^{\frac{\pi}{4}} = \sqrt{2}$$

6. 정적분과 함수

1) 정적분으로 나타낸 함수의 극한과 미분

a) $\lim_{x\to 0}\frac{1}{x}\int_{a}^{x+a} f(t)\,dt = f(a)$ (a는 상수)

[증명] $f(t) = F'(t)$라 두면

$$\lim_{x\to 0}\frac{1}{x}\int_{a}^{x+a} f(t)\,dt = \lim_{x\to 0}\frac{1}{x}\int_{a}^{x+a} F'(t)\,dt = \lim_{x\to 0}\frac{1}{x}[F(t)]_a^{x+a}$$

$$= \lim_{x\to 0}\frac{F(a+x)-F(a)}{x} = F'(a) = f(a)$$

b) $\lim_{x\to a}\frac{1}{x-a}\int_{a}^{x} f(t)\,dt = f(a)$ (a는 상수)

[증명] $f(t) = F'(t)$라 두면

$$\lim_{x\to a}\frac{1}{x-a}\int_{a}^{x} f(t)\,dt = \lim_{x\to a}\frac{1}{x-a}\int_{a}^{x} F'(t)\,dt = \lim_{x\to a}\frac{1}{x-a}[F(t)]_a^{x}$$

$$= \lim_{x\to a}\frac{F(x)-F(a)}{x-a} = F'(a) = f(a)$$

c) $\lim_{x\to 0}\frac{1}{x}\int_{0}^{x} f(t)\,dt = f(0)$

[증명] $f(t) = F'(t)$라 두면

$$\lim_{x\to 0}\frac{1}{x}\int_0^x f(t)\,dt=\lim_{x\to 0}\frac{1}{x}\int_0^x F'(t)\,dt=\lim_{x\to 0}\frac{1}{x}\,[F(t)]_0^x$$

$$=\lim_{x\to 0}\frac{F(x)-F(0)}{x-0}=F'(0)=f(0)$$

예 1 다음 극한값을 구하여라.

a) $\displaystyle\lim_{x\to 2}\frac{1}{x-2}\int_2^x (e^t-t^2+1)\,dt$ b) $\displaystyle\lim_{x\to \frac{\pi}{2}}\frac{1}{x-\frac{\pi}{2}}\int_{\frac{\pi}{2}}^x (\cos 2t+3\sin t)\,dt$

c) $\displaystyle\lim_{x\to 0}\frac{1}{x}\int_1^{x+1} (3^t-t^2)\,dt$

풀이 a) $\int (e^t-t^2+1)\,dt=F(t)$라 두면 $F'(t)=e^t-t^2+1$ ……………… ①

$\displaystyle\int_2^x (e^t-t^2+1)\,dt=[F(t)]_2^x=F(x)-F(2)$

$\displaystyle\therefore$ (주어진 식) $\displaystyle=\lim_{x\to 2}\frac{F(x)-F(2)}{x-2}=F'(2)=e^2-3$ ($\because$ ①)

b) $\int (\cos 2t+3\sin t)\,dt=F(t)$라 두면 $F'(t)=\cos 2t+3\sin t$ ……… ①

$\displaystyle\int_{\frac{\pi}{2}}^x (\cos 2t+3\sin t)\,dt=[F(t)]_{\frac{\pi}{2}}^x=F(x)-F\left(\frac{\pi}{2}\right)$

$\therefore$ (주어진 식) $\displaystyle=\lim_{x\to \frac{\pi}{2}}\frac{F(x)-F\left(\frac{\pi}{2}\right)}{x-\frac{\pi}{2}}=F'\left(\frac{\pi}{2}\right)=\cos\pi+3\sin\frac{\pi}{2}=2$ ($\because$ ①)

c) $\int (3^t-t^2)\,dt=F(t)$라 두면 $F'(t)=3^t-t^2$ ……………… ①

$\displaystyle\int_1^{x+1} (3^t-t^2)\,dt=[F(t)]_1^{x+1}=F(x+1)-F(1)$

$\therefore$ (주어진 식) $\displaystyle=\lim_{x\to 2}\frac{F(x+1)-F(1)}{x}=F'(1)=3-1=2$ ($\because$ ①)

2) 정적분으로 표시된 함수의 미분

a) $\dfrac{d}{dx}\displaystyle\int_a^x f(t)\,dt = f(x)$ (단, a는 상수)

[증명] $f(t) = F'(t)$라 두면

$$\frac{d}{dx}\int_a^x f(t)\,dt = \frac{d}{dx}\int_a^x F'(t)\,dt = \frac{d}{dx}[F(t)]_a^x$$

$$= \frac{d}{dx}[F(x) - F(a)] = F'(x) - 0 = f(x)$$

b) $\dfrac{d}{dx}\displaystyle\int_x^{x+a} f(t)\,dt = f(x+a) - f(x)$ (단, a는 상수)

[증명] $f(t) = F'(t)$라 두면

$$\frac{d}{dx}\int_x^{x+a} f(t)\,dt = \frac{d}{dx}\int_x^{x+a} F'(t)\,dt = \frac{d}{dx}[F(t)]_x^{x+a}$$

$$= \frac{d}{dx}\{F(x+a) - F(x)\} = F'(x+a) - F'(x)$$

$$= f(x+a) - f(x)$$

c) $\dfrac{d}{dx}\displaystyle\int_{h(x)}^{g(x)} f(t)\,dt = f(g(x))g'(x) - f(h(x))h'(x)$

[증명] $f(t) = F'(t)$라 두면

$$\frac{d}{dx}\int_{h(x)}^{g(x)} f(t)\,dt = \frac{d}{dx}\int_{h(x)}^{g(x)} F'(t)\,dt = \frac{d}{dx}[F(t)]_{h(x)}^{g(x)}$$

$$= \frac{d}{dx}F(g(x)) - \frac{d}{dx}F(h(x))$$

$$= F'(g(x))g'(x) \quad F'(h(x))h'(x)$$

$$= f(g(x))g'(x) - f(h(x))h'(x)$$

예 2 다음 함수를 x에 대하여 미분하여라.

a) $\int_0^x e^t \sin t\,dt$ b) $\int_x^{2x} \cos t\,dt$ c) $\int_2^x e^t \cos t\,dt$

풀이 a) $\frac{d}{dx}\int_0^x e^t \sin t\,dt = e^x \sin x$

b) $\frac{d}{dx}\int_{h(x)}^{g(x)} f(t)\,dt = f(g(x))g'(x) - f(h(x))h'(x)$을 이용한다.

$\therefore \frac{d}{dx}\int_x^{2x} \cos t\,dt = \cos 2x \cdot (2x)' - \cos x \cdot (x)' = 2\cos 2x - \cos x$

c) $\frac{d}{dx}\int_2^x e^t \cos t\,dt = e^x \cos x$

예 3 다음 각 함수를 x에 관하여 미분하여라.

a) $f(x) = \int_0^x (x-t)\sin^2 t\,dt$ b) $f(x) = x^2 + \int_0^x t(x-t)e^t\,dt$

풀이 a) $f(x) = \int_0^x (x-t)\sin^2 t\,dt = x\int_0^x \sin^2 t\,dt - \int_0^x t\sin^2 t\,dt$

$f'(x) = \frac{d}{dx}\left(x\int_0^x \sin^2 t\,dt\right) - \frac{d}{dx}\int_0^x t\sin^2 t\,dt = \int_0^x \sin^2 t\,dt + x\sin^2 x - x\sin^2$

$= \int_0^x \frac{1-\cos 2t}{2}dt = \left[\frac{t}{2} - \frac{\sin 2t}{4}\right]_0^x = \frac{x}{2} - \frac{\sin 2x}{4}$

b) $f(x) = x^2 + \int_0^x t(x-t)e^t\,dt = x^2 + x\int_0^x te^t\,dt - \int_0^x t^2 e^t\,dt$

$f'(x) = 2x + \frac{d}{dx}\left(x\int_0^x te^t\,dt\right) - \frac{d}{dx}\int_0^x t^2e^t\,dt = 2x + \int_0^x te^t\,dt + x^2e^x - x^2e^x$

$= 2x + [te^t]_0^x - \int_0^x e^t\,dt$ ($\because$ $u' = e^t$, $v = t$라 하면, $u = e^t$, $v' = 1$)

$= 2x + xe^x - [e^t]_0^x = 2x + xe^x - e^x + 1 = (2x+1) + (x-1)e^x$

3) 정적분으로 나타낸 함수의 결정

a) $f(x) = g(x) + p\int_a^b f(t)dt$의 꼴은 $p\int_a^b f(t)dt$가 상수이므로 $p\int_a^b f(t)dt = c$로 두고 계산한다.

b) $f(x)=g(x)+\int_a^x f(t)\,dt$의 꼴은 양변을 x에 관해 미분하여 계산한다.

예 4 다음 등식을 만족하는 함수 $f(x)$를 구하여라.

a) $xf(x)-x^3-x=\int_1^x f(t)\,dt$ b) $f(x)=e^x+x+\int_0^1 f'(x)\,dx$

풀이 a) $xf(x)-x^3-x=\int_1^x f(t)\,dt$ ········ ①

①의 양변을 x에 관하여 미분하면 $f(x)+xf'(x)-3x^2-1=f(x)$

$\therefore\ xf'(x)=3x^2+1$

$x\neq 0$일 때 $f'(x)=3x+\dfrac{1}{x}$

$\therefore\ f(x)=\dfrac{3}{2}x^2+\ln|x|+C$ ········ ②

①에 $x=1$을 대입하면 $f(1)=2$

②에 $x=1$을 대입하면 $\dfrac{3}{2}+C=2$ $\therefore\ C=\dfrac{1}{2}$

$\therefore\ f(x)=\dfrac{3}{2}x^2+\ln|x|+\dfrac{1}{2}$

b) $\int_0^1 f'(x)\,dx=a$ (a는 상수) ········ ①

$f(x)=e^2+x+a$ ········ ②

$\therefore\ f'(x)=e^x+1$ ········ ③

①에 ③를 대입하면 $\int_0^1 (e^x+1)\,dx=a$ $\therefore\ a=\left[e^x+x\right]_0^1=e$

②에 $a=e$을 대입하면 $f(x)=e^2+x+e$

예 5 다음 등식을 만족하는 함수 $f(x)$를 구하여라.

a) $f(x)=e^x+\int_0^1 tf(t)\,dt$ b) $xf(x)=x^2\ln x+\int_1^x f(t)\,dt$ (단, $x>0$)

풀이 a) $\int_0^1 tf(t)\,dt=a$(단, a는 상수)라 하면 $f(x)=e^x+a$이므로

$a=\int_0^1 tf(t)\,dt=\int_0^1 t(e^t+a)\,dt$

$=\int_0^1 te^t\,dt+a\int_0^1 t\,dt=\left[te^t\right]_0^1-\int_0^1 e^t\,dt+a\left[\dfrac{1}{2}t^2\right]_0^1=1+\dfrac{a}{2}$

즉, $a=1+\frac{a}{2}$이므로 $a=2$ $\quad\therefore\ f(x)=e^x+2$

b) 주어진 등식의 양변을 x에 대하여 미분하면

$f(x)+xf'(x)=2x\ln x+x^2\cdot\frac{1}{x}+f(x)$, $f'(x)=2\ln x+1$ (단, $x>0$)

$$\therefore\ f(x)=\int(2\ln x+1)\,dx=2\int\ln x\,dx+\int dx=2(x\ln x-x)+x+C$$
$$=2x\ln x-x+C$$

한편, 주어진 등식에 $x=1$을 대입하면 $f(1)=0$이므로

$2\cdot1\cdot\ln1-1+C=0$에서 $C=1$ $\quad\therefore\ f(x)=2x\ln x-x+1$

제7장 적분법

연습문제

1. 다음 부정적분을 계산하여라.

(a) $\int \sqrt[3]{x}(1-x)dx$ (b) $\int \frac{x^2-2}{x^3}dx$ (c) $\int \frac{(x+1)^3}{x^2}dx$

2. 다음 부정적분을 구하여라.

(a) $\int \cot^2 x\,dx$ (b) $\int \frac{\cos^3 x - 3\sin x + 2}{\cos^2 x}dx$

3. 다음 부정적분을 구하여라(반각, 배각, 3배각, 곱을 합으로).

(a) $\int \sin^2 2x\,dx$ (b) $\int \cos 2x \cos 3x\,dx$ (c) $\int \cos 3x\,dx$

4. 다음 부정적분을 구하여라.

(a) $\int (5^x + e^{3x})dx$ (b) $\int 5^{2x}dx$

5. 다음 부정적분을 구하여라.

(a) $\int \frac{\ln(x+1)}{x+1}dx$ (b) $\int \frac{e^x}{2e^x+1}dx$ (c) $\int \frac{1}{\tan x}dx$

6. 다음 정적분을 구하여라.

(a) $\int_0^{\frac{\pi}{6}} \sec x\,dx$ (b) $\int_0^{\pi} \sin^3\theta \cos^2\theta\,d\theta$ (c) $\int_{-\frac{\pi}{2}}^{\frac{\pi}{2}} \frac{\cos x}{2-\sin^2 x}dx$

7. 다음 극한값을 구하여라.

(a) $\lim_{x\to 0}\frac{1}{x}\int_0^x \frac{t^3}{t^2-1}dt$ (b) $\lim_{x\to 1}\frac{1}{x-1}\int_1^{x^2}(t^2+2\cos\pi t)e^t\,dt$

8. 다음 함수를 x에 대하여 미분하여라.

(a) $\displaystyle\int_{x}^{x+2} \ln t\, dt$(단, $x>0$) (b) $\displaystyle\int_{x}^{x^2} \sin t\, dt$

9. 다음 등식을 만족하는 함수 $f(x)$를 구하여라.

(a) $\displaystyle f(x)=\cos x+\int_{0}^{\pi} tf(t)\, dt$ (b) $\displaystyle x^2 f(x)=x^3e^x+2\int_{1}^{x} tf(t)\, dt$

10. 다음 정적분의 값을 구하여라.

(a) $\displaystyle\int_{-\pi}^{\pi}\left(1+\frac{x}{2}+\frac{x^2}{3}\right)\sin x\, dx$ (b) $\displaystyle\int_{-\frac{\pi}{2}}^{\frac{\pi}{2}}(\sin x+\cos x)^3\, dx$

제8장 정적분의 활용

8.1 넓이와 적분

1. 곡선과 x축 사이의 넓이

함수 $f(x)$가 구간 $[a, b]$에서 연속일 때 곡선 $y=f(x)$와 x축 및 직선 $x=a$, $x=b$로 둘러싸인 도형의 넓이 S를 구해보자.

a) 구간 $[a, b]$에서 $f(x) \geq 0$일 때

$$S=\int_a^b f(x)\,dx=\int_a^b |f(x)|\,dx$$

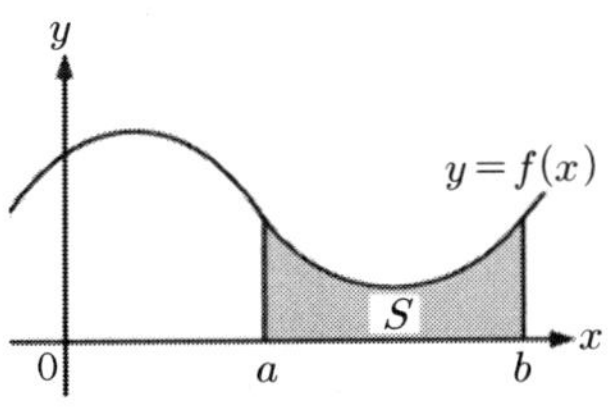

b) 구간 $[a, b]$에서 $f(x) \leq 0$일 때 $\int_a^b f(x)dx \leq 0$이므로 넓이는 "$-$"를 붙여서 $S=-\int_a^b f(x)dx$ $\quad \therefore S=\int_a^b \{-f(x)\}\,dx=\int_a^b |f(x)|\,dx$

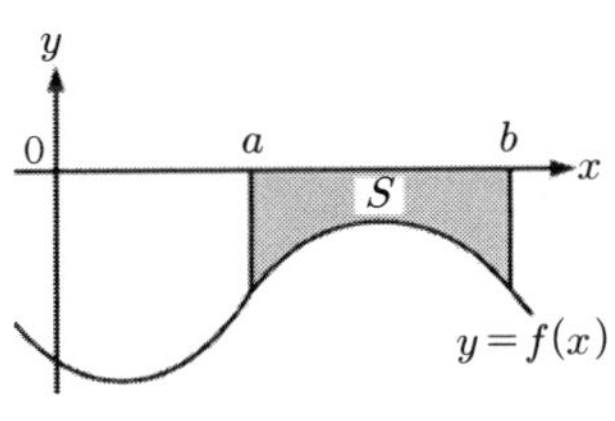

c) 구간 $[a, c]$에서 $f(x) \geq 0$이고, $[c, b]$에서 $f(x) \leq 0$일 때

$$\therefore S = \int_a^c f(x)\,dx - \int_c^b f(x)\,dx = \int_a^c |f(x)|\,dx + \int_c^b |f(x)|\,dx$$

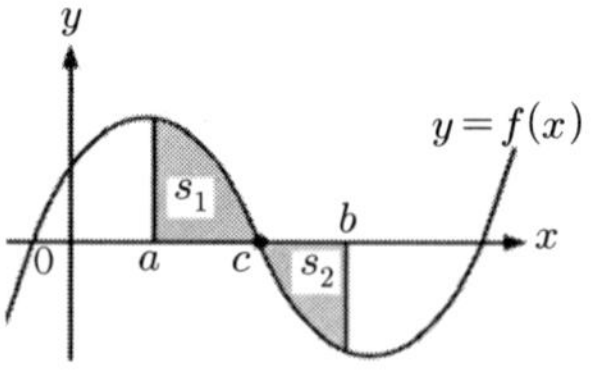

예 1 곡선 $y = x(x-2)(x-4)$와 x축으로 둘러싸인 도형의 넓이 S를 구축하여 보자.

풀이 곡선이 x축과 만나는 교점의 x좌표는 아래 그림에서 $x = 0$, $x = 1$, $x = 2$이다.

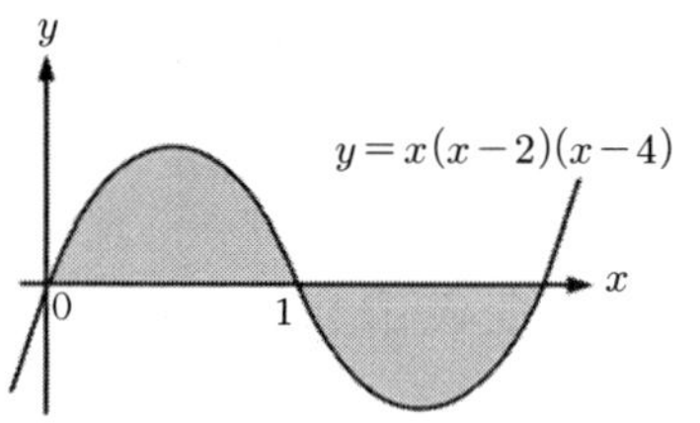

따라서, $0 \leq x \leq 2$에서 $|f(x)| = f(x)$

$2 \leq x \leq 4$에서 $|f(x)| = -f(x)$이므로, 구하는 도형의 넓이 S는

$$S = \int_0^4 |x(x-2)(x-4)|\,dx = \int_0^2 x(x-2)(x-4)\,dx - \int_2^4 x(x-2)(x-4)\,dx$$

$$= \left[\frac{x^4}{4} - 2x^3 + 4x^2\right]_0^2 - \left[\frac{x^4}{4} - 2x^3 + 4x^2\right]_2^4 = \frac{1}{2}$$

예 2 $1 \leq x \leq 4$의 범위에서 곡선 $y = x^2 - 4x + 3$과 x축으로 둘러싸인 도형의 넓이 S를 구하여라.

풀이 이것의 그림은 아래와 같다.

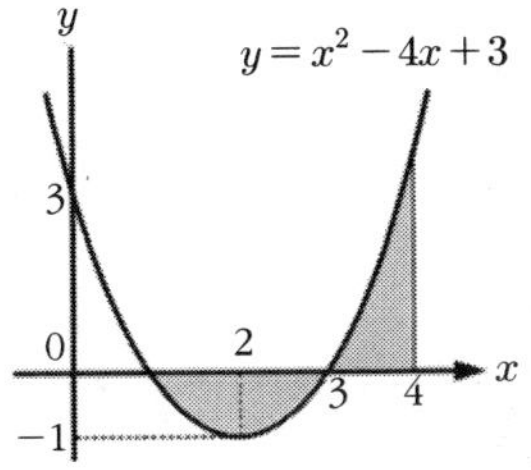

$$S=-\int_{1}^{3}(x^2-4x+3)dx+\int_{3}^{4}(x^2-4x+3)dx$$

$$=-\left[\frac{x^3}{3}-2x^2+3x\right]_1^3+\left[\frac{x^3}{3}-2x^2+3x\right]_3^4$$

$$=-(9-18+9)+\left(\frac{1}{3}-2+3\right)+\left(\frac{64}{3}-32+12\right)=-(9-18)+9=\frac{8}{3}$$

예 3 곡선 $y=x^3+x^2-4x-4$와 x축으로 둘러싸인 도형의 넓이 S를 구하여라.

풀이 $y=x^3+x^2-4x-4=x(x^2-4)+x^2-4=(x+1)(x-2)(x+2)$으로 그림은 아래와 같다.

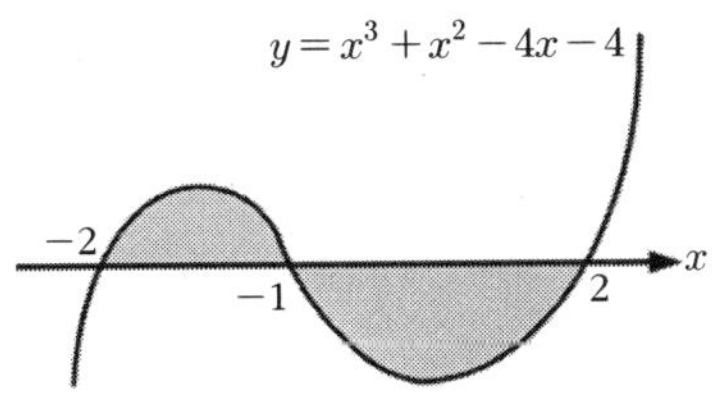

$$S=\int_{-2}^{-1}(x^3+x^2-4x-4)dx-\int_{-1}^{2}(x^3+x^2-4x-4)dx$$

$$=\left[\frac{1}{4}x^4+\frac{1}{3}x^3-2x^2-4x\right]_{-2}^{-1}-\left[\frac{1}{4}x^4+\frac{1}{3}x^3-2x^2-4x\right]_{-1}^{2}$$

$$=\left(\frac{1}{4}-\frac{1}{3}-2+4\right)-\left(4-\frac{8}{3}-8+8\right)-\left(4+\frac{8}{3}-8-8\right)+\left(\frac{1}{4}-\frac{1}{3}-2+4\right)$$

$$=\frac{71}{6}$$

2. 포물선 $y=ax^2+bx+c$과 x축으로 둘러싸인 도형의 넓이

이차방정식 $ax^2+bx+c=0(a\neq 0)$가 두 실근 $\alpha,\ \beta(\alpha<\beta)$라 하면

$$ax^2+bx+c=a(x-\alpha)(x-\beta)=0$$

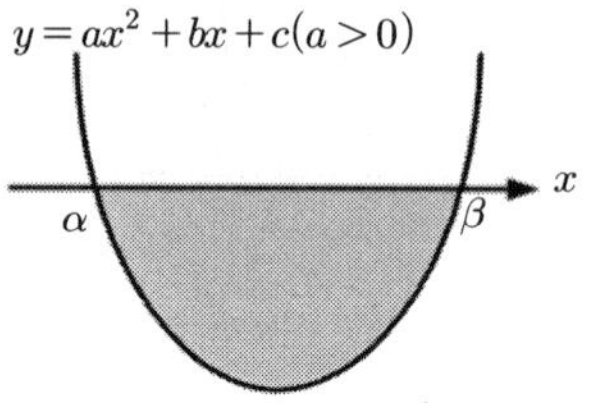

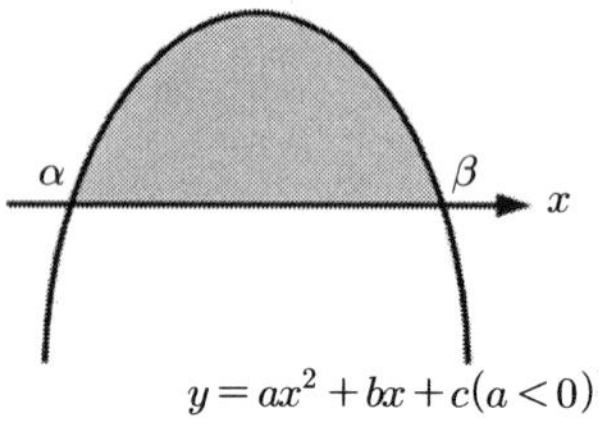

따라서, $S=\int_{\alpha}^{\beta}|ax^2+bx+c|dx\,(\alpha<\beta)$

$$=\int_{\alpha}^{\beta}|a(x-\alpha)(x-\beta)|dx=|a|\int_{\alpha}^{\beta}\{-(x-\alpha)(x-\beta)\}dx$$

$$=-|a|\int_{\alpha}^{\beta}(x-\alpha)\{(x-\alpha)+(\alpha-\beta)\}dx$$

$$=-|a|\int_{\alpha}^{\beta}\{(x-\alpha)^2+(x-\alpha)(\alpha-\beta)\}dx$$

$$=-|a|\left[\frac{(x-\alpha)^3}{3}+(\alpha-\beta)\frac{(x-\alpha)^2}{2}\right]_{\alpha}^{\beta}$$

$$=-|a|\left\{\frac{(\beta-\alpha)^3}{3}+(\alpha-\beta)\frac{(\beta-\alpha)^2}{2}\right\}$$

$$=\frac{|a|(\beta-\alpha)^3}{6}=\left|\frac{a(\beta-\alpha)^3}{6}\right|$$

> 이차방정식 $ax^2+bx+c=0$가 서로 다른 두 실근 $\alpha,\ \beta$를 가질 때
> $y=ax^2+bx+c$와 x축으로 둘러싸인 넓이 S는
> $S=\int_{\alpha}^{\beta}|ax^2+bx+c|dx=\left|\frac{a(\beta-\alpha)^3}{6}\right|$ (암기사항)

예 1 포물선 $y=2x^2-2x-4$와 x축으로 둘러싸인 도형의 넓이 S를 구하여라.

풀이 $2x^2-2x-4=0 \quad \therefore x=-1, 2$

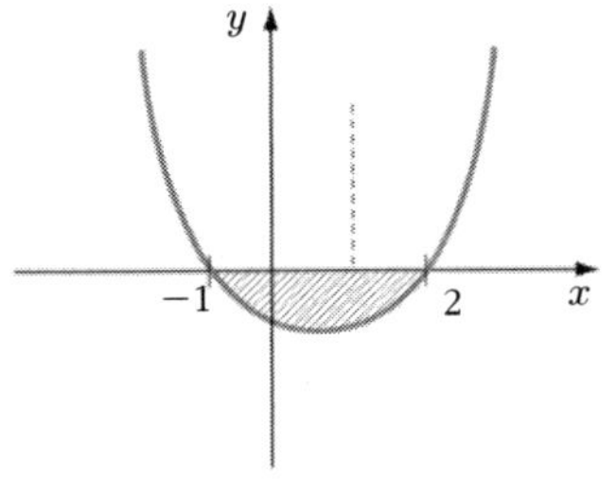

따라서, $S=\int_{\alpha}^{\beta}|ax^2+bx+c|dx=\left|\frac{a(\beta-\alpha)^3}{6}\right|$에서 $S=\left|\frac{2(2+1)^3}{6}\right|=9$

3. y축과 곡선 사이의 넓이

y축과 곡선 사이의 넓이는 x축과 곡선 사이의 넓이를 구할 때와 같은 이치로 생각하면 된다.

a) 함수 $x=g(y)$가 구간 $[c, d]$에서 $g(y)\geq 0$이면 곡선 $x=g(y)$와 y축 및 두 직선 $y=c$, $y=d$로 둘러싸인 도형의 넓이 S는

$$S=\int_{c}^{a} g(y)\,dy$$

b) 아래 그림과 같이 구간 $[c, d]$에서 $h(y)\leq g(y)$이고, 곡선 $x=g(y)$와 $x=h(y)$ 및 두 직선 $y=c$, $y=d$로 둘러싸인 도형의 넓이 S는

$$S=\int_{c}^{d}\{g(y)-h(y)\}\,dy$$

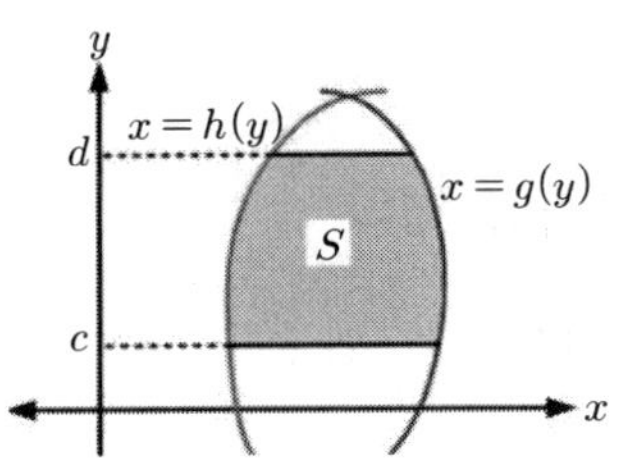

예 1 $-2 \le y \le 4$의 범위에서 곡선 $y^2 = x+4$과 y축 및 $y=4$로 둘러싸인 도형의 넓이 S를 구하여라.

풀이 $y^2 = x+4$에서 $x = y^2 - 4$이다. $y^2 - 4 = 0$에서 $y = -2, 2$

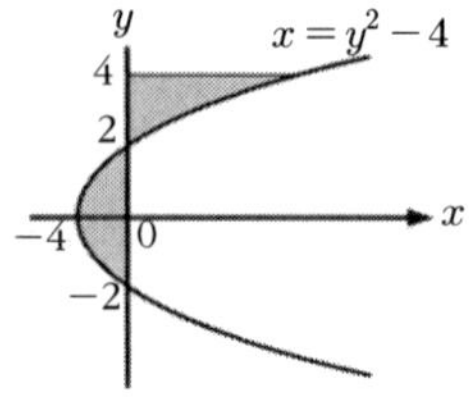

따라서, 구하는 넓이를 S라 하면

$$S = -\int_{-2}^{2}(y^2-4)dy + \int_{2}^{4}(y^2-4)dy = -\left[\frac{1}{3}y^3 - 4y\right]_{-2}^{2} + \left[\frac{1}{3}y^3 - 4y\right]_{2}^{4}$$

$$= \frac{32}{3} + \frac{32}{3} = \frac{64}{3}$$

예 2 곡선 $x = y(y-2)$, y축, $y=-2$로 둘러싸인 도형의 넓이를 구하여라.

풀이 이것의 대략의 그림은 아래와 같다.

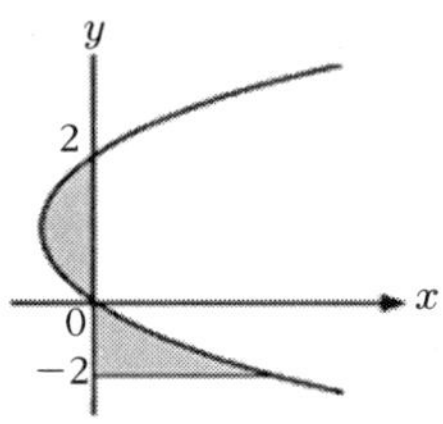

따라서, 구하는 넓이를 S라 하면

$$S = \int_{-2}^{0}(y^2-2y)dy - \int_{0}^{2}(y^2-2y)dy = \left[\frac{1}{3}y^3 - y^2\right]_{-2}^{0} - \left[\frac{1}{3}y^3 - y^2\right]_{0}^{2}$$

$$= -\left(\frac{8}{3} - 4\right) - \left(\frac{8}{3} - 4\right) = 8$$

4. 두 곡선 사이의 넓이

폐구간 $[a, b]$에서 두 함수 $y = f(x)$와 $y = g(x)$가 연속일 때 $y = f(x)$, $y = g(x)$와 두 직선 $x = a$, $x = b$로 둘러싸인 도형의 넓이 S를 구해보자.

a) $f(x) \geq g(x) \geq 0$일 때 $S = \int_a^b f(x)dx - \int_a^b g(x)dx = \int_a^b \{f(x) - g(x)\}dx$

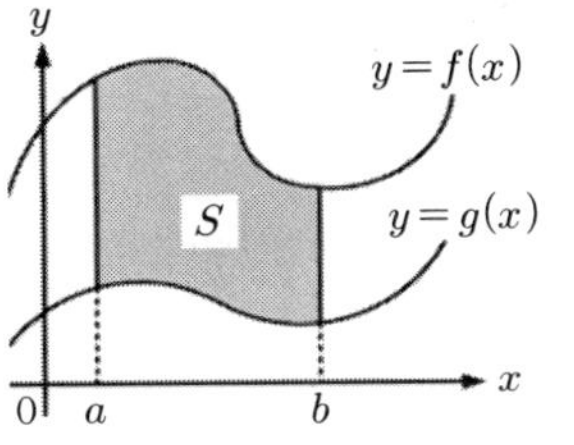

b) $f(x) \geq g(x)$이고, $f(x)$ 또는 $g(x)$가 음의 값을 가질 때 아래 그림과 같이 두 곡선 $y = f(x)$, $y = g(x)$의 그래프를 y축 방향으로 k만큼 평행 이동하여 $f(x) + k \geq g(x) + k \geq 0$이 성립하도록 한다. 이 때 그래프는 y축 방향으로 평행 이동되었을 뿐 구하고자 하는 넓이는 변함이 없으므로

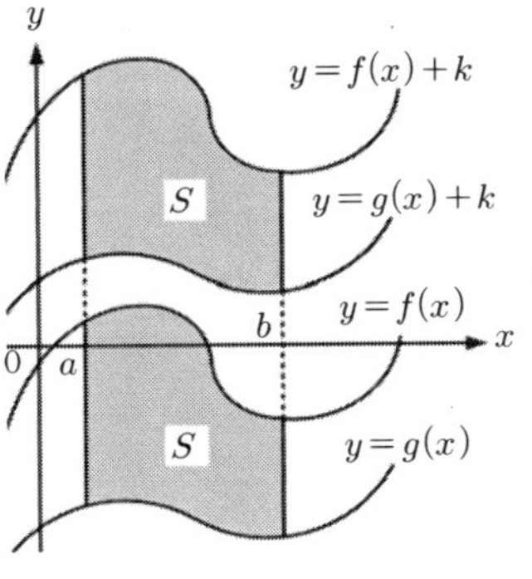

$$S = \int_a^b \{f(x) + k\}dx - \int_a^b \{g(x) + k\}dx = \int_a^b \{(f(x) + k) - (g(x) + k)\}dx$$

$$= \int_a^b \{f(x) - g(x)\}dx$$

5. 포물선과 직선으로 둘러싸인 도형의 넓이

포물선 $y = ax^2 + bx + c$와 직선 $y = mx + n$의 교점의 x좌표를 α, β라 할 때 이들 두 그래프에 의해서 둘러싸인 도형의 넓이 S는

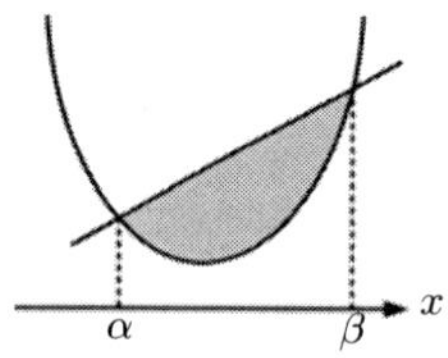

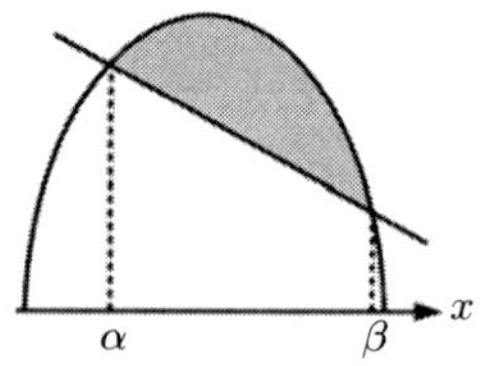

$$S=\int_{\alpha}^{\beta}|(ax^2+bx+c)-(mx+n)|dx=\left|\frac{a(\beta-\alpha)^3}{6}\right|$$

[증명] $ax^2+bx+c=mx+n$의 두 실근을 α, $\beta\,(\alpha<\beta)$라 하면

$$ax^2+bx+c-(mx+n)=a(x-\alpha)(x-\beta)$$

$$\therefore\ S=\int_{\alpha}^{\beta}|ax^2+bx+c-(mx+n)|\,dx=\int_{\alpha}^{\beta}|a(x-\alpha)(x-\beta)|dx$$

$$=\left|\frac{a(\beta-\alpha)^3}{6}\right|$$

예 1 포물선$y=3x^2-7x+6$와 직선 $y=2x$로 둘러싸인 도형의 넓이를 공식을 이용하여 구하여라.

풀이 $3x^2-7x+6\ =2x$에서 $(x-1)(x-2)\quad\therefore\ x=1,\ 2$

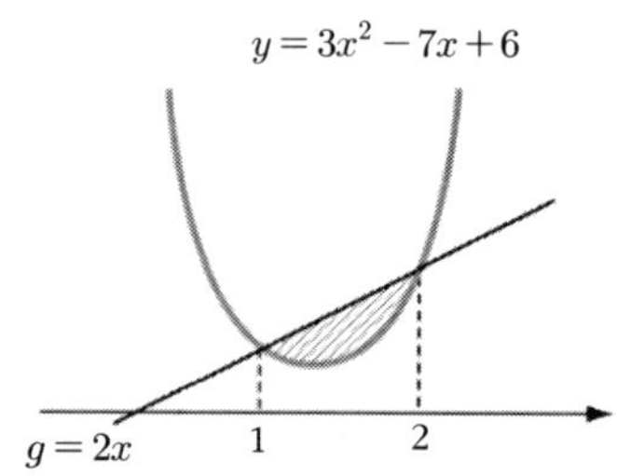

따라서, $\int_{1}^{2}\{2x-(3x^2-7x+6)\}dx=\int_{1}^{2}(-3x^2+9x-6)dx$

$$=\left|\frac{-3(2-1)^3}{6}\right|=\frac{1}{2}$$

예 2 포물선 $y=x^2-2x-1$와 직선 $y=x-1$로 둘러싸인 도형의 넓이를 구하여라.

풀이 포물선과 직선의 교점의 x좌표는 $x^2-2x-1=x-1$에서 $x=0,\ 3$

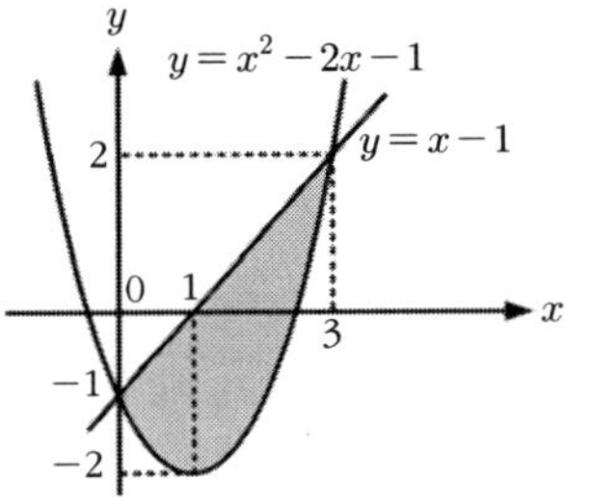

따라서, 구간 $[0,\ 3]$에서 $x-1\geq x^2-2x-1$이므로 구하는 넓이 S는

$$S=\int_0^3\{(x-1)-(x^2-2x-1)\}=\int_0^3(-x^2+3x)dx$$

$$=\left[-\frac{x^3}{3}+\frac{3}{2}x^2\right]_0^3=\frac{9}{2}$$

예 3 곡선 $y=|x^2-1|$과 직선 $y=1$로 둘러싸인 도형의 넓이를 구하여라.

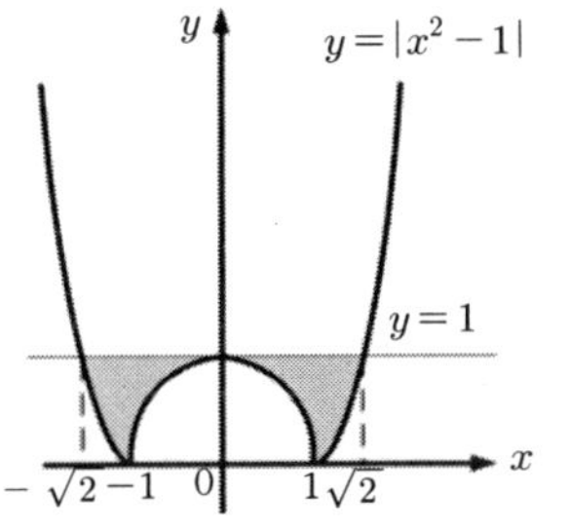

풀이 $y=|x^2-1|$의 그래프는 아래와 같고, 이 곡선과 $y=1$의 교점의 x좌표는

$x^2-1=1$에서 $x=\pm\sqrt{2}$

$-x^2+1=1$에서 $x=0$

$$S=2\left[\int_0^1\{1-(-x^2+1)\}dx+\int_1^{\sqrt{2}}\{1-(x^2-1)\}dx\right]$$

$$=2\left\{\int_0^1 x^2dx+\int_1^{\sqrt{2}}(2-x^2)dx\right\}=\frac{8}{3}(\sqrt{2}-1)$$

6. 포물선과 포물선으로 둘러싸인 도형의 넓이

두 포물선 $y=ax^2+bx+c$와 $y=a'x^2+b'x+c'$의 교점의 x좌표를 α, β라 할 때 이들 두 그래프에 의해서 둘러싸인 도형의 넓이 S는

$$S=\int_{\alpha}^{\beta}|(ax^2+bx+c)-(a'x^2+b'x+c')|dx=\left|\frac{(a-a')(\beta-\alpha)^3}{6}\right|$$

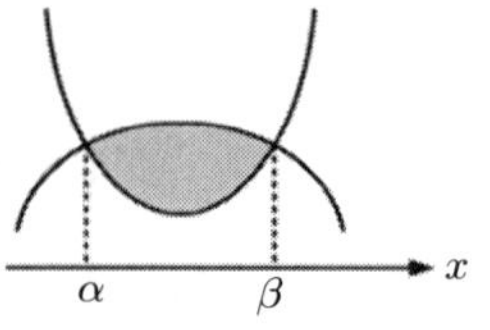

[증명] $ax^2+bx+c=a'x^2+b'x+c'$의 두 실근을 α, $\beta\,(\alpha<\beta)$라 하면

$$ax^2+bx+c-(a'x^2+b'x+c')=(a-a')(x-\alpha)(x-\beta)(mx+n)$$
$$=a(x-\alpha)(x-\beta)$$

$$\therefore S=\int_{\alpha}^{\beta}|ax^2+bx+c-(a'x^2+b'x+c')|dx=\int_{\alpha}^{\beta}|(a-a')(x-\alpha)(x-\beta)|dx$$

$$=\left|\frac{(a-a')(\alpha-\beta)^3}{6}\right|$$

예 1 두 포물선 $y=x^2-6x+25$와 $y=-x^2+8x+5$로 둘러싸인 도형의 넓이를 공식을 이용하여 구하여라.

풀이 $x^2-6x+25=-x^2+8x+5$에서 $2x^2-14x+20=0$이므로
$2(x-5)(x-2)$ $\therefore x=2, 5$

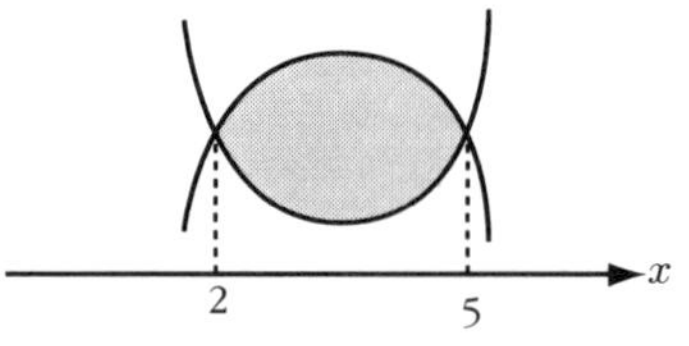

따라서, $\int_{2}^{5}\{-x^2+8x+5-(x^2-6x+25)\}dx=\int_{2}^{5}(-2x^2+14x-20)dx$

$$=\left|\frac{-2(5-2)^3}{6}\right|=9$$

예 2 두 함수 $f(x)=x^2-2$, $g(x)=-x^2-4x+4$에 대하여 다음 그림과 같이 두 곡선 $y=f(x)$과 $y=g(x)$으로 둘러싸인 부분의 넓이는

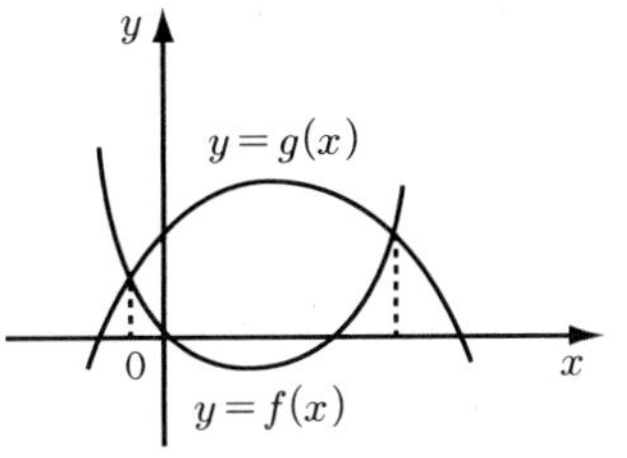

풀이 두 곡선의 교점의 x좌표는 $f(x)=g(x)$에서 $x^2-2=-x^2-4x+4$, $2x^2+4x-6=0$, $2(x+3)(x-1)=0$에서 $x=-3$ 또는 $x=1$, 오른쪽 그림에서 색칠한 부분의 넓이 S는

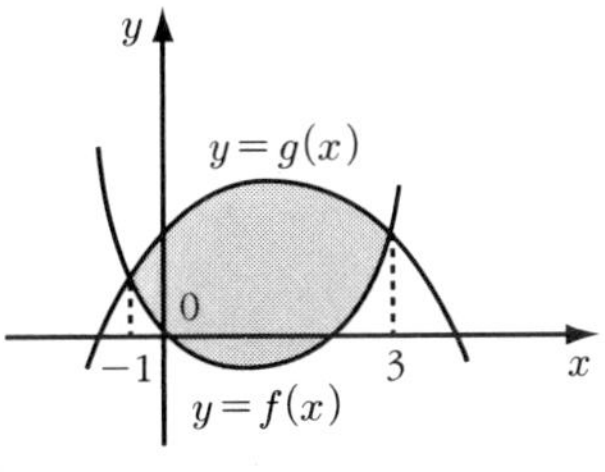

$$S=\int_{-3}^{1}\{(-x^2-4x+4)-(x^2-2)\}dx$$
$$=\int_{-3}^{1}(-2x^2-4x+6)dx$$
$$=\left[-\frac{2}{3}x^3-2x^2+6x\right]_{-3}^{1}$$
$$=\frac{64}{3}$$

[다른 풀이]

두 곡선 $y=ax^2+bx+c$, $y=a'x^2+b'x+c'$의 교점의 x좌표가 α, β일 때, 두 곡선으로 둘러싸인 부분의 넓이 S는 $S=\frac{|a-a'|}{6}(\beta-\alpha)^3$이므로 $y=x^2-2$, $y=-x^2-4x+4$으로 둘러싸인 부분의 넓이 S는 $S=\frac{|1-(-1)|}{6}\{1-(-3)\}^3=\frac{64}{3}$이다.

8.2 부피와 적분

1. 입체도형의 부피

아래 그림과 같이 x좌표가 x인 점을 지나 x축에 수직인 평면으로 잘린 단면의 넓이가 x의 함수 $S(x)$로 주어질 때 x좌표가 a, b인 두 점을 지나 x축에 수직인 두 평면 사이에 있는 도형의 부피를 구해보자.

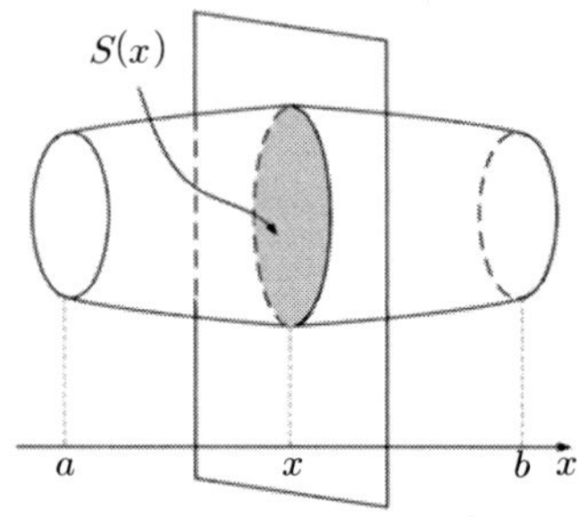

구간 $[a, b]$를 n등분하여 양 끝점을 포함하여 각 분점을 차례로

$$a = x_0,\ x_1,\ x_2,\ \cdots,\ x_n = b$$

라 하고, 각 소구간의 길이를 $\Delta x = \dfrac{b-a}{n}$라 하자.

또, 아래 그림과 같이 각 분점의 왼쪽 끝점 x_{k-1}을 지나는 평면으로 잘린 도형을 밑면으로 하고 높이가 Δx인 기둥을 만들어 이들 기둥들의 부피의 합을 V_n이라고 하자. 이 때,

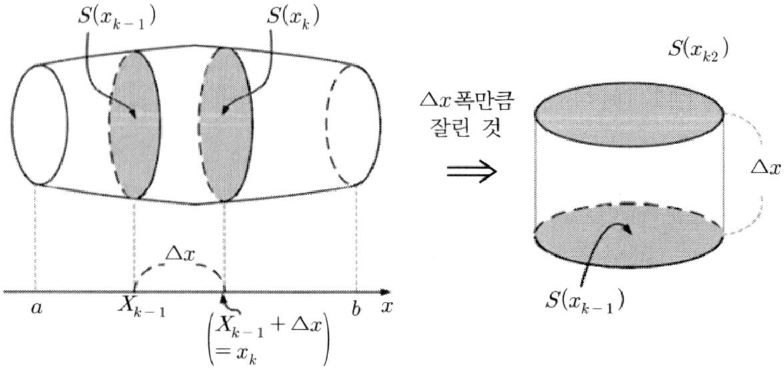

$$V_n = S(x_0)\Delta x + S(x_1)\Delta x + \cdots + S(x_{n-1})\Delta x = \sum_{k=1}^{n} S(x_{k-1})\Delta x$$

따라서, 구분구적법과 정적분의 정의에 의하여 입체도형의 부피 V는

$$V = \lim_{n\to\infty} V_n = \lim_{n\to\infty}\sum_{k=1}^{n} S(x_{k-1})\Delta x = \int_a^b S(x)dx$$

> x축에 수직인 평면으로 자른 단면의 넓이가 $S(x)$인 입체의 구간 $[a, b]$에 있는 도형의 부피 V는
>
> $$V = \int_a^b S(x)\,dx$$

예 1 밑면의 넓이가 A, 높이가 h인 사각뿔의 부피 V를 정적분을 이용하여 구하여라.

풀이 아래 그림과 같이 사각뿔의 꼭지점 O에서 꼭지점 O로부터 거리가 x인 점에서 x축에 수직인 평면으로 사각뿔을 자를 때 단면의 넓이를 $S(x)$라 하면

$S(x) : A = x^2 : h^2$이므로 $S(x) = \dfrac{A}{h^2}x^2$

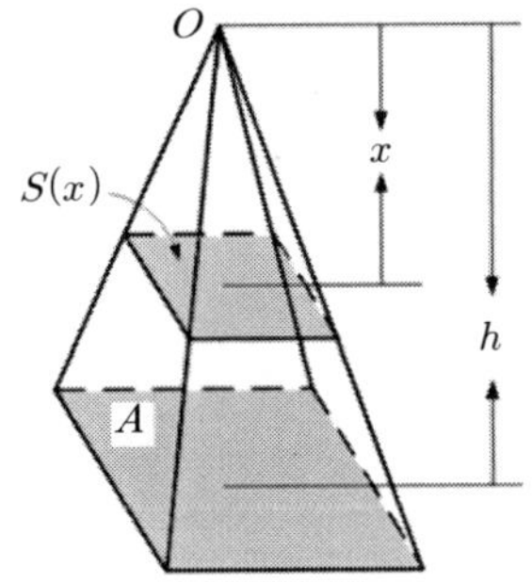

따라서, 구하는 부피 V는

$$V = \int_0^h S(x)dx = \int_0^h \frac{A}{h^2}x^2dx = \frac{A}{h^2}\left[\frac{x^3}{3}\right]_0^h = \frac{1}{3}Ah$$

예 2 아래 그림에서 밑면의 중심이 O이고, 밑면의 반지름의 길이가 r인 직원기둥이 있다. 밑면의 지름 AB를 포함하고 밑면과 이루는 각이 30°인 평면으로 이 직원기둥을 자르면 아래 그림과 같은 입체도형을 얻는다. 이 때, 이 입체도형의 부피를 구하여라.

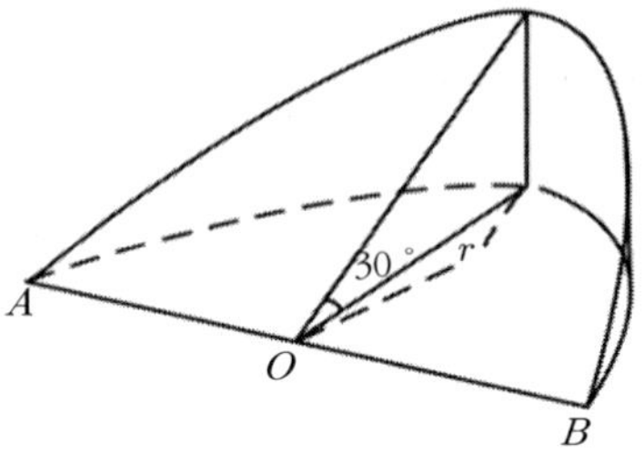

풀이 원점 O를 지나는 직선 AB를 x축으로 한다. 좌표가 x인 점 X를 지나고

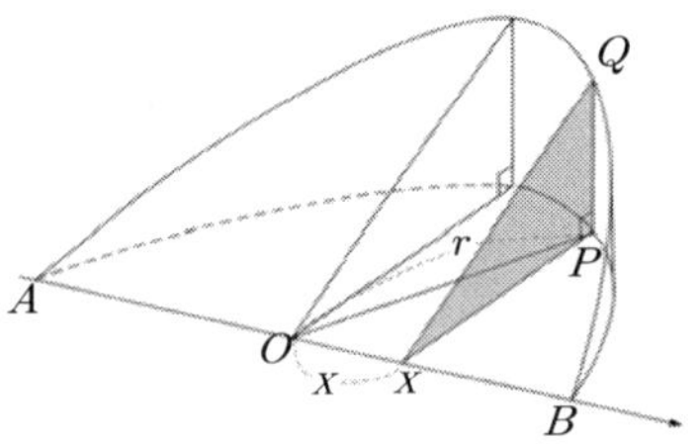

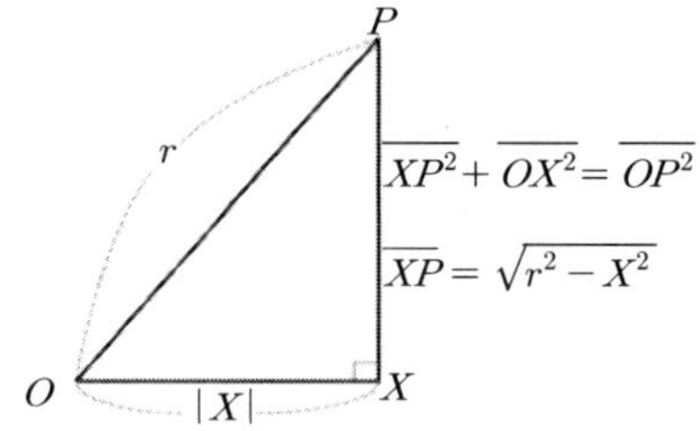

직선 AB에 수직인 평면으로 주어진 입체를 자르면 잘린 부분은 오른쪽 그림의 직각삼각형 XPQ이다.

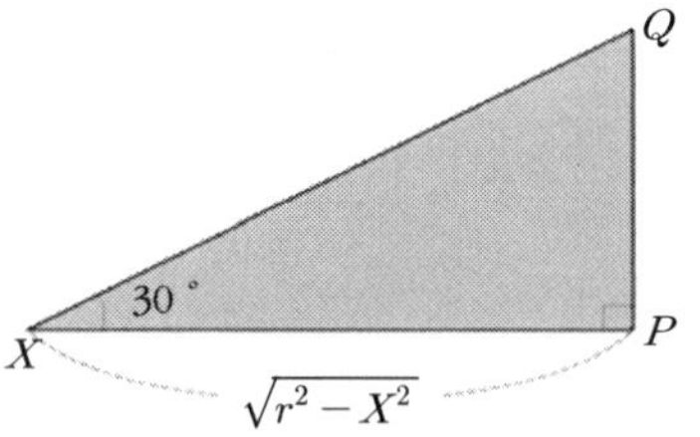

$\triangle XPQ$의 넓이를 $S(x)$라 두면

$$S(x)=\frac{1}{2}\cdot\overline{XP}\cdot\overline{PQ}=\frac{1}{2}\sqrt{r^2-x^2}\cdot\sqrt{r^2-x^2}\tan 30^\circ=\frac{\sqrt{3}}{6}(r^2-x^2)$$

따라서, 구하는 부피 V는

$$V=\int_{-r}^{r}S(x)dx=2\int_{0}^{r}\frac{\sqrt{3}}{6}(r^2-x^2)dx=\frac{\sqrt{3}}{3}\left[r^2x-\frac{1}{3}x^3\right]_0^r=\frac{2\sqrt{3}}{9}r^3$$

2. 축의 둘레로 회전한 회전체의 부피

1) 구간 $[a, b]$에서 곡선 $y=f(x)$를 x축의 둘레로 회전시켰을 때 생기는 회전체의 부피를 구하여 보자. 아래 그림과 같이 구간 $[a, b]$ 사이의 임의의 점 x에서의 회전체 단면의 넓이 $S(x)$는

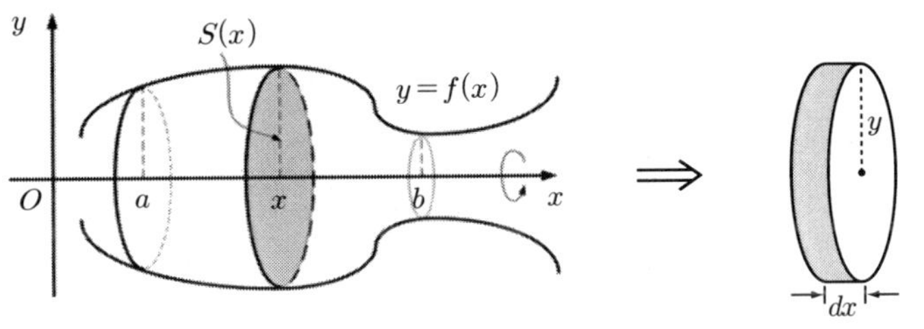

반지름의 길이가 $|f(x)|$인 원의 넓이가 되므로,

$$S(x)=\pi y^2=\pi\{f(x)\}^2$$

이다. 따라서, 구하는 회전체의 부피 V는

$$V=\int_a^b S(x)\,dx=\pi\int_a^b y^2dx=\pi\int_a^b\{f(x)\}^2dx$$

2) x축을 회전축으로 할 때와 같은 방법으로 아래 그림과 같이 구간 $[c, d]$에서 곡선 $x=g(y)$를 y축 둘레로 회전시켰을 때 생기는 회전체의 부피 V는

$$V=\int_c^d S(y)dy=\pi\int_c^d x^2dy=\pi\int_c^d\{g(y)\}^2dy$$

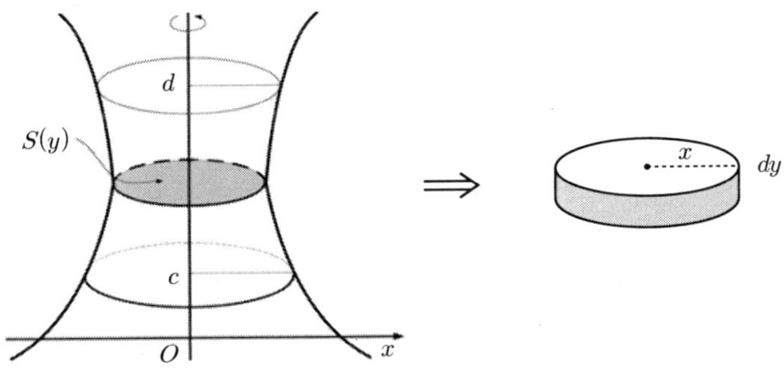

예 1 곡선 $y=x(1-x)$와 곡선 x축으로 둘러싸인 도형을 x축 둘레도 회전시킬 때 만들어지는 회전체의 부피를 구하여라.

풀이 먼저, 그림을 그려서 x축의 둘레로 회전시킨 회전체의 부피 V는

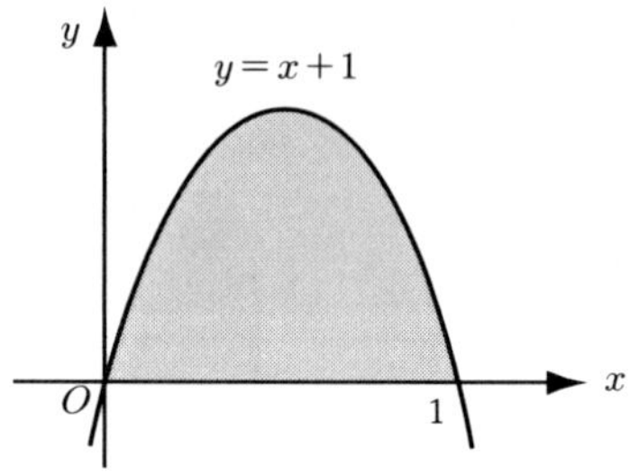

x으로 회전시킨 입체의 뷔페는

$$V=\pi\int_0^1 \{x(1-x)\}^2dx=\pi\int_0^1 \{x^2(x^2-2x+1)\}dx$$

$$=\pi\int_0^1 \{x^4-2x^3+x^2)\}dx=\pi\left(\frac{1}{5}-\frac{1}{2}+\frac{1}{3}\right)$$

$$=\frac{\pi}{30}$$

예 2 곡선 $y=\sqrt{x}+2$와 y축 및 $y=3$으로 둘러싸인 도형을 y축으로 회전시킨 회전체의 부피 V를 구하여라.

풀이 y축으로 회전시킨 회전체의 모양은 다음과 같다.

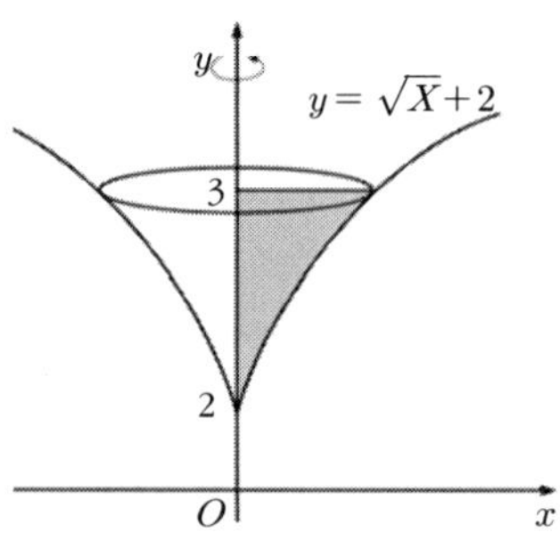

여기서, $y=\sqrt{x}+2$는 $\sqrt{x}=y-2$, $x=(y-2)^2$이므로

$$V=\pi\int_c^d x^2dy=\pi\int_2^3 (y-2)^4dy=\pi\left[\frac{(y-2)^5}{5}\right]_2^3=\frac{\pi}{5}$$

예 다음 곡선 및 직선으로 둘러싸인 부분을 x축의 둘레로 회전시켰을 때 생기는 회전체의 부피를 구하여라.

풀이 구간 $[0, 2]$에서 $y=3x+1$을 x축의 둘레로 회전시켰을 때 생기는 회전체의 부피 V는

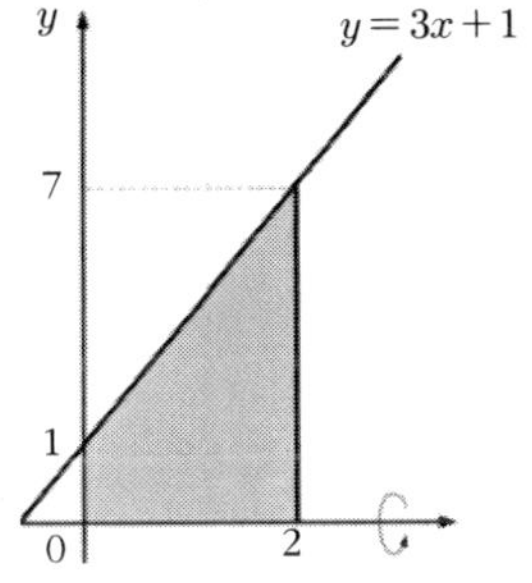

$$V=\pi\int_0^2 y^2dx=\pi\int_0^2(3x+1)^2dx=\pi\left[\frac{(3x+1)^3}{9}\right]_0^2=38\pi$$

3. 두 곡선 사이에 있는 도형을 회전시킨 회전체의 부피

1) x축 둘레로 회전한 경우

아래 그림에서 색칠한 부분의 도형을 x축의 둘레로 회전시켰을 때 생기는 회전체의 부피를 V라 하면

V=(도형 $ABFE$를 x축의 둘레로 회전시킨 회전체의 부피)
−(도형 $ABCD$를 x축 둘레로 회전시킨 회전체의 부피)

$$=\pi\int_a^b\{f(x)\}^2dx-\pi\int_a^b\{g(x)\}^2=\pi\int_a^b\left[\{f(x)\}^2-\{g(x)\}^2\right]dx$$

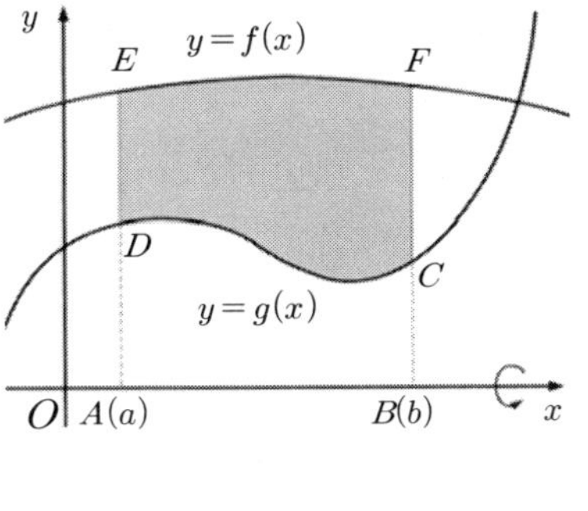

2) y축 둘레로 회전한 경우

아래 그림에서 색칠한 부분의 도형을 y축의 둘레로 회전시켰을 때 생기는 회전체의 부피를 V라 하면

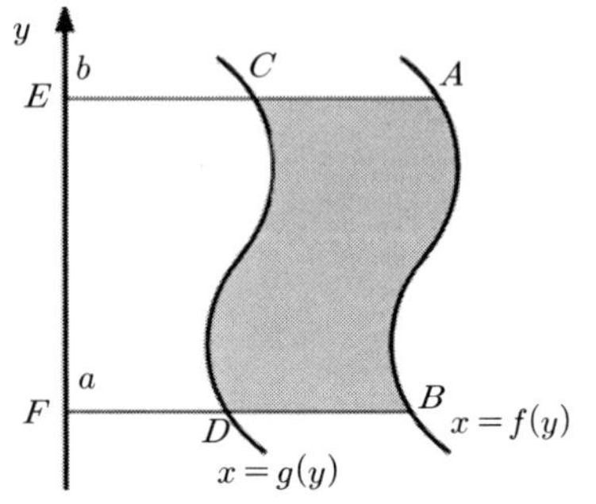

$V=$(도형 $ABFE$를 y축의 둘레로 회전시킨 회전체의 부피)

$-$(도형 $CDFE$를 y축 둘레로 회전시킨 회전체의 부피)

$$=\pi\int_a^b \{f(y)\}^2 dy - \pi\int_a^b \{g(y)\}^2 dy = \pi\int_a^b \left[\{f(y)\}^2 - \{g(y)\}^2\right] dy$$

a) 함수 $y=f(x)$, $y=g(x)$가 구간 $[a,\ b]$에서 연속이고 $0 \le g(x) \le f(x)$일 때 두 곡선 $y=f(x)$, $y=g(x)$와 두 직선 $x=a$, $x=b$로 둘러싸인 도형을 x축으로 회전시켰을 때 생기는 회전체의 부피 V는

$$V=\pi\int_a^b \left[\{f(x)\}^2 - \{g(x)\}^2\right] dx$$

b) 함수 $x=f(y)$, $x=g(y)$가 구간 $[a,\ b]$에서 연속이고 $0 \le g(y) \le f(y)$일 때 두 곡선 $x=f(y)$, $x=g(y)$와 두 직선 $y=a$, $y=b$로 둘러싸인 도형을 y축으로 회전시켰을 때 생기는 회전체의 부피 V는

$$V=\pi\int_a^b \left[\{f(y)\}^2 - \{g(y)\}^2\right] dy$$

예 1 두 포물선 $y=x^2$과 $y=2-x^2$로 둘러싸인 부분을 x축의 둘레로 회전시켰을 때 생기는 회전체의 부피를 구하여라.

풀이 $y=x^2$과 $y=2-x^2$의 교점의 x좌표는 $x^2=2-x^2$에서 $x=\pm 1$

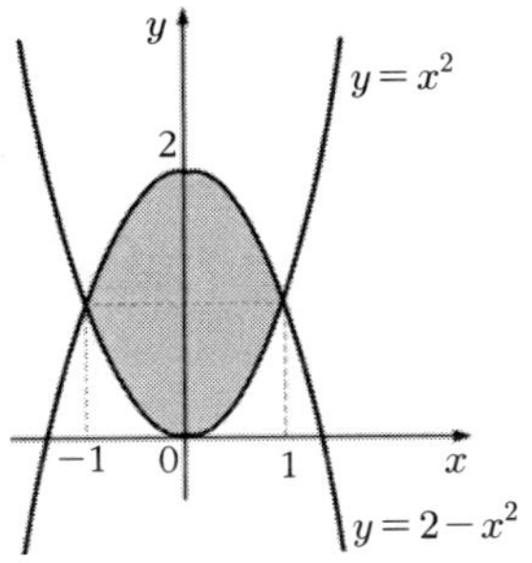

구하는 부피 V는 구간 $[-1,\ 1]$에서 $2-x^2 \geq x^2$이므로

$$V=\pi\int_{-1}^{1}\{(2-x^2)^2-x^4\}dx=2\pi\int_{0}^{1}(-4x^2+4)dx=2\pi\left[-\frac{4}{3}x^3+4x\right]_0^1=\frac{16}{3}\pi$$

예 2 포물선 $y=x^2+1$과 직선 $y=5$로 둘러싸인 부분을 y축의 둘레로 회전시켰을 때 생기는 회전체의 부피를 구하여라.

풀이 회전하는 부분은 y축에 대하여 대칭이므로

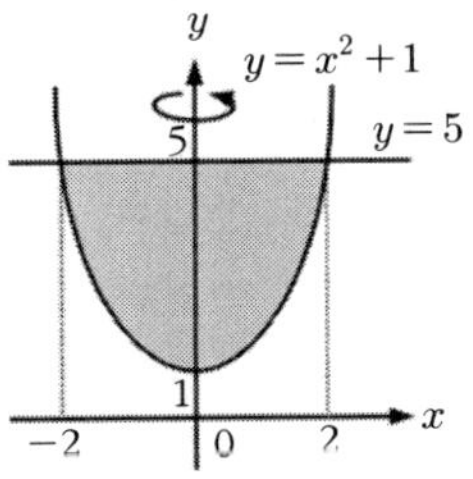

$$V=\pi\int_{1}^{5}x^2dy=\pi\int_{1}^{5}(y-1)dy=\pi\left[\frac{1}{2}y^2-y\right]_1^5=8\pi$$

예 3 곡선 $y=\sqrt{x+2}$ 와 직선 $y=x$, x축으로 둘러싸인 도형을 x축의 둘레로 회전시켰을 때 생기는 회전체의 부피를 구하여라.

풀이 $y=\sqrt{x+2}$ 와 $y=x$의 교점의 x좌표는 $\sqrt{x+2}=x$, $x+2=x^2$에서 $x=2$

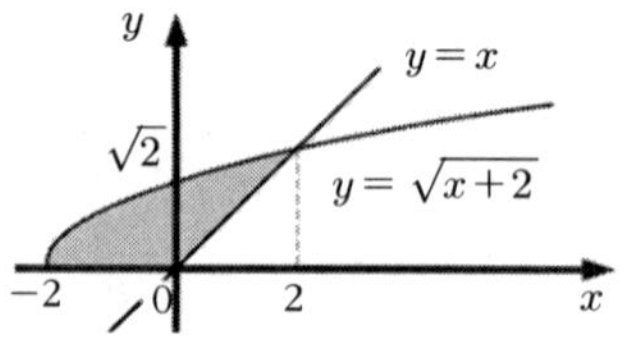

구하는 부피 V는 구간 $[-2, 2]$에서 $\sqrt{x+2} \geq x$이므로

$$V=\pi\int_{-2}^{2}(\sqrt{x+2})^2dx-\pi\int_{0}^{2}x^2dx=2\pi\left[2x\right]_0^2-\pi\left[\frac{1}{3}x^2\right]_0^2=\frac{16}{3}\pi$$

제8장 정적분의 활용

연습문제

1. 곡선 $y^2=x+4$와 y축 및 두 직선 $y=0$, $y=3$으로 둘러싸인 도형의 넓이 S를 구하여라.

2. 포물선 $y=2-x^2$와 직선 $y=-x$를 둘러싸인 도형의 넓이 S를 구하여 보자.

3. 포물선 $y=x^2-3x$와 직선 $y=ax$를 둘러싸인 도형의 넓이가 x축에 의해 이등분되도록 상수 a의 값을 구하여라.

4. 다음 곡선과 직선으로 둘러싸인 도형의 넓이를 구하여라.

(a) $y=\sin x$, $y=\cos x$, $x=0$, $x=\dfrac{\pi}{2}$

(b) $y=\cos x$, $y=\cos 2x$ $(0 \le x \le \pi)$

5. 곡선 $y=\sqrt{x-1}$과 x축 및 직선 $x=4$로 둘러싸인 도형을 x축 둘레로 회전하여 생기는 회전체의 부피 V_x를 구하여라.

6. 곡선 $y=\sqrt{x-1}$과 y축 및 직선 $y=0$, $y=1$로 둘러싸인 도형을 y축 둘레로 회전하여 생기는 회전체의 부피 V_y를 구하여라.

7. 곡선 $y=\cos x\left(0 \le x \le \dfrac{\pi}{2}\right)$를 x축 둘레로 회전하여 생기는 회전체의 부피 V_x를 구하여라.

8. 곡선 $y=x^2$과 $y=2x$로 둘러싸인 부분을 x축의 둘레로 회전하여 생기는 회전체의 부피를 구하여라.

9. 곡선 $y=2\sqrt{x}$와 직선 $y=x$로 둘러싸인 도형을 x축의 둘레로 회전하여 생기는 회전체의 부피를 구하여라.

10. $y=-x^2+2x$와 x축으로 둘러싸인 부분을 x축의 둘레로 회전시켰을 때 생기는 회전체의 부피를 구하여라.

11. 곡선 $y=-x^2+1$과 직선 $y=x+1$로 둘러싸인 도형을 x축의 둘레로 회전시켰을 때 생기는 회전체의 부피를 구하여라.

12. 포물선 $y=-x^2+4x$과 직선 $y=x$로 둘러싸인 도형을 x축의 둘레로 회전시켰을 때 생기는 회전체의 부피를 구하여라.

13. 포물선 $y=x^2+2x$와 직선 $y=-x$로 둘러싸인 부분을 x축의 둘레로 회전시켰을 때 생기는 회전체의 부피를 구하여라.

14. 포물선 $y=3-x^2$와 직선 $y=-2x$로 둘러싸인 부분을 x축의 둘레로 회전시켰을 때 생기는 회전체의 부피를 구하여라.

제 IV 편

미분방정식

제 9 장　미분방정식

제9장 미분방정식

9.1 미분방정식의 정의와 해

미분방정식은 보편적인 수학적 방법으로 여러 가지 자연법칙들을 정확한 수학적 공식을 표현하거나 어떤 하나의 함수와 그 함수의 미분(도함수)과의 관계에 의하여 표현되는 여러 가지 현상을 공식화하는데 사용되어 왔다.

특히, 미분방정식은 물리 시스템 또는 공학시스템의 특성을 기술하는 공학관련 학문의 기본이 되는 매우 중요한 역할을 한다. 그 이유는 물리적인 특성이나 공학적인 특성을 나타내는 법칙이나 원리들이 대부분 미분방정식의 형태로 표시되기 때문이다. 따라서 미분방정식의 작성이나 그 해석은 전공과 관련된 학습에서 아주 중요한 사항 중의 하나이다.

도함수는 차수에 따라 1계 도함수, 2계 도함수, ..., n계 도함수로 나타내는데, 1계 도함수는 대부분 $\frac{dy}{dx}$, $y'(x)$, y', Dy로 표기하는데, $\frac{dy}{dx}$, $y'(x)$는 x가 독립변수이고 y가 종속변수임을 의미한다. y', Dy는 독립변수가 무엇인지를 알 수 없지만 도함수를 표현한 문맥에서 그 의미를 찾을 수 있을 것이다.

2계 도함수는 $\frac{d^2y}{dx^2}$, $y''(x)$, y'', D^2y 등으로 표기하고, n계 도함수는 $\frac{d^ny}{dx^n}$, $y^{(n)}(x)$, $y^{(n)}$, D^ny으로 표기한다.

1. 미분 방정식의 종류

도함수를 포함하는 방정식을 미분방정식(differential equation)이라 하는데 독립변수의 개수에 따라 미분방정식은 크게 상미분방정식과 편미분방정식의 두 가지로 구분된다.

또한, 미분방정식은 그 형태와 계수(order), 선형성에 따라 구분되는데, 미분방정식에서 미분의 횟수를 계(order)라 하고, 계를 결정짓는 미분항의 가장 많은 거듭제곱 횟수를 차(degree)라 한다. 그리고 미분방정식에 포함된 종속변수와 도함수의 차수가 모두 1차인 것을 선형미분방정식이라고 하고, 그렇지 않은 것을 비선형미분방정식이라 한다.

1) 상미분방정식

미분방정식에 나타난 미지의 함수나 도함수가 단 하나의 독립변수만 가질 때 그 미분방정식을 상미분방정식(Ordinary Differential Equation : ODE)이라 하며 예를 들면 다음과 같다.

예1 $\frac{dy}{dx}-y=0,\ y'-y=0$: 1계 1차 상미분 방정식, 선형미분방정식

예2 $\frac{d^2y}{dx^2}-3\left(\frac{dy}{dx}\right)^3+2y=\sin 3x$: 2계 1차 상미분 방정식, 비선형미분방정식

2) 편미분 방정식

미분방정식에 나타난 미지의 함수가 두 개 이상의 독립변수를 가지고 미분이 편미분으로 표현되었다면 그 미분방정식을 편미분 방정식(Partial Differential Equation : PDE)이라 하며 예를 들면 다음과 같다.

예1 $\frac{\partial u}{\partial x}-\frac{\partial u}{\partial y}=0$: x, y가 독립변수이고 u가 종속변수. 1계 1차 편미분 방정식

예2 $\frac{\partial^2 u}{\partial x^2}-\left(\frac{\partial u}{\partial y}\right)^3=0$: 2계 1차 편미분 방정식

예 1 다음 미분방정식의 계수와 차수를 말하여라.

a) $\left(\frac{d^2y}{dx^2}\right)^4=\sqrt{1+\left(\frac{dy}{dx}\right)^2}$　　　b) $(y'')^2-(y')^3+y=0$

풀이 a) 우변의 $\sqrt{\ }$ 기호를 풀기 위해 양변에 제곱을 하여 풀어보면,

$$\left(\left(\frac{d^2y}{dx^2}\right)^4\right)^2 = \left(\sqrt{1+\left(\frac{dy}{dx}\right)^2}\right)^2$$

$$\left(\frac{d^2y}{dx^2}\right)^8 = 1+\left(\frac{dy}{dx}\right)^2$$

따라서, 2계 8차 미분방정식이 된다.

b) 2계 2차 미분방정식

2. 미분방정식의 해

어떤 함수가 주어진 미분방정식을 만족할 때 이 함수를 미분방정식의 해라 한다. 다시 말해, 어떤 개구간 I에서 정의되어 있는 함수 $y = f(x)$가 주어진 미분방정식에 대입하였을 때 등식을 만족하면 함수 $f(x)$를 구간 I에서 주어진 미분방정식의 해라 하며, $y = f(x)$를 구하는 과정을 "미분방정식을 푼다"라고 한다.

미분방정식의 해에는 계수만큼 임의 상수를 가지는 일반해(general solution), 일반해에 포함된 임의 상수에 특정 값을 대입하여 얻어지는 해를 특수해(particular solution), 일반해의 임의 상수에 어떤 값을 주어도 얻어질 수 없는 해가 존재하는데 그 해를 특이해(singular solution)라 한다.

예 1 $y^2 = cx$가 $y' = \dfrac{y}{2x}$의 일반해임을 설명하여라.

풀이 $y^2 = cx$을 미분하면 $2yy' = c$가 된다.

$c = 2yy'$인 값을 $y^2 = cx$에 대입해보면 $y^2 = 2yy'x$가 된다. 이것을 y'를 기준으로 정리해보면 $y' = \dfrac{y}{2x}$이다.

따라서, $y^2 = cx$는 미분방정식 $y' = \dfrac{y}{2x}$의 일반해이다.

예 2 c가 임의의 상수일 때 함수 $y = ce^x$는 미분방정식 $y' - y = 0$의 일반해이고, $y = 5e^x$는 미분방정식 $y' - y = 0$의 특수해임을 설명하여라.

풀이 a) 일반해

$y = ce^x$를 미분하면 $y' = ce^x$가 된다. ce^x 대신에 y'를 대입하면 $y = y'$가 된다.

이것을 y'를 기준으로 정리해보면 $y'-y=0$이 된다.

따라서, $y=ce^x$는 미분방정식 $y'-y=0$의 일반해이다.

b) 특수해

일반해에 포함된 상수에 특수한 값을 대입하여 얻어진 해를 특수해라고 한다. 따라서 일반해 $y=ce^x$의 상수 c에 특수한 값 5를 대입한다면 $y=5e^x$는 미분방정식 $y'-y=0$의 특수해가 된다.

예 3 $y=\frac{x^2}{4}$는 $y'^2-xy'+y=0$의 특이해임을 설명하여라.

풀이 $y=\frac{x^2}{4}$을 미분하면 $y'=\frac{1}{4}\cdot 2x=\frac{1}{2}x$이다. $y'=\frac{1}{2}x$를 $y'^2-xy'+y=0$에 대입해보면 $\left(\frac{1}{2}x\right)^2-x\left(\frac{1}{2}x\right)+y=\frac{1}{4}x^2-\frac{1}{2}x^2+y=y-\frac{1}{4}x^2=0$

따라서 $y=\frac{1}{4}x^2$는 $y'^2-xy'+y=0$의 특이해이다.

9.2 변수분리형 미분방정식

1계 미분방정식인 $\frac{dy}{dx}=f(x,\ y)$인 경우, 함수 $f(x,\ y)$가 y와 무관하다면 $f(x,\ y)=g(x)$라 표기할 수 있으며 $\frac{dy}{dx}=g(x)$인 미분방정식이 된다. 이때, $g(x)$가 연속함수이면 $y=\int g(x)dx+c$의 적분으로 미분방정식의 해를 구할 수 있다. 이렇게 1계 미분방정식이 $\frac{dy}{dx}=g(x)f(y)$인 형태로 분리되는 것을 변수분리형 미분방정식이라 한다.

변수분리형 미분방정식의 해를 구하는 과정을 간단히 정리해보면 다음과 같다.

첫째, 미분방정식을 변수분리형 미분방정식 형태로 변형시킨다.

둘째, 양변을 적분하여 미분방정식의 해를 구한다.

예 1 미분방정식 $(x-1)dy-ydx=0$의 일반해를 구하여라.

풀이 양변을 $(x-1)y$로 나누어 변수분리형 미분방정식 형태로 바꾼다.

$\frac{1}{(x-1)y}((x-1)dy-ydx)=\frac{1}{y}dy-\frac{1}{(x-1)}dx=0$ 또는 $\frac{1}{y}dy=\frac{1}{(x-1)}dx$이 된다.

양변을 적분하여 풀어보면 $\int\frac{1}{y}dy=\int\frac{1}{(x-1)}dx$ 이 된다.

양변의 적분 결과가 모두 로그함수로 나타나므로 임의 상수 c 또한 로그함수로 표현하는 것이 바람직하다. 그 결과

$$\ln y=\ln(x-1)+\ln c=\ln c(x-1)$$

이므로, 미분방정식 일반해는 $y=c(x-1)$이 된다.

예 2 미분방정식 $x^2dy++2xdy+ydx=0$의 일반해를 구하여라.

풀이 먼저, dy항의 x를 괄호로 묶어서 정리한다.

$$x(x+2)dy+ydx=0$$

이제, 양변에 $y\cdot x(x+2)$로 나누어 변수분리형 미분방정식 형태로 변형시킨다.

$$\frac{1}{y\cdot x(x+2)}(x(x+2)dy+ydx)=\frac{1}{y}dy+\frac{1}{x(x+2)}dx$$
$$=\frac{1}{x(x+2)}dx+\frac{1}{y}dy=0$$

끝으로 양변을 적분하여 미분방정식의 해를 구한다.

$$\int\frac{1}{x(x+2)}dx+\int\frac{1}{y}dy=0\left(\text{힌트 : }\frac{1}{x(x+2)}=\frac{1}{2x}-\frac{1}{2(x+2)}\right)$$
$$\int\left(\frac{1}{2x}-\frac{1}{2(x+2)}\right)dx+\int\frac{1}{y}dy=0$$
$$\frac{1}{2}\ln x-\frac{1}{2}\ln(x+2)+\ln y=\ln c$$
$$\frac{1}{2}\ln\frac{x}{(x+2)}\cdot y=\ln c$$
$$\frac{x}{x+2}\cdot y^2=c$$

따라서, $y^2=c\left(\frac{x}{x+2}\right)$가 미분방정식의 일반해가 된다.

예 3 미분방정식 $y'=\cos 5x$의 일반해를 구하여라.

풀이 $y'=\cos 5x$에서 y'를 $\frac{dy}{dx}$로 바꾸어 정리한다.

$$\frac{dy}{dx}=\cos 5x \quad \cdots\cdots ①$$

식 ①의 양변에 dx를 곱해 정리해 변수분리형 미분방정식 형태로 바꾼다.

$$dy=\cos 5x dx \quad \cdots\cdots ②$$

식 ②를 적분하여 미분방정식의 해를 구한다.

$$\int 1dy=\int \cos 5x dx$$

따라서 $y=-\frac{1}{5}\sin 5x+c$는 $y'=\cos 5x$의 일반해이다.

9.3 동차형 미분방정식

함수 f가 어떤 실수 α에 대하여 $f(tx, ty)=t^{\alpha}f(x, y)$가 성립한다면 함수 f를 차수 α를 갖는 동차함수(homogeneous function)라고 한다. 만약 계수 M, N이 같은 차수의 동차함수이면 1계 미분방정식 $M(x, y)dx+N(x, y)dy=0$을 동차(homogeneous)라고 한다.

동차형 미분방정식의 경우 해를 구하는 방법은 다음과 같다.

첫째, 동차형의 미분방정식은 변수변환을 한다.

$M(x, y)dx+N(x, y)dy=0$이 n차의 동차형 미분방정식일 때 변수분리형 미분방정식의 형태가 아니므로 변수 x 또는 변수 y를 $y=ux$ 또는 $x=vy$로 치환하여 변수분리형이 가능한 미분방정식으로 형태를 변경한다.

둘째, 변수분리형 미분방정식으로 형태를 변경한다.

셋째, 양변을 적분하여 동차형 미분방정식의 해를 구한다.

예 1 $2xyy'+x^2-y^2=0$의 동차 미분방정식 일반해를 구하여라.

풀이 $2xyy'+x^2-y^2=0$ 식에서 y'를 $\frac{dy}{dx}$로 변경한다.

$2xy\frac{dy}{dx}+x^2-y^2=0$ 각 항목에 dx를 곱해 동차형 미분방정식 형태로 정리한다.

$$dx\left(2xy\frac{dy}{dx}+x^2-y^2\right)=2xydy+x^2dx-y^2dx$$
$$=(x^2-y^2)dx+2xydy=0 \quad \cdots\cdots ①$$

식 ①은 변수분리형이 가능한 미분방정식 형태가 아니므로 $y=ux$로 식 ①을 치환하고, $dy=xdu+udx$로 치환해 정리한다.

$$(x^2-y^2)dx+2xydy=(x^2-u^2x^2)dx+2xux(xdu+udx)$$
$$=(x^2-u^2x^2)dx+2x^3udu+2x^2u^2dx$$
$$=(x^2-u^2x^2+2u^2x^2)dx+2x^3udu$$
$$=(x^2+u^2x^2)dx+2x^3udu=0 \quad \cdots\cdots ②$$

식 ②의 양변에 x^3을 나눈다.

$$\frac{1}{x^3}((x^2+u^2x^2)dx+2x^3udu)=\left(\frac{1+u^2}{x}\right)dx+2udu=0 \quad \cdots\cdots ③$$

식 ③의 양변에 $(1+u^2)$로 나누어 변수분리형이 가능한 미분방정식 형태로 변경한다.

$$\frac{1}{(1+u^2)}\left(\left(\frac{1+u^2}{x}\right)dx+2udu\right)=\frac{1}{x}dx+\frac{2u}{(1+u^2)}du=0 \quad \cdots\cdots ④$$

식 ④를 적분하여 미분방정식의 해를 구한다.

$$\int\frac{1}{x}dx+\int\frac{2u}{(1+u^2)}du=0$$
$$\ln x+\ln(1+u^2)=\ln c$$
$$\ln x(1+u^2)=\ln c$$

로그함수를 풀면 $x(1+u^2)=c$가 된다.

이제 $u=\frac{y}{x}$를 대입해 풀면 $x(1+\frac{y^2}{x^2})=x+\frac{y^2}{x}=c$이다. 양변에 x를 곱해 정리하면, $x^2+y^2=cx$가 미분방정식의 일반해가 된다.

따라서 $2xyy'+x^2-y^2=0$의 미분방정식 해는 $x^2+y^2=cx$가 된다.

참고 $\int \frac{2u}{(1+u^2)}du$ 적분을 푸는 방법

$1+u^2=t$라 하고 이 식을 미분하면 $2udu=dt$가 된다. 이 값을 $\int \frac{2u}{(1+u^2)}du$에 대입하면 $\int \frac{1}{t}dt$가 된다. 적분값 $\ln t+c$에 다시 $t=1+u^2$로 치환하면 $\ln(1+u^2)+c$가 된다.

예 2 $y(x-y)\frac{dy}{dx}=y^2$ 미분방정식의 일반해를 구하여라.

풀이 $y(x-y)\frac{dy}{dx}=y^2$의 양변에 dx를 곱해 동차 미분방정식 형태로 바꾼다.

$$y(x-y)dy=y^2dx$$

$$y(x-y)dy-y^2dx=0 \quad \cdots\cdots ①$$

식 ①에 $y=ux$, $dy=xdu+udx$로 치환해 정리한다.

$$\begin{aligned} &ux(x-ux)(xdu+udx)-u^2x^2dx \\ &=ux^3du+u^2x^2dx-u^2x^3du-u^3x^2dx-u^2x^2dx \\ &=(ux^3-u^2x^3)du-u^3x^2dx \\ &=ux^2\{(x-ux)du-u^2dx\}=0 \end{aligned}$$

$$x(1-u)du-u^2dx=0 \quad \cdots\cdots ②$$

식 ②에 xu^2를 양변에 나누어 변수분리형 미분방정식의 형태로 바꾼다.

$$\frac{1}{xu^2}\{x(1-u)du-u^2dx\}=\left(\frac{1-u}{u^2}\right)du-\frac{1}{x}dx=0 \quad \cdots\cdots ③$$

식 ③을 적분하여 미분방정식의 해를 구한다.

$$\begin{aligned} \int\left(\frac{1-u}{u^2}\right)du-\int\frac{1}{x}dx &=\int\left(\frac{1}{u^2}-\frac{1}{u}\right)du-\int\frac{1}{x}dx \\ &=-\frac{1}{u}-\ln u-\ln x=\ln c-\frac{1}{u}-(\ln u+\ln x) \\ &=\ln c-\frac{1}{u}-\ln ux=\ln c \quad \cdots\cdots ④ \end{aligned}$$

식 ④에 $u=\frac{y}{x}$를 대입해 미분방정식의 해를 구한다.

$$-\frac{x}{y}-\ln\frac{y}{x}x=c$$

따라서 $-\frac{x}{y}-\ln y=c$가 미분방정식의 일반해이다.

예 3 $4xdx+(4x+y)dy=0$ 동차 미분방정식의 일반해를 구하여라.

풀이 $4xdx+(4x+y)dy=0$ ········ ①

식 ①은 동차 미분방정식으로 변수분리형 미분방정식이 아니므로 $y=ux$, $dy=xdu+udx$로 치환한다.

$$4xdx+(4x+ux)(xdu+udx)=0$$

$$\begin{aligned}4xdx+(4x+ux)(xdu+udx)&=4xdx+4x^2du+4xudx+ux^2du+u^2xdx\\&=(4x+4xu+u^2x)dx+(4x^2+ux^2)du\\&=x(u^2+4u+4)dx+x^2(u+4)du\\&=x(u+2)^2dx+x^2(u+4)du=0 \quad \cdots\cdots ②\end{aligned}$$

식 ②를 $x^2(u+2)^2$로 나누어 변수분리형 미분방정식의 형태로 바꾼다.

$$\frac{1}{x}dx+\frac{u+4}{(u+2)^2}du=0 \quad \cdots\cdots ③$$

식 ③을 적분해서 미분방정식 해를 구한다.

$$\int\frac{1}{x}dx+\int\frac{u+4}{(u+2)^2}du=0$$

$$\ln x+\ln(u+2)-\frac{2}{u+2}=\ln c$$

$$\ln x(u+2)-\frac{2}{u+2}=\ln c$$

$$(u+2)\ln x(u+2)-2=(u+2)c$$

$u=\frac{y}{x}$를 대입하여 정리하면

$$\left(\frac{y}{x}+2\right)\ln x\left(\frac{y}{x}+2\right)-2=\left(\frac{y}{x}+2\right)c$$

$\left(\frac{2x+y}{x}\right)\ln(2x+y)+2=\left(\frac{2x+y}{x}\right)c$이다.

따라서, 미분방정식의 해는 $(2x+y)\ln(2x+y)+2x=(2x+y)c$이다.

참고 $\int \frac{u+4}{(u+2)^2}du$를 푸는 방법

$$\int \frac{u+4}{(u+2)^2}du = \int \frac{(u+2)+2}{(u+2)^2}du = \int \frac{1}{(u+2)} + \frac{2}{(u+2)^2}du$$

$$= \int \frac{1}{(u+2)}du + \int \frac{2}{(u+2)^2}du \quad \cdots\cdots ①$$

여기서 $u+2=t$라 하고 양변을 미분하면 $du=dt$가 된다. 이 값을 식 ①에 대입하여 풀면 $\int \frac{1}{t}dt + 2\int \frac{1}{t^2}dt = \ln t + 2 \cdot \frac{-1}{t} + c$이다.

다시, $u+2=t$를 치환해 정리하면 $\int \frac{u+4}{(u+2)^2}du = \ln(u+2) - \frac{2}{u+2} + c$

9.4 완전미분방정식

$M(x, y)dx + N(x, y)dy$가 어떤 함수 $f(x, y)$의 미분과 같다면 이를 xy평면 내의 영역 R에서의 완전미분(exact differential)이라고 한다.

또한 1계 미분방정식 $M(x, y)dx + N(x, y)dy = 0$의 좌변이 완전미분이라면 이를 완전미분방정식이라 부르고, 완전미분방정식이 되기 위한 필요충분조건은 $\frac{\partial M}{\partial y} = \frac{\partial N}{\partial x}$이다.

완전미분방정식의 해를 간단히 구하는 방법은 정리해보면 다음과 같다.

첫째, 주어진 미분방정식이 완전미분방정식인가를 판단한다(완전미분방정식 필요충분조건 : $\frac{\partial M}{\partial y} = \frac{\partial N}{\partial x}$).

둘째, 각 항을 적분한 적분 값을 더해 미분방정식의 해를 구한다. 이때, 적분값이 공통인 항은 한번만 더해야 한다($\int Mdx + \int Ndy = c$).

예 1 $(x^3+2y^3)dx+(6xy^2+y^3)dy=0$가 완전미분방정식인지를 판별하고, 완전미분방정식이면 일반해를 구하여라.

풀이 $M=x^3+2y^3,\ N=6xy^2+y^3,\ \dfrac{\partial M}{\partial y}=6y^2=\dfrac{\partial N}{\partial x}$이므로

$(x^3+2y^3)dx+(6xy^2+y^3)dy=0$는 완전미분방정식이다. 각 항을 적분하면

$$\int(x^3+2y^3)dx=\int x^3dx+\int 2y^3dx\ =\frac{1}{4}x^4+2xy^3$$

$$\int(6xy^2+y^3)dy=\int 6xy^2dy+\int y^3dy\ =6x\cdot\frac{1}{3}y^3+\frac{1}{4}y^4=2xy^3+\frac{1}{4}y^4$$

각 항의 적분값을 더한 결과 $\frac{1}{4}x^4+\frac{1}{4}y^4+2xy^3=c$이 완전미분방정식의 일반해이다. 이때, 적분값이 같은 값이 있으면 한번만 더하는 것을 주의해야 한다.

예 2 $\ln y dx+\left(\dfrac{x}{y}\right)dy=0$이 완전미분방정식인지 판별하고, 완전미분방정식이라면 일반해를 구하여라.

풀이 $M=\ln y,\ N=\dfrac{x}{y}$

$\dfrac{\partial M}{\partial y}=\dfrac{1}{y}=\dfrac{\partial N}{\partial x}$이므로 $\ln y dx+\left(\dfrac{x}{y}\right)dy=0$는 완전미분방정식이다.

각 항의 적분해 적분값을 구해보면, $\int \ln y\, dx=x\ln y,\quad \int\dfrac{x}{y}dy=x\ln y$이 된다. 각 항의 적분값을 더하는데 만약 같은 값이면 한번만 더하므로 $x\ln y=c$가 완전미분방정식의 일반해가 된다.

지금까지 완전미분방정식의 해를 간단히 각 항의 적분값을 이용해 구해 보았다. 완전미분방정식의 일반해를 구하는 또 다른 방법을 살펴보면 다음과 같다.

완전미분방정식 $M(x,\ y)dx+N(x,\ y)dy=0$의 일반해는

$$\int Mdx+\int\left[N-\frac{\partial}{\partial y}\int Mdx\right]dy=c$$

이다.

예 3 예제 1의 $(x^3+2y^3)dx+(6xy^2+y^3)dy=0$를 완전미분방정식의 해공식을 이용해 일반해를 구하여라.

풀이 $M=(x^3+2y^3)$, $N=(6xy^2+y^3)$이므로 $\int Mdx+\int\left[N-\frac{\partial}{\partial y}\int Mdx\right]dy=c$에 대입해보면

$$\begin{aligned}
&\int(x^3+2y^3)dx+\int\left[(6xy^2+y^3)-\frac{\partial}{\partial y}\int(x^3+2y^3)dx\right]dy\\
&=\frac{1}{4}x^4+2xy^3+\int\left[(6xy^2+y^3)-\frac{\partial}{\partial y}\left(\frac{1}{4}x^4+2xy^3\right)\right]dy\\
&=\frac{1}{4}x^4+2xy^3+\int[(6xy^2+y^3)-6xy^2]dy\\
&=\frac{1}{4}x^4+2xy^3+\int y^3dy\ =\frac{1}{4}x^4+2xy^3+\frac{1}{4}y^4=c
\end{aligned}$$

따라서 완전미분방정식의 일반해는 $\frac{1}{4}x^4+2xy^3+\frac{1}{4}y^4=c$이다.

예 4 $(x^3+2xy+y)dx+(y^3+x^2+x)dy=0$인 완전미분방정식의 일반해를 구하여라.

풀이 $M=(x^3+2xy+y), N=(y^3+x^2+x)$이므로 이것을 아래의 식에 대입해보면

$$\begin{aligned}
&\int Mdx+\int\left[N-\frac{\partial}{\partial y}\int Mdx\right]dy\\
&=\int(x^3+2xy+y)dx+\int\left[(y^3+x^2+x)-\frac{\partial}{\partial y}\int(x^3+2xy+y)dx\right]dy\\
&=\frac{1}{4}x^4+x^2y+xy+\int\left[(y^3+x^2+x)-\frac{\partial}{\partial y}\left(\frac{1}{4}x^4+x^2y+xy\right)\right]dy\\
&=\frac{1}{4}x^4+x^2y+xy+\int[(y^3+x^2+x)-(x^2+x)]dy\\
&=\frac{1}{4}x^4+x^2y+xy+\int y^3dy\\
&=\frac{1}{4}x^4+x^2y+xy+\frac{1}{4}y^4
\end{aligned}$$

따라서, 일반해는 $\frac{1}{4}x^4+x^2y+xy+\frac{1}{4}y^4=c$이다.

9.5 선형미분방정식

어떤 미분방정식의 종속변수 y와 각 도함수들이 1차일 때를 선형미분방정식이라 한다. 또한 $P(x)$, $Q(x)$가 x만의 함수일 때 $\frac{dy}{dx}+P(x)y=Q(x)$인 형태를 미분방정식을 1계 선형미분방정식이라 한다.

이때, $\frac{dy}{dx}+P(x)y=0$인 경우를 1계 제차 선형미분방정식이라 하고, $\frac{dy}{dx}+P(x)y=Q(x)$인 경우를 1계 비제차 선형미분방정식이라 한다.

1계 선형미분방정식의 해를 구하는 방법은 다음과 같다.

첫째, 선형방정식의 $\frac{dy}{dx}+P(x)y=Q(x)$의 양변에 적분인자 $e^{\int P(x)dx}$를 곱해 정리한다. 적분인자(integrating factor)란 미분방정식을 완전미분방정식으로 변형시킬 때 곱하는 함수를 말하며, 대부분 적분인자는 도함수를 보고 알 수 있다. 예를 들어, $\frac{dy}{dx}+P(x)y=Q(x)$인 미분방정식의 적분인자는 $e^{\int P(x)dx}$이다.

$$e^{\int P(x)dx}\left(\frac{dy}{dx}+P(x)y\right)=e^{\int P(x)dx}Q(x)$$

둘째, 그 결과를 적분하여 일반해를 구한다.

$$y=e^{-\int P(x)dx}\left[\int Q(x)e^{\int P(x)dx}dx+c\right]$$

예 1 미분방정식 $x\frac{dy}{dx}+3y=x^5e^x$의 일반해를 구하여라.

풀이

미분방정식 $x\frac{dy}{dx}+3y=x^5e^x$의 양변에 $\frac{1}{x}$을 곱해 선형미분방정식의 표준형인 $\frac{dy}{dx}+P(x)y=Q(x)$로 바꾼다.

$$\frac{dy}{dx}+\frac{3}{x}y=x^4e^x \quad \cdots\cdots ①$$

이때, 적분인자는 $e^{\int P(x)dx}$ 이므로 식 ①에서 $P(x)=\dfrac{3}{x}$ 를 대입시켜 적분인자 $e^{\int \frac{3}{x}dx}$ 를 계산한다.

$$e^{\int \frac{3}{x}dx}=e^{3\int \frac{1}{x}dx}=e^{3\ln x}=e^{\ln x^3}=x^3$$

계산된 적분인자를 식 ① 양변에 곱해 정리한다.

$$\frac{dy}{dx}x^3+\frac{3}{x}yx^3=x^4e^xx^3$$

$$\frac{d}{dx}[x^3y]+3x^2y=x^7e^x \quad \cdots\cdots ②$$

식 ②의 $\dfrac{d}{dx}[x^3y]=3x^2y$ 인 동차이므로, 식 ②는 $\dfrac{d}{dx}[x^3y]=x^7e^x$ 가 되고, 이 식을 적분해 미분방정식의 일반해를 구하면 된다.
$\dfrac{d}{dx}[x^3y]=x^7e^x$ 의 양변에 dx 를 곱해 적분하기 좋은 형태로 바꾼다.

$$\int d[x^3y]=\int x^7e^xdx \quad \cdots\cdots ③$$

식 ③의 적분 결과를 정리하면
$x^3y=\dfrac{1}{8}x^8-e^x+c$ 또는 $y=\dfrac{1}{8}x^5-x^{-3}e^x+cx^{-3}$ 이 미분방정식의 일반해가 된다.

예 2 예 1의 미분방정식 $x\dfrac{dy}{dx}+3y=x^5e^x$ 의 일반해를 공식을 이용해 간단하게 구해 보자.

풀이 미분방정식 $x\dfrac{dy}{dx}+3y=x^5e^x$ 의 양변에 $\dfrac{1}{x}$ 을 곱해 선형미분방정식의 표준형인 $\dfrac{dy}{dx}+P(x)y=Q(x)$ 로 바꾼다.

$$\frac{dy}{dx}+\frac{3}{x}y=x^4e^x \quad \cdots\cdots ①$$

$P(x)=\dfrac{3}{x}$ 이고, $Q(x)=x^4e^x$ 이다. $P(x)$와 $Q(x)$를 각각 아래의 식에 대입해 미분방정식의 해를 구한다.

$$y = e^{-\int P(x)dx}\left[\int Q(x)e^{\int P(x)dx}dx + c\right]$$
$$= e^{-\int \frac{3}{x}dx}\left[\int x^4 e^x e^{\int \frac{3}{x}dx}dx + c\right] = e^{-3\ln x}\left[\int x^4 e^x e^{3\ln x}dx + c\right]$$
$$= x^{-3}\left[\int x^4 e^x x^3 dx + c\right] = x^{-3}\left[\int x^7 e^x dx + c\right] = x^{-3}\left[\frac{1}{8}x^8 - e^x + c\right]$$
$$= \frac{1}{8}x^5 - x^{-3}e^x + cx^{-3}$$

예 3 미분방정식의 $xy' = 2x - y$의 일반해를 구하여라.

풀이 미분방정식 $xy' = 2x - y$를 선형 미분방정식의 표준형인 $\frac{dy}{dx} + P(x)y = Q(x)$로 바꾼다.

$$\frac{dy}{dx} + \frac{1}{x}y = 2 \quad \cdots\cdots ①$$

식 ①에서 $P(x) = \frac{1}{x}$이고 $Q(x) = 2$이다. $P(x)$와 $Q(x)$를 각각 아래의 식에 대입해 미분방정식의 해를 구한다.

$$y = e^{-\int P(x)dx}\left[\int Q(x)e^{\int P(x)dx}dx + c\right]$$
$$= e^{-\int \frac{1}{x}dx}\left[\int 2e^{\int \frac{1}{x}dx}dx + c\right] = e^{-\ln x}\left[\int 2e^{\ln x}dx\right] + c$$
$$= x^{-1}\left[\int 2x dx + c\right] = x^{-1}\left[\frac{1}{2}2x^2 + c\right] = x + \frac{c}{x}$$

따라서 $y = x + \frac{c}{x}$가 미분방정식의 일반해이다.

9.6 미분연산자

미분기호 $\frac{d}{dx}$를 간단히 D로 나타낸다면 1계 미분은 $\frac{dy}{dx}=\frac{d}{dx}y=Dy$로 나타낼 수 있고, 2계 미분은 $\frac{d^2y}{dx^2}=\frac{d}{dx}\left(\frac{dy}{dx}\right)=D(Dy)=D^2y$으로 나타낼 수 있으며, n계 미분은 $\frac{d^ny}{dx^n}=D^ny$로 나타낼 수 있다. 이때 D를 미분연산자로 한다.

예를 들어, 2계 미분방정식인 $y''+ay'+by=0$을 미분연산자로 나타낸다면 $D^2y+aDy+by=(D^2+aD+b)y=0$가 된다.

미분연산자의 기본성질을 살펴보면 다음과 같다.

① D^0 : 단위연산자이며 $D^0=1, D^0y=y$이다.
② $D^n(cy)=cD^ny$: 분배법칙, c는 상수
③ $D^n(y+z)=D^ny+D^nz$: 분배법칙
④ $D^mD^ny=D^m(D^ny)=D^{m+n}y$: 지수법칙
⑤ $D^2+\alpha D+\beta=(D-a)(D-b)$: 인수분해 가능

예 1 다음을 계산하여라.

a) $(2D+3)y$ b) $(D^2+3D+2)x^4$

풀이 a) $(2D+3)y=2Dy+3y=2\frac{dy}{dx}+3y$

b) $(D^2+3D+2)x^4=D^2x^4+3Dx^4+2x^4=\frac{d^2y}{dx^2}x^4+3\frac{dy}{dx}x^4+2x^4$

$=12x^2+12x^3+2x^4$

예 2 미분방정식 $(D^2+5D+6)y=0$의 해를 구하여라.

풀이 미분연산자는 인수분해가 가능하므로 $(D^2+5D+6)y=(D+2)(D+3)y=0$이 된다. $(D+3)y=z$라 하면

$(D+2)z=Dz+2z=\frac{dz}{dx}+2z=0$ ·························· ① 선형미분방정식

식 ①이 선형미분방정식이므로 $P(x)=2, Q(x)=0$이 된다. 이 값을 선형미분

방정식의 해 공식에 대입해보면

$$z = e^{-\int P(x)dx}\left[\int Q(x)e^{\int P(x)dx}dx + c_1\right]$$

$$= e^{-\int 2dx}\left[\int 0e^{\int 2dx}dx + c_1\right] = e^{-2x}[0 + c_1] = c_1 e^{-2x}$$

$z = c_1 e^{2x}$를 $(D+3)y = z$에 대입하여 선형미분방정식으로 미분방정식 형태를 바꾼다.

$$(D+3)y = c_1 e^{2x}$$

$$\frac{dy}{dx} + 3y = c_1 e^{2x} \quad \cdots\cdots\cdots\cdots \text{② 선형미분방정식}$$

식 ②이 선형미분방정식이므로 $P(x) = 3,\ Q(x) = c_1 e^{2x}$가 된다. 이 값을 선형미분방정식의 해공식에 대입해 미분방정식의 일반해를 구한다.

$$y = e^{-\int P(x)dx}\left[\int Q(x)e^{\int P(x)dx}dx + c_2\right]$$

$$= e^{-\int 3dx}\left[\int c_1 e^{2x} e^{\int 3dx}dx + c_2\right] = e^{-3x}\left[\int c_1 e^{2x} e^{3x}dx + c_2\right]$$

$$= e^{-3x}\left[\frac{1}{5}c_1 e^{5x}\right] + c_2 e^{-3x}$$

$$= \frac{1}{5}c_1 e^{2x} + c_2 e^{-3x}$$

예 3 미분방정식 $(D^2 - 5D + 6)y = 6$의 해를 구하여라.

풀이 미분연산자는 인수분해가 가능하므로 $(D^2 - 5D + 6)y = (D-2)(D-3)y = 6$이 된다. $(D-3)y = z$라 하면

$$(D-2)z = Dz - 2z = \frac{dz}{dx} - 2z = 6 \quad \cdots\cdots\cdots\cdots \text{①}$$

식 ①이 선형미분방정식이므로 $P(x) = -2,\ Q(x) = 6$이 된다. 이 값을 선형미분방정식의 해 공식에 대입해보면

$$z = e^{-\int P(x)dx}\left[\int Q(x)e^{\int P(x)dx}dx + c_1\right]$$

$$= e^{-\int -2dx}\left[\int 6e^{\int -2dx}dx + c_1\right] = e^{2x}\left[\int 6e^{-2x}dx + c_1\right]$$

$$= e^{2x}\left[6 \cdot \left(-\frac{1}{2}\right)e^{-2x} + c_1\right] = -3 + c_1 e^{2x}$$

$z=-3+c_1e^{2x}$를 $(D-3)y=z$에 대입하여 선형미분방정식 형태로 바꾼다.

$$(D-3)y=-3+c_1e^{2x}$$

$$\frac{dy}{dx}-3y=-3+c_1e^{2x} \quad \cdots\cdots ②$$

식 ②에서 $P(x)=-3$, $Q(x)=-3+c_1e^{2x}$를 선형미분방정식의 해 공식에 대입해 미분방정식의 해를 구한다.

$$\begin{aligned} y &= e^{-\int P(x)dx}\left[\int Q(x)e^{\int P(x)dx}dx+c_2\right] \\ &= e^{-\int -3dx}\left[\int(-3+c_1e^{2x})e^{\int -3dx}dx+c_2\right] \\ &= e^{3x}\left[\int(-3+c_1e^{2x})e^{-3x}dx+c_2\right] \\ &= e^{3x}\left[\int(-3e^{-3x}+c_1e^{-x})dx+c_2\right]=e^{3x}\left[-3\cdot\frac{1}{-3}e^{-3x}-c_1e^{-x}+c_2\right] \\ &= 1-c_1e^{2x}+c_2e^{3x} \end{aligned}$$

따라서 미분방정식의 일반해는 $1-c_1e^{2x}+c_2e^{3x}$이다.

9.7 상수계수를 갖는 제차 선형미분방정식

선형미분방정식은 기본형은 $y'+P(x)y=Q(x)$로 $Q(x)=0$이면 제차 선형미분방정식이고, $Q(x)\neq 0$이면 비제차 선형미분방정식이라 한다. 그리고 $\frac{d^ny}{dx^n}=y'^{(n)}$의 n에 따라 1계 선형미분방정식인지, 2계 선형미분방정식인지를 구분한다.

먼저, 상수계수를 갖는 2계 제차 선형미분방정식의 해를 구하는 방법을 생각해 보자.

$$ay''+by'+cy=0 \quad \cdots\cdots ①$$

식 ①의 해가 $y=e^{mx}$라고 한다면 y의 1차 미분은 $y'=me^{mx}$이고 2차 미분은 $y''=m^2e^{mx}$이므로, 이 값을 식 ①에 대입하면 $am^2e^{mx}+bme^{mx}+ce^{mx}=0$ 또는 $(am^2+bm+c)e^{mx}=0$이 된다.

그런데, $e^{mx} \neq 0$이므로 이 식이 만족하려면 반드시 $(am^2+bm+c)=0$이어야 한다. 즉, $y=e^{mx}$이 미분방정식의 해가 되려면 m의 2차 방정식의 근이 존재해야만 한다.

m의 2차 방정식인 $(am^2+bm+c)=0$를 미분방정식 $ay''+by'+cy=0$의 보조방정식(auxiliary equation) 또는 특성방정식(characteristic equation)이라 하는데, 이 보조방정식의 근을 이용해 미분방정식의 해를 구한다.

1. 서로 다른 두 실근을 갖는 경우($a^2-4b>0$)

보조방정식 $(am^2+bm+c)=0$의 m이 서로 다른 두 실근인 m_1, m_2을 가질 경우 $y_1=e^{m_1x}$, $y_2=e^{m_2x}$가 되므로 미분방정식 $ay''+by'+cy=0$의 해는 $y=c_1e^{m_1x}+c_2e^{m_2x}$가 된다.

예 1 $y''+5y'+6y=0$의 해를 구하여라.

풀이 $y=e^{mx}$이면 y의 1차 미분은 $y'=me^{mx}$이고, 2차 미분은 $y''=m^2e^{mx}$이므로 이 값을 $y''+5y'+6y=0$에 대입하여 풀어보면

$$m^2e^{mx}+5me^{mx}+6e^{mx}=(m^2+5m+6)e^{mx}=0 \quad \cdots\cdots \text{① 보조방정식}$$

식 ①의 보조방정식의 해를 구하면 $m^2+5m+6=(m+2)(m+3)=0$이므로 $m=-2,-3$이다. 이 값을 $y=c_1e^{m_1x}+c_2e^{m_2x}$에 대입하여 풀면 미분방정식의 해를 구하게 된다.
즉, 미분방정식의 해는 $y=c_1e^{-2x}+c_2e^{-3x}$ 이다.

예 2 $y''-2y'-3y=0$의 해를 구하여라.

풀이 $y=e^{mx}$이면 y의 1차 미분은 $y'=me^{mx}$이고, 2차 미분은 $y''=m^2e^{mx}$이므로 이 값을 $y''-2y'-3y=0$에 대입하여 풀어보면

$$\begin{aligned} m^2e^{mx}-2me^{mx}-3e^{mx} &= (m^2-2m-3)e^{mx} \quad \cdots\cdots\cdots\cdots \text{① 보조방정식} \\ &= (m+1)(m-3)e^{mx}=0 \end{aligned}$$

식 ①의 보조방정식의 해는 $m=-1,3$이므로, 미분방정식의 일반해는 $y=c_1e^{-x}+c_2e^{3x}$이다.

2. 중근을 갖는 경우($a^2-4b=0$)

보조방정식$(am^2+bm+c)=0$의 m이 중근을 갖는 경우 $b^2-4ac=0$인 경우이므로 근은 $m=-\dfrac{b}{2a}$이다. 따라서 미분방정식의 해 중 하나인 $y_1=e^{mx}=e^{-\frac{b}{2a}x}$이고, y_1과 독립인 두 번째 해인 y_2를 구한 후, y_1과 y_2를 더하여 미분방정식의 해를 구한다.

예를 들어 $y_2=u(x)y_1=u(x)e^{mx}$이면 $u(x)=\displaystyle\int\frac{e^{2mx}}{e^{2mx}}dx=\int 1dx=x$이므로 $y_2=xe^{mx}$이 된다.

따라서 미분방정식의 해는 $y=c_1e^{mx}+c_2xe^{mx}=(c_1+c_2x)e^{mx}$이다.

예 1 $y''-2y'+y=0$의 해를 구하여라.

풀이 $y=e^{mx}$, $y'=me^{mx}$, $y''=m^2e^{mx}$를 대입해 $y''-2y'+y=0$를 정리해보면

$$m^2e^{mx}-2me^{mx}+e^{mx}=(m^2-2m+1)e^{mx}=(m-1)^2e^{mx}=0$$

$m=1$(중근)이므로, 미분방정식 일반해는 $y=(c_1+c_2x)e^x$이다.

3. 서로 다른 두 허근을 갖는 경우($a^2-4b<0$)

보조방정식 $(am^2+bm+c)=0$의 해인 m_1과 m_2가 복소수라면 $m_1=\alpha+\beta i$, $m_2=\alpha-\beta i$가 된다. 이 경우는 서로 다른 두 실근을 갖는 경우의 해인 $y=c_1e^{m_1x}+c_2e^{m_2x}$에 복소수 $m_1=\alpha+\beta i$, $m_2=\alpha-\beta i$를 대입하여 사용한다.

$$y=c_1e^{(\alpha+\beta i)x}+c_2e^{(\alpha-\beta i)x}$$

그런데, 복소수 지수로 함수를 표현하기 보다는 실수함수로 표현하는 해가 좀 더 실용적이고 효율적이다. 복소수 지수함수를 실수함수로 전환하기 위해 주로 오일러(Euler) 공식인 $e^{\theta i}=\cos\theta+\sin\theta i$, $e^{-\theta i}=\cos\theta-\sin\theta i$를 사용한다.

$$\begin{aligned}y&=c_1e^{(\alpha+\beta i)x}+c_2e^{(\alpha-\beta i)x}=c_1e^{\alpha x}e^{\beta ix}+c_2e^{\alpha x}e^{-\beta ix}\\&=c_1e^{\alpha x}(\cos(\beta x)+\sin(\beta x)i)+c_2e^{\alpha x}(\cos(-\beta x)+\sin(-\beta x)i)\end{aligned}$$

$$= e^{\alpha x}[(c_1+c_2)\cos(\beta x)+(c_1-c_2)\sin(\beta x)i](c_1+c_2)$$
$$= c_1,(c_1-c_2)=c_2$$
$$= e^{\alpha x}(c_1\cos(\beta x)+c_2\sin(\beta x))$$

예 1 $y''+y'+y=0$의 해를 구하여라.

풀이 보조방정식 $m^2+m+1=0$이므로 보조방정식 해를 구해보면,
$m=\dfrac{-1\pm\sqrt{3}i}{2}$이다. 여기서 $\alpha=-\dfrac{1}{2}$, $\beta=\dfrac{\sqrt{3}}{2}$이므로, 이것을 해 공식에 대입해 일반해를 구한다.
따라서, 일반해는 $y=e^{-\frac{1}{2}x}\left(c_1\cos(\dfrac{\sqrt{3}}{2}x)+c_2\sin(\dfrac{\sqrt{3}}{2}x)\right)$ 이다.

예 2 $y''+4y'+7y=0$의 해를 구하여라.

풀이 보조방정식 $m^2+4m+7=0$이므로 보조방정식의 해를 구해보면,
$m=-2\pm\sqrt{3}i$이다. 여기서 $\alpha=-2, \beta=\sqrt{3}$이므로, 이것을 해공식에 대입하여 일반해를 구한다.
따라서, 일반해는 $y=e^{-2x}(c_1\cos(\sqrt{3}x)+c_2\sin(\sqrt{3}x))$이다.

9.8 고계 선형미분방정식

지금까지 2계 제차 선형미분방정식을 알아보았다. 이제부터 상수계수를 갖는 3계 이상의 미분방정식에 대한 풀이방법을 알아보자.

일반적으로 n개의 주어진 실수 a_1, a_2, …, $a_n(\neq 0)$에 대해서 n계 제차 선형미분 방정식

$$a_0y+a_1y'+a_2y''+\ldots+a_{n-1}y^{(n-1)}+a_ny^n=0$$

의 해를 구하기 위한 보조방정식

$$a_0+a_1m+a_2m^2+\ldots+a_{n-1}m^{(n-1)}+a_nm^n=0$$

의 근을 구해야 한다. 만약, 보조방정식이 모두 서로 다른 n개의 실수근을 갖는다면 n계 제차 미분방정식의 해는

$$y = c_1 e^{m_1 x} + c_2 e^{m_2 x} + \dots + c_{n-1} e^{m_{n-1} x} + c_n e^{m_n x}$$

이다.

예 1 미분방정식의 $y''' - 3y'' - 4y' = 0$의 해를 구하여라.

풀이 보조방정식 $m^3 - 3m^2 - 4m = 0$의 해를 구해보면

$$m^3 - 3m^2 + 4m = m(m^2 - 3m + 4) = m(m-4)(m+1) = 0$$

보조방정식은 서로 다른 3개의 실근인 $m_1 = 0,\ m_2 = 1,\ m_3 = -4$을 가진다. 따라서 미분방정식의 해공식에 대입해 해를 구한다.

$$y = c_1 e^{m_1 x} + c_2 e^{m_2 x} + c_3 e^{m_3 x} = c_1 e^{0x} + c_2 e^{x} + c_3 e^{-4x} = c_1 + c_2 e^{x} + c_3 e^{-4x}$$

즉, 일반해는 $y = c_1 + c_2 e^{x} + c_3 e^{-4x}$이다.

예 2 미분방정식 $y''' - 2y'' + 3y' - 6y = 0$의 해를 구하여라.

풀이 보조방정식 $m^3 - 2m^2 + 3m - 6 = 0$의 해를 구해보자.
$m = 2$인 경우 보조방정식 $m^3 - 2m^2 + 3m - 6 = 0$이 만족된다.
따라서 $m^3 - 2m^2 + 3m - 6 = (m-2)(m^2+3) = 0$이다. 보조방정식은 한 개의 실수근과 두 개의 복소수근인 $m_1 = 2,\ m_2 = \sqrt{3}i,\ m_3 = -\sqrt{3}i$를 가진다. 복소수근에서 $\alpha = 0,\ \beta = \sqrt{3}$ 값을 미분방정식의 해공식에 대입하여 일반해를 구해보면,

$$y = c_1 e^{2x} + c_2 \cos(\sqrt{3}x) + c_3 \sin(\sqrt{3}x)$$

이다.

예 3 미분방정식 $(D^6-4D^4+4D^2)y=0$ 의 해를 구하여라.

풀이 보조방정식 $m^6-4m^4+4m^2=0$의 해를 구해보면,

$$m^6-4m^4+4m^2=m^2(m^4-4m^2+4)=m^2(m^2-2)^2=0$$

이다. 보조방정식은 2개 중근인 $m=0$과 2개의 중근인 복소수근 $m=\pm\sqrt{2}i$를 가진다. 복소수근에서 $\alpha=0$, $\beta=\sqrt{2}$ 값을 미분방정식의 해공식에 대입해 일반해를 구해보면,

$$y=c_1+c_2x+(c_3+c_4x)\cos(\sqrt{2}x)+(c_5+c_6x)\sin(\sqrt{2}x)$$

이다.

9.9 편미분방정식

한 개 또는 그 이상의 종속변수를 단 하나의 독립변수에 대해 미분한 도함수를 포함하는 방정식을 상미분방정식(ordinary differential equation)이라 하는데, 만약 미분방정식에 나타난 도함수가 두 개 이상의 독립변수에 대해 편미분한 편도함수가 포함되어 있다면 그 미분방정식을 편미분방정식(partial differential equation)이라 한다.

편미분방정식에서도 상미분방정식처럼 미분방정식의 계수는 미분방정식에 포함된 가장 높은 도함수의 계수를 말한다.

예를 들어, $\dfrac{\partial u}{\partial y}=-\dfrac{\partial v}{\partial x}$는 1계 선형편미분방정식이고, $\dfrac{\partial^2 u}{\partial x^2}-\dfrac{\partial^2 u}{\partial y^2}=x+y$는 2계 선형편미분방정식이다.

편미분방정식의 해는 방정식에 나타나는 모든 편도함수가 존재하고, xy평면의 적당한 영역에서 방정식을 만족하는 두 개의 독립변수를 갖는 함수 $z=f(x,y)$를 말하며, 편미분방정식의 해 또한 미분방정식과 마찬가지로 일반해, 특이해, 특수해로 구성되며, 많은 응용분야에서는 편미분방정식의 특수해가 유용하게 사용되기도 한다.

예 1 편미분방정식 $\frac{\partial^2 z}{\partial x \partial y}=1$의 해를 구하여라.

풀이 일반적인 편도함수 $z=f(x,y)$라 할 때 $\frac{\partial^2 z}{\partial x\,\partial y}=\frac{\partial}{\partial x}\left(\frac{\partial z}{\partial y}\right)=1$는 편도함수 z의 x의 편미분할 결과로 다시 y로 편미분을 한 것을 의미하므로, $\frac{\partial z}{\partial y}=x+f(y)$ 라 할 수 있다.

$$\frac{\partial z}{\partial y}=x+f(y) \quad \cdots\cdots ①$$

식 ①의 양변에 ∂y를 곱한 후, 적분을 하여 편도함수 z를 정리해보면,
$\partial z=\partial y \cdot x+\partial y \cdot f(y)$
$z=xy+\int f(y)dy+g(x)=xy+F(y)+g(x)$이다. 여기서, $F(y)$는 y만의 임의 함수이고, $g(x)$는 x만의 임의 함수를 의미한다.

좀 더 간단한 방법으로 편미분방정식의 해를 구하는 방법에 대해 살펴보자. 지금 설명하는 편미분방정식의 해를 구하는 방법은 선형미분방정식에서 사용했던 보조방정식 방법을 사용한다.

① 해법-1

편미분방정식이 $A\frac{\partial^2 z}{\partial x^2}+B\frac{\partial^2 z}{\partial x\partial y}+C\frac{\partial^2 z}{\partial y}=0$($A$, B, C는 상수)이고, 편도함수 $z=f(y+mx)$라 하자. 편도함수를 편미분하면

$$\frac{\partial^2 z}{\partial x^2}=m^2 f''(y+mx),\ \frac{\partial^2 z}{\partial x\partial y}=mf''(y+mx),\ \frac{\partial^2 z}{\partial y^2}=f''(y+mx)$$

이다. 이 값을 편미분방정식에 대입하여 정리하면

$$(Am^2+Bm+C)f''(y+mx)=0$$

이다. 이때, $f''(y+mx)\neq 0$이므로 $(Am^2+Bm+C)f''(y+mx)=0$이기 위해선 반드시 $Am^2+Bm+C=0$이어야 한다. 우리는 $Am^2+Bm+C=0$을 보조방정식 혹은 특성방정식이라 한다.

보조방정식 $Am^2+Bm+C=0$를 만족하는 서로 다른 두 근이 m_1, m_2이라면 편

미분방정식의 해는 $z=f(y+m_1x)+g(y+m_2x)$가 된다.

만약 $Am^2+Bm+C=0$이 중근인 m_1을 갖는다면 편미분방정식의 해는 $z=f(y+m_1x)+yg(y+m_1x)$ 또는 $z=f(y+m_1x)+xg(y+m_1x)$가 된다.

예 2 편미분방정식 $\frac{\partial^2 z}{\partial x^2}-5\frac{\partial^2 z}{\partial xy}+6\frac{\partial^2 z}{\partial y^2}=0$의 해를 구하여라.

풀이 편도함수를 $z=f(y+mx)$라 하고, 위의 해법-1에 따라 편미분방정식을 보조방정식으로 바꾸어보면 $m^2-5m+6=(m-2)(m-3)=0$이므로, 보조방정식의 두 개의 실수근은 $m=2,3$이다.
이 값을 편미분방정식 해공식인 $z=f(y+m_1x)+g(y+m_2x)$에 대입해보면 $z=f(y+2x)+g(y+2x)$이다.

예 3 편미분방정식 $\frac{\partial^2 z}{\partial x^2}-6\frac{\partial^2 z}{\partial xy}+9\frac{\partial^2 z}{\partial y^2}=0$의 해를 구하여라.

풀이 편도함수를 $z=f(y+mx)$라 하고, 위의 해법-1에 따라 편미분방정식을 보조방정식으로 바꾸어보면 $m^2-6m+9=(m-3)^2=0$이므로, 보조방정식의 중근 $m=3$이다.
이 값을 편미분방정식 해공식인 $z=f(y+m_1x)+xg(y+m_2x)$ 또는 $z=f(y+m_1x)+yg(y+m_1x)$에 대입해보면, $z=f(y+3x)+xg(y+3x)$ 또는 $z=f(y+3x)+yg(y+3x)$이다.

예 4 편미분방정식 $3\frac{\partial^2 z}{\partial y^2}-4\frac{\partial z}{\partial y}+z=0$의 해를 구하여라.

풀이 편미분방정식이 두 개의 독립변수 중 한 개만을 이용한 2계 편미분방정식이라면 상미분방정식처럼 해를 구할 수 있다. 이때, 상미분방정식의 임의 상수 c_1, c_2를 편미분방정식의 남은 변수의 임의 함수인 $f(x)$, $g(x)$로 바꾸면 된다.

$$3\frac{\partial^2 z}{\partial y^2}-4\frac{\partial z}{\partial y}+z=0 \quad \cdots\cdots ①$$

식 ①은 편미분방정식이지만 형태가 제차 상미분방정식의 표준형과 일치한다. 따라서 보조방정식 $3m^2-4m+1=0$을 이용해 편미분방정식의 해를 구할 수 있다.
$3m^2-4m+1=(3m-1)(m-1)=0$이므로 보조방정식의 두 개의 실수근은 $m=1, \frac{1}{3}$이다. 이 값을 제차 상미분방정식의 해공식에 대입해보면, $z=c_1e^y+c_2e^{\frac{1}{3}y}$이다.
이때, 상미분방정식의 임의상수 c_1, c_2을 편도함수의 남은 변수 x만의 임의함수 $f(x)$, $g(x)$로 대치하면 된다.
따라서 편미분방정식의 해는 $z=e^yf(x)+e^{\frac{1}{3}y}g(x)$이다.

② 해법-1

편미분방정식이 $A\frac{\partial^2 z}{\partial x^2}+B\frac{\partial^2 z}{\partial x\partial y}+C\frac{\partial^2 z}{\partial y}+D\frac{\partial z}{\partial x}+E\frac{\partial z}{\partial y}+Fz=0$($A$, B, C, D, E는 상수)이고, 편도함수 $z=e^{\alpha x+\beta y}$이라 하자. 편도함수를 편미분하면

$$\frac{\partial^2 z}{\partial x^2}=\alpha^2e^{\alpha x+\beta y},\ \frac{\partial^2 z}{\partial x\partial y}=\alpha\beta e^{\alpha x+\beta y},\ \frac{\partial^2 z}{\partial y^2}=\beta^2e^{\alpha x+\beta y},$$
$$\frac{\partial z}{\partial x}=\alpha e^{\alpha x+\beta y},\ \frac{\partial z}{\partial y}=\beta e^{\alpha x+\beta y}$$

이 된다. 이 값들을 편미분방정식에 대입해 정리하면

$$(A\alpha^2+B\alpha\beta+C\beta^2+D\alpha+E\beta+F)e^{\alpha x+\beta y}=0$$

이다. 이때, $e^{\alpha x+\beta y}\neq 0$이므로 보조방정식인 $(A\alpha^2+B\alpha\beta+C\beta^2+D\alpha+E\beta+F)=0$이어야 한다. 보조방정식의 해를 $\beta=\beta_1(\alpha)$, $\beta_2(\alpha)$라 한다면, $z_1=e^{\alpha x+\beta_1(\alpha)y}$, $z_2=e^{\alpha x+\beta_2(\alpha)y}$는 편미분방정식 일반해이고, 특수해는 $z=k_1e^{\alpha x+\beta_1(\alpha)y}+k_2e^{\alpha x+\beta_2(\alpha)y}$이다.

예 5 편미분방정식 $\frac{\partial^2 z}{\partial x^2}-2\frac{\partial^2 z}{\partial x\partial y}+1\frac{\partial^2 z}{\partial y}+6\frac{\partial z}{\partial x}-6\frac{\partial z}{\partial y}+9z=0$의 해를 구하여라.

풀이 편도함수 $z=e^{\alpha x+\beta y}$라 하고, 위의 해법-2에 따라 편미분방정식을 보조방정식으로 바꾸면

$$\alpha^2 - 2\alpha\beta + \beta^2 + 6\alpha - 6\beta + 9 = 0$$

이 된다. 이 보조방정식의 근을 구하면

$$\alpha^2 - 2\alpha\beta + \beta^2 + 6\alpha - 6\beta + 9 = (\alpha - \beta)^2 + 6(\alpha - \beta) + 9 = 0 \quad \cdots\cdots\cdots\cdots\cdots ①$$

식 ①에 $\alpha - \beta = t$로 치환해보면 $t^2 + 6t + 9 = (t+3)^2 = 0$이므로 $t = -3$이 된다. 보조방정식가 중근을 가지므로 $\beta = \alpha + 3$이 된다. 해법-2에 따라

$$z = k_1 z_1 + k_2 x z_2 = k_1 e^{\alpha x + \alpha y + 3y} + k_2 x e^{\alpha x + \alpha y + 3y} = e^{3y}(k_1 e^{\alpha(x+y)} + k_2 x e^{\alpha(x+y)})$$

이므로, 편미분방정식의 일반해는 $z = e^y[f(x+y) + xg(x+y)]$이다.
단, $f(x+y)$, $g(x+y)$는 $x+y$의 임의 함수이다.

예 6 편미분방정식 $\dfrac{\partial^2 z}{\partial x^2} - \dfrac{\partial^2 z}{\partial y} - 4\dfrac{\partial z}{\partial x} + 4z = 0$의 해를 구하여라.

풀이 편도함수 $z = e^{\alpha x + \beta y}$라 하고, 위의 해법-2에 따라 편미분방정식을 보조방정식으로 바꾸면 $\alpha^2 - \beta^2 - 4\alpha + 4 = 0$이 된다. 이 보조방정식의 근을 구하면,

$$\alpha^2 - \beta^2 - 4\alpha + 4 = (\alpha - 2)^2 - \beta^2 = 0 \quad \cdots\cdots\cdots\cdots\cdots ①$$

식 ①에 $\alpha - 2 = t$로 치환해보면 $t^2 - \beta^2 = (t+\beta)(t-\beta) = 0$이므로 $t = \pm\beta$이 된다. 따라서 $\beta = \pm(\alpha - 2)$가 된다.
해법-2에 따라

$$z = k_1 z_1 + k_2 z_2 = k_1 e^{\alpha x + \alpha y - 2y} + k_2 e^{\alpha x - \alpha y + 2y} = k_1 e^{-2y} e^{\alpha(x+y)} + k_2 e^{2y} e^{\alpha(x-y)}$$

이므로, 편미분방정식의 일반해는 $z = e^{-2y} f(x+y) + e^{2y} g(x-y)$이다.
단, $f(x+y)$는 $x+y$의 임의 함수이고, $g(x+y)$는 $x-y$의 임의 함수이다.

제9장 미분방정식

연습문제

1. 주어진 미분방정식의 계수를 알아보고 선형인지 비선형인지를 말하여라.

(a) $xy' = 2y$

(b) $y^{(4)} + 3(y'')^5 + 2y' = 0$

(c) $\dfrac{d^2y}{dx^2} + x\sin y = 0$

(d) $\dfrac{\partial^2 z}{\partial x \partial y} + \dfrac{\partial z}{\partial x} + 7z = 0$

(e) $(y')^2 = \sqrt{x^3 - y''}$

(f) $(\sin x)y'' - (\cos x)y' - 2y = 0$

2. 다음의 변수분리형 미분방정식의 해를 구하여라.

(a) $ydx + (x+3)dy = 0$

(b) $\dfrac{1}{y'} = \dfrac{1+2y^2}{y\sin x}$

(c) $y' + xy = y(\sin x - 1)$

(d) $y' = x^2y + y$

(e) $\dfrac{dy}{dx} = x\sqrt{1-y^2}$

3. 다음 미분방정식이 완전미분방정식인지 판별하고, 완전미분방정식이라면 완전미분방정식의 해를 구하여라.

(a) $xy' = 2xe^x - y + 6x^2$

(b) $(2y\cos 2x + 1)dx = y^2 \sin 2x\, dy$

(c) $(4xy + 2x)dx + (2x^2 + 3y)dy = 0$

(d) $(2xy - y\cos x)dx - (x^2 - \sin x)dy = 0$

(e) $(e^x - ye^{xy})dx + (e^y - e^{xy})dy = 0$

4. 다음 선형미분방정식의 해를 구하여라.

(a) $\dfrac{dy}{dx} - \dfrac{y}{x} = x^2$

(b) $\dfrac{dy}{dx} - \dfrac{2}{x}y = x^3e^x$

(c) $xy' + y = x\cos x$

(d) $\dfrac{dy}{dx} + 4y = 2e^{4x} + 3$

(e) $2y'' - y' = 0$

(f) $y^{(4)} + y''' + 2y'' = 0$

(g) $(D^2 + 3D + 2)y = 0$

(h) $(D^4 - 2D^2 + 1)y = 0$

(i) $y''' - 4y'' + 5y' - 2y = 0$

(j) $D^3 - D^2 + 2D - 2y = 0$

5. 편미분방정식의 해를 구하여라.

(a) $\dfrac{\partial^2 z}{\partial x^2}+4\dfrac{\partial z}{\partial x}+3z=0$

(b) $\dfrac{\partial^2 z}{\partial x^2}-2\dfrac{\partial z}{\partial x}-\dfrac{\partial^2 z}{\partial y^2}+z=0$

부 록

해답편

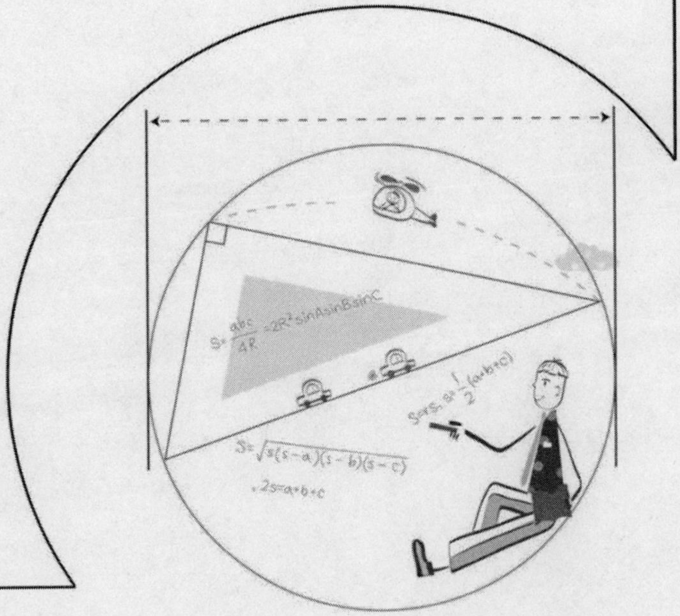

제1장 함 수

1. 이 함수의 정의역은 정의에 의하여 $\{x \mid x$ 는 실수$\}$이고, x 가 실수이면 $x^2 \geqq 0$이므로 치역은 $x^2+7 \geqq 7$이다. 따라서 이 함수의 치역은 $\{y \mid y \geqq 7\}$이 된다.

2. (a) 분수식에서 분모는 0이 아니므로 $x-1 \neq 0 \quad \therefore x \neq 1$, 이 때 $\dfrac{1}{x-1} \neq 0$이므로

정의역 : $\{x \mid x \neq 1$인 모든 실수 $\}$, 치역 : $\{y \mid y \neq 0$인 모든 실수$\}$

(b) $\sqrt{x-1}$은 $x \geqq 1$인 모든 실수에 대하여 정의되고, 이 때 $\sqrt{x-1} \geqq 0$이므로

정의역 : $\{x \mid x \geqq 1$인 모든 실수 $\}$, 치역 : $\{y \mid y \geqq 0$인 모든 실수$\}$

(c) 정의역 : $\{x \mid$ 모든 실수 x $\}$, 치역 : $\{y \mid y \geq 1$인 모든 실수$\}$

(d) 정의역 : $\left\{x \mid x \geq -\dfrac{1}{2}\right.$인 모든 실수 $\}$, 치역 : $\{y \mid y \geq 0$인 모든 실수$\}$

(e) 분수식에서 분모는 0이 아니므로 $x-3 \neq 0 \quad \therefore x \neq 3$, 이 때 $\dfrac{1}{x-3} \neq 0$이므로

정의역 : $\{x \mid x \neq 3$인 모든 실수 $\}$, 치역 : $\{y \mid y \neq 0$인 모든 실수$\}$

(f) 정의역 : $\{x \mid$ 모든 실수 x $\}$, 치역 : $\{y \mid$ 모든 실수 $y\}$

3. (a)는 X의 원소 b에 대응하는 Y의 원소가 2와 3의 2개이므로 함수가 아니다.
(b)는 X의 원소 c에 대응하는 Y의 원소가 없으므로 함수가 아니다.
(c)는 함수이다.

4. (a)는 함수이다. (b)는 x의 각 원소에 대응하는 y의 값이 2개이므로 함수가 아니다.
(c)는 x의 각 원소에 대응하는 y의 값이 2개이므로 함수가 아니다.
(d)는 함수이다.

5. 위의 그래프에서 공역의 한 원소 y_0에 대응시키는 정의역의 원소가 (a)은 2개, (b)는 3개, (c)은 무수히 많으므로 일대일 대응이 아니다. (d)는 일대일 대응이다.

6. $f(x)=x^2-1$ 이고, 정의구역은 $-1\le x\le 2$이므로 그래프를 그리면 다음과 같다.

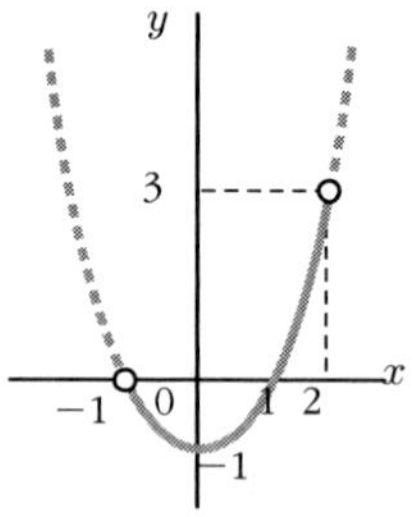

$G=\{(x, y)\mid y=x^2-1,\ -1\le x\le 2\}$로 그림에서 치역은 $-1\le y\le 3$

7. (a) $(g\circ f)(x)=g(f(x))=g(x^2-1)=3(x^2-1)+2=3x^2-1$

(b) $(f\circ g)(x)=f(g(x))=f(3x+2)=(3x+2)^2-1=9x^2+12x+3$

8. (a) $(h\circ(g\circ f))(x)=h((g\circ f)(x))$

$=h(g(f(x)))=h(g(x+2))=h(2(x+2)+5)=h(2x+9)=(2x+9)^2$

(b) $((h\circ g)\circ f)(x)=((h\circ g)(f(x))=h(g(f(x)))$

$=h(g(x+2))=h(2(x+2)+5)=h(2x+9)=(2x+9)^2$

9. (c)

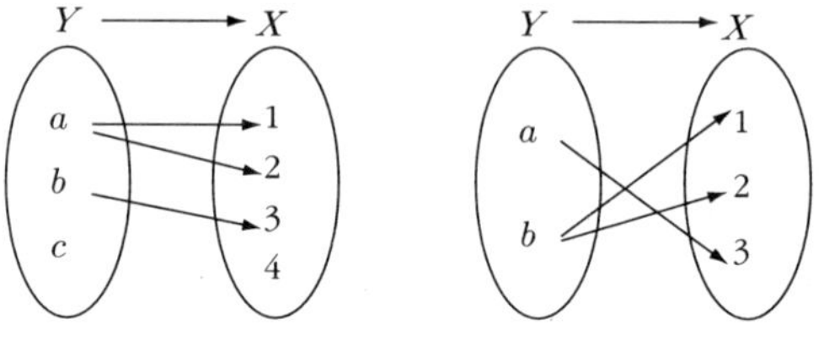

(a) (b)

(a) $Y\to X$는 정의역 Y에 남는 원소가 있으므로 f^{-1}는 함수가 될 수 없다.

(b) $Y\to X$는 Y의 b에 X의 1, 2가 동시에 대응하므로 g^{-1}는 함수가 될 수 없다.

10. $3x+4=t$라 두면 $x=\dfrac{t-4}{3}$이다.

따라서, 이들을 $f(3x+4)=9x+5$에 대입하면 $f(t)=9\times\dfrac{t-4}{3}+5=3t-7$

다시, x로 바꾸면 $f(x)=3x-7$이다. 이것의 역함수를 구해보자.

이것을 x에 대하여 풀면 $x=\frac{y+7}{3}$이다. 역함수로 취하면 $f^{-1}(x)=\frac{x+7}{3}$

따라서, $f^{-1}(8)=\frac{8+7}{3}=5$이다.

11. 포물선 $y=(x-1)^2-1$ 의 꼭지점은 $(1, -1)$이다.

$y=(x-1)^2-1=x^2-2x=x(x-2)$이므로 포물선의 x절편은 0, 2이다.

따라서, 그래프는 다음과 같다.

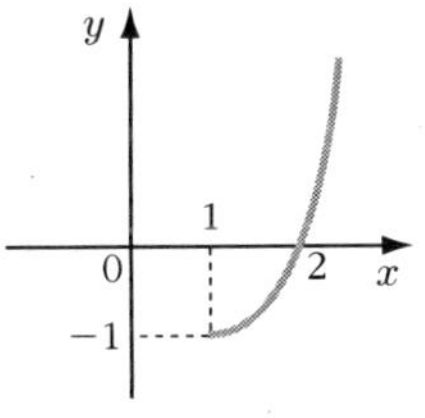

이것을 직선 $y=x$에 대하여 대칭 이동시키면 역함수의 그래프가 다음과 같다.

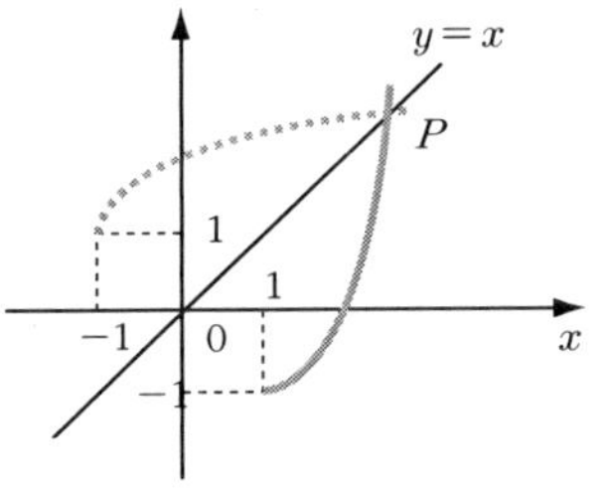

따라서, $y=(x-1)^2-1$ 과 그 역함수의 방정식을 연립하는 것보다는 $y=(x-1)^2-1$ 과 직선 $y=x$를 연립하여 교점 P를 구하는 것이 더 간단하다.

$(x-1)^2-1=x$ 에서 $x^2-3x=0$ $\quad \therefore x=0, 3$

따라서, P의 좌표는 $(3, 3)$ $(\because x \geq 1)$

$\therefore \overline{OP}=\sqrt{(3-0)^2+(3-0)^2}=3\sqrt{2}$

12. (a) $a=0$이므로 $by+c=0$에서 $\quad \therefore y=-\frac{c}{b}$

그런데, $bc<0$이므로 다음 두 경우로 나누어 생각할 수 있다.

i) $b>0$, $c<0$인 경우 $\quad \therefore y=-\frac{c}{b}>0$

ii) $b<0$, $c>0$인 경우 $\quad \therefore y=-\frac{c}{b}>0$

따라서, x축에 평행하고, y절편이 양인 직선이므로 제1, 2사분면을 지난다.

(b) $c=0$이므로, $ax+by=0 \quad \therefore \quad y=-\dfrac{a}{b}x$

$ab<0$이므로, y의 기울기인 $-\dfrac{a}{b}>0$

따라서, 원점을 지나고 기울기가 양이므로 제1, 3사분면을 지난다.

(c) $ax+by+c=0$에서 $y=-\dfrac{a}{b}x-\dfrac{c}{b}$

그런데, $ab<0$, $bc>0$이므로 기울기 $-\dfrac{a}{b}>0$, $-\dfrac{c}{b}<0$

따라서, 기울기가 양이고, y절편은 음이므로 제1, 3, 4 사분면이다.

(d) $ax+by+c=0$에서 x절편은 $x=-\dfrac{c}{a}$, y 절편은 $y=-\dfrac{c}{b}$

그런데, $ac>0$, $bc<0$이므로, $-\dfrac{c}{a}<0$, $-\dfrac{c}{b}>0$

따라서, x 절편이 음, y절편이 양이므로 제1, 2, 3사분면이다.

13. (a) $f(x)=x-1$이므로 $y=|f(x)|$의 그래프는 다음과 같다.

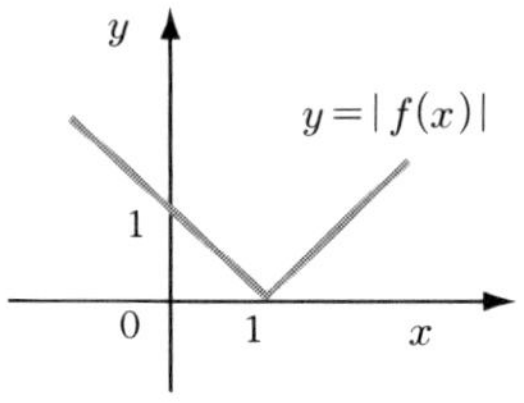

(b) $y=|f(x)|-1$는 $y=|f(x)|$를 y축 방향으로 -1만큼 평행 이동한 것으로 다음과 같다.

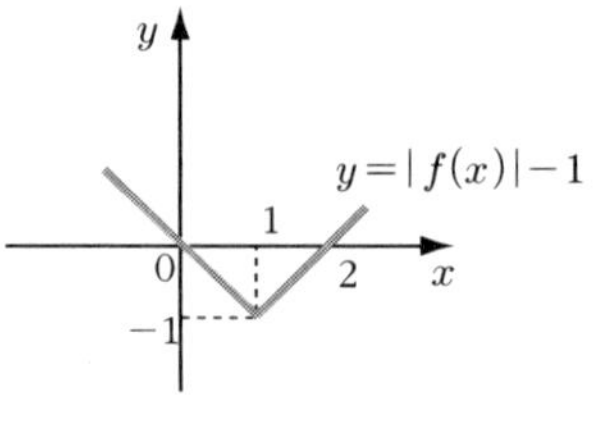

(c) $y=||f(x)|-1|$은 x축의 윗부분은 그대로 두고, 아래 부분을 x축에 대하여 접은 것이다.

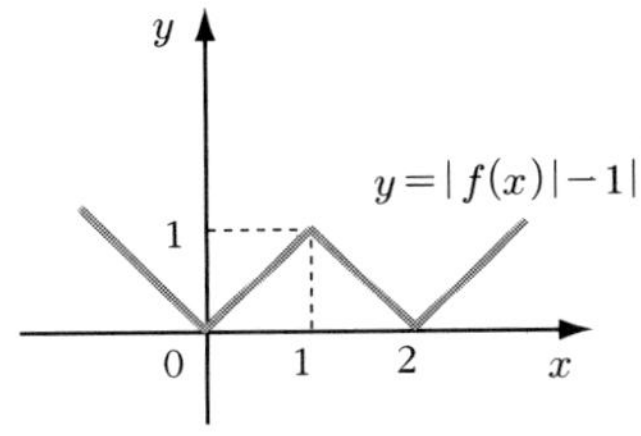

14. i) 먼저, $y=2x-6$의 그래프를 그린다.

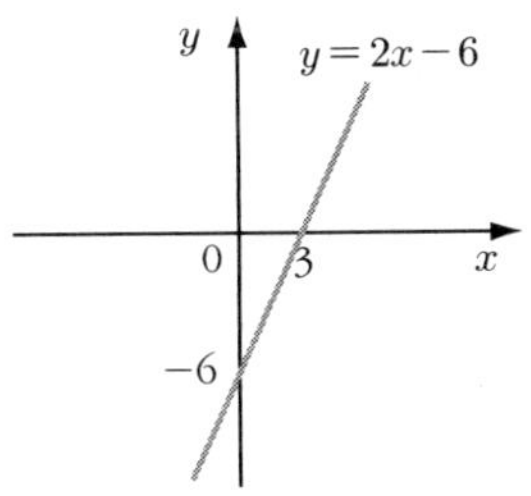

ii) $y=|2x-6|$의 그래프를 그린다.

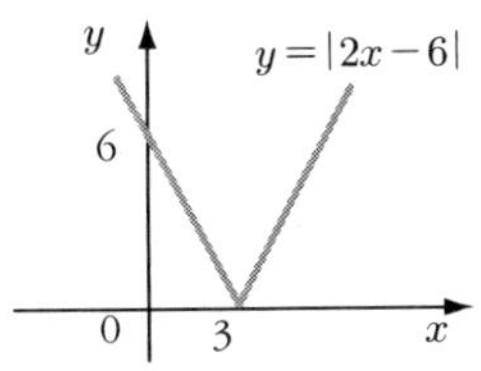

iii) 이것을 위쪽으로 1만큼 평행 이동시킨다.

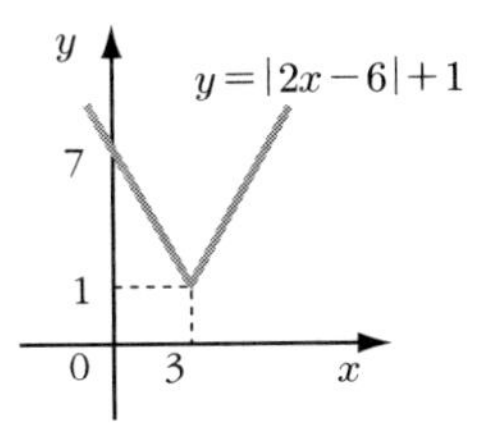

위의 그림에서 그래프가 꺾이는 뾰족한 곳은 절대값 안의 값이 0인 것을 의미한다.

15. a) 이차함수 $y=ax^2+bx+c$에 $(1, 1)$, $(-1, 9)$, $(2, 3)$을 대입하여 a, b, c를 구한다.

$a+b+c=1, \quad a-b+c=9, \quad 4a+2b+c=3$

이것을 연립방정식으로 풀면 $a=2,\ b=-4,\ c=3$이다.

b) 이차함수 $y=ax^2+bx+16$는 x축과의 교점 $(2, 0)$, $(4, 0)$을 지나므로

$y=a(x-2)(x-4)$가 된다. 여기에 y절편 $(0, 16)$을 대입한다.

$a\times(-2)\times(-4)=16 \quad \therefore a=2$

따라서, $y=2(x-2)(x-4)=2x^2-12x+16$이다.

c) 대칭축이 $x=3$이고, 두 점 $(1, 0)$, $(3, -2)$을 지나므로, 꼭지점은 $(3, -2)$

이다. 따라서, $y=a(x-3)^2-2$으로 두면 $(1, 0)$을 지나므로 이 값을 대입하면,

$a=\frac{1}{2}$이고 $y=\frac{1}{2}(x-3)^2-2$이다.

16. $f(-1)=f(3)$이므로 대칭축 $x=\frac{-1+3}{2}=1$ 따라서, 꼭지점 좌표는 $(1, 3)$이다.

따라서, $f(x)=-x^2+ax+b=-(x^2-ax)+b=-\left\{x-ax+\left(\frac{1}{2}a\right)^2-\left(\frac{1}{2}a\right)^2\right\}+b$

$$=-\left(x-\frac{1}{2}a\right)^2+\frac{1}{4}a^2+b$$

여기서, $\frac{1}{2}a=1, \quad \frac{1}{4}a^2+b=3 \qquad \therefore a=2,\ b=2$

17. $x^2+2x+4=t$라 두면 $t=(x+1)^2+3$에서 $t\geq 3$

주어진 함수를 $f(t)=-t^2-4t+2\,(t\geq 3)$라고 놓으면 $f(t)=-(t+2)^2+6$이므로 그래프는 아래 그림과 같다.

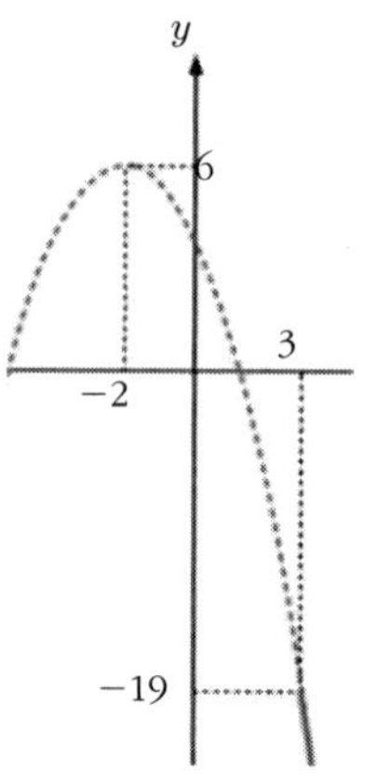

따라서, 주어진 함수의 최대값은 $t=3$ 일 때 -19이다.

제1장 지수와 로그

1. (a) $\sqrt[3]{-\frac{27}{64}}=\sqrt[3]{\left(-\frac{3}{4}\right)^3}=-\frac{3}{4}$

(b) $\sqrt[4]{(-3)^4}=|-3|=3$

(c) $\sqrt[5]{-32}=\sqrt[5]{(-2)^5}=-2$

2. (a) $\sqrt{2\sqrt{2\sqrt{2}}}=\sqrt{2\sqrt{2\cdot 2^{\frac{1}{2}}}}=\sqrt{2\sqrt{2^{\frac{3}{2}}}}=\sqrt{2\cdot 2^{\frac{3}{4}}}=\sqrt{2^{\frac{7}{4}}}=2^{\frac{7}{8}}$

다른 방법$=2^{\frac{1}{2}}\times 2^{\frac{1}{4}}\times 2^{\frac{1}{8}}=2^{\frac{1}{2}+\frac{1}{4}+\frac{1}{8}}=2^{\frac{7}{8}}$

(b) $\frac{\sqrt[3]{a}}{\sqrt[3]{a^2}}=\frac{a^{\frac{1}{3}}}{a^{\frac{2}{3}}}=a^{\frac{1}{3}-\frac{2}{3}}=a^{-\frac{1}{3}}$

(c) $\sqrt[4]{a\sqrt{a}}\div\sqrt[8]{a^3}=a^{\frac{1}{4}+\frac{1}{8}}\div a^{\frac{3}{8}}=a^{\frac{3}{8}-\frac{3}{8}}=1$

3. 3, 4, 6의 최소공배수는 12이므로

$A=\sqrt[3]{3}=\sqrt[3\cdot 4]{3^4}=\sqrt[12]{81}$

$B=\sqrt[4]{4}=\sqrt[4\cdot 3]{4^3}=\sqrt[12]{64}$

$C=\sqrt[6]{6}=\sqrt[6\cdot 2]{6^2}=\sqrt[12]{36}$

$\therefore\ A>B>C$

4. (a) $\log_4\frac{1}{8}=\log_4 1-\log_4 8=0-(\log_4 4+\log_4 2)=-1-\log_4 4^{\frac{1}{2}}=-1-\frac{1}{2}=-\frac{3}{2}$

(b) $\log_4(\log_5\sqrt{5})=\log_4\frac{1}{2}=\log_4\frac{2}{4}=\log_4 2-\log_4 4=\frac{1}{2}-1=-\frac{1}{2}$

5. $\log_2(\log_3 x)=1$에서 $\log_3 x=2^1$ 따라서, $x=3^2=9$

6. (a) $\frac{1}{\log_2 100}+\frac{1}{\log_5 100}=\log_{100}2+\log_{100}5=\log_{100}10=\frac{1}{2}$

(b) $\sqrt{2\sqrt{2}}=2^{\frac{3}{4}}$, $\sqrt{5\sqrt{5}}=5^{\frac{3}{4}}$ 이므로

$$\log_5\sqrt{2\sqrt{2}}+\log_2\sqrt{5\sqrt{5}}=\log_5 2^{\frac{3}{4}}+\log_2 5^{\frac{3}{4}}=\frac{3}{4}(\log_5 2+\log_2 5)=\frac{3}{4}\left(\frac{1}{a}+a\right)$$

7. $\log_{xy}49=\log_{7^a7^b}49=\log_{7^{a+b}}7^2=2\log_{7^{a+b}}7$

$$=2\times\frac{1}{\log_7 7^{a+b}}(\because \text{로그성질 } g\text{에 의해서})=\frac{2}{a+b}$$

8. $y=4(2^x+1)=2^2(2^x+1)=2^{x+2}+4$이므로 $y=4(2^x+1)$은 $y=2^x$의 그래프를 x축으로 -2, y축으로 4만큼 평행 이동한 것이다.

따라서, $a=-2$, $b=4$ 이므로 $a+b=2$

9. (2) $Y=\log_{\frac{1}{3}}x$

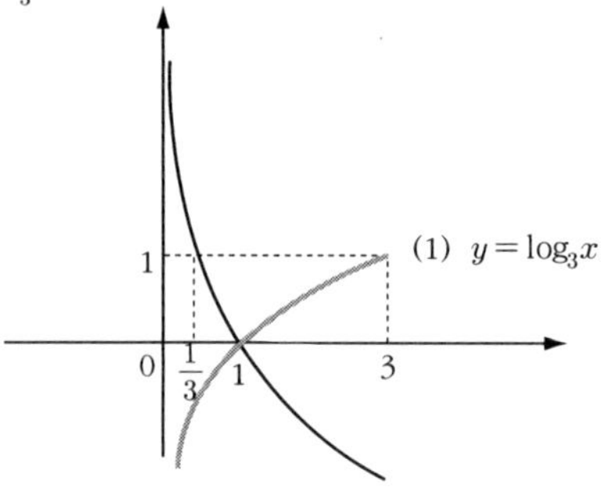

제3장 삼각함수

1. 서로 x축에 대하여 대칭이므로 $\theta+5\theta=2n\pi$(단, n은 정수)이다.

따라서, $\theta=\frac{n\pi}{3}$ 이지만 θ는 제1사분면의 각이므로 $n=1$일 때이다.

$\therefore\ \theta=\frac{\pi}{3}$

2. y축에 대하여 대칭이므로 $\theta+2\theta=2n\pi+\pi$(단, n은 정수)이다.

따라서, $\theta=\dfrac{2n\pi+\pi}{3}$이지만 $\pi<\theta<2\pi$이므로 $n=2$일 때

$\therefore\ \theta=\dfrac{5\pi}{3}$

3.

사분면	$\sin\theta$	$\cos\theta$	$\tan\theta$
제1사분면	+	+	+
제2사분면	+	−	−
제3사분면	−	−	+
제4사분면	−	+	−

(a) $\sin\theta<0$이면 θ는 제3 또는 4사분면의 각이고, $\cos\theta<0$이면 θ는 제2 또는 3사분면의 각이므로 θ는 제3사분면의 각이다.

(b) $\cos\theta>0$이면 θ는 제1 또는 4사분면의 각이고, $\tan\theta<0$이면 θ는 제2 또는 4사분면의 각이므로 θ는 제4사분면의 각이다.

(c) $\sin\theta>0$, $\cos\theta<0$일 때 θ는 제2사분면의 각이고, $\sin\theta<0$, $\cos\theta>0$일 때 θ는 제4사분면의 각이다.

(d) $\sin\theta>0$, $\tan\theta>0$일 때 θ는 제1사분면의 각이고, $\sin\theta<0$, $\tan\theta<0$일 때 θ는 제4사분면의 각이다.

4. $\sin^2\theta=1-\cos^2\theta=1-\dfrac{16}{25}=\dfrac{9}{25}$이고, θ의 범위가 $\dfrac{\pi}{2}<\theta<\pi$이므로 $\sin\theta=\dfrac{3}{5}$이다.

$\therefore\ 1+\cot\theta=1+\dfrac{\cos\theta}{\sin\theta}=1-\dfrac{4}{3}=-\dfrac{1}{3}$

5. $(\sin\theta+\cos\theta)^2=1+2\sin\theta\cos\theta=\dfrac{1}{4}$ $\quad\therefore\ \sin\theta\cos\theta=-\dfrac{3}{8}$

$\therefore\ \tan\theta+\cot\theta=\dfrac{\sin\theta}{\cos\theta}+\dfrac{\cos\theta}{\sin\theta}=\dfrac{\sin^2+\cos^2}{\sin\theta\cos\theta}=1\times\left(-\dfrac{8}{3}\right)=-\dfrac{8}{3}$

6. (a) 준식의 양변을 제곱하면 $1+2\sin\theta\cos\theta=\dfrac{1}{4}$, $\sin\theta\cos\theta=-\dfrac{3}{8}$

$(\sin\theta-\cos\theta)^2=1-2\sin\theta\cos\theta=1+\dfrac{3}{4}=\dfrac{7}{4}$에서 $\sin\theta-\cos\theta=\pm\dfrac{\sqrt{7}}{2}$

여기서, $0<\theta<\pi$이므로 $\sin\theta>0,\ \cos\theta<0 \quad \therefore\ \sin\theta-\cos\theta=\dfrac{\sqrt{7}}{2}$

(b) $\sin^3\theta+\cos^3\theta=(\sin\theta+\cos\theta)^3-3\sin\theta\cos\theta(\sin\theta+\cos\theta)$

$$=\left(\frac{1}{2}\right)^3-3\left(-\frac{3}{8}\right)\times\frac{1}{2}=\frac{11}{16}$$

7.

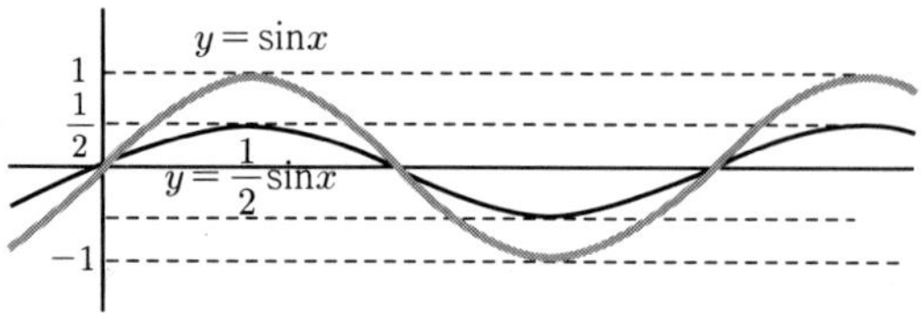

(a)

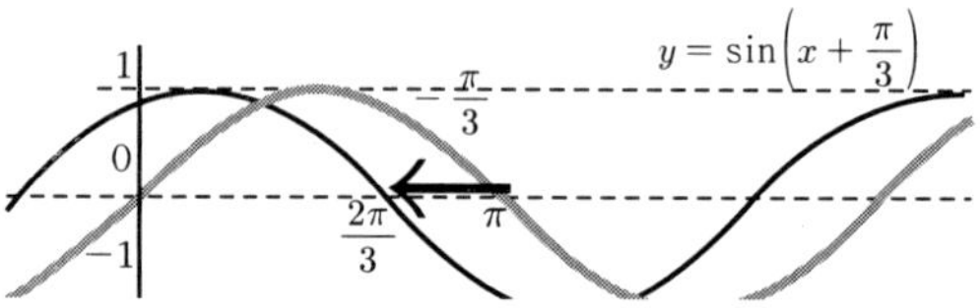

(b)

8. $y=-3\sin\left(2x-\dfrac{\pi}{3}\right)=-3\sin2\left(x-\dfrac{\pi}{6}\right)$이므로 $y=-3\sin2x$를 x축 방향으로 $\dfrac{\pi}{6}$만큼 평행 이동하였고, $-1\le\sin\left(2x-\dfrac{\pi}{3}\right)\le1$이므로 최대값은 3, 최소값은 -3이다.

9. $0<\alpha<\dfrac{\pi}{2}$이므로 $\cos\alpha>0$

$\therefore\ \cos\alpha=\sqrt{1-\sin^2\alpha}=\sqrt{1-\dfrac{1}{4}}=\dfrac{\sqrt{3}}{2},\ \tan\alpha=\dfrac{1}{\sqrt{3}}$

$\dfrac{\pi}{2}<\beta<\pi$이므로 $\cos\beta<0$

$\therefore\ \cos\beta=-\sqrt{1-\sin^2\beta}=-\sqrt{1-\dfrac{1}{9}}=-\dfrac{2\sqrt{2}}{3},\ \tan\beta=-\dfrac{1}{2\sqrt{2}}$

(a) $\sin(\alpha-\beta)=\sin\alpha\cos\beta-\cos\alpha\sin\beta=\dfrac{1}{2}\cdot\left(-\dfrac{2\sqrt{2}}{3}\right)-\dfrac{\sqrt{3}}{2}\cdot\dfrac{1}{3}=\dfrac{-2\sqrt{2}-\sqrt{3}}{6}$

(b) $\cos(\alpha+\beta)=\cos\alpha\cos\beta-\sin\alpha\sin\beta=\dfrac{\sqrt{3}}{2}\cdot\left(-\dfrac{2\sqrt{2}}{3}\right)-\dfrac{1}{2}\cdot\dfrac{1}{3}=\dfrac{-2\sqrt{6}-1}{6}$

(c) $\tan(\alpha-\beta)=\dfrac{\tan\alpha-\tan\beta}{1+\tan\alpha\tan\beta}=\dfrac{\dfrac{1}{\sqrt{3}}+\dfrac{1}{2\sqrt{2}}}{1+\dfrac{1}{\sqrt{3}}\cdot\left(-\dfrac{1}{2\sqrt{2}}\right)}=\dfrac{2\sqrt{2}+\sqrt{3}}{2\sqrt{6}-1}$

$=\dfrac{(2\sqrt{2}+\sqrt{3})(2\sqrt{6}+1)}{(2\sqrt{6}-1)(2\sqrt{6}+1)}=\dfrac{9\sqrt{3}+8\sqrt{2}}{23}$

10. $\tan2x=\dfrac{2\tan x}{1-\tan^2 x}=\dfrac{2\times\dfrac{1}{4}}{1-\dfrac{1}{16}}=\dfrac{8}{15}$

$\therefore\ \tan\left(2x-\dfrac{\pi}{4}\right)=\dfrac{\tan2x-\tan\dfrac{\pi}{4}}{1+\tan2x\tan\dfrac{\pi}{4}}=\dfrac{\dfrac{8}{15}-1}{1+\dfrac{8}{15}}=\dfrac{7}{23}$

11. $f(\theta)=2\sqrt{3}\sin\theta+3\left(\cos\theta\cos\dfrac{\pi}{3}-\sin\theta\sin\dfrac{\pi}{3}\right)=\dfrac{3}{2}\cos\theta+\left(2\sqrt{3}-\dfrac{3\sqrt{3}}{2}\right)\sin\theta$

$=\dfrac{3}{2}\cos\theta+\dfrac{\sqrt{3}}{2}\sin\theta=\sqrt{3}\left(\dfrac{\sqrt{3}}{2}\cos\theta+\dfrac{1}{2}\sin\theta\right)=\sqrt{3}\cos\left(\theta-\dfrac{\pi}{6}\right)$

$\therefore$ 최대값 $\sqrt{3}$, 최대값 $-\sqrt{3}$

12. $2\sin\left(\theta+\dfrac{\pi}{6}\right)-3\cos\theta=2\left(\sin\theta\cos\dfrac{\pi}{6}+\cos\theta\sin\dfrac{\pi}{6}\right)-3\cos\theta$

$=2\left(\dfrac{\sqrt{3}}{2}\sin\theta+\dfrac{1}{2}\cos\theta\right)-3\cos\theta=\sqrt{3}\sin\theta-2\cos\theta$

$=\sqrt{3}\sin\theta-2\cos\theta=\sqrt{7}\left(\dfrac{\sqrt{3}}{\sqrt{7}}\sin\theta-\dfrac{2}{\sqrt{7}}\cos\theta\right)$

$=\sqrt{7}\sin(\theta-\alpha)\left(\text{단, }\tan\alpha=-\dfrac{2}{\sqrt{3}}\right)$

$\therefore$ 최대값 $\sqrt{7}$, 최대값 $-\sqrt{7}$

13. $\dfrac{1}{\cos^2\alpha}=\sec^2\alpha=1+\tan^2\alpha=1+\dfrac{1}{4}=\dfrac{5}{4}$ 이므로

$\cos^2\alpha=\dfrac{4}{5}$ $\quad\therefore\ \cos\alpha=\dfrac{2}{\sqrt{5}}\ \left(\because\ 0<\alpha<\dfrac{\pi}{2}\right)$

$\tan\alpha=\dfrac{\sin\alpha}{\cos\alpha}$ 에서 $\sin\alpha=\tan\alpha\cos\alpha=\dfrac{1}{2}\cdot\dfrac{2}{\sqrt{5}}=\dfrac{1}{\sqrt{5}}$

(a) $\sin 2\alpha = 2\sin\alpha\cos\alpha = 2\cdot\frac{1}{\sqrt{5}}\cdot\frac{2}{\sqrt{5}} = \frac{4}{5}$

(b) $\cos 2\alpha = \cos^2\alpha - \sin^2\alpha = \frac{4}{5} - \frac{1}{5} = \frac{3}{5}$

(c) $\tan 2\alpha = \frac{\sin\alpha}{\cos\alpha} = \frac{4}{3}$

14. $\frac{1}{\cos^2\alpha} = \sec^2\alpha = 1 + \tan^2\alpha = 1 + (\sqrt{3})^2 = 4,\ \ \cos^2\alpha = \frac{1}{4}$

$\pi < \alpha < \frac{3}{2}\pi$에서 $\cos\alpha < 0$이므로 $\cos\alpha = -\frac{1}{2}$

$\sin\alpha = \tan\alpha\cos\alpha = \sqrt{3}\left(-\frac{1}{2}\right) = -\frac{\sqrt{3}}{2}$

(a) $\sin 3\alpha = 3\sin\alpha - 4\sin^3\alpha = 3\cdot\left(-\frac{\sqrt{3}}{2}\right) - 4\left(-\frac{\sqrt{3}}{2}\right)^3 = 0$

(b) $\cos 3\alpha = 4\cos^3\alpha - 3\cos\alpha = 4\left(-\frac{1}{2}\right)^3 - 3\left(-\frac{1}{2}\right) = 1$

(c) $\tan 3\alpha = \frac{\sin 3\alpha}{\cos 3\alpha} = 0$

15. (a) $A = 18^\circ$라 하면 $5A = 90^\circ$에서 $3A = 90^\circ - 2A$

$\cos 3A = \cos(90^\circ - 2A) = \sin 2A$에서 $4\cos^3 A - 3\cos A = 2\sin A\cos A$

$\cos A = \cos 18^\circ \neq 0$이므로 양변을 $\cos A$로 나누면,

$4\cos^2 A - 3 = 2\sin A,\ \ 4(1 - \sin^2 A) - 3 = 2\sin A$

$4\sin^2 A + 2\sin A - 1 = 0 \qquad \therefore\ \sin A = \frac{-1 \pm \sqrt{5}}{4}$

$\sin A = \sin 18^\circ > 0$이므로 $\sin 18^\circ = \frac{\sqrt{5} - 1}{4}$

(b) $A = 36^\circ$라 하면 $5A = 180^\circ$이므로 $2A = \pi - 3A$

$\therefore\ \sin 2A = \sin(\pi - 3A) = \sin 3A$

$2\sin A\cos A = 3\sin A - 4\sin^3 A$

$\sin A = \sin 36^\circ > 0$이므로 $\sin A$로 나누면

$2\cos A = 3 - 4\sin^2 A = 3 - 4(1 - \cos^2 A)$

$4\cos^2 A - 2\cos A - 1 = 0 \qquad \therefore\ \cos A = \frac{1 \pm \sqrt{5}}{4}$

그런데, $\cos A = \cos 36^\circ > 0$이므로 $\quad \therefore \cos A = \dfrac{1+\sqrt{5}}{4}$

16. $\dfrac{1}{\cos^2\alpha} = \sec^2\alpha = 1+\tan^2\alpha = 1+\left(-\dfrac{4}{3}\right)^2 = \dfrac{25}{9}$이므로 $\cos^2\alpha = \dfrac{9}{25}$

$\dfrac{\pi}{2} < \alpha < \pi$에서 $\cos\alpha < 0$이므로 $\cos\alpha = -\dfrac{3}{5}$

이 때, $\dfrac{\pi}{2} < \alpha < \pi$를 만족하는 $\dfrac{\pi}{4} < \dfrac{\alpha}{2} < \dfrac{\pi}{2}$

(a) $\sin^2\dfrac{\alpha}{2} = \dfrac{1-\cos\alpha}{2} = \dfrac{1+\dfrac{3}{5}}{2} = \dfrac{4}{5} \qquad \therefore \sin\dfrac{\alpha}{2} = \dfrac{2\sqrt{5}}{5}\left(\because \dfrac{\alpha}{2}\text{는 예각}\right)$

(b) $\cos^2\dfrac{\alpha}{2} = \dfrac{1+\cos\alpha}{2} = \dfrac{1-\dfrac{3}{5}}{2} = \dfrac{1}{5} \qquad \therefore \cos\dfrac{\alpha}{2} = \dfrac{\sqrt{5}}{5}\left(\because \dfrac{\alpha}{2}\text{는 예각}\right)$

(c) $\tan^2\dfrac{\alpha}{2} = \dfrac{\sin\dfrac{\alpha}{2}}{\cos\dfrac{\alpha}{2}} = 2$

17. (a) $\sin 2x = 2\sin x\cos x = \dfrac{2\sin x\cos x}{\sin^2 x+\cos^2 x}\,(\because \sin^2 x+\cos^2 x = 1)$

위 식에서 분모, 분자를 $\cos^2 x(\cos x \neq 0)$로 나누면

$$\sin 2x = \frac{\dfrac{2\sin x}{\cos x}}{1+\left(\dfrac{\sin x}{\cos x}\right)^2} = \frac{2\tan x}{1+\tan^2 x} = \frac{2t}{1+t^2}$$

(b) $\cos 2x = \cos^2 x - \sin^2 x = \dfrac{\cos^2 x - \sin^2 x}{\sin^2 x+\cos^2 x}\,(\because \sin^2 x+\cos^2 x = 1)$

위 식에서 분모, 분자를 $\cos^2 x(\cos x \neq 0)$로 나누면

$$\cos 2x = \frac{1-\left(\dfrac{\sin x}{\cos x}\right)^2}{1+\left(\dfrac{\sin x}{\cos x}\right)^2} = \frac{1-\tan^2 x}{1+\tan^2 x} = \frac{1-t^2}{1+t^2}$$

(c) $\tan 2x$는 배각을 이용하거나 $\dfrac{\sin^2 2x}{\cos^2 2x}$를 이용하면 된다.

$$\tan 2x=\frac{\sin 2x}{\cos 2x}=\frac{\dfrac{2t}{1-t^2}}{\dfrac{1-t^2}{1+t^2}}=\frac{2t}{1-t^2}$$

18. (a) (준식)$=\cos^2\theta+\dfrac{1+\cos(120^\circ+2\theta)}{2}+\dfrac{1+\cos(120^\circ-2\theta)}{2}$

$$=1+\cos^2\theta+\frac{1}{2}\{\cos(120^\circ+2\theta)+\cos(120^\circ-2\theta)\}$$

$$=1+\cos^2\theta+\frac{1}{2}\times 2\cos\frac{240}{2}\cos\frac{4\theta}{2}=1+\cos^2\theta+\cos 120^\circ\cos 2\theta$$

$$=1+\cos^2\theta-\frac{1}{2}\cos 2\theta=1+\cos^2\theta-\frac{1}{2}(2\sin^2\theta-1)=1+\frac{1}{2}=\frac{3}{2}$$

(b) (준식)$=\left\{\sin\left(\dfrac{4}{3}\pi+x\right)+\sin\left(\dfrac{2}{3}\pi+x\right)\right\}+\sin x$

$$=2\sin\frac{\frac{4}{3}\pi+x+\frac{3}{2}\pi+x}{2}\cos\frac{\frac{4}{3}\pi+x-\frac{2}{3}\pi-x}{2}+\sin x$$

$$=2\sin(\pi+x)\cos\frac{\pi}{3}+\sin x=-2\sin x\cdot\frac{1}{2}+\sin x=0$$

제4장 함수의 극한과 연속성

1. $\lim\limits_{x\to 1+0}[2x]=2$ $\lim\limits_{x\to 1+0}[x]=1$이므로 $\lim\limits_{x\to 1+0}\{[2x]-[x]\}=1$

$\lim\limits_{x\to 1-0}[2x]=1$ $\lim\limits_{x\to 1-0}[x]=0$이므로 $\lim\limits_{x\to 1-0}\{[2x]-[x]\}=1$

따라서, 좌극한값=우극한값 $\therefore \lim\limits_{x\to 1}\{[2x]-[x]\}=1$

2. 그림은 생략하고 수식을 가지고 구해보기로 하자.

(a) $x\to 0$일 때 $\sqrt{x^2}\to +0$이므로 $\lim\limits_{x\to 0}\dfrac{1}{\sqrt{x^2}}=\infty$

(b) $x\to 1$일 때 $(x-1)^2\to +0$이므로 $\lim\limits_{x\to 1}\dfrac{x}{(x-1)^2}=\infty$

(c) $x\to 2$일 때 $|x-2|\to +0$이므로 $\lim_{x\to 2}\left(\frac{3}{|x-2|}\right)=\infty$ $\quad\therefore \lim_{x\to 2}\left(-\frac{3}{|x-2|}\right)=-\infty$

$\therefore \lim_{x\to +2}\left(5-\frac{3}{|x-2|}\right)=-\infty$

3. (a) $\lim_{x\to 0}\cos x=\cos 0=1$ $\qquad$ (b) $\lim_{x\to 1}\sin\frac{\pi x}{2}=\sin\frac{\pi}{2}=1$

(c) $\lim_{x\to\frac{\pi}{3}}\log_9(\tan x)=\log_9\sqrt{3}=\frac{1}{4}$

(d) $\lim_{x\to 10}\left(\log x^2-\log\frac{1}{x}\right)=\log 10^2-\log\frac{1}{10}=2-(-1)=3$

4. $\lim_{x\to 0}\frac{1}{x}\left(\frac{1}{x+a}-\frac{1}{a}\right)=\lim_{x\to 0}\frac{1}{x}\,\frac{a-(x+a)}{a(x+a)}=\lim_{x\to 0}\frac{-x}{ax(x+a)}=\lim_{x\to 0}\frac{-1}{a(x+a)}=-\frac{1}{a^2}$

따라서, $a^2=4$ $\quad\therefore a=\pm 2$

5. $\lim_{x\to 0}\left(\sqrt{\frac{1}{x^2}+\frac{1}{x}}-\sqrt{\frac{1}{x^2}-\frac{1}{x}}\right)=\lim_{x\to 0}\left(\sqrt{\frac{1+x}{x^2}}-\sqrt{\frac{1-x}{x^2}}\right)=\lim_{x\to 0}\frac{\sqrt{1+x}-\sqrt{1-x}}{|x|}$

$$=\lim_{x\to 0}\frac{(1+x)-(1-x)}{|x|(\sqrt{1+x}+\sqrt{1-x})}$$

$$=\lim_{x\to 0}\frac{2x}{|x|(\sqrt{1+x}+\sqrt{1-x})}$$

i) $\lim_{x\to +0}\frac{2x}{x(\sqrt{1+x}+\sqrt{1-x})}=\lim_{x\to +0}\frac{2}{(\sqrt{1+x}+\sqrt{1-x})}=1$(우극한값)

ii) $\lim_{x\to -0}\frac{2x}{-x(\sqrt{1+x}+\sqrt{1-x})}=\lim_{x\to -0}\frac{-2}{(\sqrt{1+x}+\sqrt{1-x})}=-1$(좌극한값)

$\therefore$ 좌극한값$\neq$우극한값이므로 극한값이 존재하지 않는다.

6. (a) $\lim_{x\to\infty}\frac{f(x)}{2x^2+x+1}=1$가 극한값을 가지므로 $f(x)$는 2차식이 되어야 한다.

따라서, $f(x)=ax^2+bx+c$라 두면 $\lim_{x\to\infty}\frac{ax^2+bx+c}{2x^2+x+1}=1$ $\quad\therefore \frac{a}{2}=1$ $\quad\therefore a=2$

(b) $\lim_{x\to 2}\frac{f(x)}{x^2-x-2}=1$에 $f(x)=2x^2+bx+c$를 대입하면 $\lim_{x\to 2}\frac{2x^2+bx+c}{(x-2)(x+1)}=1$

이것이 극한값을 가지고 $\frac{0}{0}$의 꼴이므로 $\lim_{x\to 2}(2x^2+bx+c)=0$에서

$8+2b+c=0 \quad \therefore c=-2b-8$

이 때, $\lim_{x\to2}\frac{f(x)}{(x-2)(x+1)}=\lim_{x\to2}\frac{2x^2+bx-8-2b}{(x-2)(x+1)}$

$=\lim_{x\to2}\frac{(x-2)(2x+b+4)}{(x-2)(x+1)}=\frac{b+8}{3}=1$

$b=-5,\ c=10-8=2 \quad \therefore f(x)=2x^2-5x+2$

7. (a) $\lim_{x\to0}\frac{x+\tan x}{\sin x}=\lim_{x\to0}\left(\frac{x}{\sin x}+\frac{\tan x}{\sin x}\right)=2$

(b) $\lim_{x\to0}\frac{\sin x}{\sqrt{1+x}-1}=\lim_{x\to0}\frac{\sin x(\sqrt{1+x^2}+1)}{x}=2$

8. (a) $\lim_{x\to\infty}\{\log_2(3x+2x^2)-\log_2 x-\log_2(x-1)\}=\lim_{x\to\infty}\log_2\frac{3x+2x^2}{x(x-1)}$

진수의 분모, 분모를 분모의 최고차항 x^2으로 나누면

(주어진 식)$=\lim_{x\to\infty}\log_2\frac{\frac{3}{x}+2}{1-\frac{1}{x}}=\log_2 2=1$

(b) $\lim_{x\to4}\log_4\left|\frac{\sqrt{x}-2}{x-4}\right|=\lim_{x\to4}\log_4\left|\frac{\sqrt{x}-2}{(\sqrt{x})^2-2^2}\right|=\lim_{x\to4}\log_4\left|\frac{1}{\sqrt{x}+2}\right|=\log_4\frac{1}{4}=-1$

9. (a) $x\to\pi$일 때 (분모)$\to0$이고 극한값이 $\frac{1}{8}$이 존재하므로 (분자)$\to0$이다.

$\lim_{x\to\pi}(\sqrt{a+\cos x}-b)=0$이므로 $\sqrt{a-1}-b=0 \quad \therefore b=\sqrt{a-1}$

한편, $x-\pi=t$라 두면 $x\to\pi$일 때 $t\to0$이고, $x=t+\pi$이므로

$\lim_{x\to\pi}\frac{\sqrt{a+\cos x}-b}{(x-\pi)^2}=\lim_{t\to0}\frac{\sqrt{a-\cos t}-\sqrt{a-1}}{t^2}=\lim_{t\to0}\frac{1-\cos t}{t^2(\sqrt{a-\cos t}+\sqrt{a-1})}$

$=\lim_{t\to0}\frac{\sin^2 t}{t^2(\sqrt{a-\cos t}+\sqrt{a-1})(1+\cos t)}=\frac{1}{2\sqrt{a-1}}\cdot\frac{1}{2}=\frac{1}{8}$

(b) 극한값이 존재하므로 (분모)$\to0$일 때 (분자)$\to0$이다.

$x\to0$일 때 $\lim_{x\to0}(x+2\sin x)=0$이므로 $\lim_{x\to0}(ax+b)=0 \quad \therefore b=0$

$5=\lim_{x\to0}\frac{ax+b}{x+2\sin x}=\lim_{x\to0}\frac{a}{1+\frac{2\sin x}{x}}=\frac{a}{1+2} \quad \therefore a=15$

$$\therefore \lim_{x\to0}\frac{15x}{x-2\sin x}=\lim_{x\to0}\frac{15}{1-\frac{2\sin x}{x}}=\frac{15}{1-2}=-15$$

(c) 분자→0이므로 분모→$\sqrt{b}-1=0$에서 $b=1$

$$\lim_{x\to0}\frac{\sin 3x}{\sqrt{ax+1}-1}=\lim_{x\to0}\frac{\sin 3x(\sqrt{ax+1}+1)}{ax}=\frac{6}{a}=3$$

$\therefore\ a=2$

(d) 분모→0이므로 분자→$e^a-2=0$에서 $a=\ln 2$

$$\lim_{x\to0}\frac{e^{x+\ln 2}-2}{x}=\lim_{x\to0}\frac{2(e^a-1)}{x}=2=b$$

(e) (분모)→0이므로 (분자)→$\ln b=0$ $\quad\therefore\ b=1$

$$\lim_{x\to0}\frac{\ln(x+b)}{\sin ax}=\lim_{x\to0}\left(\frac{1}{x}\ln(x+1)\times\frac{x}{\sin ax}\right)=\frac{1}{a}=5 \text{에서}$$

$a=\frac{1}{5}\quad\therefore\ \frac{b}{a}=5$

(f) 주어진 식에서 $x\to0$일 때 (분자)→0이므로 (분모)→0이어야 한다.

즉, $\lim\limits_{x\to0}(ax+b)=0$이므로 $b=0$

$$\text{주어진 식}=\lim_{x\to0}\frac{a^{3x}-1}{ax}=\lim_{x\to0}\frac{a^{3x}-1}{3x}\cdot\frac{3}{a}=\frac{3}{a}\ln a=\ln 3 \qquad \therefore\ a=3$$

$$\therefore \lim_{x\to0}\frac{ax+b}{x}=\lim_{x\to0}\frac{3x}{x}=3$$

10. (a) $\lim\limits_{x\to1}f(x)=0=f(1)$이므로 $x=1$에서 연속이다.

(b) $g(1)=1$, $\lim\limits_{x\to1}g(x)=\lim\limits_{x\to1}\frac{x^2-1}{x-1}=\lim\limits_{x\to1}(x+1)=2$이므로 $g(1)\neq\lim\limits_{x\to1}g(x)$이다.

따라서 $x=1$에서 불연속이다.

11. $f(x)=(x-\cos\pi x)-(1+\log_2 x)$라고 하면 $f(x)$는 $x>0$인 모든 x에 대하여 연속

$f(1)=(1-\cos\pi)-(1+\log_2 1)=(1+1)-(1+0)=1$

$f(2)=(2-\cos 2\pi)-(1+\log_2 2)=(1-1)-(1+1)=-2$

함수 $f(x)$는 $x>0$일 때 연속이고, $f(1)>0$, $f(-2)<0$에서 $f(1)\cdot f(-2)<0$이다.

$\therefore\ f(x)=0$을 만족하는 x가 1과 2 사이에 적어도 하나 존재한다.

제5장 변화율과 도함수

1. (a) $\dfrac{\Delta y}{\Delta x}=\dfrac{f(5)-f(3)}{5-3}=\dfrac{15-3}{2}=6$

(b) $f(x)=x^2+x$라 두면

$$\frac{\Delta y}{\Delta x}=\frac{f(1+\Delta x)-f(1)}{(1+\Delta x)-1}=\frac{(1+\Delta x)^2+(1+\Delta x)-2}{\Delta x}$$

$$=\frac{3\Delta+(\Delta x)^2}{\Delta x}=3+\Delta x$$

2. (a) $f'(1)=\lim_{h\to0}\dfrac{f(1+h)-f(1)}{h}=\lim_{h\to0}\dfrac{\dfrac{1}{1+h}-\dfrac{1}{1}}{h}=\lim_{h\to0}\dfrac{-h}{h(1+h)}$

$=\lim_{h\to0}\dfrac{-1}{1+h}=-1$

(b) $f'(9)=\lim_{h\to0}\dfrac{f(9+h)-f(0)}{h}=\lim_{h\to0}\dfrac{\sqrt{9+h}-3}{h}=\lim_{h\to0}\dfrac{(9+h)-9}{h(\sqrt{9+h}+3)}$

$=\lim_{h\to0}\dfrac{1}{\sqrt{9+h}+3}=\dfrac{1}{6}$

3. $f(x)=4x-x^2$이라 두면 구하는 접선의 기울기는 $f'(1)$과 같으므로

$f'(1)=\lim_{\Delta x\to0}\dfrac{f(1+\Delta x)-f(1)}{\Delta x}=\lim_{\Delta x\to0}\dfrac{\{4(1+\Delta x)-(1+\Delta x)^2\}-3}{\Delta x}$

$=\lim_{\Delta x\to0}(2-\Delta x)=2$

4. $\lim_{h\to+0}\dfrac{f(1+h)-f(1)}{h}=\lim_{h\to+0}\dfrac{|h|}{h}=\lim_{h\to+0}\dfrac{h}{h}=1$

$\lim_{h\to-0}\dfrac{f(1+h)-f(1)}{h}=\lim_{h\to-0}\dfrac{|h|}{h}=\lim_{h\to+0}\dfrac{-h}{h}=-1$

따라서, $\lim_{h\to+0}\dfrac{f(1+h)-f(1)}{h}\neq\lim_{h\to-0}\dfrac{f(1+h)-f(1)}{h}$이므로

$f'(1)$이 존재하지 않으므로 $f(x)$는 $x=1$에서 미분가능하지 않다.

5. $f'(1)=\lim_{\Delta x\to0}\dfrac{f(1+\Delta x)-f(1)}{\Delta x}=a$이므로

$$f'(2)=\lim_{\Delta x\to 0}\frac{f(2+\Delta x)-f(2)}{\Delta x}=\lim_{\Delta x\to 0}\frac{f\left\{2\left(1+\frac{\Delta x}{2}\right)\right\}-f(2\times 1)}{\Delta x}$$

$$=\lim_{\Delta x\to 0}\frac{3f\left(1+\frac{\Delta x}{2}\right)-3f(1)}{\Delta x}=3\lim_{\Delta x\to 0}\frac{f\left((1+\frac{\Delta x}{2}\right)-f(1)}{\frac{\Delta x}{2}}\times\frac{1}{2}=\frac{3}{2}a$$

6. (a) $\lim_{h\to 0}\frac{f(a+3h)-f(a)}{h}=\lim_{h\to 0}\frac{f(a+3h)-f(a)}{3h}\times 3=f'(a)\times 3=2\times 3=6$

(b) $\lim_{h\to 0}\frac{f(a+h^2)-f(a)}{h}=\lim_{h\to 0}\frac{f(a+h^2)-f(a)}{h^2}\times h=f'(a)\times 0=0$

7. (a) $f(x)=x|x|$에서

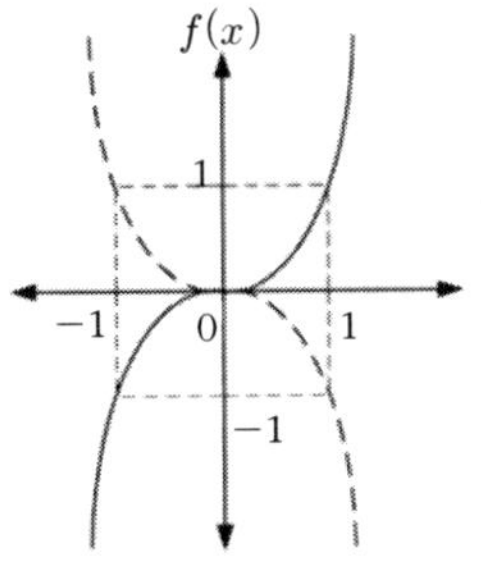

i) $f(0)=0,\ \lim_{x\to 0}f(x)=\lim_{x\to 0}x|x|=0$이므로 $\lim_{x\to 0}f(x)=f(0)=0$

따라서, $f(x)$는 $x=0$에서 연속이다.

ii) $f'(0)=\lim_{\Delta x\to 0}\frac{f(0+\Delta x)-f(0)}{\Delta x}=\lim_{\Delta x\to 0}\frac{\Delta x|\Delta x|-|0|}{\Delta x}=\lim_{\Delta x\to 0}\frac{\Delta x|\Delta x|}{\Delta x}$에서

우미분계수 $\lim_{\Delta x\to +0}\frac{\Delta x|\Delta x|}{\Delta x}=\lim_{\Delta x\to +0}\frac{\Delta x}{\Delta x}=0$

좌미분계수 $\lim_{\Delta x\to -0}\frac{\Delta x|\Delta x|}{\Delta x}=\lim_{\Delta x\to -0}\frac{-\Delta x}{\Delta x}=0$

(우미분계수 =좌미분계수)이므로 $f'(0)$은 존재한다.

따라서, $f(x)$는 $x=0$에서 연속이고, 미분가능하다.

(참고) $f'(0)=\lim_{\Delta x\to 0}\frac{f(0+\Delta x)-f(0)}{\Delta x}=\lim_{\Delta x\to 0}\frac{\Delta x|\Delta x|-|0|}{\Delta x}=\lim_{\Delta x\to 0}\frac{\Delta x|\Delta x|}{\Delta x}$

$\lim_{\Delta x\to 0}|\Delta x|=0$

이므로 $f'(0)$은 존재한다(우극한값과 좌극한값을 구하지 않아도 가능한 경우).

따라서, $f(x)$는 $x=0$에서 연속이고 미분가능하다.

(b) $f(x)=x^2-4|x|+3$에서

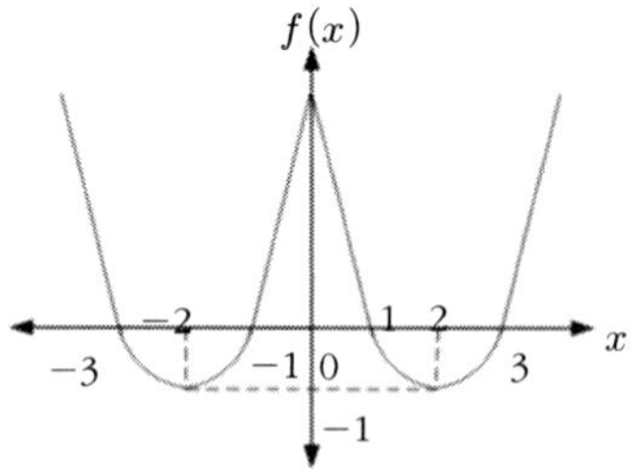

i) $f(0)=3$, $\lim_{x\to 0} f(x)=3$이므로 $\lim_{x\to 0} f(x)=f(0)=3$

따라서, $f(x)$는 $x=3$에서 연속이다.

ii) $f'(0)=\lim_{\Delta x\to 0}\dfrac{f(0+\Delta x)-f(0)}{\Delta x}=\lim_{\Delta x\to 0}\dfrac{((\Delta x)^2-4|\Delta x|+3)-3}{\Delta x}$

$=\lim_{\Delta x\to 0}\left(\Delta x-4\dfrac{|\Delta x|}{\Delta x}\right)$에서

우미분계수 $\lim_{\Delta x\to 0}\left(\Delta x-4\dfrac{|\Delta x|}{\Delta x}\right)=\Delta x-4=-4$

좌미분계수 $\lim_{\Delta x\to -0}\left(\Delta x-4\dfrac{|\Delta x|}{\Delta x}\right)=\lim_{\Delta x\to -0}(\Delta x+4)=4$

(우미분계수$\neq$좌미분계수)이므로 $f'(0)$은 존재하지 않는다.

따라서, $f(x)$는 $x=0$에서 연속이지만 미분불능이다.

8. $y'=\lim_{\Delta x\to 0}\dfrac{f(x+\Delta x)-f(x)}{\Delta x}=\lim_{\Delta x\to 0}\dfrac{\sqrt{f(x+\Delta x)}-\sqrt{f(x)}}{\Delta x}$

$=\lim_{\Delta x\to 0}\dfrac{f(x+\Delta x)-f(x)}{\Delta x(\sqrt{f(x+\Delta x)}+\sqrt{f(x)})}$

$=\lim_{\Delta x\to 0}\dfrac{f(x+\Delta x)-f(x)}{\Delta x}\cdot\dfrac{1}{\sqrt{f(x+\Delta x)}+\sqrt{f(x)}}=f'(x)\cdot\dfrac{1}{2\sqrt{f(x)}}=\dfrac{f'(x)}{2\sqrt{f(x)}}$

9. (a) $y'=\lim_{\Delta x\to 0}\dfrac{f(x+\Delta x)-f(x)}{\Delta x}=\lim_{\Delta x\to 0}\dfrac{\{2(x+\Delta x)+1\}^2-(2x+1)^2}{\Delta x}$

$=\lim_{\Delta x\to 0}\dfrac{8x\cdot\Delta x+4\cdot\Delta x+4(\Delta x)^2}{\Delta x}=\lim_{\Delta x\to 0}(8x+4+4\cdot\Delta x)=8x+4$

(b) $y'=\lim_{\Delta x\to 0}\dfrac{f(x+\Delta x)-f(x)}{\Delta x}=\lim_{\Delta x\to 0}\dfrac{\dfrac{1}{2(x+\Delta x)+1}-\dfrac{1}{2x+1}}{\Delta x}$

$$= \lim_{\Delta x \to 0} \frac{-2 \cdot \Delta x}{\Delta x(2x+1+2 \cdot \Delta x)(2x+1)}$$

$$= \lim_{\Delta x \to 0} \frac{-2}{(2x+1+2 \cdot \Delta x)(2x+1)} = -\frac{2}{(2x+1)^2}$$

10. $y' = \lim_{\Delta x \to 0} \frac{f(x+\Delta x)-f(x)}{\Delta x} = \lim_{\Delta x \to 0} \frac{\{f(x+\Delta x)\}^2 - \{f(x)\}^2}{\Delta x}$

$$= \lim_{\Delta x \to 0} \frac{\{f(x+\Delta x)-f(x)\}\{f(x+\Delta x)+f(x)\}}{\Delta x}$$

$$= \lim_{\Delta x \to 0} \frac{\{f(x+\Delta x)-f(x)\}}{\Delta x} \times \lim_{\Delta x \to 0} \frac{\{f(x+\Delta x)+f(x)\}}{\Delta x}$$

$$= f'(x) \times 2f(x) = 2f(x)f'(x)$$

11. (a) $u = 2x+3$라 두면 $y = u^4$이므로

$$\frac{dy}{dx} = \frac{dy}{du} \cdot \frac{du}{dx} = 4u^3 \cdot 2 = 4(2x+3)^3 \cdot 2 = 8(2x+3)^3$$

(b) $u = 2x^2 - 3$이라 두면 $y = u^{-2}$이므로

$$\frac{dy}{dx} = \frac{dy}{du} \cdot \frac{du}{dx} = -2u^{-3} \cdot 4x = -2(2x^2-3)^{-3} \cdot 4x = -8x(2x^2-3)^{-3}$$

12. (a) $f'(x) = 2(x^2-3x)(2x-3) + 3(2x-3)^2(2) = 4x^3 + 6x^2 - 54x + 54$

(b) $f(x) = \left(\frac{3x-2}{2x+1}\right)^{\frac{1}{3}}$, $f'(x) = \frac{1}{3}\left(\frac{3x-2}{2x+1}\right)^{-\frac{2}{3}} \times \left(\frac{3x-2}{2x+1}\right)'$

여기서, $\left(\frac{3x-2}{2x+1}\right)' = \frac{(3x-2)'(2x+1)-(3x-2)(2x+1)'}{(2x+1)^2} = \frac{3(2x+1)-2(3x-2)}{(2x+1)^2}$

$$= \frac{7}{(2x+1)^2}$$

$$f'(x) = \frac{7}{3} \frac{(2x+1)^{\frac{2}{3}}}{(3x-2)^{\frac{2}{3}}} \times \frac{1}{(2x+1)^2} = \frac{7}{3(2x+1)\sqrt[3]{(3x-2)^2(2x+1)}}$$

(c) $f(x) = \sqrt[3]{x^2-2x+3} = (x^2-2x+3)^{\frac{1}{3}}$에서

$$f'(x) = \frac{1}{3}(x^2-2x+3)^{-\frac{2}{3}}(2x-2) = \frac{2x-2}{3\sqrt[3]{(x^2-2x+3)^2}}$$

(d) $f'(x)=\dfrac{(2x+1)'(x^2+x)-(2x+1)(x^2+x)'}{(x^2+x)^2}=\dfrac{2(x^2+x)-(2x+1)^2}{(x^2+x)}$

$=-\dfrac{2x^2+2x+1}{(x^2+x)^2}$

13. (a) 양변을 x에 관하여 미분하면

$8x+18y\dfrac{dy}{dx}=0 \qquad \therefore \dfrac{dy}{dx}=-\dfrac{4x}{9y}$ (단, $y\neq 0$)

(b) 양변을 x에 관하여 미분하면,

$2y\dfrac{dy}{dx}=4 \qquad \therefore \dfrac{dy}{dx}=\dfrac{2}{y}$ (단, $y\neq 0$)

(c) 양변을 x에 관하여 미분하면

$3x^2+3y^2\dfrac{dy}{dx}=3\left(y+x\dfrac{dy}{dx}\right)$이므로 $(y^2-x)\dfrac{dy}{dx}=y-x^2$

$\therefore \dfrac{dy}{dx}=\dfrac{y-x^2}{y^2-x}\ (y^2\neq x)$

(d) $x^{\frac{1}{3}}+y^{\frac{1}{3}}=2$의 양변을 x에 관하여 미분하면

$\dfrac{1}{3}x^{-\frac{2}{3}}+\dfrac{1}{3}y^{-\frac{2}{3}}\dfrac{dy}{dx}=0$이므로 $\dfrac{1}{\sqrt[3]{x^2}}+\dfrac{1}{\sqrt[3]{y^2}}\dfrac{dy}{dx}=0$

$\therefore \dfrac{dy}{dx}=-\sqrt[3]{\left(\dfrac{y}{x}\right)^2}\ (x\neq 0)$

(e) $2(x-2)+2(y+1)\dfrac{dy}{dx}=0 \qquad \therefore \dfrac{dy}{dx}=-\dfrac{x-2}{y+1}$

(f) $3x^2+3y^2\dfrac{dy}{dx}-3y-3x\dfrac{dy}{dx}=0,\ 3(y^2-x)\dfrac{dy}{dx}=3(y-x^2) \qquad \therefore \dfrac{dy}{dx}=\dfrac{y-x^2}{y^2-x}$

(g) $\left(\dfrac{y}{x}\right)^2+\left(\dfrac{x}{y}\right)^2=1$의 양변에 x^2y^2을 곱하면 $y^4+x^4=x^2y^2$

이 양변을 x에 관하여 미분하면

$4y^3\dfrac{dy}{dx}+4x^3=2xy^2+2x^2y\dfrac{dy}{dx}, \quad 2y(2y^2-x^2)\dfrac{dy}{dx}=2x(y^2-2x^2)$

$\therefore \dfrac{dy}{dx}=\dfrac{x(y^2-2x^2)}{y(2y^2-x^2)}$

14. $\frac{y}{x}+\frac{x}{y}=4$의 양변에 xy를 곱하면 $y^2+x^2=4xy$

위의 각 항을 미분하면

$$\frac{d}{dx}(y^2)+\frac{d}{dx}(x^2)=\frac{d}{dx}(4xy), \quad 2y\frac{dy}{dx}+2x=4y+4x\frac{dy}{dx}$$

$$(2y-4x)\frac{dy}{dx}=4y-2x \qquad \therefore \frac{dy}{dx}=\frac{2y-x}{y-2x}$$

15. (a) $\frac{dx}{dy}=2y-2$

$$\therefore \frac{dy}{dx}=\frac{1}{2y-2}=\frac{1}{2(1\pm\sqrt{x-2})-2}=\pm\frac{1}{2\sqrt{x-2}}$$

($\because y^2-2y+3-x=0$에서 $y=1\pm\sqrt{x-2}$)

(b) $y=\sqrt[3]{x}$ 에서 $x=y^3$

이것의 양변을 y에 대하여 미분하면

$$\frac{d}{dy}x=\frac{d}{dy}y^3, \quad \frac{dx}{dy}=3y^2 \quad \therefore \frac{dy}{dx}=\frac{1}{3y^2}=\frac{1}{3\sqrt[3]{x^2}}$$

(c) $$\frac{dx}{dy}=2\left(\frac{y^2-1}{1-2y}\right)\cdot\frac{2y(1-2y)+2(y^2-2)}{(1-2y)^2}=\frac{-4(y^2-2)(y^2-y+2)}{(1-2y)^3}$$

$$\therefore \frac{dy}{dx}=\frac{(2y-1)^3}{4(y^2-2)(y^2-y+2)}$$

16. (a) $\frac{dx}{dy}=6y+1 \qquad \therefore \frac{dy}{dx}=\frac{1}{\frac{dx}{dy}}=\frac{1}{6y+1}$

(b) $\frac{dx}{dy}=\sqrt{1+y}+\frac{y}{2\sqrt{1+y}}=\frac{2+3y}{2\sqrt{1+y}} \qquad \therefore \frac{dy}{dx}=\frac{2\sqrt{1+y}}{2+3y}$

(c) $\frac{dx}{dy}=\frac{1}{2}(2-y^2)^{-\frac{1}{2}}(-2y)=\frac{-y}{\sqrt{2-y^2}} \qquad \therefore \frac{dy}{dx}=-\frac{\sqrt{2-y^2}}{y}$

(d) $\frac{dx}{dy}=\frac{1}{3}(1+y)^{-\frac{2}{3}}=\frac{1}{3\sqrt[3]{(1+y)^2}} \qquad \therefore \frac{dy}{dx}=3\sqrt[3]{(1+y)^2}$ (또는 $3x^2$)

17. $\frac{dx}{dt}=2, \ \frac{dy}{dt}=2t$이므로 $\frac{dy}{dx}=\frac{\frac{dy}{dt}}{\frac{dx}{dt}}=\frac{2t}{2}=t=\frac{x+1}{2}$

제6장 도함수의 응용(Ⅰ)

1. $y=x^3+2x^2-3x+1$에서 $y'=3x^2+4x-3$이고, $x=1$이면 $y=1$, $y'=4$이므로 접선의 방정식은 $y=4x-3$이다. 따라서, 다시 이 곡선과 만나는 점의 좌표를 구하기 위하여

$y=x^3+2x^2-3x+1=4x-3$에서 $(x-1)^2(x+4)=0$

$x \neq 1$이므로 $x=-4$이고, $y=-19$

$\therefore (-4, -19)$

2. $y'=4x-3=1$에서 $x=1$이므로 기울기가 1인 접선의 접점은 $(1, -2)$

따라서, 접선의 방정식은 $y+2=1(x-1)$ $\quad \therefore y=x-3$

3. (a) $f'(x)=3x^2-12x+15=3(x^2-4x)+15=3(x-2)^2+3>0$

따라서, $f(x)$는 모든 구간에서 증가함수

(b) $f'(x)=3x^2-6x+3=3(x-1)^2 \geq 0$

그런데, $f'(x)$는 $x=1$에서만 $f'(x)=0$이므로 $f(x)$는 모든 구간에서 증가함수이다.

4. $f'(x)=-3x^2+3x+18 \geq 0$의 해는 $-2 \leq x \leq 3$

따라서, $f(x)$가 증가하는 x의 값의 범위는 $-2 \leq x \leq 3$

5. 절대값 기호가 포함된 함수는 곧바로 미분할 수 없다. 이 때에는 먼저 절대값 기호를 벗겨낸 다음 미분한다. 또, 절대값 기호를 포함한 함수는 '절대값 기호안의 식을 0'으로 하는 x의 값에는 미분이 불가능한 경우가 대부분이지만 그 x의 값에서 극값을 갖는 경우가 많다. 따라서, 절대값 기호를 포함한 함수에서 극값을 구할 경우 $y'=0$으로 하는 x의 값과 '절대값 기호 안의 식을 0'으로 하는 x의 값을 구하고 증감표를 작성한다.

(a) $f(x)=|x^3-3x|$에서 $f'(x)=\dfrac{|x^3-3x|}{x^3-3x}(3x^2-3)$

$f'(x)=0$에서 $x=\pm 1$

$f(x)$는 $x=0, \pm\sqrt{3}$에서 미분가능이 아니다.

x	$\cdots$	$-\sqrt{3}$	$\cdots$	-1	$\cdots$	0	$\cdots$	$+1$	$\cdots$	$\sqrt{3}$	$\cdots$
$f'(x)$		없다		없다		없다		없다		없다	
$f(x)$	↘	0	↗	2	↘	0	↗	2	↘	0	↗
		극소		극대		극소		극대		극소	

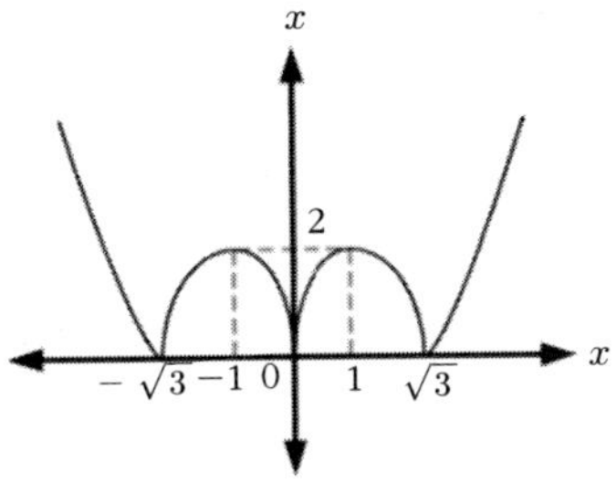

(a)

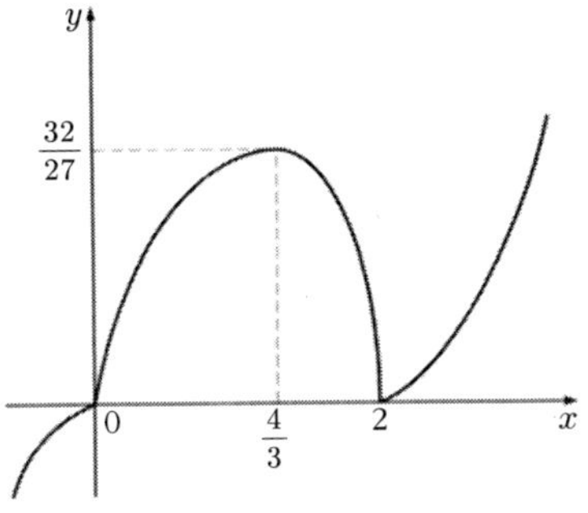

(b)

(b) $f(x)=x|x^2-2x|$에서

$$f'(x)=|x^2-2x|+\frac{|x^2-2x|}{x^2-2x}x(2x-2)=\frac{|x^2-2x|}{x^2-2x}(3x^2-4x)$$

$f'(x)=0$에서 $x=0,\ \frac{4}{3}$ 그리고 $x=0,2$에서 미분가능이 아니다.

x	$\cdots$	0	$\cdots$	$\frac{4}{3}$	$\cdots$	2	$\cdots$
$f'(x)$	+	없다	+	없다	−	없다	+
$f(x)$	↗	0	↗	$\frac{32}{27}$	↘	0	↗
		극대		극대		극소	

(c) $y=x^2-2|x|+1$에서

i) $x \geq 0$일 때 $y=x^2-2x+1$이므로 $y=2x-2=2(x-1)=0 \quad \therefore x=1$

ii) $x<0$일 때 $y=x^2+2x+1$이므로 $y=2x+2=2(x+1)=0 \quad \therefore x=-1$

따라서, $f(x)$의 증감표는 다음과 같다.

x	$\cdots$	−1	$\cdots$	0	$\cdots$	1	$\cdots$
$f'(x)$	−	없다	+	없다	−	없다	+
$f(x)$	↘	0	↗	1	↘	0	↗
		극소		극대		극소	

$x=-1,1$에서 극소이고, 극소값은 0, $x=0$에서 극대이고, 극대값은 1

(d) $f(x)=x|x^2-3x|+1=x|x(x-3)|+1$라 두면 $f(0)=f(3)=1$

ⅰ) $x<0,\ x>3$일 때 $f(x)=x^3-3x^2+1,\ f'(x)=3x(x-2)>0$

ⅱ) $0<x<3$일 때 $f(x)=-x^3+3x^2+1,\ f'(x)=-3x(x-2)=0,\ x=2$

x	$-\infty$	$\cdots$	0	$\cdots$	2	$\cdots$	3	$\cdots$	∞
$f'(x)$		+	0	+	0	−	0	+	
$f(x)$		↗	1	↗	5	↘	1	↗	
			극대		극대		극소		

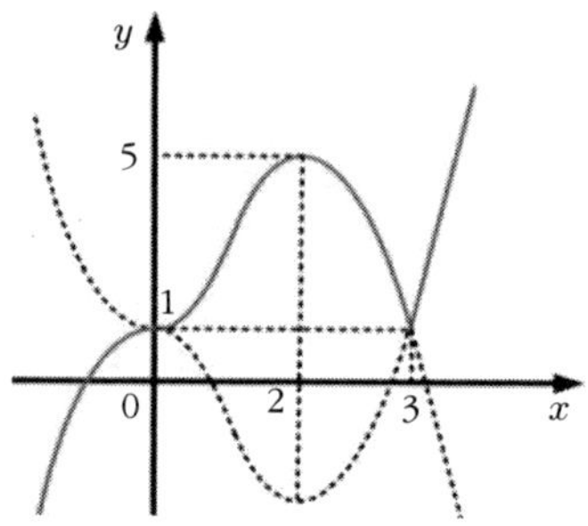

6. (a) $f(x)=x^4-4|x^2-1|=\begin{cases}x^4-4x^2+4 & (|x|\geq 1)\\ x^4+4x^2-4 & (|x|<1)\end{cases}$에서

$f'(x)=\begin{cases}4x^3-8x & (|x|\geq 1)\\ 4x^3+8x & (|x|<1)\end{cases}$이므로

$f'(x)=0$에서 $x=0,\pm\sqrt{2}$이다.

$f(-\sqrt{2})=0,\ f(0)=-4,\ f(\sqrt{2})=0,\ f(2)=4$이므로

$x=0$에서 최소값 -4, $\quad x=2$에서 최대값 4

(b) $f(x)=\begin{cases}x^3+3x^2-3 & (-1\leq x\leq)\\ x^3-3x^2+3 & (1<x\leq 3)\end{cases}$이므로 $f'(x)=\begin{cases}3x^2+6x & (-1\leq x\leq 1)\\ 3x^2-6x & (1<x\leq 3)\end{cases}$

$f'(x)=0$의 근은 $x=0, 2$이고, $x=1$에서 미분가능하지 않다.

$f(-1)=-1,\ f(0)=-3,\ f(1)=1,\ f(2)=-1,\ f(3)=3$

$\therefore$ 최대값 3, 최소값 -3

(c) $f(x)=\begin{cases}x^2(3-x) & (-1<x<0)\\ x^2(x-3) & (0\leq x<4)\end{cases}$

ⅰ) $-1<x<0$일 때 $f'(x)=3x(2-x)<0$

ⅱ) $0\leq x<4$일 때 $f'(x)=3x(x-2)=0$에서 $x=0, 2$

$x=0$에서 0

$x=2$에서 극소값 -4

아래 그래프에서

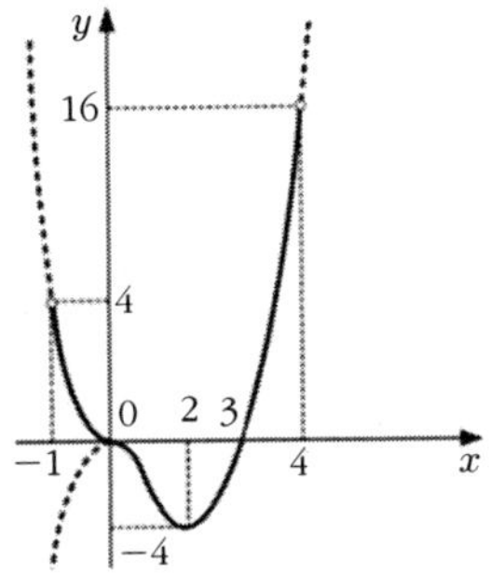

최대값은 없고, 최소값은 -4

7. 접점의 좌표를 (t, t^2-3)라고 놓으면 접선의 기울기는 $f'(t)=2t$

따라서, 접선의 방정식은 $y-(t^2-3)=2t(x-t)$

이 접선은 $(2, 0)$을 지나므로 $y-(t^2-3)=2t(x-t)$에 대입하면

$-(t^2-3)=2t(2-t)$, $t^2-4t+3=0$, $(t-1)(t-3)=0$

$t=1$일 때 접선의 방정식은 $y-(1^2-3)=2(x-1)$ $\therefore y=2x-4$

$t=3$일 때 접선의 방정식은 $y-(3^2-3)=6(x-3)$ $\therefore y=2x-12$

제7장 적분법

1. (a) $\int \sqrt[3]{x}(1-x)dx=\int x^{\frac{1}{3}}(1-x)dx=\int x^{\frac{1}{3}}dx-\int x^{\frac{4}{3}}dx$

$$=\frac{3}{4}x^{\frac{4}{3}}-\frac{3}{7}x^{\frac{7}{3}}+C=\frac{3}{4}x\sqrt[3]{x}-\frac{3}{7}x^2\sqrt[3]{x}+c$$

(b) $\int \frac{x^2-2}{x^3}dx=\int\left(\frac{1}{x}-\frac{2}{x^3}\right)dx=\int\left(\frac{1}{x}-2x^{-3}\right)dx=\int\frac{1}{x}dx-2\int x^{-3}dx$

$$=\ln|x|-2\left(-\frac{1}{2}x^{-2}\right)+C=\ln|x|+\frac{1}{x^2}+C$$

(c) $\int \frac{(x+1)^3}{x^2}dx=\int\left(\frac{x^3+3x^2+3x+1}{x^2}\right)dx=\int\left(x+3+\frac{3}{x}+\frac{1}{x^2}\right)dx$

$$= \int x dx + 3\int dx + 3\int \frac{1}{x} dx + \int \frac{1}{x^2} dx$$

$$= \frac{1}{2}x^2 + 3x + 3\ln|x| + (-x^{-1}) + C = \frac{1}{2}x^2 + 3x + 3\ln|x| - \frac{1}{x} + C$$

2. (a) $\int \cot^2 x\, dx = \int (\operatorname{cosec}^2 x - 1) dx = \int \operatorname{cosec}^2 x\, dx - \int 1\, dx = -\cot x - x + C$

(b) $\int \frac{\cos^3 x - 3\sin x + 2}{\cos^2 x} dx = \int \cos x\, dx - 3\int \tan x \cdot \sec x dx + 2\int \sec^2 x\, dx$

$$= \sin x - 3\sec x + 2\tan x + C$$

3. (a) $\sin^2 2x = \frac{1 - \cos 4x}{2}$ 이므로

준식) $= \int \frac{1 - \cos 4x}{2} dx = \frac{1}{2}\left(x - \frac{1}{4}\sin 4x\right) + C = \frac{x}{2} - \frac{1}{8}\sin 4x + C$

(b) $\int \cos 2x \cos 3x\, dx = \int \frac{1}{2}(\cos 5x + \cos x) dx = \frac{1}{10}\sin 5x + \frac{1}{2}\sin x + C$

(c) $\int \cos 3x\, dx = \int \frac{1}{4}(\cos 3x + 3\cos x) dx = \frac{1}{12}\sin 3x + \frac{3}{4}\sin x + C$

4. (a) $\int (5^x + e^{3x}) dx = \int 5^x dx + \int e^{3x} dx = \frac{5^x}{\ln 5} + \frac{e^{3x}}{3} + C$

(b) $\int 5^{2x} dx = \int 25^x dx = \frac{25^x}{\ln 25} + C = \frac{5^{2x}}{2\ln 5} + C$

5. (a) $\ln(x+1) = t$라 두면 $\frac{1}{x+1} dx = dt$

$$\int \frac{\ln(x+1)}{x+1} dx = \int t\, dt = \frac{t^2}{2} + C = \frac{1}{2}\{\ln(x+1)\}^2 + C$$

(b) $e^x = t$라 두면 $e^x dx = dt$

$$\int \frac{e^x}{2e^x + 1} dx = \int \frac{1}{2t+1} dt = \frac{1}{2}\ln|2t+1| + C = \frac{1}{2}\ln(2e^x + 1) + C$$

(c) $\sin x = t$라 두면 $\cos x\, dx = dt$

$$\int \frac{1}{\tan x} dx = \int \frac{\cos x}{\sin x} dx = \int \frac{1}{t} dt = \ln|t| + C = \ln|\sin x| + C$$

6. (a) $\sin x = t$라 두면 $\cos x\,dx = dt$

$x=0$일 때 $t=0$, $x=\dfrac{\pi}{6}$일 때 $t=\dfrac{1}{2}$

$$\int_0^{\frac{\pi}{6}} \sec x\,dx = \int_0^{\frac{\pi}{6}} \frac{\cos x}{\cos^2 x}dx = \int_0^{\frac{1}{2}} \frac{1}{1-t^2}dt = -\frac{1}{2}\left[\ln\left|\frac{t-1}{t+1}\right|\right]_0^{\frac{1}{2}} = \frac{1}{2}\ln 3$$

(b) $\cos\theta = t$라 두면 $-\sin\theta\,d\theta = dt$

$\theta=0$일 때 $t=1$, $\theta=\pi$일 때 $t=-1$

$$\int_0^{\pi} \sin^3\theta\cos^2\theta\,d\theta = \int_1^{-1} t^2(1-t^2)(-dt) = \left[\frac{t^3}{3}-\frac{t^5}{5}\right]_{-1}^{1} = \frac{4}{15}$$

(c) $\sin x = t$라 두면 $\cos x\,dx = dt$

$x=-\dfrac{\pi}{2}$일 때 $t=-1$, $x=\dfrac{\pi}{2}$일 때 $t=1$

$$\int_{-\frac{\pi}{2}}^{\frac{\pi}{2}} \frac{\cos x}{2-\sin^2 x}dx = \int_{-1}^{1} \frac{1}{2-t^2}dt = \frac{1}{2\sqrt{2}}\int_{-1}^{1}\left(\frac{1}{\sqrt{2}-t}+\frac{1}{\sqrt{2}+t}\right)dt$$

7. (a) $\displaystyle\int \frac{t^3}{t^2-1}dt = F(t)$라 두면 $F'(t) = \dfrac{t^3}{t^2-1}$ .... ①

$$\int_0^x \frac{t^3}{t^2-1}dt = [F(t)]_0^x = F(x)-F(0)$$

$\therefore$ (주어진 식) $= \displaystyle\lim_{x\to 0}\frac{F(x)-F(0)}{x-0} = F'(0) = 0$ ($\because$ ①)

(b) $\displaystyle\int (t^2+2\cos\pi t)e^t\,dt = F(t)$라 두면 $F'(t) = (t^2+3\cos\pi t)e^t$ .... ①

$$\int_1^{x^2} (t^2+2\cos\pi t)e^t\,dt = [F(t)]_1^{x^2} = F(x^2)-F(1)$$

$\therefore$ (주어진 식) $= \displaystyle\lim_{x\to 1}\frac{F(x^2)-F(1)}{x-1} = \lim_{x\to 1}\frac{F(x^2)-F(1)}{x^2-1}\cdot(x+1)$

$= 2F'(1) = -2e$ ($\because$ ①)

8. (a) $\dfrac{d}{dx}\displaystyle\int_x^{x+a} f(t)\,dt = f(x+a)-f(x)$를 이용한다.

$\therefore$ $\dfrac{d}{dx}\displaystyle\int_x^{x+2} \ln t\,dt = \ln(x+2)-\ln x$ ($\because$ $x>0$)

$= \ln\dfrac{x+2}{x}$

(b) $\dfrac{d}{dx}\displaystyle\int_x^{x^2} \sin t\,dt = \cos x^2 \cdot (x^2)' - \sin x \cdot (x)' = 2x\sin x^2 - \sin x$

9. (a) $\displaystyle\int_0^1 tf(t)\,dt = a$(단, a는 상수)라 하면 $f(x) = \cos x + a$이므로

$$a = \int_0^\pi tf(t)\,dt = \int_0^\pi t(\cos t + a)\,dt$$

$$= \int_0^\pi t\cos t\,dt + a\int_0^\pi t\,dt = [t\sin t]_0^\pi - \int_0^\pi \sin t\,dt + a\left[\frac{1}{2}t^2\right]_0^\pi$$

$$= 0 - [-\cos t]_0^\pi + \frac{1}{2}\pi^2 a = -2 + \frac{1}{2}\pi^2 a$$

즉, $a = -2 + \dfrac{1}{2}\pi^2 a$이므로 $a = \dfrac{4}{\pi^2 - 2}$ $\qquad\therefore f(x) = \cos x + \dfrac{4}{\pi^2 - 2}$

(b) 주어진 등식의 양변을 x에 대하여 미분하면

$2xf(x) + x^2 f'(x) = 3x^2 e^x + x^3 e^x + 2xf(x)$, $x^2 f'(x) = 3x^2 e^x + x^3 e^x$

$\therefore f'(x) = 3e^x + xe^x$

$\therefore f(x) = \displaystyle\int (3e^x + xe^x)\,dx = 3\int e^x\,dx + \int xe^x\,dx$

$= 3e^x + (xe^x - e^x) + C = (x+2)e^x + C$ --------①

한편, 주어진 등식의 양변에 $x=1$을 대입하면 $f(1) = e$

①에 $x=1$을 대입하면

$3e + C = e \qquad \therefore C = -2e \qquad \therefore f(x) = (x+2)e^x - 2e$

10. (a) $\sin x$, $\dfrac{x^2}{3}\sin x$는 기함수이고, $\dfrac{x}{2}\sin x$는 우함수이다.

$$\int_{-\pi}^\pi \left(1 + \frac{x}{2} + \frac{x^2}{3}\right)\sin x\,dx = \int_{-\pi}^\pi \left(\sin x + \frac{x^2}{3}\sin x\right)dx + \int_{-\pi}^\pi \frac{x}{2}\sin x\,dx$$

$$= 0 + \frac{1}{2}\int_{-\pi}^\pi x\sin x\,dx = \frac{1}{2}\cdot 2\int_0^\pi x\sin x\,dx$$

$$= \int_0^\pi x\sin x\,dx = [-x\cos x]_0^\pi - \int_0^\pi 1\cdot(-\cos x)\,dx$$

($\because u' = \sin x$, $v = x$라 하면, $u = -\cos x$, $v' = 1$)

$$= \pi + \int_0^\pi \cos x\,dx = \pi + [\sin x]_0^\pi = \pi$$

(b) $\sin^3 x$, $3\sin x\cos^2 x$는 기함수이고, $3\sin^2 x\cos x$, $\cos^3 x$는 우함수이다.

$$\int_{-\frac{\pi}{2}}^{\frac{\pi}{2}}(\sin x+\cos x)^3\,dx=\int_{-\frac{\pi}{2}}^{\frac{\pi}{2}}(\sin^3 x+3\sin^2 x\cos x+3\sin x\cos^2 x+\cos^3 x)\,dx$$

$$=\int_{-\frac{\pi}{2}}^{\frac{\pi}{2}}(\sin^3 x+3\sin x\cos^2 x)\,dx+\int_{-\frac{\pi}{2}}^{\frac{\pi}{2}}(3\sin^2 x\cos x+\cos^3 x)\,dx$$

$$=0+\int_{-\frac{\pi}{2}}^{\frac{\pi}{2}}(3\sin^2 x+\cos^2 x)\cos x\,dx=\int_{-\frac{\pi}{2}}^{\frac{\pi}{2}}(2\sin^2 x+1)\cos x\,dx$$

$$=2\int_0^{\frac{\pi}{2}}(2\sin^2 x+1)\cos x\,dx$$

$\sin x=t$라 두면 $\cos x\,dx=dt$이고,

$x=0$일 때 $t=0$, $x=\dfrac{\pi}{2}$일 때 $t=1$

$$\therefore\ 2\int_0^{\frac{\pi}{2}}(2\sin^2 x+1)\cos x\,dx=2\int_0^1(2t^2+1)\,dt=2\left[\frac{2}{3}t^3+t\right]_0^1$$

$$=\frac{10}{3}$$

제8장 정적분의 활용

1. 곡선 $y^2=x+4$와 y축 및 두 직선 $y=0$, $y=3$으로 둘러싸인 도형은 아래 그림과 같으므로

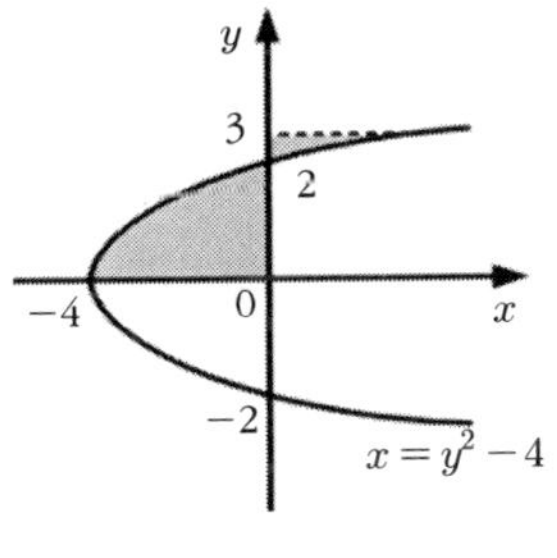

$$\therefore\ S=\int_0^3|y^2-4|\,dy=\int_0^2(-y^2+4)\,dy+\int_2^3(y^2-4)\,dy$$

$$=\left[-\frac{1}{3}y^3+4y\right]_0^2+\left[\frac{1}{3}y^3-4y\right]_2^3=\frac{16}{3}+5-\frac{8}{3}=\frac{23}{3}$$

2. 포물선과 직선의 교점의 x좌표는 $-1,\ 2$가 된다. 이 때, 구간 $[-1, 2]$에서 $x \le 2-x^2$ 이므로 구하는 도형의 넓이 S는

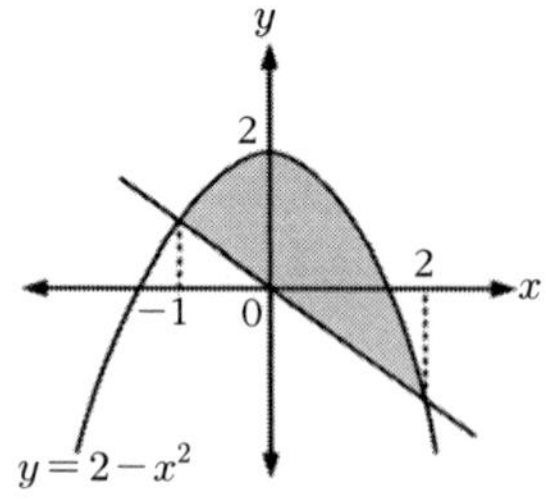

$$S=\int_{-1}^{2}\{(2-x^2)-(-x)\}dx=\int_{-1}^{2}(2+x-x^2)dx=\left[2x-\frac{x^2}{2}-\frac{x^3}{3}\right]_{-1}^{2}$$
$$=\left(4+\frac{4}{2}-\frac{8}{3}\right)-\left(-2+\frac{1}{2}+\frac{1}{3}\right)=\frac{9}{2}$$

3. 포물선 $y=x^2-3x$와 직선 $y=ax$의 교점의 x좌표는 $x^2-3x=ax$에서 $x=0$ 또는 $x=a+3$

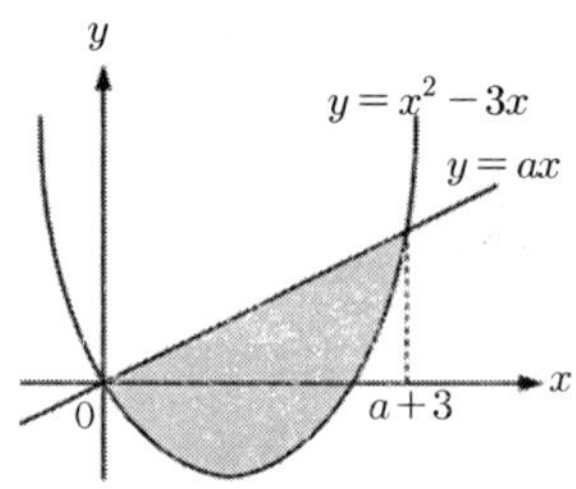

또, 포물선 $y=x^2-3x$와 x축의 교점의 x좌표는 $x=0$ 또는 $x=3$

따라서, 넓이의 공식 $S=\frac{|a|}{6}(\beta-\alpha)^3$을 이용하면

$\frac{(a+3)^3}{6}=2\times\frac{3^3}{6}$, $(a+3)^3=2\times3^3$ $\quad\therefore\ a+3=3\sqrt[3]{2}$

$\therefore\ a=3(\sqrt[3]{2}-1)$

4. (a) 두 곡선의 교점의 x좌표는 $\sin x=\cos x$, $\tan x=1$ $\quad\therefore\ x=\frac{\pi}{4}$

$0\le x\le\frac{\pi}{4}$일 때 $\sin x\le\cos x$이고, $\frac{\pi}{4}\le x\le\frac{\pi}{2}$일 때 $\cos x\le\sin x$

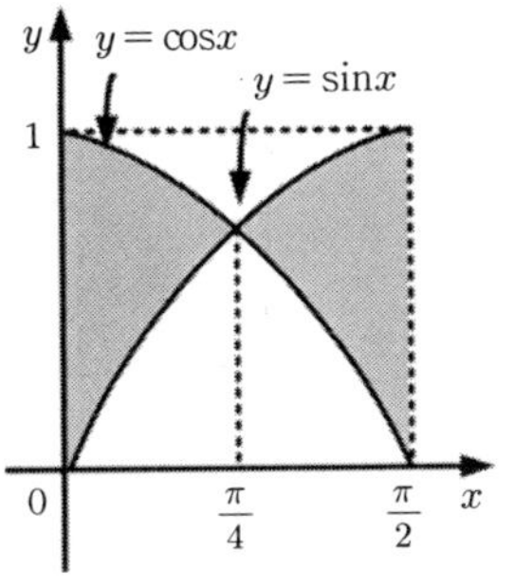

따라서, 구하는 넓이 S는

$$S=\int_0^{\frac{\pi}{4}}(\cos x-\sin x)\,dx+\int_{\frac{\pi}{4}}^{\frac{\pi}{2}}(\sin x-\cos x)\,dx$$

$$=[\sin x+\cos x]_0^{\frac{\pi}{4}}+[-\cos x-\sin x]_{\frac{\pi}{4}}^{\frac{\pi}{2}}=2\sqrt{2}-2$$

(b) $\cos x=\cos 2x$에서 $\cos x=2\cos^2 x-1$, $(\cos x-1)(2\cos x+1)=0$

$\therefore\ x=0$ 또는 $x=\dfrac{2}{3}\pi$

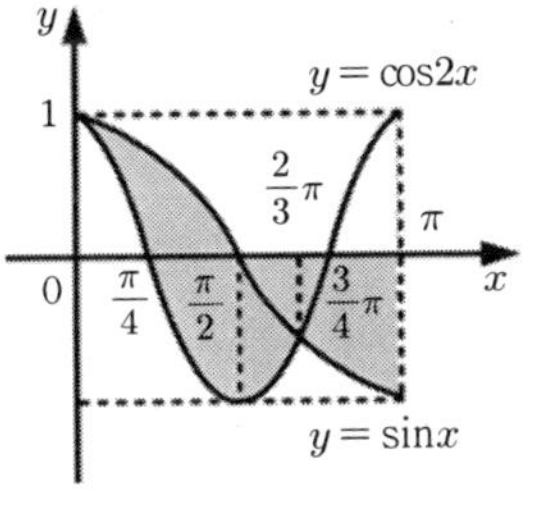

따라서, 구하는 넓이 S는

$$S=\int_0^{\frac{2\pi}{3}}(\cos x-\cos 2x)\,dx+\int_{\frac{2\pi}{3}}^{\pi}(\cos 2x-\cos x)\,dx$$

$$=\left[\sin x-\frac{1}{2}\sin 2x\right]_0^{\frac{2\pi}{3}}+\left[\frac{1}{2}\sin 2x-\sin x\right]_{\frac{2\pi}{3}}^{\pi}=\frac{3\sqrt{3}}{2}$$

5. $V_x = \pi \int_1^4 y^2\, dy = \pi \int_1^4 (x-1)\, dx = \pi \left[\frac{1}{2}x^2 - x \right]_1^4 = \frac{9}{2}\pi$

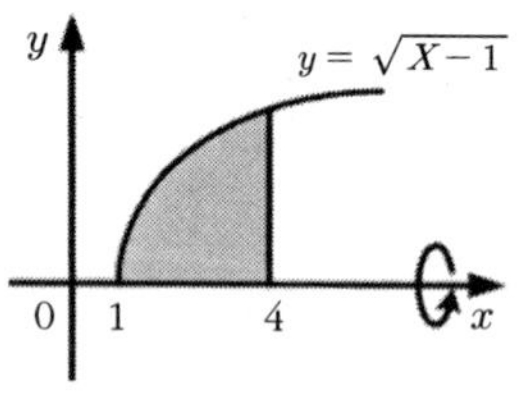

6. $V_y = \pi \int_0^1 x^2\, dy = \pi \int_0^1 (y^2+1)^2\, dy = \pi \left[\frac{1}{5}y^5 + \frac{2}{3}y^3 + y \right]_0^1 = \frac{28}{15}\pi$

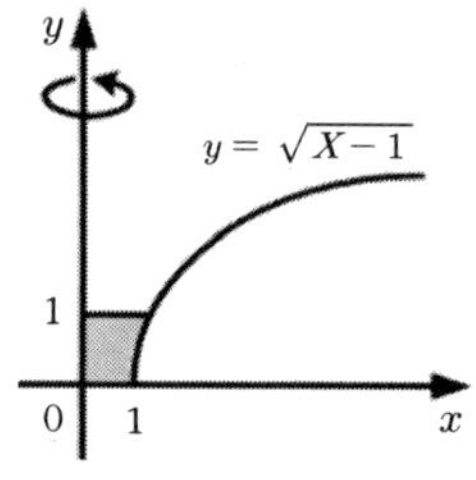

7. $V_x = \pi \int_0^{\frac{\pi}{2}} y^2\, dx = \pi \int_0^{\frac{\pi}{2}} \cos^2 x\, dx = \pi \int_0^{\frac{\pi}{2}} \frac{1+\cos 2x}{2}\, dx$

$= \pi \left[\frac{1}{2}x + \frac{1}{4}\sin 2x \right]_0^{\frac{\pi}{2}} = \frac{1}{4}\pi^2$

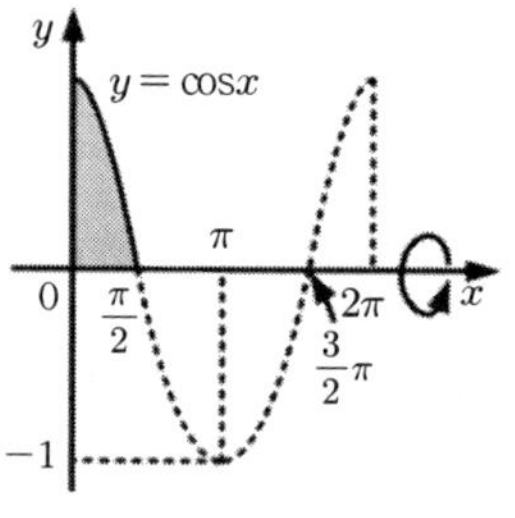

8. 곡선 $y=x^2$과 $y=2x$의 교점의 x좌표는 $x^2=2x$에서 $x=0$ 또는 $x=2$

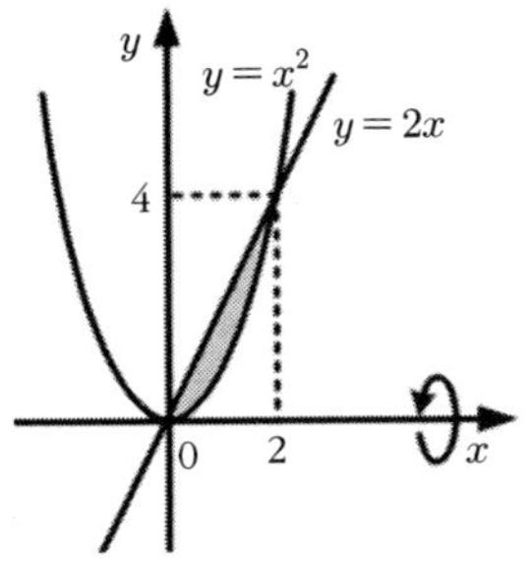

따라서, 구하는 부피 V_x는

$$V_x=\pi\int_0^2\{(2x)^2-(x^2)^2\}\,dx=\pi\int_0^2(4x^2-x^4)\,dx=\pi\left[\frac{4}{3}x^3-\frac{1}{5}x^5\right]_0^2$$

$$=\frac{64}{15}\pi$$

9. 주어진 직선과 곡선의 교점의 x 좌표는 $2\sqrt{x}=x$에서 $x=0$ 또는 $x=4$이므로

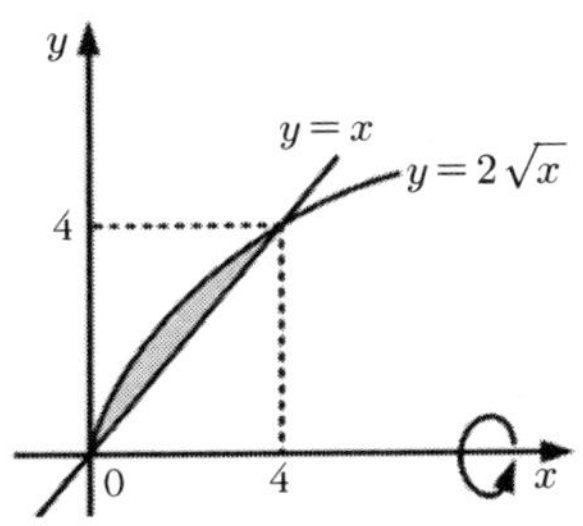

$$V_x=\pi\int_0^4\{(2\sqrt{x})^2-x^2\}\,dx=\pi\int_0^4(4x-x^2)\,dx=\pi\left[2x^2-\frac{1}{3}x^3\right]_0^4=\frac{32}{3}\pi$$

10. 아래 그림의 색칠한 부분을 x축 둘레로 회전시켰을 때 생기는 회전체의 부피 V는

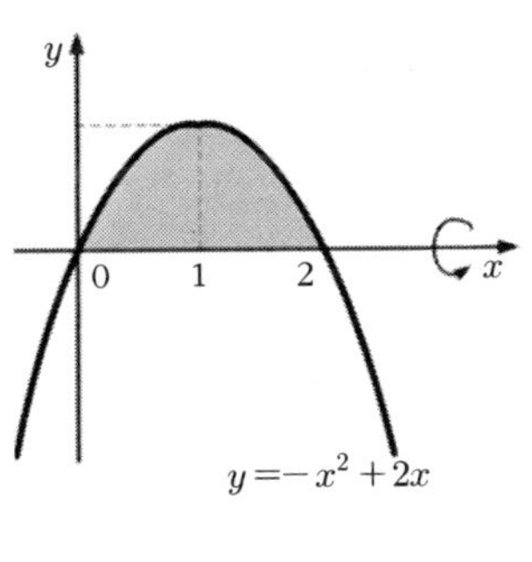

$$V=\pi\int_0^2 y^2dx=\pi\int_0^2(-x^2+2x)^2dx=\pi\int_0^2(x^4-4x^3+4x^2)dx$$

$$=\pi\left[\frac{1}{5}x^5-x^4+\frac{4}{3}x^3\right]_0^2=\frac{16}{15}\pi$$

11. 아래 그림에서 $-x^2+1=x+1$, $x^2+x=0$, $\therefore x=-1,\ 0$

따라서, 구하는 부피 V는

$$V=\pi\int_{-1}^0\{(-x^2+1)^2-(x+1)^2\}dx=\pi\int_{-1}^0(x^4-3x^2-2x)dx$$

$$=\pi\left[\frac{x^5}{5}-x^3-x^2\right]_{-1}^0=\frac{\pi}{5}$$

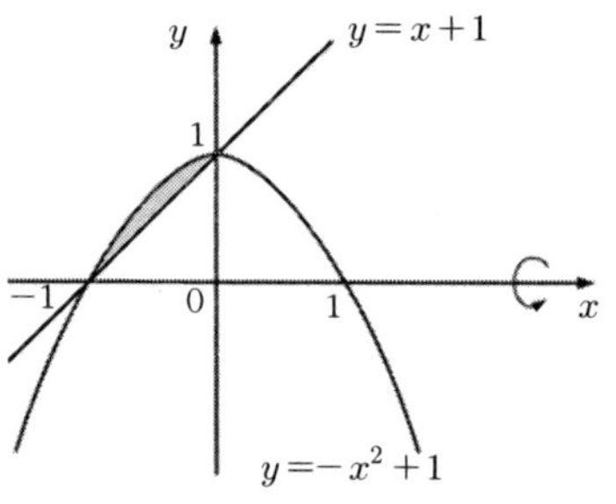

12. $y=-x^2+4x$과 $y=x$의 교점의 x좌표는 $-x^2+4x=x$, $x(x-3)=0$ $\therefore x=0,\ 3$

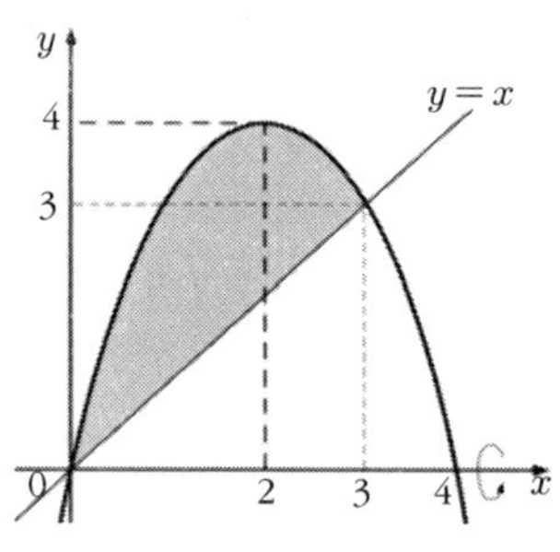

$0\le x\le 3$에서 $-x^2+4x\ge x$이므로 구하는 부피 V는

$$V=\pi\int_0^3\{(-x^2+4x)^2-x^2\}dx=\pi\int_0^3(x^4-8x^3+15x^2)dx$$

$$=\pi\left[\frac{1}{5}x^5-2x^4+5x^3\right]_0^3=\frac{108}{5}\pi$$

13. $y_1 = x^2 + 2x$ ············ ①

$y_2 = -x$ ···················· ②

①, ②로 둘러싸인 부분은 아래 그림의 색칠한 부분이다.

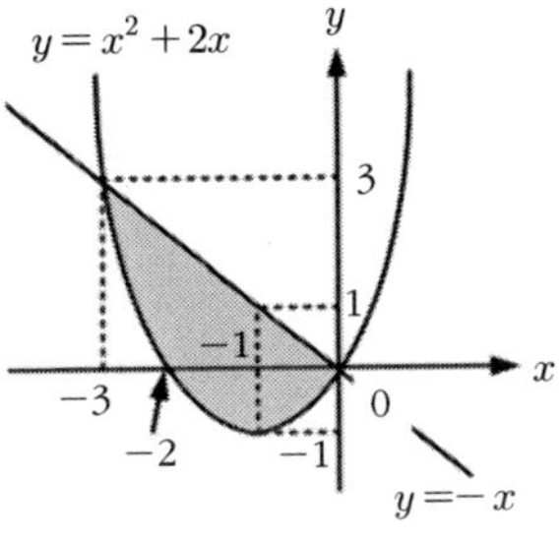

$-2 \leq x \leq 0$에서 $y_1 \leq 0$이므로 이 부분을 x축에 대하여 대칭이동하면 곡선은

$y_3 = -x^2 - 2x$ ······ ③

이 구간에서 $y_3 \geq y_2$가 되는 x의 범위는 $-x^2-2x \geq -x$에서 $-1 \leq x \leq 0$

따라서, 회전체는 그림의 파란색 선으로 둘러싸인 부분을 x축의 둘레로 회전한 것이므로 구하는 부피 V는

$$V = \int_{-3}^{-2} (\pi y_2^2 - \pi y_1^2)dx + \int_{-2}^{-1} \pi y_2^2 dx + \int_{-1}^{0} \pi y_3^2 dx$$

$$= \pi \int_{-3}^{-1} y_2^2 dx - \pi \int_{-3}^{-2} y_1^2 dx + \pi \int_{-1}^{0} y_3^2 dx$$

$$= \pi \int_{-3}^{-1} (-x)^2 dx - \pi \int_{-3}^{-2} (x^2+2x)^2 dx + \pi \int_{-1}^{0} (-x^2-2x)^2 dx$$

$$= \pi \int_{-3}^{-1} x^2 dx - \pi \int_{-3}^{-2} (x^4+4x^3+4x^2)dx + \pi \int_{-1}^{0} (x^4+4x^3+4x^2)dx$$

$$= \pi \left[\frac{1}{3}x^3\right]_{-3}^{-1} - \pi \left[\frac{1}{5}x^5 + x^4 + \frac{4}{3}x^3\right]_{-3}^{-2} + \pi \left[\frac{1}{5}x^5 + x^4 + \frac{4}{3}x^3\right]_{-1}^{0} = \frac{20}{3}\pi$$

14. $y=3-x^2$와 $y=-2x$의 교점의 x좌표는 $x^2-2x-3=(x-3)(x+1)=0$

$\therefore x=-1,\ 3$ 따라서, $A(-1,\ 2)$, $B(1,\ 2)$, $C(3,\ -6)$

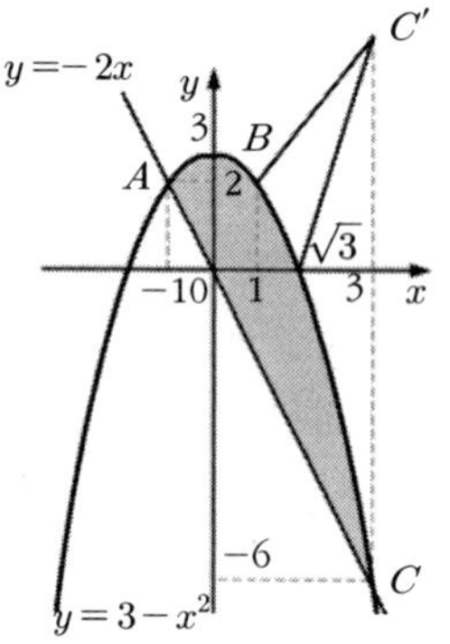

구하는 부피 V는 파란색 선부분을 x축의 둘레로 회전하여 만들어진 회전체의 부피이므로

$$V=\pi\int_{-1}^{1}(3-x^2)^2dx-\pi\int_{-1}^{0}(-2x)^2dx+\pi\int_{1}^{3}(2x)^2dx-\pi\int_{\sqrt{3}}^{3}(x^2-3)^2dx$$

$$=2\pi\left[9x-2x^3+\frac{1}{5}x^5\right]_0^1-\pi\left[\frac{4}{3}x^3\right]_{-1}^0+\pi\left[\frac{4}{3}x^3\right]_1^3-\pi\left[\frac{1}{5}x^5-2x^3+9x\right]_{\sqrt{3}}^3$$

$$=\frac{392}{15}\pi+\frac{24\sqrt{3}}{5}\pi$$

제9장 미분방정식

1. (a) 1계 1차 선형미분방정식

(b) 2계 1차 선형미분방정식

(c) 4계 5차 비선형미분방정식

(d) 2계 1차 편미분방정식, 선형

(e) 2계 4차 비선형미분방정식

(f) 2계 1차 선형미분방정식

2. (a) $ydx+(x+3)dy=0$의 양변에 $\dfrac{1}{(x+3)y}$을 곱해 변수분리형 미분방정식으로 형태를 바꾼다.

$\dfrac{1}{x+3}dx+\dfrac{1}{y}dy=0$의 양변을 적분하여 정리해서 미분방정식의 해를 찾는다.

$\displaystyle\int\frac{1}{x+3}dx+\int\frac{1}{y}dy=0$ // 양변을 적분함

$\ln(x+3)+\ln y=\ln c$

$(x+3)y=c$

$\therefore\ y=\dfrac{c}{x+3}$

(b) $\dfrac{dx}{dy}=\dfrac{1+2y^2}{y\sin x}$

$(1+2y^2)dy=y\sin x dx$의 양변에 $\dfrac{1}{y}$을 곱해 변수분리형 미분방정식으로 형태를 바꾼다.

$\dfrac{(1+2y^2)}{y}dy=\sin x dx$ // 양변을 적분하면

$\displaystyle\int\frac{(1+2y^2)}{y}dy=\int\sin x dx$ // $\displaystyle\int\sin x dx=-\cos x$

$\ln y+y^2=-\cos x+c$

$\therefore\ \ln y+y^2+\cos x=c$

(c) $\dfrac{dy}{dx}+xy=y(\sin x-1)$ // 양변에 dx를 곱하면

$dy+xydx=y(\sin x-1)dx$의 양변에 $\dfrac{1}{y}$을 곱해 변수분리형 미분방정식 형태로 바꾼다.

$\dfrac{1}{y}dy+(x-\sin x+1)dx=0$ // 양변을 적분하면

$\displaystyle\int\frac{1}{y}dy+\int(x-\sin x+1)dx=0$

$\ln y+\dfrac{1}{2}x^2+\cos x+x=c$

$\therefore\ \ln y=c-\dfrac{1}{2}x^2-\cos x-x$

(d) $\dfrac{dy}{dx}=x^2y+y$

$dy=(x^2+1)ydx$ 의 양변에 $\dfrac{1}{y}$ 을 곱해 변수분리형 미분방정식의 형태로 바꾼다.

$\dfrac{1}{y}dy=(x^2+1)dx$ // 양변을 적분하면,

$\displaystyle\int\frac{1}{y}dy=\int(x^2+1)dx$

$\therefore\ \ln y=\dfrac{1}{3}x^3+x+c$

(e) $\dfrac{dy}{dx}=x\sqrt{1-y^2}$

$dy=x\sqrt{1-y^2}\,dx$ 양변에 $\dfrac{1}{\sqrt{1-y^2}}$ 을 곱해 변수분리형 미분방정식의 형태로 바꾼다.

$\dfrac{1}{\sqrt{1-y^2}}dy=xdx$ // 양변을 적분하면,

$\displaystyle\int\frac{1}{\sqrt{1-y^2}}dy=\int xdx$ // $\displaystyle\int\frac{1}{\sqrt{1-y^2}}dy=\sin^{-1}y$

$\sin^{-1}y=\dfrac{1}{2}x^2+c$

$\therefore\ y=\sin(\dfrac{1}{2}x^2+c)$

3. (a) $xy'=2xe^x-y+6x^2$

y'를 $\dfrac{dy}{dx}$로 치환해 $M(x,y)dx+N(x,y)dy=0$ 형태로 바꾼다.

$x\dfrac{dy}{dx}=2xe^x-y+6x^2$

$(2xe^x-y+6x^2)dx-xdy=0$

$M=2xe^x-y+6x^2,\ \ N=-x$

$\dfrac{\partial M}{\partial y}=-1=\dfrac{\partial N}{\partial x}$ 이므로 완전미분방정식이다.

각 항을 적분하면,

$\displaystyle\int(2xe^x-y+6x^2)dx=2e^x+2xe^x-xy+2x^3$

$\displaystyle\int -xdy=-xy$이고

$\therefore\ 2e^x+2xe^x-xy+3x^3=c$

(b) $(2y\cos 2x+1)dx = y^2\sin 2x\,dy$

$M=2y\cos 2x+1$, $N=-y^2\cos 2x$

$\frac{\partial M}{\partial y}=2\cos 2x$, $\frac{\partial N}{\partial x}=-2y^2\cos 2x$

$\frac{\partial M}{\partial y} \neq \frac{\partial N}{\partial x}$이므로 완전미분방정식이 아니다.

(c) $(4xy+2x)dx+(2x^2+3y)dy=0$

$M=4xy+2x$, $N=2x^2+3y$

$\frac{\partial M}{\partial y}=4x=\frac{\partial N}{\partial x}$이므로 완전미분방정식이다.

$\int (4xy+2x)dx = 2x^2y+x^2$

$\int (2x^2+3y)dy = 2x^2y+\frac{3}{2}y^2$

$\therefore\ x^2+2x^2y+\frac{3}{2}y^2=c$

(d) $(2xy-y\cos x)dx-(x^2-\sin x)dy=0$

$M=2xy-y\cos x$, $N=x^2-\sin x$

$\frac{\partial M}{\partial y}=2x-\cos x=\frac{\partial N}{\partial x}$이므로 완전미분방정식이다.

$\int 2xy-y\cos x\,dx = x^2y-y\sin x$

$\int x^2-\sin x\,dy = x^2y-y\sin x$

$\therefore\ x^2y-y\sin x=c$

(e) $(e^x-ye^{xy})dx+(e^y-e^{xy})dy=0$

$M=(e^x-ye^{xy})$, $N=(e^y-e^{xy})$

$\frac{\partial M}{\partial y}=e^{xy}-xye^{xy}$, $\frac{\partial N}{\partial y}=e^{xy}-xe^{xy}$

$\frac{\partial M}{\partial y} \neq \frac{\partial N}{\partial x}$이므로 완전미분방정식이 아니다.

4. (a) $\frac{dy}{dx}-\frac{y}{x}=x^2$

$P(x)=-\frac{1}{x}$, $Q(x)=x^2$

$y=e^{-\int P(x)dx}\left[\int Q(x)\cdot e^{\int P(x)dx}dx+c\right]$에 대입해 미분방정식의 일반해를 구한다.

$$y=e^{-\int -\frac{1}{x}dx}\left[\int x^2\cdot e^{\int -\frac{1}{x}dx}dx+c\right]=e^{\ln x}\left[\int x^2\cdot e^{-\ln x}dx+c\right]$$

$$=x\left[\int xdx+c\right]=x\cdot\frac{1}{2}x^2+xc=\frac{1}{2}x^3+xc$$

(※ $e^{\int \frac{1}{x}dx}=e^{\ln x}=x$, $e^{-\ln x}=x^{-1}$)

(b) $\frac{dy}{dx}-\frac{2}{x}y=x^3e^x$

$P(x)=-\frac{2}{x}$, $Q(x)=x^3e^x$

$$y=e^{-\int -\frac{2}{x}dx}\left[\int x^3e^x\cdot e^{\int -\frac{2}{x}dx}dx+c\right]$$

$$=e^{2\ln x}\left[\int x^3e^xe^{-2\ln x}dx+c\right]=x^2\left[\int x^3e^xx^{-2}dx+c\right]$$

$$=x^2\left[\int xe^xdx+c\right]=x^2[xe^x+e^x+c]$$

$$=x^3e^x+x^2e^x+cx^2$$

(c) $xy'+y=x\cos x$

$x\frac{dy}{dx}+y=x^2\cos x$의 양변에 $\frac{1}{x}$을 곱해 선형미분방정식의 표준형으로 바꾼다.

$\frac{dy}{dx}+\frac{y}{x}=x\cos x$

$P(x)=\frac{1}{x}$, $Q(x)=x\cos x$

$$y=e^{-\int \frac{1}{x}dx}\left[\int x\cos x\cdot e^{\int \frac{1}{x}dx}dx+c\right]$$

$$=e^{-\ln x}\left[\int x\cos x\cdot e^{\ln x}dx+c\right]=x^{-1}\left[\int x^2\cos x\,dx+c\right]$$

$$=x^{-1}[x^2\sin x-2x\cos x-x\sin x+c]=x\sin x-2\cos x-\sin x+cx^{-1}$$

$$=(x-1)\sin x-2\cos x+cx^{-1}$$

(d) $\frac{dy}{dx}+4y=2e^{4x}+3$

$P(x)=4$, $Q(x)=2e^{4x}+3$

$$y=e^{-\int 4dx}\left[\int (2e^{4x}+3)\cdot e^{\int 4dx}dx+c\right]=e^{-4x}\left[\int (2e^{4x}+3)\cdot e^{4x}dx+c\right]$$

$$=e^{-4x}\left[\int 2e^{8x}+3e^{4x}dx+c\right]=e^{-4x}\left[\frac{1}{4}e^{8x}+\frac{3}{4}e^{4x}+c\right]=\frac{1}{4}e^{4x}+\frac{3}{4}+ce^{-4x}$$

(※ $\int e^{kx}dx=\frac{1}{k}e^{kx}$)

(e) $2y'' - y' = 0$

미분연산자로 표기해보면 $2D^2y - Dy = (2D^2 - D)y = 0$이다. 이 식을 보조방정식으로 바꿔 보조방정식의 해를 구한다.

$2m^2 - m = m(2m-1) = 0$

$m = 0,\ \frac{1}{2}$이므로 $y = c_1e^{0x} + c_2e^{-\frac{1}{2}x} = c_1 + c_2e^{-\frac{1}{2}x}$이다.

$\therefore\ y = c_1 + c_2e^{-\frac{1}{2}x}$

(f) $y^{(4)} + y''' + 2y'' = 0$

$m^4 + m^3 + 2m^2 = m^2(m^2 + m + 2) = 0$

$m^2 = 0,\ m^2 + m + 2 = 0$이므로,

보조방정식의 근은 중근 $m = 0$과 복소수근 $m = \frac{-1 \pm \sqrt{1-8}}{2} = \frac{-1 \pm \sqrt{7}i}{2}$이므로 $\alpha = -\frac{1}{2},\ \beta = \frac{\sqrt{7}i}{2}$이다.

$\therefore\ y = c_1 + c_2x + e^{-\frac{1}{2}x}\left(c_3\cos\left(\frac{\sqrt{7}}{2}xright\right) + c_4\sin\left(\frac{\sqrt{7}}{2}x\right)\right)$

(※ 근의 공식 : $am^2 + bm + c = 0,\ m = \frac{-b \pm \sqrt{b^2 - 4ac}}{2a}$)

(g) $(D^2 + 3D + 2)y = 0$

미분방정식으로 고치면 $(y'' + 3y' + 3)y = 0$이고, 보조방정식으로 고치면 $m^2 + 3m + 2 = 0$이다. 보조방정식의 해를 구하면 $(m+2)(m+1) = 0, m = -1,\ -2$이다.

$\therefore\ y = c_1e^{-x} + c_2m^{-2x}$

(h) $(D^4 - 2D^2 + 1)y = 0$

보조방정식 $m^4 - 2m^2 + 1 = (m^2 - 1)^2 = 0$이고, 보조방정식의 근은 4중근인 $m = 0$이다.

$\therefore\ y = c_1e^x + c_2xe^x + c_3x^2e^x + c_4x^3c^x = e^x(c_1 + c_2x + c_3x^2 + c_4x^3)$

(i) $y''' - 4y'' + 5y' - 2y = 0$

미분방정식 $D^3y - 4D^2y + 5Dy - 2y = (D^3 - 4D^2 + 5D - 2)y = 0$

보조방정식 $m^3 - 4m^2 + 5m - 2 = (m-2)(m^2 - 2m + 1)$

$= (m-2)(m-1)^2 = 0$

보조방정식의 근은 $m = 1$(2중근), 2이다.

$\therefore\ y = c_1e^x + c_2xe^x + c_3e^{2x} = e^x(c_1 + c_2x + c_3e^x)$

(j) $D^3-D^2+2D-2y=0$

보조방정식

$m^3-m^2+2m-2=m^2(m-1)+2(m-1)=(m^2+2)(m-1)=0$

보조방정식의 근은 $m=1,\ \pm\sqrt{2}i$이므로, 복소수근의 $\alpha=0,\ \beta=\sqrt{2}$ 이므로

$y=c_1e^{-x}+e^{0x}(c_2\cos(\sqrt{2}x)+c_3\sin(\sqrt{2}x))$이므로

$\therefore\ y=c_1e^{-x}+c_2\cos(\sqrt{2}x)+c_3\sin(\sqrt{2}x)$

5. (a) $\dfrac{\partial^2 z}{\partial x^2}+4\dfrac{\partial z}{\partial x}+3z=0$

편미분방정식이 한 개의 독립변수만을 사용한 편미분방정식은 상미분방정식처럼 해를 구할 수 있다.

보조방정식 $m^2+4m+3=(m+1)(m+3)=0$이므로, 보조방정식의 근은 $m=-1,-3$이다.

따라서 편미분방정식의 해는 $z=e^{-y}f(x)+e^{-3y}g(x)$이다.

(b) $\dfrac{\partial^2 z}{\partial x^2}-2\dfrac{\partial z}{\partial x}-\dfrac{\partial^2 z}{\partial y^2}+z=0$

편도함수 $z=e^{\alpha x+\beta y}$일 때 보조방정식 $\alpha^2-2\alpha-\beta^2+1=0$이고, 보조방정식의 근은

$\alpha^2-2\alpha-\beta^2+1=(\alpha-1)^2-\beta^2=0$

$\beta=\pm(\alpha-1)$

$z=k_1z_1+k_2z_2=k_1e^{\alpha x+\alpha y-y}+k_2e^{\alpha x-\alpha y+y}$

$=k_1e^{-y}e^{\alpha(x+y)}+k_2e^{y}e^{\alpha(x-y)}$

$=k_1e^{-y}f(x+y)+k_2e^{y}g(x-y)$

$\therefore\ z=k_1e^{-y}f(x+y)+k_2e^{y}g(x-y)$

찾아보기

미분적분학의 이해

2014년 2월 20일 1판 2쇄 발행

저 자 이병관 · 정은희

발행인 남 승 우

발행처 도서출판 상尙 학學 당堂

서울시 동작구 사당로9가길 6(사당동)

TEL : 02) 595-1692~4

FAX : 02) 595-1394

E-mail : namdoo6@unitel.co.kr

신고 : 2-155호 (1968. 11. 29)

정가 22,000원

ISBN 978-89-6587-023-4 93410

〈디자인〉 편집 엄해숙 / 표지 토틀컴